21世纪高等教育计算机规划教材

Visual FoxPro 程序设计教程（第3版）

Visual FoxPro Programing

陈娟 王丽彬　主编

谢晓艳 李爱华 李越 刘海莎　副主编

U0191457

人民邮电出版社

北　京

图书在版编目（ＣＩＰ）数据

Visual FoxPro程序设计教程 / 陈娟，王丽彬主编
. -- 3版. -- 北京 : 人民邮电出版社，2015.2（2023.7重印）
21世纪高等教育计算机规划教材
ISBN 978-7-115-38464-5

Ⅰ．①V… Ⅱ．①陈… ②王… Ⅲ．①关系数据库系统
—高等学校—教材 Ⅳ．①TP311.138

中国版本图书馆CIP数据核字(2015)第025740号

内 容 提 要

　　本书围绕"岳麓书院图书管理系统"实例，完整地描述了数据库应用系统开发的各个环节，将系统开发的具体步骤详细地贯穿到各个章节的例题中。

　　全书共 10 章，内容包括数据库的基础知识、数据与数据运算、数据库和数据表的操作、结构化查询语言、查询和视图、结构化程序设计、表单设计、报表设计、菜单设计、应用程序的生成与发布。每章均按知识点讲解、实例说明、课后练习的模式来组织教学内容。

　　本书可作为普通高等院校 Visual FoxPro 程序设计或相关课程的教材，也可作为全国计算机等级考试二级 Visual FoxPro 的培训或自学教材。

◆　主　　编　陈　娟　王丽彬
　　副 主 编　谢晓艳　李爱华　李　越　刘海莎
　　责任编辑　邹文波
　　责任印制　沈　蓉　彭志环
◆　人民邮电出版社出版发行　　北京市丰台区成寿寺路 11 号
　　邮编　100164　电子邮件　315@ptpress.com.cn
　　网址　http://www.ptpress.com.cn
　　北京虎彩文化传播有限公司印刷
◆　开本：787×1092　1/16
　　印张：20.5　　　　　　　2015 年 2 月第 3 版
　　字数：528 千字　　　　　2023 年 7 月北京第13次印刷

定价：45.00 元

读者服务热线：**(010)81055256**　印装质量热线：**(010)81055316**
反盗版热线：**(010)81055315**

第3版前言

Visual FoxPro 既是小型数据库管理系统的杰出代表，又是可视化的面向对象的集成开发工具。它以强大的性能、完整而丰富的工具、较高的处理速度、友好的界面以及完备的兼容性等特点，备受广大用户的欢迎。目前，我国很多高校都开设了 Visual FoxPro 程序设计课程。同时，Visual FoxPro 也是全国计算机等级考试的考试科目之一。

我们依据多年的实际教学经验和数据库应用系统的开发经验，在参考和借鉴了多本相关的同类教材后，精心编写了此书。本书具有以下特点。

1．本书始终围绕着一个数据库应用系统的实例——"岳麓书院图书管理系统"来进行讲解。通过各个章节的例题，完整地描述了开发该系统的各个环节。包括建立项目文件，数据库的操作，表单、报表、菜单、主程序的设计，生成应用程序。

2．各章按知识点讲解、实例说明、课后练习的模式来组织教学内容。每章先介绍基本概念和基本方法，然后通过大量实例对其进行说明。对于一些细节问题，再通过提示的方式来进行注解。同时，还配有习题和操作题，便于学生巩固所学知识。

3．作者在个人网站（http://www.teacherchen.cn）上提供丰富的教学资源。网站提供有本书的多媒体课件，案例的 Flash 演示，例题、习题素材的下载。

本书的教学内容设计成以下 3 个部分。

第一部分是基础部分，由第 1 章、第 2 章组成。第 1 章是数据库的基础知识，着重讲解了数据库系统的组成和关系数据库的相关概念，简单介绍了 Visual FoxPro 软件和项目管理器的使用。第 2 章是数据与数据运算，主要介绍 Visual FoxPro 中常量、变量、运算符和常用函数的概念和使用。通过对该部分的学习，学生可了解数据库的相关理论，还能掌握如何根据条件书写正确的表达式，为后面的学习奠定基础。

第二部分是数据库的操作，由第 3 章、第 4 章、第 5 章组成。第 3 章是数据库和数据表的操作，详细说明了如何设计、建立、打开、关闭数据库，重点讲解了建立和维护数据表的方法，索引的建立和使用，以及如何在数据表之间建立关联和设置参照完整性。第 4 章是结构化查询语言，从数据查询、数据操纵和数据定义 3 个方面介绍 Visual FoxPro 所支持的 SQL 语句。第 5 章是查询和视图，主要介绍查询和视图的概念、建立和使用，比较了两者的异同。通过对该部分的学习，学生可以掌握如何在 Visual FoxPro 环境中建立和管理数据库。

第三部分是程序设计，由第 6 章、第 7 章、第 8 章、第 9 章、第 10 章组成。第 6 章是结构化程序设计，主要介绍由顺序、选择、循环 3 种基本结构所构成的传统的程序文件。第 7 章是表单设计，简单介绍了面向对象的若干基本概念，以及如何通过表单向导和表单设计器来建立表单。其中，详细讲解了一些常用表单控件的使用。此外，还介绍了表单之间的相互调用和使用自定义类来优化表单。第 8 章是报表设计，介绍了如何通过报表向导和报表设计器来设计报表。第 9 章是菜单设计，介绍了下拉式菜单和快捷菜单的设计。第 10 章是应用程序的生成与发布，介绍了主文件的建立，及如何把项目管理器的各个组件连编成一个完整的应用程序。通过对该部分的学习，学生能了解面向对象的相关概念，掌握程序文件、表单、报表、菜单的设计。

与本书配套的还有实践教材《Visual FoxPro 程序设计实践教程（第 3 版）》，包含上机指导、习题、样卷和附录 4 个部分。通过该书的 13 个上机实验，能够进一步提高学生的实际操作能力，加强对所学理论知识的感性认识。

本书可作为普通高等院校 Visual FoxPro 程序设计或相关课程的教材，也可作为全国计算机等级考试二级 Visual FoxPro 的培训或自学教材。

本书由陈娟、王丽彬担任主编，谢晓艳、李爱华、李越、刘海莎担任副主编。其中，陈娟编写了第 1 章、第 10 章，王丽彬编写了第 2 章、第 3 章，谢晓艳编写了第 4 章，李爱华编写了第 5 章、第 6 章，李越编写了第 7 章、第 8 章，刘海莎编写了第 9 章。感谢湖南大学信息科学与工程学院李仁发教授对本书的支持和关心，同时感谢陈宝贤、李小英、银红霞、何英、朱理对本书提出的宝贵建议。

由于编者水平有限，加之时间仓促，书中难免存在错误或不足之处，敬请读者批评指正。有任何问题或建议，请与作者联系：cj7428@vip.163.com。

陈　娟

于湖南长沙岳麓山

2015 年 1 月

目　录

第1章　数据库基础 …………………… 1
1.1　数据库系统 …………………………… 1
　1.1.1　数据与数据处理 ……………… 1
　1.1.2　计算机数据管理 ……………… 1
　1.1.3　数据库系统的组成 …………… 5
1.2　关系数据库 …………………………… 7
　1.2.1　概念模型 ……………………… 7
　1.2.2　数据模型 ……………………… 9
　1.2.3　关系模型 ……………………… 9
　1.2.4　关系运算 …………………… 11
1.3　Visual FoxPro 概述 ………………… 13
　1.3.1　Visual FoxPro 的发展历程 …… 14
　1.3.2　Visual FoxPro 的安装 ………… 14
　1.3.3　Visual FoxPro 的启动和退出 … 16
　1.3.4　Visual FoxPro 的用户界面 …… 17
　1.3.5　Visual FoxPro 的选项设置 …… 18
1.4　项目管理器 ………………………… 19
　1.4.1　创建项目 …………………… 19
　1.4.2　使用项目管理器 …………… 21
　1.4.3　定制项目管理器 …………… 23
习题 1 …………………………………… 24

第2章　数据与数据运算 …………… 29
2.1　常量与变量 ………………………… 29
　2.1.1　常量 ………………………… 29
　2.1.2　变量 ………………………… 31
　2.1.3　数组 ………………………… 33
2.2　运算符与表达式 …………………… 34
　2.2.1　数值表达式 ………………… 34
　2.2.2　字符表达式 ………………… 35
　2.2.3　日期表达式 ………………… 35
　2.2.4　逻辑表达式 ………………… 36
2.3　常用函数 …………………………… 39

2.3.1　数值处理函数 ………………… 39
2.3.2　字符串处理函数 ……………… 41
2.3.3　日期和时间函数 ……………… 44
2.3.4　数据类型转换函数 …………… 45
2.3.5　测试函数 ……………………… 47
习题 2 …………………………………… 48

第3章　数据库与数据表的操作 … 53
3.1　设计数据库 ………………………… 53
　3.1.1　了解用户需求 ……………… 53
　3.1.2　确定数据库中所需的表 …… 55
　3.1.3　设计表的结构 ……………… 56
　3.1.4　确定表的主关键字 ………… 59
　3.1.5　确定表之间的关系 ………… 59
3.2　建立数据库与数据表 ……………… 59
　3.2.1　建立数据库 ………………… 60
　3.2.2　建立数据表 ………………… 61
　3.2.3　定义数据表结构 …………… 63
　3.2.4　输入数据记录 ……………… 63
　3.2.5　修改数据表结构 …………… 66
　3.2.6　设置数据字典信息 ………… 67
　3.2.7　通过浏览窗口新增、修改、
　　　　　删除数据 ………………… 72
3.3　数据表的基本操作 ………………… 75
　3.3.1　打开和关闭表 ……………… 75
　3.3.2　显示表的数据记录 ………… 77
　3.3.3　移动记录指针 ……………… 78
　3.3.4　查找记录 …………………… 79
　3.3.5　新增记录 …………………… 81
　3.3.6　删除记录 …………………… 82
　3.3.7　修改记录 …………………… 83
　3.3.8　筛选数据表 ………………… 85
　3.3.9　表的复制和导入 …………… 86
　3.3.10　记录与数组的数据交换 …… 89

3.3.11　记录的统计 ························90

3.4　数据库的基本操作 ···············91

　3.4.1　打开数据库及设计器 ·····91

　3.4.2　关闭数据库 ····················92

　3.4.3　向数据库添加数据表 ·····93

　3.4.4　从数据库移去数据表 ·····93

　3.4.5　自由表 ··························94

　3.4.6　删除数据库 ····················95

　3.4.7　数据库的清理与检验 ·····95

3.5　索引的建立及使用 ···············96

　3.5.1　索引的概念 ····················96

　3.5.2　索引的建立 ····················97

　3.5.3　索引的使用 ··················100

　3.5.4　索引的删除 ··················101

　3.5.5　物理排序 ·····················102

3.6　多表的使用 ························102

　3.6.1　工作区 ·························102

　3.6.2　使用其他工作区的表 ···104

　3.6.3　数据表之间的临时关联 ···105

3.7　永久联系及参照完整性 ·······107

　3.7.1　永久联系 ·····················107

　3.7.2　参照完整性 ··················108

　3.7.3　数据完整性 ··················110

习题3 ······································110

第4章　结构化查询语言 ·········117

4.1　SQL 概述 ···························117

　4.1.1　SQL 的发展 ················117

　4.1.2　SQL 的特点 ················117

4.2　数据查询 ···························118

　4.2.1　SELECT 命令的基本格式 ···118

　4.2.2　简单查询 ·····················119

　4.2.3　特殊运算符 ··················120

　4.2.4　统计查询 ·····················121

　4.2.5　分组查询 ·····················122

　4.2.6　排序查询 ·····················125

　4.2.7　简单连接查询 ···············125

　4.2.8　超连接查询 ··················127

　4.2.9　嵌套查询 ·····················129

4.2.10　谓词和量词 ··················131

4.2.11　集合的并运算 ···············132

4.2.12　查询结果的输出 ···········132

4.3　数据操纵 ···························133

　4.3.1　插入记录 ·····················133

　4.3.2　更新记录 ·····················134

　4.3.3　删除记录 ·····················134

4.4　数据定义 ···························135

　4.4.1　建立数据表 ··················135

　4.4.2　修改数据表 ··················137

　4.4.3　删除数据表 ··················139

习题4 ······································139

第5章　查询与视图 ···············149

5.1　查询 ·································149

　5.1.1　查询的概念 ··················149

　5.1.2　查询的建立 ··················149

　5.1.3　查询与 SQL 语句的对应 ···153

　5.1.4　查询的保存、使用和修改 ···153

　5.1.5　定义查询去向 ···············154

5.2　视图 ·································156

　5.2.1　视图的概念 ··················156

　5.2.2　视图的建立 ··················157

　5.2.3　视图的修改和使用 ········159

　5.2.4　视图与数据更新 ···········159

习题5 ······································161

第6章　结构化程序设计 ·········163

6.1　程序文件 ···························163

　6.1.1　程序文件的基本概念 ·····163

　6.1.2　程序文件的建立和修改 ···163

　6.1.3　程序的运行 ··················165

　6.1.4　输入命令 ·····················166

　6.1.5　其他命令 ·····················167

6.2　程序的基本结构 ··················168

　6.2.1　顺序结构 ·····················168

　6.2.2　选择结构 ·····················168

　6.2.3　循环结构 ·····················172

6.3　多模块程序设计 ··················179

6.3.1　过程的定义和调用·······180
6.3.2　参数传递·······182
6.3.3　变量的作用域·······183
6.3.4　存储过程·······184
习题6·······187

第7章　表单设计·······193

7.1　面向对象基本概念·······193
7.1.1　对象·······193
7.1.2　Visual FoxPro 基类简介·······195
7.1.3　对象的引用·······196
7.2　表单的建立与运行·······196
7.2.1　使用表单向导创建表单·······196
7.2.2　修改表单·······199
7.2.3　运行表单·······199
7.3　表单设计器·······200
7.3.1　启动表单设计器·······200
7.3.2　设置数据环境·······201
7.3.3　向表单中添加控件·······203
7.3.4　为表单及控件设置属性·······205
7.3.5　为表单及控件编写代码·······208
7.3.6　在表单中快速添加数据
绑定控件·······210
7.4　表单控件·······212
7.4.1　标签控件·······212
7.4.2　线条与形状控件·······213
7.4.3　图像控件·······214
7.4.4　计时器控件·······216
7.4.5　文本框和编辑框控件·······217
7.4.6　微调控件·······220
7.4.7　选项按钮组控件·······221
7.4.8　复选框控件·······223
7.4.9　列表框和组合框控件·······224
7.4.10　页框控件·······228
7.4.11　容器控件·······230
7.4.12　表格控件·······231
7.4.13　命令按钮和命令按钮组
控件·······235
7.4.14　ActiveX 控件和 ActiveX

绑定控件·······243
7.4.15　超级链接控件·······248
7.5　多重表单与表单集·······249
7.5.1　表单的类型·······249
7.5.2　主从表单之间的参数传递·······252
7.5.3　表单集·······257
7.6　自定义类·······258
7.6.1　类的创建·······258
7.6.2　类的使用·······261
7.6.3　类的编辑·······264
习题7·······264

第8章　报表设计·······271

8.1　报表概述·······271
8.1.1　报表组成·······271
8.1.2　报表布局·······271
8.1.3　创建报表的方法·······272
8.2　使用"报表向导"设计报表·······272
8.2.1　使用"报表向导"设计
报表·······272
8.2.2　修改报表·······275
8.2.3　预览和打印报表·······275
8.3　使用"快速报表"设计报表·······276
8.4　使用"报表设计器"设计报表·······278
8.4.1　新建报表·······278
8.4.2　报表设计器·······278
8.4.3　报表的数据环境·······280
8.4.4　在报表中添加控件·······281
8.4.5　分组报表·······289
8.4.6　多栏报表·······292
习题8·······293

第9章　菜单设计·······297

9.1　菜单概述·······297
9.1.1　菜单系统的结构·······297
9.1.2　设计菜单系统的原则·······298
9.2　下拉式菜单的设计·······298
9.2.1　菜单设计的基本过程·······298
9.2.2　定义菜单·······299

9.3　快捷菜单的设计 ┈┈┈┈┈┈┈306

习题 9 ┈┈┈┈┈┈┈┈┈┈┈┈┈309

第 10 章　应用程序的生成与发布┈311

10.1　应用程序的生成与发布┈┈┈311

10.1.1　主文件 ┈┈┈┈┈┈┈311

10.1.2　连编项目 ┈┈┈┈┈┈313

10.1.3　应用程序发布 ┈┈┈┈315

10.2　数据库应用系统的开发步骤 ┈316

10.2.1　需求分析 ┈┈┈┈┈┈316

10.2.2　数据库设计 ┈┈┈┈┈317

10.2.3　应用程序设计 ┈┈┈┈317

10.2.4　应用程序的生成与发布┈318

习题 10 ┈┈┈┈┈┈┈┈┈┈┈┈318

参考文献 ┈┈┈┈┈┈┈┈┈┈┈┈┈320

第1章
数据库基础

从 20 世纪 60 年代末，人们开始采用数据库技术来有效地管理数据。随着计算机技术和通信技术的发展，数据库系统已经应用于各行各业。为了使读者更好地理解数据库系统，本章介绍了数据库的一些基本概念，其中着重讲解数据库系统的组成和关系数据库的基础知识。

Visual FoxPro 既是关系数据库管理软件，又是可视化的面向对象的集成开发工具。本章介绍该软件的发展历程及安装、启动、退出等操作，以及 Visual FoxPro 的项目管理文件的创建、使用和定制。

1.1　数据库系统

1.1.1　数据与数据处理

数据是存储在某一媒体上，对客观事物进行描述的物理符号。数据不仅包括数字、字母、汉字等文本形式，也包括图像、声音、视频等多媒体形式。

数据的概念包括内容和形式两个方面。数据的内容指所描述的客观事物的具体特性，即数据的值；数据形式是指存储数据内容的具体形式。例如，描述某人的出生日期可以使用"2000 年 6 月 25 日"，也可以使用"2000/6/25"，采取这两种不同形式所表示的数据的值是相同的。

数据处理是对数据的采集、整理、存储、分类、计算、加工、检索和传输等一系列操作的总和。其目的是从大量原始的数据中，获得有价值的信息，作为人们行为和决策的依据。数据处理是将数据转化为信息的过程。数据是信息的载体，信息是经过加工的数据。例如，在班主任的成绩单中，记录着各位学生的学号、姓名、各科成绩，这些属于数据。由此计算出各位学生的总分，统计成绩排名情况，作为评定奖学金的依据，这就属于信息。

1.1.2　计算机数据管理

早期的计算机主要用于科学计算。随着计算机硬件技术、软件技术和计算机应用范围的不断发展，人们逐渐将计算机用于数据管理。计算机数据管理经历了 3 个阶段：人工管理阶段、文件系统阶段和数据库系统阶段。

1.　人工管理阶段

20 世纪 50 年代中期以前，计算机硬件方面，外存储器只有纸带、卡片、磁带，没有像硬盘一样可以随机访问、直接存取的外部存储设备；软件方面，没有操作系统软件和数据管理软件。

1

此阶段的数据处理有以下特点。

（1）数据不保存。用户把应用程序和数据一起输入内存，通过应用程序对数据进行处理，输出处理结果。任务完成后，数据随着应用程序从内存一起释放。

（2）数据和程序不具有独立性。数据由应用程序自行管理。应用程序中不仅要规定数据的逻辑结构，还要阐明数据在存储器上的存储地址。当数据改变时，应用程序也要随之改变。

（3）数据不能共享。一个应用程序中的数据无法被其他应用程序所利用。程序和程序之间不能共享数据，因而产生大量重复的数据，称为数据冗余。

例 1.1　图 1.1 所示的是两个 C 语言的计算机程序。程序一的功能是计算学生各科成绩的平均分，程序二的功能是计算并显示每门功课的平均分。这两个程序所要处理的数据作为数组存放在程序中。

```
/*计算每位学生各科成绩的平均分*/
#include "stdio.h"
#define N 5
void main( )
{   struct student{
        char num[4];
        char name[9];
        int score[3];
        }stu[N]={{"101","Mary",80,85,90},{"102","rose",80,90,95},{"103","Harry",75,72,65},
        {"104","Peter",65,63,58},{"105","Richard",95,93,88}};   /*数组记录了五位学生的三门课程的成绩*/
    int i, j,sum;double avg;
    for(i=0;i<N;i++)
{   printf("%s  %s  %s ",stu[i].num,stu[i].name);   /*输出学生的学号和姓名*/
        sum=0;
        for(j=0;j<3;j++)
            sum+=stu[i].score[j];/*计算总分*/
        avg=sum/3;/*计算平均分*/
        printf(" %f\n",avg);/*输出平均分*/
    }
}

/*计算各门课程的平均分*/
#include "stdio.h"
#define M 3
void main( )
{struct course{
        char coursename[10];
        int  score[5];
    } s[M]={{"chinese",80,80,75,65,95},{"maths",85,90,72,63,93},{"english",90,95,65,58,88}};
    int i, j,sum;double avg;
    for(i=0;i<M;i++)
{   printf(" %s ",s[i].coursename);/*输出课程名称*/
        sum=0;
        for(j=0;j<5;j++)
                sum+=s[i].score[j];/*计算总分*/
        avg=sum/5;/*计算平均分*/
        printf("%f \n",avg);/*输出平均分*/
    }
}
```

图 1.1　使用数组来处理数据的 C 语言程序

2．文件系统阶段

20 世纪 50 年代后期至 60 年代中后期，随着计算机在数据管理中的广泛应用，大量的数据存储、检索和维护成为紧迫的要求。硬件方面，可直接存取的磁盘成为主要外存，软件方面，出现了高级语言和操作系统。

文件系统（见图 1.2）阶段的数据处理有以下特点。

（1）数据长期保存。数据项集合为记录，长期保存在磁盘的数据文件中，供用户反复调用和更新。

（2）程序与数据有了一定的独立性。应用程序和数据分别存储在程序文件和数据文件中，应用程序按文件名访问数据文件，不必关心数据在存储器上的位置、输入/输出方式。

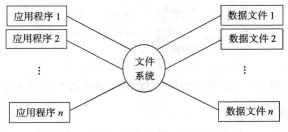

图 1.2　文件系统

（3）数据的独立性低。由于应用程序对数据的访问基于特定的结构和存取方法，当数据的逻辑结构发生改变时，必须修改相应的应用程序。

（4）数据的共享性差，存在数据冗余和数据的不一致。大多数情况下，一个应用程序对应一个数据文件。当不同的应用程序所处理的数据包含相同的数据项时，通常是建立各自的数据文件，从而产生大量的数据冗余。当一个数据文件的数据项被更新，而其他数据文件中相同的数据项没有被更新时，将造成数据的不一致。

例 1.2　图 1.3 所示的是两个 C 语言的计算机程序。程序的功能与例 1.1 相同，但是程序所要处理的数据存放在数据文件 score.txt 和 course.txt 中，如图 1.4 所示。

```
/ *计算数据文件score.txt中的学生的平均分*/
#include "stdlib.h"
#define N 5
#define M 3
void main( )
{   struct student{
            char num[4];
            char name[9];
            int  score[M];
        };
        struct student s;
        int i,j,sum;  double avg;
        FILE *fp;
        fp=fopen("score.txt","r"); /*只读方式打开数据文件*/
        for(i=0;i<N;i++)
        {   fread(&s, sizeof(struct student), 1, fp);/*从文件指针读出数据到结构体中*/
            sum=0;
            for(j=0;j<M;j++)
                sum+=s.score[j];/*计算总分*/
            avg=sum/M;/*计算平均分*/
            printf("%s  %s    %f\n",s.num,s.name,avg);/*输出学号、姓名和平均分*/
        }
        fclose(fp);
}
/ *计算数据文件course.txt中课程的平均分*/
#include "stdio.h"
#include "stdlib.h"
#define N 3
#define M 5
void main( )
{   struct course{
            char coursename[10];
            int  score[M];
        }  s;
        int i,j,sum;  double avg;
        FILE *fp;
        fp=fopen("course.txt","r"); /*以只读方式打开课程成绩文件*/
        for(i=0;i<N;i++)
        {   fread(&s, sizeof(struct course), 1, fp);/*从文件指针读出数据到结构体中*/
                sum=0;
                for(j=0;j<M;j++)
                    sum+=s.score[j];/*计算总分*/
                avg=sum/M;/*计算平均分*/
                printf("%s  %f\n",s.coursename,avg);/*输出课程名称和平均分*/
        }
        fclose(fp);
}
```

图 1.3　使用数组来处理数据的 C 语言程序

```
101 Mary      808590          chinese    8080756595
102 Rose      809095          maths      8590726393
103 Harry     757265          english    9095655888
104 Peter     656358
105 Richard   959388
    score.txt                      course.txt
```

图 1.4　记录学生成绩的数据文件和课程成绩的数据文件

3.　数据库系统阶段

20 世纪 60 年代后期，大容量和快速存储的磁盘相继投入市场，为新型数据管理技术奠定了物质基础。此外，计算机管理的数据量急剧增长，多用户、多程序实现数据共享的要求日益增强。在这种情况下，文件系统的数据管理已经不能满足需求，数据库技术应运而生。

数据库系统（见图 1.5）阶段的数据处理有以下特点。

（1）数据的共享性高，冗余度低。建立数据库时，以面向全局的观点组织数据库中的数据。数据可被多个用户、多个应用程序共享使用，大大减少数据冗余。

（2）采用特定的数据模型。数据库中的数据是以一定的逻辑结构存放的，这种结构由数据库管理系统所支持的数据模型来决定。目前流行的数据库管理系统大多建立在关系模型的基础上。

（3）数据独立性高。数据与应用程序之间彼此独立。当数据的存储格式、组织方法和逻辑结构发生改变时，不需要修改应用程序。

（4）统一的数据控制功能。数据库由数据库管理系统来统一管理，并提供对数据的并发性、完整性、安全性等控制功能。

```
应用程序 1
应用程序 2
   ⋮              数据库管理系统          数据库
                    （DBMS）             （DB）
应用程序 n
```

图 1.5　数据库系统

例 1.3　图 1.6 所示的是存放成绩的数据库。在数据库管理系统中使用如图 1.7 所示的两个 SQL 语句，即可完成例 1.1 程序中所要求的计算学生的平均分和课程的平均分的功能。

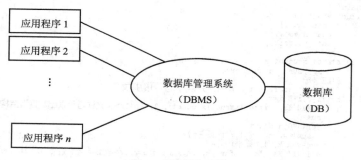

学号	姓名	课程名称	成绩
101	Mary	chinese	80
101	Mary	maths	85
101	Mary	english	90
102	Rose	chinese	80
102	Rose	maths	90
102	Rose	english	95
103	Harry	chinese	75
103	Harry	maths	72
103	Harry	english	65
104	Peter	chinese	65
104	Peter	maths	63
104	Peter	english	58
105	Richard	chinese	95
105	Richard	maths	93
105	Richard	english	88

```
note 计算每位学生的平均分
select 学号,姓名,avg(成绩) from score group by 学号
note 计算每门课程的平均分
select 课程名称,avg(成绩) from score group by 课程名称
```

图 1.6　存放成绩的数据库　　　　　图 1.7　计算学生的平均分和课程的平均分的查询语句

1.1.3　数据库系统的组成

数据库系统（DataBase System，DBS）是指引入数据库技术的计算机系统。它实现了有组织地、动态地存储大量相关数据，提供了数据处理和信息资源共享的便利手段。数据库系统通常由 5 部分组成：硬件系统、数据库、数据库管理系统、相关软件和各类人员，其层次示意图如图 1.8 所示。

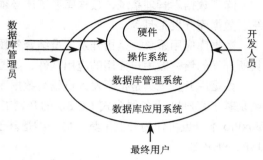

图 1.8　数据库系统层次示意图

1. 硬件系统

硬件系统主要指计算机硬件设备，包括 CPU、内存、外存、输入/输出设备等。由于要运行操作系统、数据库管理系统的核心程序和应用程序，要求计算机有足够大的内存；同时，由于数据库、系统软件和应用软件都保存在外存中，对计算机的外存容量的要求也很高。此外，对于网络数据库系统，还需要有网络通信设备的支持。

2. 数据库集合

数据库（DataBase，DB）可直观地理解为数据的仓库。数据库是指存储在计算机外存中，结构化的相关数据的集合。它不仅包含了描述事物本身的数据，还包含了相关数据之间的联系。

数据库以文件的形式存储在外存中，用户通过数据库管理系统来统一管理和控制数据。

3. 数据库管理系统

数据库管理系统（DataBase Management System，DBMS）是对数据实行专门管理的系统软件，是数据库系统的核心。它在操作系统的基础上运行，方便用户建立、使用和维护数据库，提供数据的安全性和完整性等统一控制机制。

目前，广泛使用的大型数据库管理系统有 Oracle、Sybase、DB2 等，小型数据库管理系统有 SQL Server、Visual FoxPro、Access 等。

数据库管理系统主要功能如下。

（1）数据定义：DBMS 提供数据定义语言（Data Definition Language，DDL），负责数据库对象的建立、修改和删除等。

（2）数据操纵：DBMS 提供数据操纵语言（Data Manipulation Language，DML），实现数据的基本操作。例如，对表中数据的查询、插入、删除和修改。

（3）数据控制：包括安全性控制、完整性控制和并发性控制等。

安全性控制主要是通过授权机制实现，DBMS 提供数据控制语言（Data Control Language，DCL），设置或者更改数据库用户的权限。在访问数据库时，由 DBMS 对用户的身份进行确认，只有具有指定权限的用户才能进行相应的操作。

完整性控制是保证数据库中数据的正确性和有效性。例如，百分制的成绩的值应该是 0～100 之间的数值，一旦在数据库中定义了这个约束性条件，在插入和修改成绩时，DBMS 都会进行检查，保证不符合条件的数据不会存入数据库。

并发控制是指当多个用户同时对同一项数据进行操作时，DBMS 采取一定的控制措施，防止数据的不一致。例如，两个终端的应用程序在同时购买车票，为避免将同号的车票卖给不同的用户，DBMS 可以采取对数据加锁的方法，以保证当一个用户在存取该数据时其他用户不能修改此数据。

（4）数据库维护：包括数据库的备份和恢复，数据库的转换、数据库的性能监视和优化等。

4. 相关软件

除了数据库管理系统，数据库系统还必须有相关软件的支持，包括操作系统、数据库应用系统、数据库开发工具等。

数据库应用系统，是指开发人员结合各领域的具体需求，利用数据库系统资源，使用开发工具所开发的给一般用户使用的应用软件，如图书管理系统、学籍管理系统、商品进销存系统等。

数据库开发工具是指开发人员编写数据库应用系统所使用的软件平台。通常可分为两类：一类是基于客户机/服务器模式（C/S）的开发工具，如 Visual Basic、Visual C++、Delphi 等，Visual FoxPro 本身也可作为开发工具；另一类是基于浏览器/服务器模式（B/S）的开发工具，如 ASP、JSP、PHP 等。

C/S 模式如图 1.9 所示，在服务器结点存放数据及执行 DBMS 功能，客户机安装应用系统。客户端的用户请求被传送到服务器，服务器进行处理后，将处理结果返回给用户。

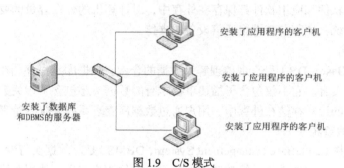

图 1.9　C/S 模式

对于不需要共享使用的数据库系统，通常将数据库、DBMS、数据库应用系统装在一台计算机上，由个人用户独占使用数据。

随着因特网的广泛使用，B/S 模式得到了广泛的应用，如图 1.10 所示。客户端仅安装浏览器软件，用户通过 URL 向 Web 服务器发出请求，Web 服务器运行脚本程序，向数据库服务器发出数据请求。数据库服务器执行处理后，将结果返回给 Web 服务器。Web 服务器根据结果产生网页文件，客户端接收到网页文件后，在浏览器中显示出来。

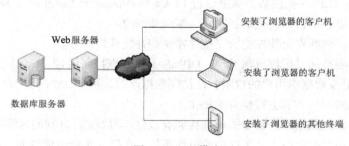

图 1.10　B/S 模式

5. 各类人员

数据库系统中还包括设计、建立、管理、使用数据库的各类人员。

（1）数据库管理员（Database Administrator，DBA）。数据库管理员是负责全面管理和实施数据库控制与维护的技术人员，他要参与数据库的规划、设计和建立，负责数据库管理系统的安装和升级；规划和实施对数据库的备份和还原；规划和实施数据库的安全性，控制和监视用户对数据库的存取访问；监督和记录数据库的操作状况，进行性能分析，实施系统优化。

（2）开发人员。开发人员负责应用系统的需求分析，设计应用系统的功能，使用开发工具实现应用系统。

（3）最终用户。最终用户只需通过执行数据库应用系统来处理数据，不需要了解数据库的设计、维护和管理等问题。

1.2　关系数据库

数据库中存储和管理的数据都源于现实世界的客观事物。例如，在图书管理系统中的图书和读者，在教学管理系统中的学生、教师、课程；销售管理系统中的商品、客户、员工……由于计算机不能处理这些具体事物，人们必须要将其转换为计算机能够管理的数据。通常，这种转换过程分为两个阶段：首先要将现实世界转换为信息世界，即建立概念模型；再将信息世界转换为数据世界，即建立数据模型。

1.2.1　概念模型

现实世界中事物及联系在人们头脑中的反映，经过人们头脑的分析、归纳、抽象，形成信息世界。对信息世界所建立的抽象的模型，称之为概念模型。由于概念模型是用户与数据库设计人员之间进行交流的语言，因此概念模型一方面应该能够方便、直接地表达应用中的各种语义知识，另一方面它还应该简单、清晰、易于用户理解。目前常用实体联系模型表示概念模型。

1. 实体

实体是客观存在并且可相互区别的事物。它可以是实际的事物，如读者、图书、学生、教师、课程等；也可以是抽象的事件，如借书、选课、订货等活动。

2. 实体属性

实体的特性称为属性，一个实体可以用多个属性来描述。

例如，图书实体可以用条形码、书名、作者、出版社、出版年月、售价等属性来描述。

读者实体可以用读者证号、姓名、身份、性别、电话号码等属性来描述。

3. 实体型和实体集

用实体名及其属性集合描述的同类实体，称为实体型。

例如，图书（条形码、书名、作者、出版社、出版年月、售价）就是一个实体型。读者（读者证号、姓名、身份、性别、电话号码）也是一个实体型。

同类型实体的集合称为实体集。例如，所有的图书构成一个实体集。在图书实体集中，"P0000001 马克思的人学思想袁贵仁北师大 1996/06/06　　19.0 "表示一本具体的书。所有的读者也构成一个实体集。在读者实体集中，"005 孙建平男研究生 13507317845"表示一个具体的读者。

4. 实体间的联系

实体间的联系就是指实体集与实体集之间的联系。实体间的联系分为一对一、一对多和多对多 3 种。

（1）一对一联系

设有实体集 A 和实体集 B，若实体集 A 中的每个实体仅与实体集 B 中的一个实体联系，反之亦然，则两个实体间为一对一联系，记为 1:1。例如，班级和班长是两个实体集，一个班级只能有一个班长，而一个班长只能在一个班级任职，则班级和班长之间为一对一的联系。

（2）一对多联系

设有实体集 A 和实体集 B，若对于实体集 A 中的每个实体，实体集 B 都有多个实体与之对应，反之，对于实体集 B 中的每个实体，实体集 A 中只有一个实体与之对应，则两个实体间为一对多联系，记为 1:n。例如，班级和学生是两个实体集，一个班级有多名学生，而一个学生只能属于一个班级，则班级和学生之间为一对多的联系。

（3）多对多联系

设有实体集 A 和实体集 B，若对于实体集 A 中的每个实体，实体集 B 都有多个实体与之对应；反之，对于实体集 B 中的每个实体，实体集 A 中也有多个实体与之对应，则两个实体间为多对多联系，记为 m:n。例如，图书和读者两个实体集，一个读者可以借阅多本图书，而一本图书也可以被多位读者相继借阅，则图书和读者之间为多对多的联系。学生和课程两个实体集，一个学生可以选修多门课程，而一门课程也可以被多位学生选修，则学生和课程之间为多对多的联系。

5．E-R 图

实体-联系模型使用 E-R 图（Entity-Relationship Diagram）来描述概念模型。在 E-R 图中，用矩形表示实体型，用椭圆表示实体的属性，用菱形表示实体型之间的联系，相应的实体名、属性名、联系名写明在对应的框内，用无向边将各种框连接起来，并在连接实体型的线段上标上联系的类型。图书与读者的 E-R 图如图 1.11 所示。

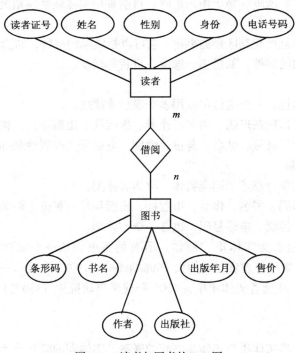

图 1.11　读者与图书的 E-R 图

1.2.2　数据模型

建立概念模型之后，为了将其转换为计算机能够管理的数据，需要按计算机系统的观点对数据建模。数据模型直接面向数据库中数据的逻辑结构，有一组严格的语法和语义语言，可以用来定义、操纵数据库中的数据。它所描述的内容包括三个部分：数据结构、数据操作和数据完整性约束条件。数据结构是指储存在数据库中对象类型的集合，描述数据库组成对象以及对象之间的联系。数据操作是指对数据库中各种对象实例允许执行的操作的集合，包括操作及其相关的操作规则。数据完整性约束条件是指在给定的数据模型中，数据及其联系所遵守的一组通用的完整性规则，它能保证数据的正确性和一致性。

任何一个数据库管理系统都是基于某种数据模型的。20 世纪 70 年代至 80 年代初期，广泛使用的是基于层次、网状数据模型的数据库管理系统。层次模型以树状结构表示实体及实体之间的联系，网状模型是以网状结构表示实体及实体之间的联系。

现在，关系模型是使用最普遍的数据模型，它以二维表的形式表示实体及实体之间的联系。关系模型以关系代数为基础，操作的对象和结果都是二维表，也就是关系。目前流行的数据库管理系统（如 Oracle、Sybase、SQL Server、Visual FoxPro 等）都是关系数据库管理系统。

随着处理复杂数据（如文档、复杂图表、网页、多媒体等）的需求不断增长，面向对象的数据模型也正在研究与发展。

1.2.3　关系模型

在关系模型中，基本数据结构就是二维表。实体及实体之间联系用二维表来表示，数据被看成二维表中的元素。关系操作的对象和结果都是二维表。

1. 关系术语

（1）关系：一个关系就是一张二维表，每个关系有个关系名。

对关系的描述称为关系模式，其格式为关系名（属性 1，属性 2，……，属性 *n*）。在 Visual FoxPro 中，一个关系存储为一个数据表文件，文件的扩展名为 dbf。关系模式对应于数据表的结构，其格式为表名（字段名 1，字段名 2，字段名 3，……，字段名 *n*）。如图 1.12 所示，图书（条形码，书名，作者，出版社，出版年月，售价）就是“图书”关系的关系模式，即“图书”表的结构。

图书

条形码	书名	作者	出版社	出版年月	售价
P0000001	李白全集	（唐）李白	上海古籍出版社	06/01/97	19.00
P0000002	杜甫全集	（唐）杜甫	上海古籍出版社	06/01/97	21.00
P0000003	王安石全集	（宋）王安石	上海古籍出版社	06/01/99	35.00
P0000004	龚自珍全集	（清）龚自珍	上海古籍出版社	06/01/99	33.60
P0000005	清稗类钞第一册	徐珂	中华书局	10/05/84	2.00
P0000006	清稗类钞第二册	徐珂	中华书局	03/01/86	3.20
P0000007	清稗类钞第三册	徐珂	中华书局	03/01/86	3.40
P0000008	游园惊梦二十年	白先勇	迪志文化编辑部	09/01/89	128.00
P0000009	新亚遗译	钱穆	东大图书	09/01/89	228.00
P0000010	岳麓书院	江堤 彭爱学	湖南文艺	12/01/95	13.80

图 1.12　图书表

（2）元组：二维表的一行称为关系的一个元组，即 Visual FoxPro 数据表中的一条记录。

例如，（P0000001 李白全集 李白 上海古籍出版社 1997/06/01　19.0）就是“图书”关系的一个元组，即"图书"表的一条记录。

如图 1.12 所示，"图书"表共有 10 条记录。

（3）属性：二维表的一列称为关系的一个属性，即 Visual FoxPro 数据表中的一个字段。

例如，条形码、书名、作者、出版社、出版年月、售价等都是"图书"关系的属性，即"图书"表的字段。

（4）域：属性的取值范围称为域，即不同元组对同一个属性的取值所限定的范围。

例如，在"图书"关系中，书名属性的域是文字字符，出版年月属性的域是日期，售价属性的域是 0 以上的数值。

（5）关键字：能唯一标识元组的属性或属性的组合称为关键字。在 Visual FoxPro 数据表中，能标识记录唯一性的字段或字段的组合，称为主关键字或候选关键字。

例如，在"图书"关系中，每一本图书的条形码是唯一的，故"条形码"可作为图书表的关键字。而两本书的书名可能相同，所以"书名"就不能作为图书表的关键字。

（6）外部关键字：如果关系中的某个属性不是本关系的关键字，而是另一关系的关键字，称这个属性为外部关键字。

2．关系的特点

在关系模型中，每个关系模式必须满足一定的条件，具备以下特点。

（1）关系必须规范化。最基本的要求是每个属性必须是不可分割的数据单元，即每个属性不能再细分为几个属性。

例如，在手工制表中，经常出现如表 1.1 所示的复合表格。在这个表格中，"必考科目"和"选考科目"不是基本的数据项，它是由多个基本数据项组成的复合数据项。在关系模式中，必须去掉必考科目和选考科目两个属性。

表 1.1　　　　　　　　　　　　　　　复合表格示例

学号	姓名	必考科目			选考科目	
		语文	数学	英语	文综	理综

（2）在一个关系中，不能出现相同的属性名。在 Visual FoxPro 中，同一个数据表中不能出现同名的字段。

（3）在一个关系中，不能出现完全相同的元组。

（4）关系中元组的次序无关紧要，即任意交换两行的位置不影响数据的实际含义。

（5）关系中属性的次序无关紧要，即任意交换两列的位置不影响数据的实际含义。

3．关系实例

一个具体的关系模型通常由若干个关系模式构成。在 Visual FoxPro 中，相互之间存在联系的数据表放在一个数据库文件中进行管理。数据库文件的扩展名为 dbc。

例 1.4　图书-读者-借阅关系模型。

在图书管理数据库中有图书、读者、借阅数据表，如图 1.13 所示。读者和图书这两个实体之间存在的是多对多的联系，"借阅"作为纽带表，把多对多的关系分解成两个一对多的关系。

图书、读者、借阅关系模型在 Visual FoxPro 中如图 1.14 所示。

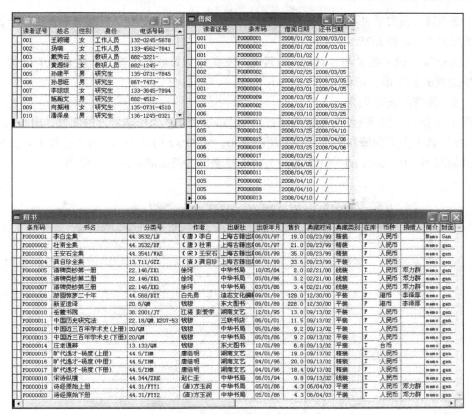

图 1.13　图书管理数据库的数据表

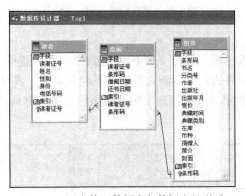

图 1.14　图书管理数据库各数据表的联系

1.2.4　关系运算

关系模型中常用的关系操作包括查询操作和插入、删除、修改操作两大部分。

关系的查询表达能力很强,是关系操作中最主要的部分。查询操作可以分为传统的关系运算(并、交、差等)和专门的关系元算(选择、投影、连接)。

1.　传统的集合运算

(1)并运算。设关系 R 与 S 有相同的属性,关系 R 与关系 S 的并,将产生一个包含 R 和 S 所有不同元组的新关系,记作 $R \cup S$。

（2）交运算。设关系 R 与 S 有相同的属性，关系 R 与关系 S 的交，是既属于 R 也属于 S 的元组所组成的新关系，记作 $R\cap S$。

（3）差运算。设关系 R 与 S 有相同的属性，关系 R 与关系 S 的差，是所有属于 R 但不属于 S 的元组所组成的新关系，记作 R-S。

例 1.5 传统的集合运算。

如图 1.15 所示，关系 ts1 为王颖珊借过的图书，关系 ts2 为杨瑞借过的图书，则 ts1∪ts2（ts1 与 ts2 的并运算）为王颖珊和杨瑞借过的所有图书，ts1∩ts2（ts1 与 ts2 的交运算）为王颖珊和杨瑞都借过的图书，ts1-ts2（ts1 与 ts2 的差）为王颖珊借过但杨瑞未借过的图书。

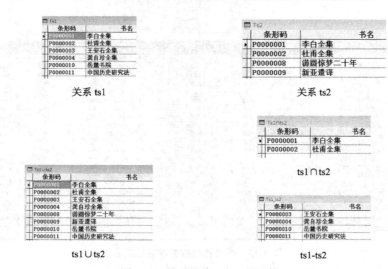

图 1.15　关系的并、交、差运算

2. 专门的关系运算

（1）选择：从关系中选出满足给定条件的元组的操作称为选择。选择是从行的角度进行运算，在水平方向选出满足条件的元组。新关系的关系模式不变，其元组是原关系的一个子集。

例如，从图 1.12 所示的图书表中筛选出所有出版社为中华书局的图书，就是一种选择运算，得到的结果如图 1.16 所示。

条形码	书名	作者	出版社	出版年月	售价
P0000005	清稗类钞第一册	徐珂	中华书局	10/05/84	2.00
P0000006	清稗类钞第二册	徐珂	中华书局	03/01/86	3.20
P0000007	清稗类钞第三册	徐珂	中华书局	03/01/86	3.40

图 1.16　关系的选择运算

（2）投影：从关系中选出若干属性组成新的关系称为投影。投影是从列的角度进行运算，在垂直方向抽取若干属性或重新排列属性。新关系的属性个数通常比原关系少，或者属性的排列顺序不同。

例如，从图 1.12 所示的图书表中抽取图书的条形码、书名、售价，就是一种投影运算，得到的结果如图 1.17 所示。

（3）连接：连接是把两个关系中的元组按连接条件

条形码	书名	售价
P0000001	李白全集	19.00
P0000002	杜甫全集	21.00
P0000003	王安石全集	35.00
P0000004	龚自珍全集	33.60
P0000005	清稗类钞第一册	2.00
P0000006	清稗类钞第二册	3.20
P0000007	清稗类钞第三册	3.40
P0000008	游园惊梦二十年	128.00
P0000009	新亚遗译	228.00
P0000010	岳麓书院	13.80

图 1.17　关系的投影运算

横向结合，拼接成一个新的关系。

最常见的连接运算是自然连接，它是利用两个关系中的公共字段或者具有相同语义的字段，把该字段值相等的记录连接起来。

例如，在图书管理数据库中，将借阅表和图书表根据公共字段条形码进行自然连接，得到一个包含读者证号、条形码、书名、作者、出版社、出版年月、售价、借阅日期、还书日期属性的关系，如图 1.18 所示。

读者证号	条形码	书名	作者	出版社	出版年月	售价	借阅日期	还书日期
001	P0000001	李白全集	(唐)李白	上海古籍出版社	1997/06/01	19.0	2008/01/02	2008/03/01
001	P0000002	杜甫全集	(唐)杜甫	上海古籍出版社	1997/06/01	21.0	2008/01/02	2008/03/01
001	P0000003	王安石全集	(宋)王安石	上海古籍出版社	1999/06/01	35.0	2008/01/02	/ /
002	P0000001	李白全集	(唐)李白	上海古籍出版社	1997/06/01	19.0	2008/02/05	/ /
002	P0000002	杜甫全集	(唐)杜甫	上海古籍出版社	1997/06/01	21.0	2008/02/25	2008/03/05
002	P0000008	游园惊梦二十年	白先勇	迪志文化编辑部	1989/09/01	128.0	2008/02/25	2008/03/05
001	P0000004	龚自珍全集	(清)龚自珍	上海古籍出版社	1999/06/01	33.6	2008/03/01	2008/04/05
002	P0000009	新亚遗译	钱穆	东大图书	1989/09/01	228.0	2008/03/05	/ /
006	P0000002	杜甫全集	(唐)杜甫	上海古籍出版社	1997/06/01	21.0	2008/03/10	2008/03/25
006	P0000010	岳麓书院	江堤 彭爱学	湖南文艺	1995/12/01	13.8	2008/03/10	2008/03/25
005	P0000011	中国历史研究法	钱穆	三联书店	2001/06/01	11.5	2008/03/25	2008/04/10
005	P0000012	中国近三百年学术史(上册)	钱穆	中华书局	1986/05/01	9.2	2008/03/25	2008/04/10
006	P0000015	旷代逸才-杨度(上册)	唐浩明	湖南文艺	1996/04/01	19.0	2008/03/25	2008/04/06
006	P0000016	旷代逸才-杨度(中册)	唐浩明	湖南文艺	1996/04/01	20.0	2008/03/25	2008/04/06
006	P0000017	旷代逸才-杨度(下册)	唐浩明	湖南文艺	1996/04/01	18.4	2008/03/25	/ /
001	P0000010	岳麓书院	江堤 彭爱学	湖南文艺	1995/12/01	13.8	2008/04/05	/ /
001	P0000011	中国历史研究法	钱穆	三联书店	2001/06/01	11.5	2008/04/05	/ /
005	P0000002	杜甫全集	(唐)杜甫	上海古籍出版社	1997/06/01	21.0	2008/04/10	/ /
005	P0000008	游园惊梦二十年	白先勇	迪志文化编辑部	1989/09/01	128.0	2008/04/10	/ /
006	P0000013	中国近三百年学术史(下册)	钱穆	中华书局	1986/05/01	9.2	2008/04/10	/ /

图 1.18　关系的连接运算

例 1.6　关系运算。

查询读者王颖珊所借图书的书名、作者、借阅日期和还书日期。

在此关系运算中，既包含选择、投影，也包含连接。首先要把读者表和借阅表按照读者证号相同的条件连接起来，并且要选择姓名为王颖珊的元组。然后再将连接的结果与图书表按照条形码相同的条件连接起来，最后将连接的结果按照书名、作者、借阅日期和还书日期进行投影。

书名	作者	借阅日期	还书日期
李白全集	(唐)李白	01/02/08	03/01/08
杜甫全集	(唐)杜甫	01/02/08	03/01/08
王安石全集	(宋)王安石	01/02/08	/ /
龚自珍全集	(清)龚自珍	03/01/08	04/05/08
岳麓书院	江堤 彭爱学	04/05/08	/ /
中国历史研究法	钱穆	04/05/08	/ /

图 1.19　关系合运算

1.3　Visual FoxPro 概述

Visual FoxPro 既是关系型数据库管理系统，又是可视化的面向对象的集成开发工具。它具有强大的数据库管理功能，支持自含型语言和结构化查询语言对数据的操作，拥有 500 条命令和 200 余种函数。

Visual FoxPro 既支持传统的面向过程的程序设计，也支持面向对象的程序设计方式。

使用 Visual FoxPro 提供的项目管理工具和向导、生成器、设计器等可视化开发工具，用户可以简便、快速地开发应用程序。

1.3.1　Visual FoxPro 的发展历程

在 20 世纪 70 年代末期，美国的 Ashton-Tate 公司研制的 dBASE 是最流行的微机关系数据库管理系统。1986 年，美国 FOX 软件公司发布了与 dBASE 兼容的 FoxBase。它功能更强大，运行速度更快，很快成为 20 世纪 80 年代中期主导的微机数据库管理系统。

1989 年，FOX 软件公司开发了 FoxBase 的后继产品——FoxPro1.0 版，1991 年推出 2.0 版。FoxPro 2.0 是一个 32 位软件产品，使用了 Rushmore 查询优化技术、先进的关系查询与报表技术以及第四代语言工具，性能大幅提高。

1992 年微软公司收购了 Fox 公司。它利用自身的技术优势和巨大的资源，在不长的时间里开发出 FoxPro 2.5、FoxPro 2.6 等大约 20 个软件产品及其相关产品，支持 DOS、Windows、Mac 和 UNIX 4 个操作系统平台。

1995 年，微软公司发布了 FoxPro 的新版本 Visual FoxPro 3.0，它全面支持面向对象技术和可视化编程技术。1998 年，微软公司推出了可视化编程语言集成包 Visual Studio 6.0。Visual FoxPro 6.0 是其中的一个产品。

进入 21 世纪以来，微软公司又相继公布了 Visual FoxPro 7.0（2001 年）、Visual FoxPro8.0（2003 年）和 Visual FoxPro9.0（2004 年）。这些版本都没有发布中文版，目前，国内大量使用的仍然是 Visual FoxPro 6.0 中文版，本书仍将以其作为教学平台。

1.3.2　Visual FoxPro 的安装

（1）将 Visual FoxPro 6.0 系统的光盘放入光驱中，安装向导会自动启动。如果没有启动，打开"我的电脑"或"资源管理器"，双击光盘上的安装文件 Setup.exe。

（2）如图 1.20 所示，系统显示"Visual FoxPro 6.0 安装向导"对话框，单击"下一步"按钮，继续进行安装工作。

（3）如图 1.21 所示，系统显示"最终用户许可协议"对话框，用户阅读许可协议后，单击"接受协议"单选钮，单击"下一步"按钮。

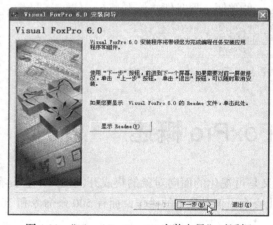

图 1.20　"Visual FoxPro 6.0 安装向导"对话框

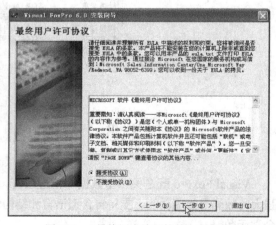

图 1.21　"最终用户许可协议"对话框

（4）如图 1.22 所示，系统显示"产品号和用户 ID"对话框，输入产品的 ID 号、用户姓名和公司名称，单击"下一步"按钮。

（5）如图 1.23 所示，系统显示"选择公用安装文件夹"对话框，指定 Visual Studio 6.0 应用程序公用文件的安装位置。若使用默认文件夹位置，直接单击"下一步"按钮。

 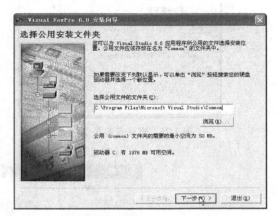

图 1.22　"产品号和用户 ID"对话框　　　　图 1.23　"选择公用安装文件夹"对话框

（6）如图 1.24 所示，安装向导进入安装程序，关闭其他的应用程序，单击"继续"按钮。

（7）如图 1.25 所示，在对话框中显示出所安装 Visual FoxPro 的产品标识号，单击"确定"按钮。

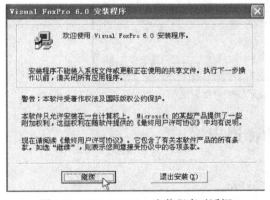 

图 1.24　Visual FoxPro 安装程序对话框　　　　图 1.25　显示产品 ID 对话框

（8）如图 1.26 所示，系统显示选择安装类型对话框。若单击"典型安装"按钮，系统只安装 Visual FoxPro 一般常用的组件。若单击"自定义安装"按钮，系统将打开"自定义安装"对话框，用户可自行选择安装哪些组件。

在此步骤中，用户还可选择将 Visual FoxPro 软件安装到哪一个文件夹。默认情况下，Visual FoxPro 安装在 C:\Program Files\Microsoft Visual Studio \vfp98 文件夹下。如果希望安装到其他文件夹，单击"更改文件夹"按钮，打开"更改文件夹"对话框来指定目标文件夹。

（9）如图 1.27 所示，安装程序开始将安装光盘上的文件拷贝到硬盘，并显示安装的进度。

（10）安装完成后，系统显示成功安装的对话框，单击"确定"按钮。

（11）如图 1.28 所示，系统打开对话框，询问是否安装 MSDN（微软开发者网络）。由于 Visual FoxPro 的技术资料、帮助和示例皆附于 MSDN 中。如果用户要在 Visual FoxPro 中使用帮助，必须安装 MSDN。将 MSDN 光盘放入光驱中，单击"下一步"按钮，开始安装 MSDN。

图 1.26 选择安装类型对话框

图 1.27 显示安装进度对话框

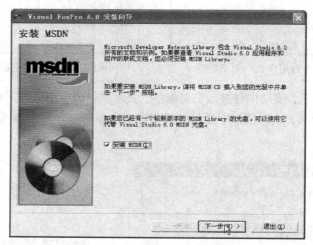

图 1.28 显示安装进度对话框

1.3.3 Visual FoxPro 的启动和退出

1. Visual FoxPro 的启动

任选下列一种方法，都可以启动 Visual FoxPro。

（1）如图 1.29 所示，单击 Windows 的开始按钮，选择所有程序→Microsoft Visual FoxPro 6.0 → Microsoft Visual FoxPro 6.0，可以启动 Visual FoxPro。

图 1.29 启动 Visual FoxPro

图 1.30 建立桌面快捷方式

（2）在开始菜单的 Microsoft Visual FoxPro 6.0 图标上单击鼠标右键，在弹出的快捷菜单中选择"发送到"→"桌面快捷方式"命令，如图 1.30 所示。桌面上将建立 Visual FoxPro 的快捷方式。用户可以通过双击此图标来启动 Visual FoxPro。

（3）在我的电脑或资源管理器中，任意双击一个与 Visual FoxPro 相关联的文件，如数据表文件，Visual FoxPro 将自动启动。

其实，无论以何种方式启动 Visual FoxPro，都是在执行安装目录下的文件 VFP6.EXE。

2. Visual FoxPro 的退出

任选下列一种方法，都可以退出 Visual FoxPro。

（1）选择"文件"菜单的"退出"命令。

（2）单击主窗口右上角的关闭按钮。

（3）按下 Alt+F4 组合键。

（4）在命令窗口中输入 quit 命令后按回车键。

1.3.4　Visual FoxPro 的用户界面

进入 Visual FoxPro 后，其用户界面如图 1.31 所示。

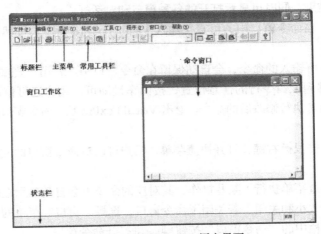

图 1.31　Visual FoxPro 用户界面

（1）标题栏。标题栏位于主窗口的顶部，包含控制菜单图标、应用程序名称、最小化按钮、最大化按钮（或还原按钮）和关闭按钮。

（2）主菜单。主菜单包含文件、编辑、显示、格式、工具、程序、窗口和帮助 8 个菜单项。单击菜单项，系统会打开相应的下拉菜单。用户选择其中的菜单命令，就可执行 Visual FoxPro 中相应的操作。

Visual FoxPro 的菜单项是上下文敏感的，也就是说，当情况变化时，菜单项或下拉菜单的菜单命令会有所不同。例如，浏览一个数据表时，主菜单中将增加"表"菜单项。

（3）常用工具栏。Visual FoxPro 共提供 11 种工具栏。

"常用"工具栏位于菜单栏下方，由若干个工具按钮组成，每个按钮对应一个常用的菜单命令。

当用户打开某些类型的文件时，系统将自动打开相应的工具栏。例如，当用户打开数据库文件时，系统自动打开"数据库设计器"工具栏。

选择"显示"菜单下的"工具栏"命令，打开"工具栏"对话框，如图 1.32 所示，用户可选择打开或关闭指定的工具栏。

或者，在工具栏上单击鼠标右键，打开快捷菜单，如图 1.33 所示，用户也可以打开或关闭指定的工具栏。

图 1.32 "工具栏"对话框   图 1.33 "工具栏"快捷菜单

工具栏是可以移动的，用户可以使用鼠标将工具栏拖曳到主窗口的其他位置。

（4）窗口工作区。窗口工作区是指"常用"工具栏以下到状态栏以上的区域，主要用来显示命令或程序的执行结果，同时也显示打开的各种窗口和对话框。

（5）命令窗口。在命令窗口中，可直接输入 Visual FoxPro 命令，按回车键，系统就执行此命令。

用户在命令窗口所输入的命令，会自动保留在命令窗口中。若用户要重复执行一个已输入的命令，只需将光标移到该命令行的任意位置，按回车键即可。用户还可修改已输入的命令，在该命令行上按回车键来执行修改后的命令。退出 Visual FoxPro 后，命令窗口所输入的命令将会被清除。

在命令窗口上单击鼠标右键，打开快捷菜单，用户可以对命令窗口的文本执行剪切、复制、粘贴、清除等操作。

此外，若用户通过菜单执行了某些操作，其对应的命令也会自动显示在命令窗口中。命令窗口可以被移动、改变大小和关闭。若关闭了命令窗口，选择"窗口"菜单的"命令窗口"命令，或单击"常用"工具栏中的"命令窗口"按钮 ，可打开命令窗口。

（6）状态栏。状态栏位于主窗口的底部，用于显示工作状态。例如，打开数据表后，状态栏会显示数据表的名称、记录数目等信息。

1.3.5 Visual FoxPro 的选项设置

安装完 Visual FoxPro 6.0 之后，为了使系统能满足个性化的需求，用户可以定制自己的系统环境。

选择"工具"菜单的"选项"命令，打开"选项"对话框，如图 1.34 所示。"选项"对话框中有 12 种选项卡，分别可以进行不同类别的环境设置。

例如，要设置工作目录为"d:\tsgl"，选择"选项"对话框的"文件位置"选项卡，单击"默认目录"选项，再单击"修改"按钮，弹出"更改文件位置"对话框，如图 1.35 所示。单击"使用默认目录"复选框，激活"定位默认目录"的文本框，在文本框中输入要设置的默认目录"d:\tsgl"，单击"确定"按钮。

对当前设置做更改之后，单击"选项"对话框中的"确定"按钮，所改变的设置仅在本次 Visual FoxPro 运行期间有效。退出 Visual FoxPro 系统后，所做的更改将丢失。也就是说，对于 Visual FoxPro 配置所做的更改是临时性的。

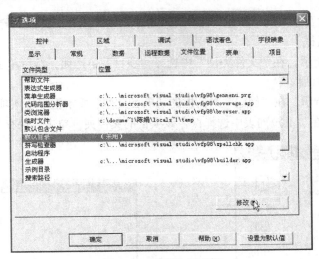

图 1.34 "选项"对话框

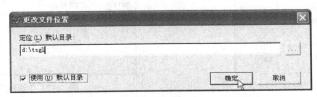

图 1.35 "更改文件位置"对话框

对当前设置做更改之后，单击"选项"对话框的"设置为默认值"按钮，再单击"确定"按钮，所改变的设置存储在 Windows 注册表中。以后每次启动 Visual FoxPro，所做的更改将继续有效。也就是说，对于 Visual FoxPro 配置所做的更改被保存为以后都使用的设置，即默认设置。

此外，设置系统环境也可用 SET 命令。在命令窗口中输入 **SET DEFAULT TOd:\tsgl**，就可以设置默认目录为"d:\tsgl"。但是，对其所进行的设置仅在此次 Visual FoxPro 运行期间有效。

1.4　项目管理器

在 Visual FoxPro 中，开发一个应用程序需要建立多个文件，如数据库文件、查询文件、表单文件、报表文件、菜单文件等。通过建立一个项目文件，可以将应用程序的所有文件集中在一起，从而方便地管理这些文件。

项目文件是通过项目管理器来编辑的，项目管理器是处理数据和对象的可视化工具。它将文件分门别类地存放在不同的选项卡中，采用树形结构和图标方式来组织和显示这些文件。通过单击鼠标，就能实现对各种文件的创建、修改、删除、运行等操作。此外，还可以把应用系统的所有文件编译成一个扩展名为 APP 的应用程序文件或扩展名为 EXE 的可执行文件。

1.4.1　创建项目

1．新建项目
新建项目的操作步骤如下。

（1）选择"文件"菜单的"新建"命令，或者单击"常用"工具栏上的"新建"按钮 □，系统打开"新建"对话框。

（2）如图 1.36 所示，在"文件类型"中选择"项目"单选钮，然后单击"新建文件"按钮，系统打开"创建"对话框。

（3）如图 1.37 所示，在"创建"对话框的"项目文件"文本框中输入项目名称，如"图书管理"，然后在"保存在"下拉列表中选择保存该项目的文件夹，单击"保存"按钮。

图 1.36 "新建"对话框

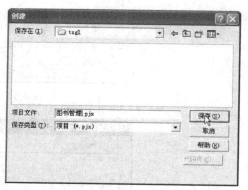

图 1.37 "创建"对话框

创建项目后，Visual FoxPro 在指定目录下建立了一个 pjx 项目文件和一个 PJT 项目备注文件。此项目现在未包含任何文件，称为空项目。

此外，使用命令 **CREATE PROJECT**<项目名称>，也可以在默认目录下创建项目。如果要在指定目录下创建项目，则应在文件名前加上路径。例如，在命令窗口输入命令 **CREATE PROJECT d:\tsgl\图书管理**，则在 d 盘的 tsgl 文件夹下建立一个图书管理项目。

2. 项目管理器的界面

创建或打开项目后，系统将打开"项目管理器"对话框，同时在菜单栏中显示"项目"菜单。

如图 1.38 所示，"项目管理器"对话框共有 6 个选项卡，各选项卡功能如下。

● "全部"选项卡：用于显示和管理项目包含的所有文件。

● "数据"选项卡：用于显示和管理数据库、自由表和查询 3 类文件。

● "文档"选项卡：用于显示和管理表单、报表和标签 3 类文件。

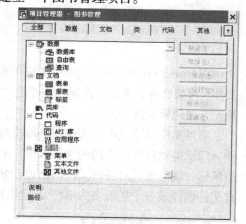

图 1.38 "创建"对话框

● "类"选项卡：用于显示和管理所有的类库文件。

● "代码"选项卡：用于显示和管理程序文件、API 库和应用程序 3 类文件。

● "其他"选项卡：用于显示和管理菜单、文本文件和其他文件 3 类文件。

　　在项目管理器中，有些选项的前面带有"+"号或"-"号方框。带"+"号方框表示该选项还有一个或多个子项。例如，"数据"选项下包含有数据库、自由表和查询子项。单击"+"号方框可展开各子项，同时"+"号方框变为"-"号方框。"单击"-"号方框，则可把展开的选项折叠起来。

3. 打开项目

　　要打开一个已经存在的项目，其步骤如下。

　　（1）选择"文件"菜单的"打开"命令，或者单击"常用"工具栏上的"打开"按钮，系统打开"打开"对话框。

　　（2）如图 1.39 所示，在"查找范围"下拉列表中定位到项目文件所在的文件夹，在"文件类型"下拉列表中选择"项目"，在文件列表中显示出此文件夹下的项目文件。

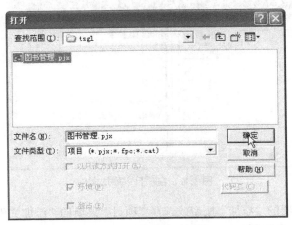

图 1.39　"打开"对话框

　　双击要打开的项目，或者选择它，再单击"确定"按钮，即可打开所选项目。

　　此外，使用命令 **MODIFY PROJECT** <项目名称>，也可以打开项目。

4. 关闭项目

　　单击项目管理器右上角的"关闭"按钮，即可关闭项目文件。

　　当关闭一个空项目时，系统打开对话框，询问是否保存该项目。单击"删除"按钮，系统将从磁盘上删除该空项目文件；单击"保存"按钮，系统将保存该空项目文件。

1.4.2　使用项目管理器

　　通过项目管理器，用户可以直观地在项目中创建、修改、移去和运行各类文件。

1. 创建文件

　　在项目管理器中创建文件的操作步骤如下。

　　（1）首先，选择新文件的类型。例如，若要创建一个程序文件，必须先在项目管理器中选择"代码"选项下的"程序"，如图 1.40 所示。

　　（2）选定了文件类型以后，单击项目管理器的"新建"按钮或者选择"项目"菜单的"新建文件"命令，系统即打开相应的设计器以创建文件。

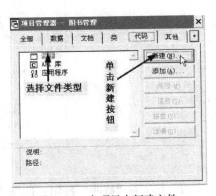

图 1.40　在项目中新建文件

注意

在项目中新建的文件，自动地包含于该项目，即该文件与项目之间建立了一种关联，用户可以通过项目管理器来管理此文件，但并不意味着该文件已成为 pjx 项目文件的一部分。事实上，每一个文件都是以独立文件的形式存在磁盘上。在没有打开项目时，此文件也可以单独被使用。

2. 添加文件

把一个已存在的文件添加到项目中，其操作步骤如下。

（1）选择要添加的文件类型。例如，若要将"图书信息"数据库添加到项目中，首先在项目管理器中选择"数据"选项下的"数据库"，如图 1.41 左图所示。

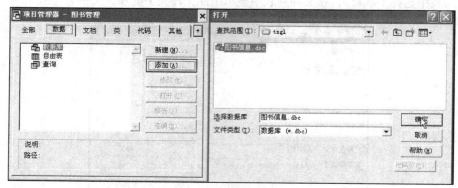

图 1.41 在项目中添加文件

（2）单击项目管理器的"添加"按钮或选择"项目"菜单的"添加文件"命令，系统打开"打开"对话框，如图 1.41 右图所示。

（3）在"打开"对话框中，选择要添加的文件，单击"确定"按钮，系统便将选择的文件添加到项目文件中。

3. 修改文件

修改项目中的文件的操作步骤如下。

（1）首先，选择要修改的文件。例如，如果要修改"图书信息"数据库的"图书"文件，依次展开数据库→图书信息→表，选择"图书"表，如图 1.42 所示。

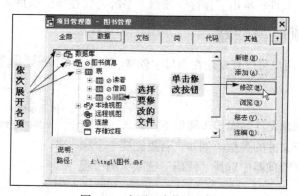

图 1.42 在项目中修改文件

（2）单击"修改"按钮或选择"项目"菜单的"修改文件"命令，系统打开选中文件相应的设计器。

在 Visual FoxPro 中，一个文件可同时被包含在多个项目中。在任何一个项目中修改此文件，修改的结果对于其他项目也有效。

4. 移去文件

如果项目不再需要某个文件，可将其从项目中移去，操作步骤如下。

（1）首先，选择要移去的文件。

（2）单击"移去"按钮或选择"项目"菜单的"移去文件"命令，系统打开如图 1.43 所示的对话框。

（3）若单击对话框中的"移去"按钮，选择的文件从本项目中移去，但仍然存在于磁盘中；若单击"删除"按钮，系统不仅会将该文件从项目中移去，还从磁盘中删除该文件。

图 1.43　移去文件对话框

5. 其他操作

根据所选择文件的类型不同，项目管理器的右侧将出现不同的按钮组。

"浏览"按钮：在项目管理器中选择一个数据表文件时，将出现"浏览"按钮。单击此按钮，系统打开一个"浏览"窗口供用户浏览数据表。

"打开"或"关闭"按钮：在项目管理器中选择一个数据库文件时，将出现"打开"按钮。单击此按钮，可打开选定的数据库，此时"打开"按钮变为"关闭"按钮。再次单击此按钮，将关闭选定的数据库，"关闭"按钮又变为"打开"按钮。

"预览"按钮：在项目管理器中选择一个报表或标签文件时，将出现"预览"按钮。单击此按钮，在打印预览方式下显示选定的报表或标签。

"运行"按钮：在项目管理器中选择一个查询、表单或程序时，将出现"运行"按钮。单击此按钮，系统将运行选择的文件。

"连编"按钮：连编就是把一个项目的所有文件连接并编译成一个可运行文件的过程。连编生成的文件可以是.APP 文件或.EXE 文件。APP 文件必须在安装了 Visual FoxPro 的计算机上才能运行，而 EXE 文件可以直接在 Windows 环境中执行。连编时还可以检查项目的完整性。

1.4.3　定制项目管理器

用户可以改变"项目管理器"对话框的外观。

1. 移动项目管理器

将鼠标指针指向"项目管理器"的边框或 4 个角上，拖动鼠标便可改变项目管理器的大小。

将鼠标指针指向"项目管理器"的标题栏，拖曳鼠标便可移动项目管理器。

当项目管理器被拖动到 Visual FoxPro 主窗口顶部的工具栏区域，就只能显示选项卡，不能展开以显示整个窗口。但是，用户可以单击每个选项卡，显示出下面的对象，如图 1.44 所示。此时，项目管理器中不显示命令按钮，用户可以通过右击鼠标，打开快捷菜单来进行相应的操作。

2. 折叠和展开项目管理器

项目管理器右上角的按钮用于折叠或展开项目管理器。当项目管理器展开时，该按钮为折叠按钮 ▲，如图 1.45 所示。

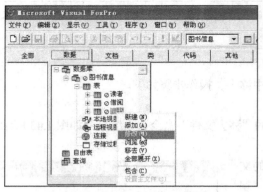
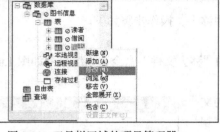
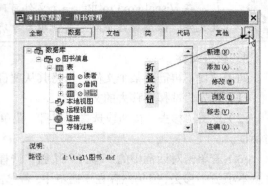

图 1.44　工具栏区域的项目管理器　　　　　图 1.45　展开的项目管理器

单击此按钮，项目管理器折叠起来，只显示选项卡标签，同时按钮变为"还原"按钮 ✦ ，如图 1.46 所示。

在折叠状态，用户可以单击每个选项卡来操作其中的对象。

3. 拆分项目管理

折叠项目管理器后，可以用鼠标指向其中的选项卡，拖曳鼠标，将其拖离"项目管理器"后释放鼠标。该选项卡成为一个独立、浮动的窗口，如图 1.47 所示。

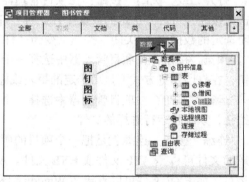

图 1.46　折叠的项目管理器　　　　　　　图 1.47　拆分项目管理器

单击选项卡上的图钉图标，该选项卡就会设置为顶层显示，即始终显示在其他 Visual FoxPro 窗口的上面。若要取消顶层显示的设置，只需再次单击图钉图标。

若要还原拆分的选项卡，可以单击选项卡上的"关闭"按钮，也可以用鼠标将拆分的选项卡拖曳回项目管理器中。

习　题　1

一、单选题

1. 数据库系统与文件系统的最主要区别是（　　　　）。

　　A）数据库系统复杂，而文件系统简单

　　B）文件系统不能解决数据冗余和数据独立性问题，而数据库系统可以解决

  C）文件系统只能管理程序文件，而数据库系统能够管理各种类型的文件

  D）文件系统管理的数据量较小，而数据库系统可以管理庞大的数据量

2．数据库（DB）、数据库系统（DBS）、数据库管理系统（DBMS）三者之间的关系是（　　）。

  A）DBS 包括 DB 和 DBMS   B）DBMS 包括 DB 和 DBS

  C）DB 包括 DBS 和 DBMS   D）DBS 就是 DB，也就是 DBMS

3．Visual FoxPro DBMS 是（　　）。

  A）操作系统的一部分   B）操作系统支持下的系统软件

  C）一种编译程序   D）一种操作系统

4．下列叙述中正确的是（　　）。

  A）数据库系统是一个独立的系统，不需要操作系统的支持

  B）数据库技术的根本目标是要解决数据的共享问题

  C）数据库管理系统就是数据库系统

  D）以上三种说法都不对

5．数据库管理系统中负责数据模式定义的语言是（　　）。

  A）数据定义语言   B）数据管理语言

  C）数据操作语言   D）数据控制语言

6．Visual FoxPro 支持的数据模型是（　　）。

  A）层次数据模型   B）关系数据模型

  C）网状数据模型   D）树状数据模型

7．Visual FoxPro 是一种关系型数据库管理系统，这里关系通常是指（　　）。

  A）数据库文件（dbc 文件）

  B）一个数据库中两个表之间有一定的关系

  C）表文件（dbf 文件）

  D）一个表文件中两条记录之间有一定的关系

8．对于现实世界中事物的特征，在实体-联系模型中使用（　　）。

  A）属性描述   B）关键字描述   C）二维表格描述   D）实体描述

9．在学生管理的关系数据库中，存取一个学生信息的数据单位是（　　）。

  A）文件   B）数据库   C）字段   D）记录

10．对于"关系"的描述，正确的是（　　）。

  A）同一个关系中允许有完全相同的元组

  B）同一个关系中元组必须按关键字升序存放

  C）在一个关系中必须将关键字作为该关系的第一个属性

  D）同一个关系中不能出现相同的属性名

11．在关系模型中，每个关系模式中的关键字（　　）。

  A）可由多个任意属性组成

  B）最多由一个属性组成

  C）可由一个或多个其值能唯一标识关系中任何元组的属性组成

  D）以上说法都不对

12．Visual FoxPro 关系数据库管理系统能够实现的 3 种基本关系运算是（　　）。

  A）索引、排序、查找   B）建库、录入、排序

C）选择、投影、连接　　　　　　　　　D）显示、统计、复制

13. 从关系模式中指定若干个属性组成新的关系的运算称为（　　　）。

　　A）连接　　　　　B）投影　　　　　C）选择　　　　　D）排序

14. 在下列关系运算中，不改变关系表中的属性个数但能减少元组个数的是（　　　）。

　　A）并　　　　　　B）交　　　　　　C）投影　　　　　D）笛卡尔乘积

15. 设有关系 R1 和 R2，经过关系运算得到结果 S，则 S 是（　　　）。

　　A）一个关系　　　B）一个表单　　　C）一个数据库　　　D）一个数组

16. 对关系 S 和关系 R 进行集合运算，这种集合结果中既包含 S 中元组也包含 R 中元组，运算称为（　　　）。

　　A）并运算　　　　B）交运算　　　　C）差运算　　　　D）积运算

17. 设有如下关系表：

R		
A	B	C
3	1	3

S		
A	B	C
1	1	2
2	2	3

T		
A	B	C
1	1	2
2	2	3
3	1	3

则下列操作中正确的是（　　　）。

　　A）T=R∩S　　　B）T=R∪S　　　C）T=R*S　　　D）T=R/S

18. 有两个关系 R 和 T 如下：

R		
A	B	C
a	1	2
b	2	2
c	3	2
d	3	2

T		
A	B	C
c	3	2
d	3	3

则由关系 R 得到关系 T 的操作是（　　　）。

　　A）选择　　　　　　　　　　　　　　B）投影

　　C）交　　　　　　　　　　　　　　　D）并

19. 如果一个学生可以选择多门课程，而且每门课程可以被多个学生选择，则学生和课程两个实体之间的关系属于（　　　）。

　　A）一对一联系　　　　　　　　　　　B）多对一联系

　　C）多对多联系　　　　　　　　　　　D）一对多联系

20. 设有表示学生选课的三张表，学生 S（学号，姓名，性别，年龄，身份证号），课程 C（课号，课名），选课 SC（学号，课号，成绩），则表 SC 的关键字（键或码）为（　　　）。

　　A）课号，成绩　　　　　　　　　　　B）学号，成绩

　　C）学号，课号　　　　　　　　　　　D）学号，姓名，成绩

21．如果一个班只能有一个班长，而且一班长不能同时担任其他班的班长，班级和班长两个实体之间的关系属于（　　　）。

　　A）一对一联系　　B）一对二联系　　　　C）多对多联系　　　　　D）一对多联系

22．在超市营业过程中，每个时段要安排一个班组上岗值班，每个收款口要配备两名收款员配合工作，共同使用一套收款设备为顾客服务，在超市数据库中，实体之间属于一对一关系的是（　　　）。

　　A）"顾客"与"收款口"的关系　　　　B）"收款口"与"收款员"的关系

　　C）"班组"与"收款口"的关系　　　　D）"收款口"与"设备"的关系

23．把实体-联系模型转换为关系模型时，实体之间多对多联系在关系模型中是通过（　　　）。

　　A）建立新的属性来实现　　　　　　B）建立新的关键字来实现

　　C）建立新的关系来实现　　　　　　D）建立新的实体来实现

24．在 Visual FoxPro 的项目管理器中不包括的选项卡是（　　　）。

　　A）数据　　　　　　B）文档　　　　　　C）类　　　　　　D）表单

25．打开 Visual FoxPro "项目管理器"的"文档"（Docs）选项卡，其中包含（　　　）。

　　A）表单（Form）文件　　　　　　　B）报表（Report）文件

　　C）标签　　　　　　　　　　　　　D）以上 3 种文件

二、填空题

1．数据管理技术发展过程经过人工管理、文件系统和数据库系统 3 个阶段，其中数据独立性最高的阶段是_____。

2．在关系数据库中，把数据表示成二维表，每一个二维表称为_____。

3．在关系 A(S, SN, D) 和关系 B(D，CN, NM) 中，A 的主关键字是 S，B 的主关键字是 D，则称_____是关系 A 的外码。

4．在奥运会游泳比赛中，一个游泳运动员可以参加多项比赛，一个游泳比赛项目可以有多个运动员参加，游泳运动员与游泳比赛项目两个实体之间的联系是_____联系。

5．在连接运算中，_____连接是去掉重复属性的等值连接。

6．在 Visual FoxPro 中，项目文件的扩展名是_____。

7．可以在项目管理器的_____选项卡下建立程序文件。

8．设置 c 盘的 test 文件夹为默认文件夹的命令是_____。

三、思考题

1．一个数据库系统是由哪些部分组成的？简述每个部分的定义。

2．实体间的联系有哪几种？举例说明。

3．在关系术语中，关系、元组、属性、域和关键字的含义是什么？

四、实践题

1．启动和退出 Visual FoxPro 6.0 系统。

2．了解 VFP 窗口的用户界面，打开和关闭"常用"工具栏。

3．对命令窗口执行最大化、最小化、移动、关闭和打开等操作。

4．在命令窗口中，输入命令？date()，并观察主窗口的结果。

5．在 VFP 的选项设置对话框中，将日期的格式设置为年月日，观察上述命令的执行结果。

6．在 D 盘建立以自己的姓名命名的文件夹，在 VFP 的选项设置对话框中将其设置为默认目录。

7．建立项目文件"图书管理"，保存在自己所建的文件夹下。

8. 在项目中使用数据库向导建立数据库 Books。

9. 在项目管理器中使用表单向导建立表单"books"，管理数据表 books。

10. 运行表单"books"，输入一条数据，如图 1.48 所示。

图 1.48　books 表单

11. 打开 Books 数据库设计器，查看 books 数据表中的数据，如图 1.49 所示。

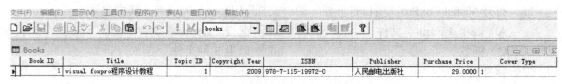

图 1.49　数据表 books 的浏览窗口

12. 在项目管理器中使用报表向导建立报表"book"，预览报表，如图 1.50 所示。

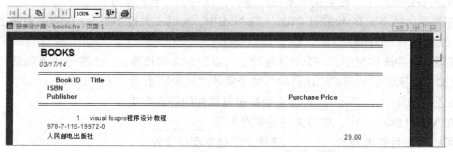

图 1.50　预览报表

13. 在项目管理器中添加菜单文件"主菜单"（素材文件），运行该菜单。

14. 建立程序文件 main，如图 1.51 所示，设置为主文件。

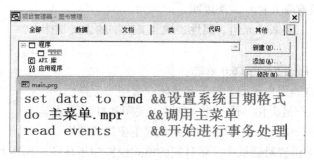

图 1.51　main 程序

15. 连遍项目为可执行程序。

第2章
数据与数据运算

作为程序设计语言，Visual FoxPro 有常量、变量、表达式和函数 4 种形式的数据。常量、变量是数据运算和处理的基本对象，函数用于实现数据的运算或转换，表达式是由常量、变量和函数通过运算符连接起来的式子。本章介绍各种数据类型的常量，内存变量的赋值和显示，数组变量的定义，各种运算符的使用规则，以及一些常用函数。

2.1 常量与变量

每个数据根据其基本特征，都属于特定的数据类型。数据类型决定了数据的存储方式和运算方式。对于常量、变量、表达式和函数，数据类型包括数值、字符、货币、日期、日期时间和逻辑 6 种类型。

2.1.1 常量

常量是指操作过程中其值固定不变的数据，是一个具体的数据内容，如字符串、常数或具体的日期。

1. 数值型常量（Numeric）

数值型常量由数字 0~9、小数点及正负号构成，如 5、123.4、+100、−10.4。

数值型常量也可以用科学计数法表示，如 1.234 5E+3 表示 $1.234\ 5 \times 10^3$，即 1 234.5；2.45E−4 表示 2.45×10^{-4}，即 0.000 245。

数值型数据取值范围：−0.999 999 999 9E+19~+0.999 999 999 9E+20。

2. 货币型常量（Currency）

货币型常量的表示形式为数值前面加上一个货币符号（$）。

货币型常量在存储和计算时，采用 4 位小数。当货币型常量超过 4 位小数时，多余的小数位将四舍五入，如$214.123 45 将存储为$214.123 5。

货币型常量没有科学记数法形式。

3. 字符型常量（Character）

字符型常量是用英文的单引号、双引号或方括号括起来的一串字符，也称为字符串。字符可以是英文字母、数字、标点符号等所有 ASCII 字符及汉字，如"湖南长沙"、'0731-8821234'、[smith]都是字符串。

单引号、双引号或方括号是字符串的定界符，它们用来规定字符串的起始和终止界限，不作为字符串本身的内容。注意：字符串的定界符必须成对匹配，即当一边以单引号作为定界符时，另一边也必须以单引号作为定界符。如果字符串本身含有作为定界符的字符，则必须用另一种符号作为定界符。例如，字符串"I'm a teacher"就不能使用单引号作为定界符。

字符串的长度是指字符串中所含字符的个数，其中，每个汉字相当于 2 个字符，如"中国 CHINA"的字符串长度为 9。字符串的最大长度不能超过 254。

只有定界符没有任何字符的字符串（如' '，）称为空串，其长度为 0。

4. 日期型常量（Date）

默认情况下，日期型常量要使用严格的日期格式{^yyyy-mm-dd}。以花括号{ }作为定界符，花括号内第一个符号是^，年份必须为 4 位，年月日的次序不能颠倒。

年月日的分隔符可以为/（斜杠）、_（下画线）、.（圆点）或空格。

例如，{^2008-8-1} {^2008/08/01} {^2008.8.1} {^2008 8 1}均表示同一个日期：2008 年 8 月 1 日。

若要设置传统的日期格式，则应执行 SET STRICTDATE TO 0 命令。此时，默认用{mm/dd/yy}或{mm/dd/yyyy}表示日期常量。例如，{6/25/08}或{6/25/2008}均表示 2008 年 6 月 25 日。

在使用传统的日期格式时，如果用户要改变日期常量的输入格式，可以使用 SET DATE TO 命令。

若要恢复为严格的日期格式，执行 SET STRICTDATE TO 1 命令。

本书在介绍命令时，约定方括号[]中的内容表示可选，竖杠|分隔的内容表示任选其一，尖括号<>中的内容由用户提供。

● 设置日期的显示格式

命令格式：**SET DATE** [TO] YMD|MDY|DMY |AMERICAN|ANSI|BRITISH
|FRENCH|GERMAN|ITALIAN|JAPAN|USA

命令功能：设置日期的显示格式，命令中各短语设置的日期格式如表 2.1 所示。默认格式为 AMERICAN，即 mm/dd/yy。

表 2.1　　　　　　　　　　　　　设置日期格式的参数

短　语	格　式	短　语	格　式	短　语	格　式
YMD	yy/mm/dd	MDY	mm/dd/yy	DMY	dd/mm/yy
AMERICAN/USA	mm/dd/yy	ANSI	yy.mm.dd	GERMAN	dd.mm.yy
BRITISH/FRENCH	dd/mm/yy	ITALIAN	dd-mm-yy	JAPAN	yy/mm/dd

● 设置是否显示世纪值。

格式：**SET CENTURY ON|OFF**

功能：设置显示日期时是否显示世纪值。当使用 ON，显示世纪值，即年号以 4 位显示；使用 OFF，不显示世纪值，即年号以 2 位显示。

例 2.1　日期常量。

```
SET CENTURY OFF            &&设置 2 位数字年份
SET DATE TO YMD            &&设置日期的显示格式为年月日
?{^2008-6-1}               &&显示结果为 08/06/01
SET STRICTDATE TO 0        &&设置不进行严格的日期格式检查
SET CENTURY ON             &&设置 4 位数字年份
SET DATE TO DMY            &&设置日期的显示格式为日月年
```

? {^2008-6-1},{1/7/08}　　&&显示结果为 01/06/2008 和 01/07/2008

5. 日期时间型常量

日期时间型常量包括日期和时间两部分{日期，时间}。日期部分的格式和日期型常量相似，时间部分的格式为 HH:MM:SS [A|P]。HH、MM、SS 分别表示时、分、秒，A、P 分别表示上午和下午。注意：日期和时间之间必须用逗号或空格隔开。

时、分、秒的默认值为 12、0、0。A、P 的默认值为上午。

例如，{^2008-6-1，}表示 2008 年 6 月 1 日上午 12 点（午夜）时间部分可以采取 24 小时制，当时间大于或等于 12，则表示下午。

例如，{^2008-6-1 1:20:30 P}和{^2008-6-1 13:20:30}均表示 2008 年 6 月 1 日下午 1 点 20 分 30 秒。

- 设置日期和时间的格式

选择"工具"菜单下的"选项"命令，打开"选项"对话框。选择"区域"选项卡，如图 2.1 所示，在其中可以设置日期和时间的格式。

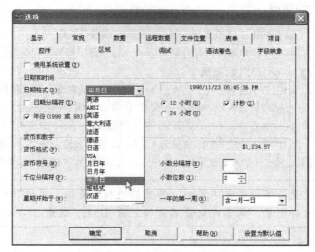

图 2.1　"选项"对话框的"区域"选项卡

6. 逻辑型常量

逻辑型常量只有逻辑真和逻辑假两个值。

逻辑真值可用.t.、.T.、.y.、.Y. 4 种形式表示，逻辑假值可用.f.、.F.、.n.、.N. 4 种形式表示。

圆点作为逻辑型常量的定界符，必不可少。

2.1.2　变量

Visual FoxPro 的变量分为字段变量和内存变量两种。

字段变量必须在打开数据表时才能使用，我们将在第 3 章详细介绍。

内存变量独立于数据表而存在，通常用来存放命令操作或程序运行过程中的一些中间结果。内存变量的值在操作过程中可以被改变。退出 Visual FoxPro 后，内存变量将被自动释放。

每个变量都有变量名，用户通过变量名来使用变量。变量名以字母、汉字或下画线开头，由数字、字母、汉字或下画线组成，名称最长可达 254 个字符。例如，A、Class_2、年龄是合法的变量名，而 3Grade、b*则是非法的变量名。**注意：**不要使用 Visual FoxPro 的保留字作为变量名。

1. 内存变量的赋值

命令格式：格式 1：<内存变量>=<表达式>

　　　　　格式 2：**STORE** <表达式> **TO** <内存变量列表>

命令功能：计算表达式的值，再将该值赋给内存变量。

命令说明：

① 等号"="一次只能给一个变量赋值，STORE 可同时给多个变量赋同一个值。多个变量之间用逗号隔开。

② 简单变量赋值时无需事先声明或定义。当变量被赋值时，若该变量此时还不存在，系统将建立此变量，即在内存中为其定义一个存储区域。

③ 变量的值和数据类型由最后赋予它的表达式决定。当变量被重新赋值时，其值发生改变。若新值为其他数据类型，则变量的数据类型也相应地发生改变。

例 2.2 内存变量的赋值。

```
n1=3                  &&把数值 3 赋给变量 n1，n1 是数值型内存变量
name='王波'           &&把字符串赋给内存变量 name，name 是字符型内存变量
store {^2008/6/1}  to 日期 1，日期 2
                      &&把日期常量 2008 年 6 月 1 日同时赋给日期型内存变量日期 1 和日期 2
l=.t.                 &&把逻辑真值.t.赋给内存变量 l，l 是逻辑型内存变量
n2=n1                 &&计算表达式 n1 的值为 3，将 n2 赋值为 3，n1 的值不受影响
n2=n2+1               &&计算表达式 n2+1 的值为 4，将 n2 重新赋值为 4
n2='n2+1'             &&变量 n2 重新赋值为字符串 n2+1，n2 变为字符型内存变量
```

注意　　当内存变量与字段变量同名时，若直接使用变量名，系统默认访问的是字段变量。如果要访问内存变量，需要在变量名前加上前缀 **M.**（或者 **M->**）。

2. 显示表达式的值

命令格式：格式 1：?[<表达式表>]

　　　　　格式 2：??[<表达式表>]

命令功能：计算表达式的值，将其显示在窗口工作区。

命令说明：

① ?命令首先换行，在当前行的下一行显示表达式的值。

② ??命令不换行，在当前行的光标处显示表达式的值。

③ ?/??可接多个表达式，表达式之间用逗号隔开。

例 2.3 显示表达式。

```
?'n1=',n1           &&'n1='为字符型常量，n1 为变量，窗口工作区显示 n1=3
?n2                 &&在窗口工作区另起一行，显示 n2+1
??name              &&在窗口工作区的 n2+1 的后面显示王波
```

3. 内存变量的显示

命令格式：**LIST|DISPLAY　MEMORY** [**LIKE** 通配符]

　　　　　[**TO PRINTER |TO FILE** <文件名>]

命令功能：显示内存变量的当前信息，包括变量名、作用域、类型和取值。

命令说明：

① 使用 LIST MEMORY，在屏幕上以滚动方式显示，不分屏显示；使用 DISPLAY MEMORY，分屏显示，即显示了一屏后，显示暂停，提示"按任意键继续"，按下任意键后，继续显示下一屏。

② LIKE 通配符表示只显示与通配符相匹配的内存变量。通配符*表示任意一串字符，?表示任一个字符。

此外，使用 DISPLAY MEMORY 命令，除了显示用户自己定义的变量，Visual FoxPro 还会显示 74 个系统变量。如果用户只要求显示所有自定义变量，可以使用命令 DISPLAY MEMORY LIKE *。

③ TO PRINTER 子句表示将显示的信息同时送打印机打印。TO FILE <文件名>子句表示将显示的信息存入指定的文本文件，文件的扩展名为 txt。

例 2.4　显示内存变量。

display memory like *　　&&显示用户定义的全部内存变量，结果如图 2.2 所示

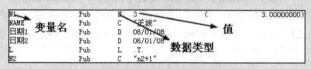

图 2.2　窗口工作区显示变量的当前信息

disp memo like n*　　&显示以字母 n 开头的所有内存变量，即 n1, name 和 n2
disp memo like n?　　&&显示以字母 n 开头，且名称不多于两个字符的内存变量，即 n1 和 n2

　　在输入命令时，命令中的保留字可只输入前 4 个字符，如 display memory 可简化为 disp memo。

4. 内存变量的清除

命令格式：格式 1：**CLEAR MEMORY**

格式 2：**RELEASE** <内存变量名表>

格式 3：**RELEASE ALL [LIKE <通配符>|EXCEPT <通配符>]**

命令功能：清除内存变量。

命令说明：

① CLEAR MEMORY 和 RELEASE ALL 命令将清除内存中所有的内存变量。

② RELEASE<内存变量名表>清除指定的内存变量。

③ 使用 LIKE 子句，清除符合通配符的变量；使用 EXCEPT 子句，清除不符合通配符的变量。

例 2.5　清除内存变量。

Release 日期 1, 日期 2　　&&清除变量日期 1 和日期 2
Release all like n*　　&&清除所有变量名以 n 开始的变量，即 n1, n2 和 name
Disp memo like *　　&&此时，显示的变量只有 1

2.1.3　数组

内存变量分为简单内存变量和数组，每一个简单变量只占用内存中的一个存储区域，存储一个值。而一个数组在内存中占用连续的一组存储区域，由多个数组元素组成。每个数组元素占用

一个存储区域，相当于一个简单变量。用户通过数组名和下标来访问数组元素。

1. 数组的创建

数组在使用之前必须使用 DIMENSION 或 DECLARE 命令创建。

命令格式：格式 1：**DIMENSION <数组名>**　(<下标上限 1>,[,下标上限 2]) [,……]

格式 2：**DECLARE　<数组名>**　(<下标上限 1>,[,下标上限 2]) [,……]

命令功能：DIMENSION 和 DECLARE 两种命令的功能相同，定义多个一维数组或二维数组。

命令说明：在 Visual FoxPro 中，数组的下标下限规定为 1，一维数组的元素个数为下标上限 1，二维数组的元素个数为下标上限 1*下标上限 2。

例如，DIMENSION m(4),n(2,3)命令定义了数组 m 和 n。

其中：

m 是一维数组，有 4 个数组元素：m(1)、m(2)、m(3)、m(4)。

n 是二维数组，有 6 个数组元素：n(1,1)、n(1,2)、n(1,3)、n(2,1)、n(2,2)、n(2,3)。

可以用一维数组的形式访问二维数组。例如，二维数组 n 如果用一维数组表示，依次为 n(1)、n(2)、n(3)、n(4)、n(5)、n(6)，即 n(4)和 n(2,1)是同一个数组元素。

2. 数组的赋值

数组也是通过 store 和=命令赋值。

关于数组的赋值，注意以下几点。

① 数组创建后，系统自动给每个元素赋以逻辑值假。

② 通过对数组名赋值，可以将同一个值同时赋给全部的数组元素。

③ 每个数组元素可分别赋值，同一数组中各数组元素类型可以不同。

例 2.6　数组的创建和赋值。

```
DIMENSION  m(4),n(2,3)       &&定义了一维数组 m 和二维数组 n
? m(1),n(1,1)                &&数组创建后，每个数组元素的初值为逻辑值假
m=5                          &&通过对数组名赋值将所有数组元素赋值为 5
?m(1),m(2),m(3),m(4)         &&每个数组元素的值均为 5
n(1,1)=1
n(1,2)='中国'
n(1,3)={^2008/10/1}          &&每个数组元素可分别赋值，数据类型可以不同
```

2.2　运算符与表达式

表达式是由常量、变量和函数通过特定的运算符连接起来的有意义的式子。每一个表达式经过运算，将得到一个具体的结果，称为表达式的值。根据表达式值的类型，可将表达式分为数值表达式、字符表达式、日期表达式和逻辑表达式。

单个的常量、变量和函数，也可以看做是一种特殊的表达式。

2.2.1　数值表达式

数值表达式由算术运算符将数值型数据连接起来，其运算结果也是数值型数据。

按优先级从高到低，有如下算术运算符：

- 括号：　　　　　　　　　　()
- 乘方运算符：　　　　　　　** 或 ^
- 乘、除、求余运算符：　　　*、/、%
- 加、减运算符：　　　　　　+、–

例 2.7　数值表达式示例。

```
?1+5^2*2                    &&结果为 51。首先进行乘方运算，再进行乘法运算，最后进行加法计算
```

计算数学算式 $\dfrac{2\times 3^2+1.2}{4+\dfrac{4}{5}}$ 的值。

```
?(2*3^2+1.2)/(4+4/5)        &&对于某些数学算式，注意利用括号来改变优先级
?10%3,10%(-3),-10%3,-10%-3   &&结果为 1,-2,2,-1
```

对于求余运算%，余数的正负号与除数相同。

2.2.2　字符表达式

字符表达式由字符运算符将字符型数据连接起来，其运算结果也是字符型数据。

字符运算符有以下两个。

+：将前后两个字符串连接起来，形成一个新的字符串。

–：将前后两个字符串连接起来，若第一个字符串的尾部有空格，则将空格移到合并后字符串的尾部，其他位置的空格不改变位置。

例 2.8　字符表达式示例。

```
?"This "+"is"               &&表达式的值为"This  is"，保留前一字符串的尾部空格
? "This  "-"is"             &&表达式的值为"Thisis  "，将前一字符串的尾部空格移到最后
? "This is  "-"a book"      &&表达式的结果为"This isa book  "
? 2+3 ,"2+3","2"+"3"
&2+3 是数值型表达式，其值为 5。"2+3"为字符型常量。"2"+"3"为字符型表达式，其值为"23"
```

2.2.3　日期表达式

日期时间表达式中可以使用+和–运算符，使用规则如下。

- 日期+天数 或 天数+日期　　将日期向后推指定的天数，其值为日期型。
- 日期–天数　　　　　　　　将日期向前推指定的天数，其值为日期型。
- 日期–日期　　　　　　　　两个日期相差的天数，其值为数值型。
- 日期时间+秒数 或 秒数+日期时间
  　　　　　　　　　　　　　将日期时间向后推指定的秒数，其值为日期时间型。
- 日期时间-秒数　　　　　　将日期时间向前推指定的秒数，其值为日期时间型。
- 日期时间-日期时间　　　　两个日期时间相差的秒数，其值为数值型。

例 2.9　日期时间表达式示例。

```
?  {^2008/10/1}+7              &&表达式的值为 2008/10/8，将 2008 年 10 月 1 日向后推 7 天
?  {^2008/10/1}-7              &&表达式的值为 2008/9/24，将 2008 年 10 月 1 日向前推 7 天
?  {^2008/10/1}-{^2008/5/1}    &&表达式的值为 153，两个日期相差的天数
?  {^2008-8-8  8  am}+10000    &&表达式的值为 2008 年 8 月 8 日 8 点 46 分 40 秒，
                                将 2008 年 8 月 8 日上午 8 时向后推 10000 秒的时间
```

日期时间表达式中，+和-运算符不能随意使用，必须遵循以上规则。例如，日期+
日期就是一个非法的表达式。

2.2.4　逻辑表达式

逻辑表达式的值为逻辑真值或逻辑假值，表达式中可能出现关系运算符或逻辑运算符。

1. 关系运算符

关系运算符是比较两个类型相同的数据是否符合规定的关系，若符合规定的关系，则表达式
的结果是逻辑真值，否则为逻辑假值。关系运算符如表 2.2 所示。

表 2.2　　　　　　　　　　　　　　　　关系运算符

运　算　符	说　　明	运　算　符	说　　明
>	大于	<=	小于等于
>=	大于等于	=	等于
$	子串包含	<> != #	不等于
<	小于	==	字符串精确比较

比较大小时，关系运算符的规则如下。

① 两个数值型数据或货币型数据比较时，按数值的大小比较。

② 两个日期型数据比较时，越早的日期越小，越晚的日期越大。

③ 两个逻辑型数据比较时，逻辑真值.T.大于逻辑假值.F.。

例 2.10　关系运算符示例。

```
?12>14                        &&表达式的值为.F.
?5>=5                         &&表达式的值为.T.，>=表示大于或等于
?5!=5                         &&表达式的值为.F.
?{^2008/5/1}>{^2008/10/1}     &&表达式的结果为.F.
&&因为 2008 年 10 月 1 日晚于 2008 年 5 月 1 日，故{^2008/10/1}大于{^2008/5/1}
?(9>8)>.F.                    &&表达式的值为.T.，因为 9>8 的结果为逻辑真值.T.，大于逻辑假值.F.
```

④ 两个字符串比较大小时，系统先比较两个字符串的第 1 个字符。哪个字符串的第 1 个字
符大，则该字符串就大；若第 1 个字符相同，再比较两个字符串的第 2 个字符，直到比较出大小。

Visual FoxPro 规定了 Machine（机内码）、PinYin（拼音）和 Stroke（笔画）3 种字符的排序
次序，默认为拼音次序。

● 机内码次序：汉字按照国标码顺序排列；西文字符按照字符的 ASCII 码值大小排列。即空
格<数字字符（"0" ~ "9"）<大写字符<小写字符。

● 拼音次序：汉字按照拼音顺序排列。西文字符的排列顺序如下：空格<数字字符（"0" ~ "9"）

<"a"<"A"<"b"<"B"<……<"z"<"Z"。

● 笔画次序：西文字符的排列顺序与排音次序的规则相同，中文字符按笔画的多少排列。

选择"工具"菜单的"选项"命令，打开"选项"对话框。选择"数据"选项卡，如图 2.3 所示，在其中可设置排序次序。

此外，使用 **SET COLLATE TO** "<排序次序名>"命令也可以设置排序次序。

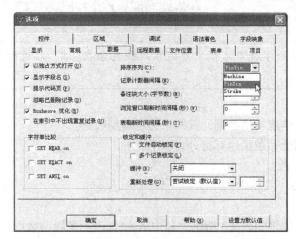

图 2.3　"选项"对话框的"数据"选项卡

例 2.11　字符串比较大小示例。

```
SET COLLATE TO "MACHINE"                &&按机内码排序
?"acb">"abc","a"<"A","江西">"江苏"       &&表达式的值为.T..F..T.
SET COLLATE TO "PINYIN"                 &&按拼音排序
?"acb">"abc","a"<"A","江西">"江苏"       &&表达式的值为.T..T..T.
SET COLLATE TO "STROKE"                 &&按笔画排序
?"acb">"abc","a"<"A","江西">"江苏"       &&表达式的值为.T..T..F.
```

⑤ 运算符==只能用于字符型数据的运算，当==两旁的字符串完全相同时，返回逻辑真值，否则返回逻辑假值。

使用等于运算符"="比较两个字符串时，运算结果与 EXACT 的状态有关。系统默认 EXACT 状态为 OFF。若"="两旁字符串的字符个数不同，则只要求"="右边字符串与"="左边字符串的前面部分相同，结果就为.T.。当设置 EXACT 状态为 ON 时，则要求"="两边的字符串相同。此时，若"="两旁字符串的字符个数不同，系统将在较少字符的字符串尾部添加空格，使两个字符串字符个数相同，再来进行比较。

在"选项"对话框的"数据"选项卡中，可设置 EXACT 状态。

使用 **SET EXACT ON|OFF** 命令，也可以设置 EXACT 状态。

例 2.12　字符串相等比较示例。

```
SET EXACT OFF
?"湖南长沙"="湖南","湖南"="湖南长沙","湖南长沙"="长沙","湖南长沙"=="湖南"
&&表达式的值为.T.，.F.，.F.，.F.
SET EXACT ON
?"湖南长沙"="湖南","湖南"="湖南长沙","湖南长沙"="长沙","湖南长沙"=="湖南"
&&表达式的值为.F.，.F.，.F.，.F.
```

⑥ 运算符"$"用于字符型数据的运算，若"$"左边的字符串包含在"$"右边的字符串中，即左边字符串是右边字符串的子串，则返回逻辑真值，否则返回逻辑假值。

例 2.13 字符串包含示例。

```
?"is"$"This","This"$"is"        &&表达式的值为.T..F.
? "Is"$"This"                   &&表达式的值为.F.，大小写的英文字母不相等
? "Ts"$"This"                   &&表达式的值为.F.
```

注意

"$"左边的字符串必须完整连续地被包含在"$"右边的字符串中，才返回逻辑真值。

2. 逻辑运算符

逻辑运算符用来连接逻辑值数据，其结果为逻辑型数据。

按照优先级从高到低，逻辑运算符分为以下 3 种。

- 逻辑非——NOT 或！
- 逻辑与——AND
- 逻辑或——OR

逻辑运算符的运算规则如表 2.3 所示，其中 A 和 B 表示逻辑型数据。

表 2.3　　　　　　　　　　　　　逻辑运算规则表

A	B	.NOT.A	A.AND. B	A.OR.B
.T.	.T.	.F.	.T.	.T.
.T.	.F.	.F.	.F.	.T.
.F.	.T.	.T.	.F.	.T.
.F.	.F.	.T.	.F.	.F.

对于逻辑与"AND"，当连接的两个逻辑型数据均为真值时，结果才为真值；对于逻辑或"OR"，当连接的两个逻辑型数据均为假值时，结果才为假值。

注意

逻辑运算符的前后必须有圆点或空格与其他数据分开。

在 Visual FoxPro 的许多命令中和程序的分支、循环语句中，经常要指定<条件>。<条件>也就是逻辑表达式。用户应该根据<条件>的内在含义，按照运算符的使用规则来书写逻辑表达式。

例 2.14 书写逻辑表达式。

书写判断数值型变量 x 是否大于 3 且小于 10 的条件：

```
x>3 and x<10
```
&&不能写为 10>x>3，因为系统在计算该表达式时，首先计算 10>x，得到一个逻辑值，再将其与 3 比较，而关系运算只能比较相同数据类型的数据，所以系统会提示操作符/操作类型不匹配。

书写判断字符型变量身份是否等于工作人员或教研人员的条件：

```
身份="工作人员" OR 身份="教研人员"
```
&&不能写成身份="工作人员" OR "教研人员"，因为逻辑运算符只能连接逻辑型的数据，而"教研人员"是字符型。

书写判断为女的工作人员或女的教研人员的条件：

> 性别="女" **AND** 身份="工作人员" **OR** 性别="女" **AND** 身份="教研人员"

该条件也可以表示为：

> 性别="女" **AND** （身份="工作人员" **OR** 身份="教研人员"）
> && 因为 AND 的优先级高于 OR，所以要加上括号，否则只要满足教研人员的条件就会使表达式为真。

3. 运算符优先级

在一个表达式中，若出现不同类型的运算符时，按下列优先级进行运算：圆括号→算术运算、字符串运算和日期运算→关系运算→逻辑运算。

例 2.15 复合逻辑表达式示例。

```
?NOT 2+3=6
&&值为.T.首先计算 2+3 为 5，再计算 5 = 6 的值为.F.，最后计算 NOT .F.的值为.T.
?NOT (7>6) AND "ABV">"ABC" OR 5*2=8
&&表达式的值为.F.，其运算顺序如下所示：
```

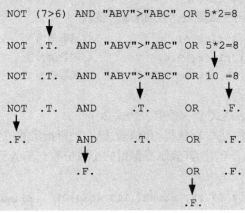

2.3 常 用 函 数

Visual FoxPro 提供了 200 余种内置函数，实现数据的运算或转换功能。每个函数有固定的名称，后面加一对圆括号，括号内有若干个自变量，如 SQRT(9)，SQRT 是函数名，9 是自变量。根据系统对函数功能的定义，函数将返回一个值，称为函数值，如 SQRT(9)返回的值是 9 的平方根 3。函数的自变量可以是函数，也就是说，函数允许嵌套使用。

2.3.1 数值处理函数

1. 绝对值函数

格式：**ABS**(<数值表达式>)

功能：函数值为<数值表达式>的绝对值。

例 2.16 ? **abs(-20), abs(0), abs(20)**   &&函数值为 20，0，20

2. 符号函数

格式：**SIGN**(<数值表达式>)

功能：当<数值表达式>的值分别为正数、0、负数时，函数值分别为 1、0、−1。

例 2.17　? sign(-20), sign(0), sign(20)　　　　&&函数值为-1, 0, 1

3. 求余数函数

格式：**MOD**(<数值表达式 1>,<数值表达式 2>)

功能：函数值为<数值表达式 1>除以<数值表达式 2>的余数，函数值的正负号与<数值表达式 2>相同。

例 2.18　? mod(20,3) ,mod(20,-3), mod(-20,3) ,mod(-20,-3)
　　　　　　&&函数值为 2,-1,1,-2

4. 取整数函数

格式 1：**INT**(<数值表达式>)

功能：函数值为<数值表达式>的整数部分。

格式 2：**CEILING**(<数值表达式>)

功能：函数值为大于等于<数值表达式>的最小整数。

格式 3：**FLOOR**(<数值表达式>)

功能：函数值为小于等于<数值表达式>的最大整数。

例 2.19　? int(9.6), int(-9.6)　　　　&&函数值为 9, −9
　　　　　? floor(9.6),floor(-9.6)　　　　&&函数值为 9, −10
　　　　　? ceiling(9.6),ceiling(-9.6)　　　　&&函数值为 10, −9

5. 四舍五入函数

格式：**ROUND**(<数值表达式 1>,<数值表达式 2>)

功能：函数值为<数值表达式 1>根据<数值表达式 2>所指定的位置进行四舍五入后的结果。若<数值表达式 2>大于或等于 0，则其表示要保留的小数位数；若小于 0，则其表示整数部分的舍入位数。

例 2.20　? round(123.4567,2), round((123.4567,0) , round((123.4567,-2)
　　　　　　&&函数值为 123.46, 123, 100

6. 平方根函数

格式：**SQRT**(<数值表达式>)

功能：函数值为<数值表达式>的平方根，使用此函数时，要求<数值表达式>必须大于或等于 0。

7. 指数函数

格式：**EXP**(<数值表达式>)

功能：函数值为以 e 为底数，以<数值表达式>为指数的值。

8. 自然对数函数

格式：**LOG**(<数值表达式>)

功能：函数值为<数值表达式>的自然对数值。

例 2.21　?exp(3),log(148.51)　　　　&&函数值为 20.09 , 5

9. 随机数函数

格式：**RAND**()

功能：函数值为一个 0～1 之间的随机数。

10. 求最大值函数

格式：**MAX**(<数值表达式 1>,<数值表达式 2>[,...])

功能：函数值为所有数值表达式中的最大值。

例 2.22　? max(5^3,5*3,53)　　　　　　&&函数值为 125

11. 求最小值函数

格式：**MIN**(<数值表达式 1>,<数值表达式 2>[,...])

功能：函数值为所有数值表达式中的最小值。

例 2.23　?min(5^3,5*3,53)　　　　　　&&函数值为 15

　　　　　　对于最大值和最小值函数，自变量的类型也可以是字符型、日期型、货币型等数据类型，但要求所有自变量的数据类型必须相同。

例 2.24　? max('中国','美国','日本'),max({^2006-10-1},{^2008-1-1})
　　　　　　&&函数值为中国，1/1/08

12. 圆周率函数

格式：**PI**()

功能：函数值为圆周率值，该函数无参数。

2.3.2　字符串处理函数

1. 删除前导和尾部空格函数

格式 1：**ALLTRIM**(<字符表达式>)

功能：函数值为去掉<字符表达式>的前导和尾部空格字符后形成的字符串。

格式 2：**LTRIM**(<字符表达式>)

功能：函数值为去掉<字符表达式>的前导空格字符后形成的字符串。

格式 3：**TRIM**(<字符表达式>)

功能：函数值为去掉<字符表达式>的尾部空格字符后形成的字符串。

例 2.25　s="　湖南　　"

　　　　　?alltrim(s)+"长沙",ltrim(s)+"长沙",trim(s)+"长沙"
　　　　　　&&表达式值为湖南长沙，湖南　　长沙，　湖南长沙

2. 生成空格字符串函数

格式：**SPACE**(<数值表达式>)

功能：函数值为空格组成的字符串，空格个数由<数值表达式>指定。

3. 求字符串长度函数

格式：**LEN**(<字符表达式>)

功能：函数值为<字符表达式>的长度，即包含的字符个数。其中，一个 ASCII 字符长度为 1，一个汉字长度为 2。

例 2.26　x=space(1)+"HUNAN"+space(2)+"湖南"+space(3)
　　　　　?len(x),len(alltrim(x)),len(ltrim(x)),len(trim(x))
　　　　　　&&表达式值为 15,11,14,12

4. 大小写字母转换函数

格式 1：**LOWER**(<字符表达式>)

功能：函数值将<字符表达式>中所有的大写字母转换为小写字母，其他字符不变。

格式 2：**UPPER**(<字符表达式>)

功能：函数值将<字符表达式>中所有的小写字母转换为大写字母，其他字符不变。

例 2.27　**?upper("China 中国"),lower("China 中国")**

　　　　　&&函数值为 CHINA 中国 ， china 中国

　　　　　?upper(c)="Y"&&该表达式可判断字符变量 c 是否为小写的 y 或大写的 Y

5. 取子串函数

格式 1：**LEFT**(<字符表达式>,<长度>)

功能：函数值为从<字符表达式>的左端取指定<长度>的子串。

格式 2：**RIGHT**(<字符表达式>,<长度>)

功能：函数值为从<字符表达式>的右端取指定<长度>的子串。

格式 3：**SUBSTR**(<字符表达式>,<起始位置>[,<长度>])

功能：函数值为将<字符表达式>从<起始位置>取指定<长度>的子串。

若未指定<长度>，则从起始位置取到最后一个字符。

例 2.28　y="CHINA 中国"

　　　　　?left(y,5),right(y,4),substr(y,6,2), substr(y,6)

　　　　　&&函数值为 CHINA, 中国, 中, 中国

　　　　　xh='201408020312'

　　&&学号前 4 位为年级，5-6 位为学院编号，7-8 位为专业编号，9-10 位为班级编号，11-12 位为班级中的序号

　　　　　?left(xh,4),substr(xh,5,2),right(xh,2)

　　　　　&&三个表达式分别为该学号所对应学生的年级号，学院编号，班级中的序号

6. 求子串位置函数

格式 1：**AT**(<字符表达式 1>,<字符表达式 2>[,<次数>])

功能：函数值为一个数值，若<字符表达式 1>是<字符表达式 2>的子串，函数值为<字符表达式 1>的第一个字符在<字符表达式 2>中的位置；若不是子串，则函数值为 0。

若指定<次数>，则函数值为<字符表达式 1>在<字符表达式 2>中按指定<次数>出现的位置。当<次数>缺省时，默认值为 1。

　　　　　该函数区分大小写字母。

格式 2：**ATC**(<字符表达式 1>,<字符表达式 2>[,<次数>])

功能：该函数功能与 AT 相同，但比较字符表达式时不区分字母大小写。

例 2.29　**store "This is Visual Foxpro" TO z**

　　　　　?at("Fox",z), at("fox",z),atc("fox",z)　　　　　&&函数值为 16,0,16

　　　　　?at("is",z,3)　　　　　　　　　　　　　　　&&函数值为 10

7. 求子串出现次数函数

格式：**OCCURS**(<字符表达式 1>,<字符表达式 2>)

功能：函数值为<字符表达式 1>在<字符表达式 2>中出现的次数。若<字符表达式 1>不是<字符表达式 2>的子串，则函数值为 0。

例 2.30　m="湖南长沙湖南大学"

　　　　　?occurs("湖南",m),occurs("长沙",m),occurs("长沙大学",m)

　　　　　&&函数值为 2, 1, 0

8．产生重复字符的字符串函数

格式：**REPLICATE**(<字符表达式>,<数值表达式>)

功能：函数值为一个字符串，将<字符表达式>重复<数值表达式>所指定的次数。

例 2.31　**?replicate("HUNAN",2)+replicate("湖南",3)**

&&表达式的值为 HUNANHUNAN 湖南湖南湖南

9．子串替换函数

格式：**STUFF**(<字符表达式 1>,<起始位置>,<长度>,<字符表达式 2>)

功能：函数值为字符串，将<字符表达式 1>中从<起始位置>开始，指定<长度>的若干个字符，用<字符表达式 2>来替换。

若<长度>是 0，则函数值为在<字符表达式 1>的<起始位置>处插入<字符表达式 2>。

如果<字符表达式 2>是空串，则函数值为将<字符表达式 1>中从<起始位置>开始指定<长度>的字符删除。

例 2.32　n="长沙湖南大学"

　　　　　?stuff(n,5,4,"中南林业"),stuff(n,5,0,"岳麓山"), stuff(n,5,4,"")

&&函数的值为长沙中南林业大学, 长沙岳麓山湖南大学, 长沙大学

10．字符替换函数

格式：**CHRTRAN**(<字符表达式 1>，<字符表达式 2>，<字符表达式 3>)

功能：函数值为字符串，当<字符表达式 1>的一个或多个字符与<字符表达式 2>中的某个字符相匹配时，就用<字符表达式 3>中相同位置的字符替换这些字符。

若在<字符表达式 2>中与<字符表达式 1>相配的字符，在<字符表达式 3>的相同位置上没有字符，则此字符将被删除。

另有一个函数 CHRTRANC，主要用于双字节的字符，如字符串中有中文，最好使用这个函数。

例 2.33　**?chrtran("124124","123","abc"),chrtran("124124","12","a")**

&&函数的值为 ab4ab4, a4a4

?chrtran(' 湖 南 长 沙 ',' ','')

&&将字符串中的空格均用空串代替，即得到删除了所有空格的字符串

X='3' &&设 x 是一个阿拉伯数字的字符

?chrtranc(X,'123456789','壹贰叁肆伍陆柒捌玖')

&&使用 CHRTRANC 函数，得到 X 所对应的汉字格式三

11．字符串匹配函数

格式：**LIKE**(<字符表达式 1>，<字符表达式 2>)

功能：比较两个字符串对应位置上的字符，若所有对应字符都匹配，函数值为逻辑真值.T.，否则为逻辑假值.F.。

<字符表达式 1>中可以包含通配符*和?。*可匹配任意数目的字符，?匹配任何单个字符。

例 2.34　**?like("王*","王颖珊"),like("王?","王颖珊"),like("王颖珊","王*")**

&&函数的值为.T., .F., .F., 注意：只有在第一个表达式中*和?被用作通配符。

12．求字符的编码函数

格式：**ASC**(<字符表达式>)

功能：函数值为字符表达式中第 1 个字符的机内码。若是 ASC 字符，返回 ASC 码；若是中

文字符，返回汉字机内码。

例 2.35　`?asc("A"),asc("中国")`　　　&&函数的值为 65，54992（汉字"中"的机内码）

13.　求编码所对应字符的函数

格式：**CHR**(<数值表达式>)

功能：函数值为一个字符。若(<数值表达式>)是 ASC 码，返回 ASC 字符；若是汉字机内码，返回汉字。

例 2.36　`?chr(65+4),chr(54992)`　　　&&函数的值为 E，中

2.3.3　日期和时间函数

1.　系统日期函数

格式：**DATE()**

功能：函数值为当前系统日期。

2.　系统时间函数

格式：**TIME()**

功能：函数值为表示当前系统时间的字符串，格式为 24 小时制的 hh:mm:ss。

3.　系统日期时间函数

格式：**DATETIME()**

功能：函数值为当前系统日期时间。

4.　年份函数

格式：**YEAR**(<日期表达式>|<日期时间表达式>)

功能：函数值为 4 位整数，是<日期表达式>或<日期时间表达式>中的年份。

5.　月份函数

格式 1：**MONTH**(<日期型表达式>|<日期时间型表达式>)

功能：函数值为<日期型表达式>或<日期时间型表达式>中的月份。

格式 2：**CMONTH**(<日期型表达式>|<日期时间型表达式>)

功能：函数值为<日期型表达式>或<日期时间型表达式>中月份的英文单词。

6.　日期号函数

格式：**DAY**(<日期表达式>|<日期时间表达式>)

功能：函数值为<日期表达式>或<日期时间表达式>中的日期号。

例 2.37　`d={^2008-10-1}`

　　　　　`?year(d),month(d),cmonth(d),day(d)`

　　　　　&&函数的值为 2008，10，October,1

7.　求星期几函数

格式 1：**DOW**(<日期表达式>|<日期时间表达式>)

功能：函数值为 1～7 中的一个整数，表示<日期表达式>或<日期时间表达式>是一星期中的第几天。函数值 1 表示星期日，2 表示星期一……7 表示星期六。

格式 2：**CDOW**(<日期表达式>|<日期时间表达式>)

功能：函数值为<日期表达式>或<日期时间表达式>是星期几的英文单词。

8.　星期函数

格式：**WEEK**(<日期表达式>|<日期时间表达式>)

功能：函数值为<日期表达式>或<日期时间表达式>是当年的第几周。

例 2.38　**d={^2008-10-1}**

　　　　?dow(d),cdow(d),week(d)　　&&函数的值为 4，Wednesday，40

9. 小时函数

格式：**HOUR**(<日期时间表达式>)

功能：函数值为<日期时间表达式>的小时部分，是以 24 小时制所表示的小时。

10. 分钟函数

格式：**MINUTE**(<日期时间表达式>)

功能：函数值为<日期时间表达式>中的分钟部分。

11. 秒钟函数

格式：**SEC**(<日期时间表达式>)

功能：函数值为<日期时间表达式>中的秒钟部分。

例 2.39　**t={^2008-10-1 7:30 p}**

　　　　?hour(t),minute(t),sec(t)　　&&函数的值为 19，30，0

2.3.4　数据类型转换函数

1. 数值转换为字符串

格式：**STR**(<数值表达式>[,<长度> [,<小数位数>]])

功能：函数值为由<数值表达式>所转换的字符串，转换规则如下：

设<数值表达式 1>的整数部分位数加上小数点所占的 1 位，再加上小数位数的长度为 L。

① 若指定<长度>大于 L，则系统自动在字符串前面加上若干个空格，以满足指定长度。

② 若指定<长度>小于 L 且大于<数值表达式>的整数部分位数（包括负号），则函数值优先满足整数部分，自动调整小数部分位数。

③ 若指定<长度>小于<数值表达式>的整数部分位数，则函数值为指定<长度>的星号。

④ 若省略<长度>，系统规定默认长度为 10。

若省略<小数部分>，函数值不保留小数部分，将其四舍五入到整数位。

例 2.40　**n=-100.687**

　　　　?"n="+str(n,8,2)　　　　&&表达式为 n= -100.69，前面加上了 1 个空格

　　　　?str(n,7,2),str(n,6,2),str(n,3),str(n,5),str(n)

　　　　&&函数的值为-100.69，-100.7，***，　-101，　　　-101

　　　　m=str(123,3) &&若 m 是不含数字 0 的三位整数，可通过函数将其转换为汉字的字符串

　　　　sz='123456789'

　　　　hz='壹贰叁肆伍陆柒捌玖'

?chrtranc(left(m,1),sz,hz)+'百'+chrtranc(substr(m,2,1),sz,hz)+'拾'+chrtranc(right(m,1),sz,hz)

2. 字符串转换为数值

格式：**VAL**(<字符表达式>)

功能：函数值为<字符表达式>所转换的数值型数据，转换规则如下：

① 若字符表达式的第 1 个字符不是数字符号，则函数值为零。

② 若字符表达式以数字字符开头，但出现了非数字字符，则函数值为只转换前面数字字符的部分。

③ 函数值只保留两位小数，其余小数四舍五入。

例 2.41　**?val('12'+'345'),val('12a345'),val('a12345')**

　　　　&&函数的值为 12345.00, 12.00, 0

　　　　?str(val(xh)+1,12)　&&若 xh 为例 2.28 所示，可用该表达式获得序号在其后一位同学的学号

3. 字符串转换为日期

格式：**CTOD**(<字符表达式>)

功能：函数值为<字符表达式>所转换的日期型数据。

4. 字符串转换为日期时间

格式：**CTOT**(<字符表达式>)

功能：函数值为<字符表达式>所转换的日期时间型数据。

注意：要求<字符表达式>中日期部分应该符合 SET DATE TO 命令所设置的日期格式。年份可使用 4 位也可以是 2 位。

例 2.42　**set date to ymd**

　　　　set cent on

　　　　?ctod("2008/10/01"),ctot("08/10/01 14:30")

　　　　&&函数的值为 2008/10/01（日期型），2008/10/01 02:30:00 PM（日期时间型）

5. 日期转换为字符串函数

格式：**DTOC**(<日期表达式>[,1])

功能：函数值为<日期表达式>所转换的字符串。如果使用了参数 1，则字符串的格式固定为 YYYYMMDD。否则，字符串的日期格式与 SET DATE TO 语句的设置和 SET CENTURY ON 语句的设置有关。

6. 日期时间转换为字符串函数

格式：**TTOC**(<日期时间表达式>[,1])

功能：函数值为<日期时间表达式>所转换的字符串。如果有参数 1，则字符串的格式固定的为 YYYYMMDDHHMMSS。否则，字符串的日期格式与 SET DATE TO 语句的设置和 SET CENTURY ON 语句的设置有关。

例 2.43　**t={^2008-10-1 2:30 p}**

　　　　set date to mdy　　　　　　　　&&设置日期格式为月日年

　　　　set century off　　　　　　　　&&设置显示 2 位年份

　　　　?dtoc(t),dtoc(t,1)　　　　&&函数的值为 10/01/08, 20081001

　　　　?ttoc(t),ttoc(t,1)　　　　&&函数的值为 10/01/08 02:30 pm, 20081001143000

　　　　?left(dtoc(t,1),4)+'年'+substr(dtoc(t,1),5,2)+'月'+right(dtoc(t,1),2)+'日'

　　　　&&函数值为 2008 年 10 月 01 日

7. 宏替换

格式：**&**<字符型变量> [.]

功能：函数值为字符型变量所替换的内容。由于该函数没有圆括号，如果该函数与后面字符没有分界，需要用 "." 作函数结束标志。

例 2.44　**x="y"**

　　　　y=10

　　　　?x,&x　　　　　　　　&&表达式的值为 y,10

　　　　z="2+3"

　　　　?z,&z　　　　　　　　&&表达式的值为 2+3,5

2.3.5 测试函数

1. 值域测试函数

格式：**BETWEEN**(<表达式 1>，<表达式 2>，<表达式 3>)

功能：判断<表达式 1>的值是否介于<表达式 2>和<表达式 3>之间。当<表达式 1>的值大于等于<表达式 2>的值并且小于等于<表达式 3>的值，函数值为逻辑真.T.；否则函数值为逻辑假.F.。

表达式可以是数值型、字符型、日期型、日期时间型等数据类型，但 3 个表达式的数据类型必须一致。

例 2.45 `price=10.7`

`?between(price,0,100)` &&函数的值为.T.

`?between({^2008-5-1},{^2008-1-1},{^2008-1-1}+100)` &&函数的值为.F.

2. 空值（NULL 值）测试函数

格式：**ISNULL**(<表达式>)

功能：判断<表达式>的值是否为 NULL。若是 NULL 值，函数值为逻辑真，否则为逻辑假。

注意：空值（NULL）是 VFP 中一种特殊的常量，表示数据为空值。

3. "空"值测试函数

格式：**EMPTY**(<表达式>)

功能：当<表达式>的值为"空"值，函数值为逻辑真；否则为逻辑假。表达式的类型可以是字符、数值、日期等多种类型。

此处"空"值不等于 NULL 值。如表 2.4 所示，不同数据类型的"空"值有不同的定义。

表 2.4   不同数据类型的"空"值

数 据 类 型	"空"值	数 据 类 型	"空"值
数值型	0	双精度型	0
字符型	空串、空格、制表符、回车、换行	日期型	空日期
货币型	0	日期时间	空日期
浮点型	0	逻辑型	.F.
整形	0	备注字段	空

例 2.46 `x=.NULL.`

`y=0`

`?x,isnull(x),empty(x), isnull(y),empty(y)`

&&表达式为.NULL. , .T. , .F. , .F. , .T.

4. 数据类型测试函数

格式：**VARTYPE**(<表达式>[,<逻辑表达式>])

功能：测试<表达式>结果的数据类型，函数值为一个大写字母，如表 2.5 所示

表 2.5   代表不同数据类型的字母

返 回 值	数 据 类 型	返 回 值	数 据 类 型
C	字符型备注型	G	通用型
N	数值型、整型、浮点型、双精度型	D	日期型
Y	货币型	T	日期时间型

返 回 值	数 据 类 型	返 回 值	数 据 类 型
L	逻辑型	X	NULL 值
O	对象型	U	未定义

若<表达式>是一个数组，则函数值为代表第一个数组元素的数据类型的字母。

当<表达式>的值是 NULL，且<逻辑表达式>的值为.F.或缺省，则返回字母"X"；若<逻辑表达式>的值为.T.，则返回表达式被赋为 NULL 值之前的值的数据类型。

例 2.47　m='10/1/2008'

```
?vartype(m),vartype(val(m)),vartype(ctod(m))    &&表达式为 C, N, D
m=.null.
?vartype(m),vartype(m,.t.)                       &&表达式为 X, C
```

5．条件测试函数

格式：**IIF**(<逻辑表达式>，<表达式 1>，<表达式 2>)

功能：当<逻辑表达式>的结果为真，函数值为<表达式 1>的值，否则函数值为<表达式 2>的值。<表达式 1>和<表达式 2>的类型可以不相同。

例 2.48　CJ=80

```
?IIF(CJ<60,"不及格","及格")                      &&表达式为及格
?IIF(CJ<60,"不及格",IIF(CJ<80,"及格","良好"))
```
&&表达式为良好，IIF 函数可以嵌套使用

习　题　2

一、单选题

1．在下面的数据类型中默认值为.F.的是（　　）。

　A）数值型　　　　B）字符型　　　　C）逻辑型　　　　D）日期型

2．Visual FoxPro 内存变量的数据类型不包括（　　）。

　A）字符型　　　　B）货币型　　　　C）数值型　　　　D）通用型

3．执行命令 A=2008/5/1,B={^2008/5/1},C="2008-5-1"之后，内存变量 A，B，C 的数据类型分别是（　　）。

　A）N, D, C　　　B）N, D, D　　　C）D, D, C　　　D）C, D, C

4．如果内存变量和字段变量均有变量名"姓名"，那么引用内存的正确方法是（　　）。

　A）M.姓名　　　B）M->姓名　　　C）姓名　　　　D）A 和 B 都可以

5．语句 LIST MEMORY LIKE a*能够显示的变量不包括（　　）。

　A）a　　　　　　B）a1　　　　　　C）ab2　　　　　D）ba3

6．设 A=[6*8-2]，B=6*8-2，C="6*8-2"，属于合法表达式的是（　　）。

　A）A+B　　　　B）B+C　　　　　C）A-C　　　　　D）C-B

7．执行如下命令，输出结果是（　　）。

```
?15%4, 15%-4
```

A）3 -1　　　　　　B）3 3　　　　　　C）1 1　　　　　　D）1 -1

8. 下列表达式的输出结果为真的是（　　　）。

A）'ABC'>'ACB'　　　　　　　　　　B）DATE()+5<DATE()

C）'AC'$'ABC'　　　　　　　　　　D）2*3^2>2^3*2

9. 连续执行以下命令，最后一条命令的输出结果是（　　　）。

```
SET EXACT OFF
a="北京"
b=（a="北京交通"）. '
? b
```

A）北京　　　　　B）北京交通　　　　C）.F.　　　　　D）出错

10. 使用命令 DECLARE aa(3,4)定义的数组，aa 包含的数组元素（下标变量）的个数为（　　　）。

A）3 个　　　　　B）4 个　　　　　C）7 个　　　　　D）12 个

11. 下面关于 Visual FoxPro 数组的叙述中，错误的是（　　　）。

A）用 DIMENSION 和 DECLARE 都可以定义数组

B）Visual FoxPro 只支持一维数组和二维数组

C）一个数组中各个数组元素必须是同一种数据类型

D）新定义数组的各个数组元素初值为.F.

12. 设 A1=10，A2=20，A3="A1+A2"，表达式&A3+5 的结果是（　　　）。

A）1025　　　　　B）10205　　　　C）35　　　　　D）205

13. 在下面的 Visual FoxPro 表达式中，不正确的是（　　　）。

A）{^2008-05-01 10:10:10 AM}-10

B）{^2008-05-01}-DATE()

C）{^2008-05-01}+DATE()

D）{^2008-05-01}+1000

14. 想要将日期型或日期时间型数据中的年份用 4 位数字显示，应当使用设置命令（　　　）。

A）SET CENTURY ON　　　　　　　B）SET CENTURY OFF

C）SET CENTURY TO 4　　　　　　D）SET CENTURY OF 4

15. 下列函数中函数值为字符型的是（　　　）。

A）DATE()　　　　B）TIME()　　　　C）YEAR()　　　　D）DATETIME()

16. 以下关于空值（NULL 值）叙述正确的是（　　　）。

A）空值等于空字符串

B）空值等同于数值 0

C）空值表示字段或变量还没有确定的值

D）Visual FoxPro 不支持空值

17. 有如下赋值语句，结果为"大家好"的表达式是（　　　）。

```
a="你好"
b="大家"
```

A）b+LEFT(a,2)　　　　　　　　　　B）b+RIGHT(a,1)

C）b+ SUBSTR(a,1,2)　　　　　　　　D）b+RIGHT(a,2)

18. 表达式 LEN(ALLT(SPACE(10)))的运算结果是（　　　）。

　　A）NULL　　　　　B）10　　　　　　　　C）0　　　　　　　　　D）"

19. 设 X=10，语句 ?VARTYPE ("X")的输出结果是（　　　）。

　　A）N　　　　　　　B）C　　　　　　　　C）10　　　　　　　　　D）X

20. 下面的表达式中，结果为逻辑假的是（　　　）。

　　A）EMPTY(SPACE(5))　　　　　　　　　B）ISNULL(0)

　　C）LIKE('abc? ', 'abcd')　　　　　　　　D）BETWEEN(40,34,50)

21. 下列表达式的结果为字符型的是（　　　）。

　　A）OCCURS('A', 'ABCABC')　　　　　　B）CTOD('01/01/08')

　　C）DTOC(DATE())　　　　　　　　　　D）ROUND(123.45,1)

22. 在 Visual FoxPro 中，有如下程序，函数 IIF()返回值是（　　　）。

```
*程序
PRIVATE X,Y
STORE "男" TO X
Y=LEN(X)+2
?IIF(Y<4, "男", "女")
RETURN
```

　　A）"女"　　　　　　B）"男"　　　　　　C）.T.　　　　　　　　　D）.F.

23. 计算结果不是字符串"Teacher"的语句是（　　　）。

　　A）at("MyTeacher",3,7)　　　　　　　　B）substr("MyTeacher",3,7)

　　C）right("MyTeacher",7)　　　　　　　　D）left("Teacher",7)

24. 在下面的 Visual FoxPro 表达式中，运算结果为逻辑真的是（　　　）。

　　A）EMPTY(.NULL.)　　　　　　　　　　B）LIKE('xy*', 'xy')

　　C）AT ('xy','abcxyz')　　　　　　　　　D）ISNULL(SPACE(0))

25. 运算结果不是 2010 的表达式是（　　　）。

　　A）int（2010.9）　　　　　　　　　　　B）round（2010.1,0）

　　C）ceiling（2010.1）　　　　　　　　　　D）floor（2010.9）

二、填空题

1. 表示"2008 年 10 月 1 日"的日期常量应改写为＿＿＿＿＿＿＿。

2. 表达式 score<=100 AND score>=0 的数据类型是＿＿＿＿＿＿＿。

3. 假设当前表、当前记录的"科目"字段值为"计算机"（字符型），在命令窗口输入如下命令将显示结果＿＿＿＿＿＿＿。

```
m=科目-"考试"
?m
```

4. 在 Visual FoxPro 中表达式(1+2^(1+2))/(2+2)的运算结果是＿＿＿＿＿＿＿。

5. ?AT("EN",RIGHT("STUDENT",4))的执行结果是＿＿＿＿＿＿＿。

6. 表达式 EMPTY(.NULL.)的值是＿＿＿＿＿＿＿。

7. LEFT("123456789"，LEN("数据库"))的计算结果是＿＿＿＿＿＿＿。

8. 表达式 STUFF("GOODBOY",5,3,"GIRL")的运算结果是＿＿＿＿＿＿＿。

9. 表达式 IIF(AT('FOX', 'VISUALFOX', <5, 'VISUAL□'+'FOX', 'VISUAL□'-'FOX') 的运算结

果是_____。（□表示空格）

10. 表达式 STR(VAL('123.4ABC5'),3)的计算结果是_____。

三、实践题

1. 判断下列表达式的正误，如果是正确的表达式则写出表达式的值，如果是错误的则指出错误的原因。

① 123+456　　　② 123+'456'　　　③ "123"+"456"　　　④ 'abc '+'def(abc 后面有空格)

⑤ 'abc '-'def(abc 后面有空格)　　　⑥ {^2014-10-1}+{^2014-5-1}

⑦ {^2014-10-1}-{^2014-5-1}　　　⑧ {^2014-10-1 8:30:0 }+10000

⑨ 3>2>1　　　⑩ 'abc' $'a'　and　5^2>5*2　or　'abc'>'acb'

⑪ {^2014-6-1}<{^2013-8-1}　or　'abc'='a'　and　'张三'>'李四'

2. 写出下列对应的 VFP 命令。

① 定义两个数组 A(10)、B(2,3)

② 将数组 B 中各元素的值均为数值 0

③ 将数组变量 A(1)赋值为 10

④ 将数组变量 A(2)赋值为以 A(1)的值为半径的圆面积

⑤ 将数组变量 A(3)赋值为 2014 年 6 月 1 日

⑥ 将数组变量 A(4)赋值为字符串湖南长沙

⑦ 将数组变量 A(5)赋值为逻辑真值

⑧ 将数组变量 A(6)赋值为分式，分子为 10*5+4 分母为 1+22

⑨ 将数组变量 A(7)赋值为中国连接上 A(4)

⑩ 将数组变量 A(8)赋值为 A(3) 与 2014 年元旦相差的天数

⑪ 将数组变量 A(9)赋值为 A(3)过 100 天后的日期

⑫ 将以上定义的各个变量显示在屏幕上

3. 写出下列 VFP 的逻辑表达式，判断以下条件是否成立。

① A(1)是小于 100 的非负数　　　② A(3)是 2014 年下半年的日期

③ A(4)包含湖南或者湖北　　　④ A(5)为逻辑假值

4. 首先执行以下语句对数组元素赋值，然后验证下列函数的值。

```
Dimension a(5)
a(1)=123.45
a(2)={^2014-10-1}
a(3)='中国湖南长沙'
a(4)='abcba'(字符串的前面无空格，最后有一空格)
```

数值函数

```
?INT(a(1)), INT(-a(1))
?CEILING(a(1)), CEILING(-a(1))
?FLOOR(a(1)), FLOOR(-a(1))
?ROUND(a(1),1), ROUND(a(1),-1)
?MOD(INT(a(1)),4),MOD(INT(a(1)),-4)
```

字符函数

```
?LEFT(a(3),4), RIGHT(a(3),4), SUBSTR(a(3),5,4), SUBSTR(a(3),9)
?LEN(REPLICATE(a(4),2)), LEN(TRIM(REPLICATE(a(4),2)))
```

```
?AT(UPPER('aBc'),a(4)), AT(LOWER('aBc'), a(4)), OCCURS('a',a(4))
?LIKE('a*',a(4)), LIKE('a?',a(4)),LIKE(a(4),'a*')
?STUFF(a(3),5,4,'HUNAN'),CHRTRAN(a(4),'a','d')
?ASC(SPACE(1)), CHR(ASC('A')+10)
```

日期时间函数

```
?YEAR(a(2)),MONTH(a(2)), DAY(a(2)), CDOW(a(2))
?HOUR(DATETIME()), MINUTE(DATETIME()),SEC(DATETIME())
```

数据类型转换函数

```
?STR(a(1),5,1), STR(a(1),4,1), STR(a(1),5),STR(a(1),2)
?VAL(STR(a(1))+a(3))
?DTOC(a(2)),DTOC(a(2),1),CTOD('05/01/14')
```

测试函数

```
?BETWEEN(a(1),100,200),BETWEEN(a(2),{^2014-1-1},{^2014-12-31})
?ISNULL(a(5)),EMPTY(a(5))
?VARTYPE(a(1)), VARTYPE(a(2)), VARTYPE(a(3)), VARTYPE(a(5))
?IIF(a(1)>100,'通过','未通过')
```

5. 运用函数，写出下列表达式。

① 圆周率的平方根，结果保留一位小数。

② 判断 a(2)是否属于 2014 年下半年（要求用两种不同的方法）。

③ 判断 a(3)的第一个字符是否为字符'中'（要求用三种不同的方法）。

④ 用一个字符串表示系统的日期和时间，格式为 2014 年 3 月 17 日 Monday 20 时 30 分 15 秒（要求用两种不同的方法）。

第3章
数据库与数据表的操作

开发一个数据库应用系统，首先要建立该系统所管理的对象——数据库。在 Visual FoxPro 中，数据库用来组织和管理相互联系的多个数据表及相关的数据库对象。每个数据表都是由表结构和数据记录组成的二维表，独立地存放在磁盘上。

本章介绍如何设计数据库，以及建立、打开、关闭数据库的操作。重点讲解建立和维护数据表的方法，索引的建立和使用。此外，还介绍如何在数据表之间建立关联和设置参照完整性。

3.1　设计数据库

要成功地建立一个符合用户需要、满足用户要求的数据库，就一定先要进行数据库的设计。一般来说，数据库设计的基本步骤如图 3.1 所示。

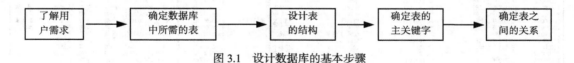

图 3.1　设计数据库的基本步骤

下面，以设计图书借阅管理系统为例，详细地介绍数据库设计的步骤。

3.1.1　了解用户需求

需求分析往往决定了一个应用系统的成败。了解用户的需求及目的，是开发数据库应用系统的第 1 步，且是最重要的一步。在此阶段，开发人员要与应用系统的使用者进行交流，搜集人工操作报表，了解现行工作的处理过程，从而决定该系统输入数据的格式，应该解决的问题，需要获得的统计分析信息和报表的种类。

本书以图书借阅管理系统为例，该系统的需求分析如下。

某单位的小型图书馆有藏书数万册，为该单位的教职工和研究生进行图书借阅业务。该图书借阅管理系统要求有以下功能。

- 对读者信息和书籍数据都要有新增、删除、修改、查询的功能。
- 进行借书和还书的管理。借书时应遵循以下规则。

> ➤ 书籍有精装、平装和线装 3 种类别，其中线装书不允许借阅。
> ➤ 对于研究生读者，一次可借书 5 本；对于教研人员和工作人员读者，一次可借书 10 本。
> ➤ 读者一次借书的期限为 31 天。

- 需要根据各种条件查询图书和借阅的信息。
- 需要将每本图书的简介和封面图片保存在系统中。
- 需要打印读者信息（见图 3.2）、图书信息（见图 3.3）、逾期图书统计表（见图 3.4）报表。

读者信息一览表
05/01/08

读者证号	姓名	性别	身份	电话号码
001	王颖珊	女	工作人员	13202455678
002	杨瑞	女	工作人员	13345627841
003	戴秀云	女	教研人员	8823221
004	黄源玲	女	教研人员	8821245
005	孙建平	男	研究生	13507317845
006	孙思旺	男	研究生	8677473
007	李琼琼	女	研究生	13336457894
008	施鞠文	男	研究生	8824512
009	向振湘	女	研究生	13507314510
010	潘泽泉	男	研究生	13607314510

图 3.2　读者信息表

条形码	书名	分类号	作者	出版社	出版年月	售价	典藏时间	典藏类别	在库	币种	捐赠人
P0000001	李白全集	44.3532/LB	（唐）李白	上海古籍出版社	1997/06/01	¥ 19.0	1999/09/23	精装	外借	人民币	
P0000002	杜甫全集	44.3532/DF	（唐）杜甫	上海古籍出版社	1997/06/01	¥ 21.0	1999/09/23	外借	外借	人民币	
P0000003	王安石全集	44.3541/WAS	（宋）王安石	上海古籍出版社	1999/06/01	¥ 35.0	1999/09/23	平装	外借	人民币	
P0000004	龚自珍全集	13.711/GZZ	（清）龚自珍	上海古籍出版社	1999/06/01	¥ 33.6	1999/09/23	平装	在库	人民币	
P0000005	诗辞类钞第一册	22.146/XK1	徐珂	中华书局	1984/10/05	¥ 2.0	2000/02/21	线装	在库	人民币	
P0000006	诗辞类钞第二册	22.146/XK1	徐珂	中华书局	1986/03/01	¥ 3.2	2000/02/21	线装	在库	人民币	邓力群
P0000007	诗辞类钞第三册	22.146/XK1	徐珂	中华书局	1986/03/01	¥ 3.4	2000/02/21	线装	港币	人民币	邓力群
P0000008	游园惊梦二十年	44.588/BXY	白先勇	迪志文化编辑部	1989/09/01	¥ 128.0	2000/12/30	平装	外借	人民币	李泽厚
P0000009	新亚遗铎	20.6/QM		东大图书	1989/09/01	¥ 228.0	2000/12/30	平装	在库	人民币	李泽厚
P0000010	岳麓书院	38.2001/JT	钱穆	湖南文艺	1995/12/01	¥ 13.8	2002/09/13	线装	外借	人民币	
P0000011	中国历史研究法	22.16/QM.K207-53	钱穆	三联书店	2001/06/01	¥ 11.5	2002/09/13	平装	外借	人民币	
P0000012	中国近三百年学术史（上册）	20/QM	钱穆	中华书局	1986/05/01	¥ 9.2	2002/09/13	平装	外借	人民币	
P0000013	中国近三百年学术史（下册）	20/QM	钱穆	中华书局	1986/05/01	¥ 9.2	2002/09/13	平装	外借	人民币	
P0000014	庄老通辨	13.133/QM	钱穆	东大图书	1999/12/01	¥ 6.8	2002/09/13	平装	在库	台币	
P0000015	旷代逸才—杨度（上册）	44.5/THM	唐浩明	湖南文艺	1996/04/01	¥ 19.0	2002/09/13	精装	在库	人民币	
P0000016	旷代逸才—杨度（中册）	44.5/THM	唐浩明	湖南文艺	1996/04/01	¥ 20.0	2002/09/13	精装	在库	人民币	
P0000017	旷代逸才—杨度（下册）	44.5/THM	唐浩明	湖南文艺	1996/04/01	¥ 18.4	2002/09/13	外借	外借	人民币	
P0000018	宋诗纵横	44.344/ZRK	赵仁圭	中华书局	1994/06/01	¥ 9.8	2002/09/13	平装	在库	人民币	
P0000019	诗经原始上册	44.31/FYY1	（清）方玉润	中华书局	1986/05/01	¥ 4.3	2003/06/04	平装	在库	人民币	邓力群
P0000020	诗经原始下册	44.31/FYY2	（清）方玉润	中华书局	1986/05/01	¥ 4.3	2003/06/04	平装	在库	人民币	邓力群

图 3.3　图书目录册

综上所述，该系统需要以下各数据项（字段）：

读者证号、姓名、性别、身份、电话号码、条形码、书名、分类号、作者、出版社、出版年月、售价、典藏时间、典藏类别、在库、币种、捐赠人、简介、封面、借书日期和还书日期。

注意　对于能够根据已有信息计算出来的数据，不应定义为数据项。例如，"逾期图书统计"中的"逾期天数"，是通过借书日期、当前日期和 31 天的借书期限计算得到的，不应作为数据项；又如"逾期本数"是通过统计记录数目得到的，也不应作为数据项。

逾期图书统计

2008/05/01

001　王颖珊　13202455678

P0000003　王安石全集　2008/01/02　89

P0000004　龚自珍全集　2008/03/01　30

逾期 2 本 119 天

002　杨瑞　13345627841

P0000001　李白全集　2008/02/05　55

P0000009　新亚遗译　2008/03/01　30

逾期 2 本 85 天

005　孙建平　13507317845

P0000012　中国近三百年学术史(上册)　2008/03/25　6

P0000013　中国近三百年学术史(下册)　2008/03/25　6

逾期 2 本 12 天

006　孙思旺　8677473

P0000015　旷代逸才-杨度(上册)　2008/03/25　6

P0000016　旷代逸才-杨度(中册)　2008/03/25　6

P0000017　旷代逸才-杨度(下册)　2008/03/25　6

逾期 3 本 18 天

合计 9 本

图 3.4　逾期图书统计

3.1.2　确定数据库中所需的表

若将所有的数据项放在一个数据表中，如图 3.5 所示，就会产生数据冗余。每当读者借阅一本书，其姓名、性别、身份、电话号码信息就要在数据表中重复地存放一次，浪费存储空间。数据冗余还会使数据难以维护，例如，当一位读者的电话发生变更时，所有这位读者相关记录的电话号码字段都要被修改。如果只修改了其中一些记录的电话号码，而另一些记录又未被修改，将会造成数据的不一致。

读者证号	姓名	性别	身份	电话号码	条形码	借阅日期	还书日期	书名	分类号	作者	出版社	出版年月	售价	典藏时间	典藏类别	在库	币种	捐赠人
001	王颖珊	女	工作人员	13202455678	P0000001	01/02/08	01/25/08	李白全集	44.3532/LB	(唐)李白	上海古籍出版社	06/01/97	19.0	09/23/99	精装	T	人民币	
001	王颖珊	女	工作人员	13202455678	P0000002	01/02/08	01/26/08	杜甫全集	44.3532/DF	(唐)杜甫	上海古籍出版社	06/01/97	21.0	09/23/99	精装	F	人民币	
001	王颖珊	女	工作人员	13202455678	P0000003	01/02/08	/ /	王安石全集	44.3541/WAS	(宋)王安石	上海古籍出版社	06/01/99	35.0	09/23/99	精装	F	人民币	
001	王颖珊	女	工作人员	13202455678	P0000004	03/01/08	04/05/08	龚自珍全集	13.711/GZZ	(清)龚自珍	上海古籍出版社	06/01/99	33.6	09/23/99	平装	T	人民币	
001	王颖珊	女	工作人员	13202455678	P0000010	04/20/08	/ /	岳麓书院	38.2001/JT	江堤 彭爱学	湖南文艺	12/01/95	13.8	09/13/02	平装	F	人民币	
001	王颖珊	女	工作人员	13202455678	P0000011	04/05/08	/ /	中国历史研究法	22.18/QM.K207-53	钱穆	三联书店	06/01/01	11.5	09/13/02	平装	F	人民币	
002	扬瑞	女	工作人员	13345627841	P0000001	02/05/08	/ /	李白全集	44.3532/LB	(唐)李白	上海古籍出版社	06/01/97	19.0	09/23/99	精装	T	人民币	
002	扬瑞	女	工作人员	13345627841	P0000002	02/25/08	03/05/08	杜甫全集	44.3532/DF	(唐)杜甫	上海古籍出版社	06/01/97	21.0	09/23/99	精装	F	人民币	
002	扬瑞	女	工作人员	13345627841	P0000008	02/25/08	03/05/08	游园惊梦二十年	44.568/BXY	白先勇	迪志文化编辑部	09/01/89	128.0	12/30/00	平装	F	港币	李泽厚
002	扬瑞	女	工作人员	13345627841	P0000009	03/01/08	/ /	新亚遗译	20.8/QM	钱穆	东大图书	09/01/89	228.0	12/30/00	平装	F	港币	李泽厚
005	孙建平	男	研究生	13507317845	P0000002	04/10/08	/ /	杜甫全集	44.3532/DF	(唐)杜甫	上海古籍出版社	06/01/97	21.0	09/23/99	精装	F	人民币	
005	孙建平	男	研究生	13507317845	P0000008	04/10/08	/ /	游园惊梦二十年	44.568/BXY	白先勇	迪志文化编辑部	09/01/89	128.0	12/30/00	平装	F	港币	李泽厚
005	孙建平	男	研究生	13507317845	P0000011	03/25/08	04/10/08	中国历史研究法	22.18/QM.K207-53	钱穆	三联书店	06/01/01	11.5	09/13/02	平装	F	人民币	
005	孙建平	男	研究生	13507317845	P0000012	03/25/08	04/10/08	中国近三百年学术史(上册)	20/QM	钱穆	中华书局	05/01/86	9.2	09/13/02	平装	T	人民币	
006	孙思旺	男	研究生	8677473	P0000002	03/10/08	03/25/08	杜甫全集	44.3532/DF	(唐)杜甫	上海古籍出版社	06/01/97	21.0	09/23/99	精装	F	人民币	
006	孙思旺	男	研究生	8677473	P0000010	03/10/08	03/25/08	岳麓书院	38.2001/JT	江堤 彭爱学	湖南文艺	12/01/95	13.8	09/13/02	平装	F	人民币	
006	孙思旺	男	研究生	8677473	P0000013	04/06/08	/ /	中国近三百年学术史(下册)	20/QM	钱穆	中华书局	05/01/86	9.2	09/13/02	平装	F	人民币	
006	孙思旺	男	研究生	8677473	P0000015	03/25/08	04/06/08	旷代逸才-杨度(上册)	44.5/THM	唐浩明	湖南文艺	04/01/96	19.0	09/13/02	精装	T	人民币	
006	孙思旺	男	研究生	8677473	P0000016	03/25/08	04/06/08	旷代逸才-杨度(中册)	44.5/THM	唐浩明	湖南文艺	04/01/96	20.0	09/13/02	精装	T	人民币	
006	孙思旺	男	研究生	8677473	P0000017	03/25/08	/ /	旷代逸才-杨度(下册)	44.5/THM	唐浩明	湖南文艺	04/01/96	18.4	09/13/02	精装	F	人民币	

图 3.5　设计错误的数据表

因此，在设计数据库时，应将数据项划分为多个表，每个数据表只包含一个主题的信息。此系统应划分为图书表、读者表和借阅表 3 个数据表，如图 3.6 所示。每位读者对应于读者表的一条记录，每本图书对应于图书表的一条记录，每次借阅对应于借阅表的一条记录。

图 3.6　读者表、借阅表和图书表

在设计数据表时，还应尽量避免在各个表之间出现重复的字段。例如，在借阅表中，只需存放读者的读书证号，就可以通过关联在读者表找到中相应读者的姓名、电话号码等信息，而无须在借阅表中重复地存储这些信息。

3.1.3　设计表的结构

对于每一个数据表，要设计表结构，即数据表包括哪些字段，各字段的名称、数据类型、字段宽度、小数位数等信息。

1. 确定数据表的字段

在确定所需字段时，应注意将与表的主题相关的字段存放在一个数据表中。

综合以上分析，各数据表的字段如下。

读者表（读者证号、姓名、性别、身份、电话号码）。

图书表（条形码、书名、分类号、作者、出版社、出版年月、售价、典藏时间、典藏类别、状态、币种、捐赠人、简介、封面）。

借阅表（读者证号、条形码、借书日期、还书日期）。

2. 定义字段的名称

在定义字段名称时，需要注意以下事项。

（1）数据库表字段名称最长可达 128 个字母，自由表字段名称最长可达 10 个字母。

（2）字段名称可包含中文、字母、数字与下画线，但第 1 个字母不能是数字和下画线。

（3）在同一个表中，各个字段的名称绝对不能重复。

通常，用户定义的字段名称与该字段所存储的数据项有关，如书名、sm、bookname 均可作为描述书籍名称的字段名。

3. 字段的数据类型

字段的数据类型决定了该字段所储存数据的特性。例如，字段值能否进行算术运算，所能容纳数值的数据范围大小，精确度的高低等。

Visual FoxPro 共提供了 13 种数据类型，具体规定如下。

（1）字符型（C）：用来存储所有能打印的 ASCII 字符和汉字，最多可存储 254 个字符。对于名称、地址、职称等字段，通常定义为字符型。对于学号和电话号码这类字段，虽然字段值由数字组成，但不需进行数学计算，通常也定义为字符型。

（2）数值型（N）：用来存储可参与加、减、乘、除数学运算的整数或小数，如价格、工资、成绩等字段，通常定义为数值型。

数值型数据的数据范围是：$-0.999\ 999\ 999\ 9E+19 \sim 0.999\ 999\ 999\ 9E+20$。

（3）浮点型（F）：浮点型的使用规则与数值型完全相同。

（4）货币型（Y）：用来存储一些表示货币量的数据。由于其小数位数固定为 4 位，如果输入数值的小数位超过 4 位，Visual FoxPro 将自动进行四舍五入。

货币型数据的数据范围是：$-922\ 337\ 203\ 685\ 477.580\ 7 \sim 922\ 337\ 203\ 685\ 477.580\ 7$。

（5）整数型（I）：如果用户要存储的数值不需保留小数，并且在整数型的数据范围之内，应采用整数型。由于整数型字段是以 4 位的二进制值存储，所以它比其他的数值型字段要求较少的内存空间，并且不需要 ASCII 转换，所以处理速度也较快。

整数型数据的数据范围是 $-2\ 147\ 483\ 647 \sim 2\ 147\ 483\ 647$。

（6）双精度型（B）：如果用户要存储的数值很大，或需要极高的精确度，则应选择双精度型。

双精度型数据的数据范围是 $+/-4.940\ 656\ 458\ 412\ 47E-324 \sim +/-1.797\ 693\ 134\ 862\ 32E308$。

（7）日期型（D）：用来存储日期数据。对于出生日期、出版日期、借阅日期等字段，通常定义为日期型。日期字段的默认格式为 MM/DD/YY，在输入日期型数据时，Visual FoxPro 会检查其合法性。例如，若输入 13/10/08，系统将发出警告信息。用户可用 SET DATE TO 和 SET CENTURY ON 命令来改变日期格式。

（8）日期时间型（T）：通常用来存储仅包含时间或日期与时间都包含的数据，如员工上下班的打卡时间，可以用日期时间型字段来存储。

（9）逻辑型（L）：逻辑型字段只能存放逻辑真值.T.或逻辑假值.F.。当要存储的数据只能是两种状况之一时，如图书是否在库、员工为已婚或未婚，适合采用逻辑型字段。

（10）备注型（M）：用来存储大量的文字信息。例如，对于"经历""简介"等字段，需要存放较多的文本字符，而字符型字段只能容纳 254 个字符，所以应定义其数据类型为备注型。

一个表文件中如果包含备注字段，则系统将自动建立一个与表文件同名、扩展名为 FPT 的备注型文件，用来存放备注型字段所有内容。备注型字段的长定固度为 4 字节，仅存放一个指针，指向该字段值在备注文件的地址。备注型字段除了能进行编辑、显示和打印外，不能进行其他操作。

（11）通用型（G）：主要用来存储各种链接和嵌入 OLE 对象，即图片、声音、音频、视频、Office 文档等，如图书的"封面"字段中存放的是图片文件，应该定义为通用型字段。与备注型字段一样，通用数据型字段仅存放指针，字段的内容也存储在备注文件中。

（12）二进制字符型：与字符型相似，但其数据不会随代码页的改变而改变。

（13）二进制备注型：与备注型相似，但其数据不会随代码页的改变而改变。

4. 字段的宽度和小数位数

字段的宽度指字段中所能容纳的最大数据量。

对于字符型字段，字段宽度是指其所能输入的文本长度。其中，一个汉字所占宽度为 2。例如：对于读者表的姓名字段，由于最多要容纳 4 个汉字，应设置其宽度为 8。

对于数值型与浮动型字段，字段宽度指其可能的最大位数（包括小数点和符号位）。例如，若某数值型字段最小可能为–999 999.99，应定义其字段宽度为 1（负号）+6（整数最大位数）+1（小数点）+2（小数位数），即 10。

有些数据类型的宽度是固定的，如日期型、日期时间型、货币值类型和双精度型宽度固定为 8，整数型宽度固定为 4，逻辑型宽度固定为 1，备注型与通用型宽度固定为 4。

对于数值型、浮点型和双精度型字段，用户应根据该字段需要的数据精度，设置其小数位数。例如，对于图书表的售价字段，由于要求精确到角，应设置其小数位数为 1。又由于图书售价最多不超过 1 万，其整数位数应为 4 位，所以字段宽度应设置为 6。

综合以上分析，各数据表的表结构如表 3.1、表 3.2 和表 3.3 所示。

表 3.1 读者表

借 阅 表

字段名称	字段类型	宽度
读者证号	字符型	3
条形码	字符型	8
借书日期	日期型	8
还书日期	日期型	8

表 3.2 借阅表

读 者 表

字段名称	字段类型	宽度
读者证号	字符型	3
姓名	字符型	8
性别	字符型	2
身份	字符型	8
电话号码	字符型	11

表 3.3 图书表

图 书 表

字段名称	字段类型	宽度	备注
条形码	字符型	8	条形码由 P 开头，后面有 7 位数字
书名	字符型	40	
分类号	字符型	20	
作者	字符型	20	
出版社	字符型	20	

续表

图 书 表			
出版日期	日期型	8	
售价	数值型	6	小数位数须保留 1 位，整数部分最多为 4 位
典藏类别	字符型	4	有平装、精装和线装 3 种，线装书不外借
典藏时间	日期型	8	
在库	逻辑型	1	真值表示图书在库，假值表示图书外借
币种	字符型	6	有人民币、美元、日元、港币和台币 5 种
捐赠人	字符型	8	
简介	备注型	4	
封面	通用型	4	

3.1.4　确定表的主关键字

每个数据表必须有一个主关键字来唯一标识每一条记录。在有一些数据表中，用一个字段的值能够唯一标识记录。例如，条形码字段能标识图书的唯一性，读者证号字段能标识读者的唯一性，是表的主关键字。而有些数据表，须将多个字段的组合作为主关键字。例如，在借阅表中，由于一本书不可能在同一天内被借阅多次，可将条形码和借阅日期的组合可作为主关键字。

3.1.5　确定表之间的关系

用户在进行数据处理或查询时，需要用到的数据项可能存放在不同的数据表中。例如，进行借书处理时，需要用到图书的书名、读者的姓名、借书日期等来自不同数据表的字段。此时，需要根据表之间的关联将各个表的信息联系在一起。

在该数据库中，图书表和借阅表通过公共字段"条形码"存在一对多的关联，借阅表和读者表通过公共字段"读者证号"存在一对多的关联。

3.2　建立数据库与数据表

在 Visual FoxPro 中，数据库与数据表是两种不同类型的文件。

数据表是一个由表结构和数据记录组成的二维表。在建立数据表时，首先要创建表结构，即定义表中有哪些字段，每个字段的名称、数据类型、字段宽度和小数位数；然后再输入数据记录。数据表文件的扩展名为 dbf。若数据表中有备注型或通用型字段，还将产生一个扩展名为 ftp 的备注文件。

数据库用来组织和管理相互联系的多个数据表及相关的数据库对象（包括视图、连接定义、存储过程）。此外，数据库中还包括数据字典的信息，即各个字段的标题、有效性规则、默认值等信息，各个数据表之间的关联及参照完整性信息。数据库的结构如图 3.7 所示。一个数据库对应于磁盘上 3 个主文件名相同、扩展名不同的文件：.dbc、.dct、.dcx 文件。

数据表分为数据库表（隶属于一个数据库）和自由表（不属于任何数据库）。不管是哪种数据表，数据记录都是存放在 dbf 表文件中，而不是存放在数据库文件中。

图 3.7　数据库的结构

3.2.1　建立数据库

要在数据库中输入数据，必须先建立一个新的数据库，然后再在数据库中建立数据表。

建立数据库可以采取以下 3 种方法：在项目管理器中建立数据库；通过"新建"对话框建立数据库；使用 CREATE DATABASE 命令建立数据库。

1. 在项目管理器中建立数据库

在项目管理器中建立数据库的操作步骤如下。

（1）如图 3.8 所示，在项目管理器的"数据"选项卡中，选择"数据库"选项，单击"新建（N）"按钮或选择"项目"菜单下的"新建文件"命令，打开"新建数据库"对话框。

（2）在"新建数据库"对话框中，如图 3.9 所示，单击"新建数据库（N）"按钮，打开"创建"对话框。

图 3.8　在项目管理器中建立数据库

图 3.9　"新建数据库"对话框

（3）"创建"对话框如图 3.10 所示，在"保存在"下拉列表中选择保存数据库的文件夹，在"数据库名"文本框中输入数据库的名称，单击"保存"按钮。

（4）如图 3.11 所示，系统打开了新建数据库的"数据库设计器"窗口。此时的数据库是一个空数据库，没有任何数据表或数据对象。与此同时，"数据库设计器"工具栏变为有效，菜单栏中也将出现"数据库"菜单项。

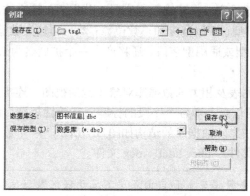

图 3.10　"创建"对话框

图 3.11　数据库设计器

建立数据库后，系统在指定文件夹下创建了如下 3 个主文件名相同，扩展名不同的文件：.dbc 为数据库文件，.dct 为数据库的相关备注文件，.dcx 为数据库相关的索引文件。若要将数据库复制到其他地方，务必将 3 个文件一起复制，否则会出错。

图书信息.dbc　　图书信息.dct　　图书信息.dcx

2. 通过"新建"对话框建立数据库

选择"文件"菜单下的"新建"命令或单击工具栏上的"新建"按钮🗋，打开"新建"对话框。如图 3.12 所示，在"新建"对话框的"文件类型"列表框中选择"数据库"选项，单击"新建文件"按钮。

其后的操作步骤与在项目管理器中建立数据库相同，这里不再赘述。

3. 使用 CREATE DATACASE 命令建立数据库

命令格式：**CREATE DATABASE [<数据库名>|?]**

命令功能：创建数据库。

命令说明：

① 在命令中指定数据库名，则 Visual FoxPro 直接建立数据库。

② 如果未指定数据库名或使用问号，系统将打开"创建"对话框，要求用户指定数据库名称和存储路径。

③ 使用命令建立数据库后，Visual FoxPro 只是将数据库打开，但不会打开数据库设计器。执行 **MODIFY DATABASE** 命令可打开数据库设计器。

使用以上 3 种方法都可以建立一个新的数据库。如果指定位置已经存在一个同名的数据库，并且 Visual FoxPro 环境参数 SAFETY 被设置为 ON 状态，Visual FoxPro 会打开一个对话框，如图 3.13 所示，让用户确认是否覆盖文件。如果执行了命令 **SET SAFETY OFF**，环境参数 SAFETY 被设置为 OFF 状态，新建的文件将会直接覆盖已经存在的文件。

图 3.12　"新建"对话框

图 3.13　"确认覆盖"对话框

3.2.2　建立数据表

建立数据表可以采取以下 4 种方法：在数据库设计器中建立数据表；在项目管理器中建立数

据表；通过"新建"对话框建立数据表；通过 CREATE TABLE 命令建立数据表。

1. 在数据库设计器中建立数据表

（1）打开数据库设计器后，可通过下列方式建立数据表。

● 在设计器的空白处右击鼠标，在快捷菜单中选择"新建表"命令，如图 3.14 所示。

● 单击"数据库设计器"工具栏的"新建表"按钮。

● 选择"数据库"菜单下的"新建表"命令。

（2）系统打开"新建表"对话框，如图 3.15 所示，单击"新建表（N）"按钮，打开"创建"对话框。

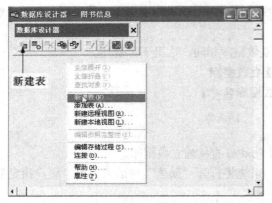

图 3.14　在数据库设计器中新建表

图 3.15　"新建表"对话框

（3）"创建"对话框如图 3.16 所示，在"保存在"下拉列表中选择保存数据表的文件夹，在"输入表名"文本框中输入数据表的名称，单击"保存"按钮。

2. 在项目管理器中建立数据表

如图 3.17 所示，在项目管理器的"数据"选项卡中，展开要新建数据表的数据库，选择"表"选项，单击"新建（N）"按钮或选择"项目"菜单下的"新建文件"命令，打开"新建表"对话框。

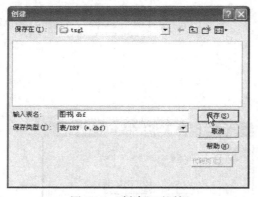

图 3.16　"创建"对话框

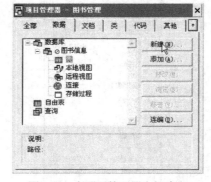

图 3.17　在项目管理器中新建表

其后的操作步骤与在数据库设计器中建立数据表相同。

3. 通过"新建"对话框建立数据表

打开数据库后，选择"文件"菜单下的"新建"命令或单击工具栏上的"新建"按钮，打开"新建"对话框。如图 3.18 所示，在"新建"对话框的"文件类型"列表框中选择"表"选项，单击"新建文件"按钮，打开"创建"对话框。

4. 通过 CREATE 命令建立数据表

命令格式：CREATE　[<数据表名>|?]

命令功能：创建数据表。

命令说明：

① 在命令中指定数据表名，则 Visual FoxPro 打开表设计器。

② 如果未指定数据表名或使用问号，系统将打开"创建"对话框，要求用户指定数据表名称和存储路径。

图 3.18 "新建"对话框

3.2.3 定义数据表结构

数据表由表结构和数据记录组成。建立数据表时，首先要建立表结构，即定义数据表各字段的名称、数据类型、字段宽度和小数位数，然后再输入数据记录。

按上述方法建立数据表后，系统打开表设计器。如图 3.19 所示，在表设计器的字段输入框中，依次输入各字段的名称、类型、宽度、小数位数。各字段的规格见表 3.2。

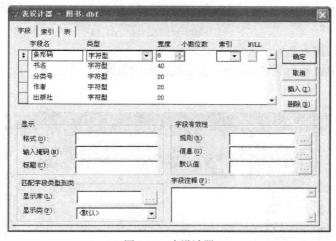

图 3.19 表设计器

有些数据类型的宽度是固定的。选择这些类型后，系统会自动设定宽度。

在表设计器中可以看到每个字段有"NULL"选项，它表示设置是否允许字段为空值.NULL.。空值表示虚无值，不等于空字符串、数值 0 或逻辑非.F.。在 Visual FoxPro 的默认状态下，各字段不能接收空值。如果要将某字段设定为能够接收空值，单击该字段 NULL 列的按钮，使其打上勾号 ☑。在输入数据时，可以在该字段处按 Ctrl+0 组合键以输入.NILL.值。

3.2.4 输入数据记录

完成表结构的定义后，单击"确定"按钮，系统打开"现在输入数据记录吗?"提示框，如图 3.20 所示。单击"是"按钮，显示数据表的记录输入窗口，如图 3.21 所示。

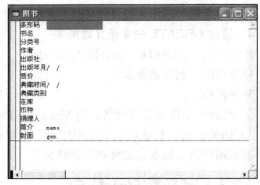

图 3.20　询问是否输入数据记录　　　　图 3.21　数据表的记录输入窗口

此时，光标停留在第 1 条数据记录的第 1 个字段处。用户在此输入数据，当字段被填满，光标将自动移到下一个字段并发出声音；若所输入数据的宽度比字段宽度要少，在输入后按 Tab 键或 Enter 键，即可将光标移至下一个字段。

输入逻辑型数据时，用户只需输入 T 则表示逻辑真值，输入 F 则表示逻辑假值。

输入日期型数据时，默认情况下用户按 MM/DD/YY 的格式输入日期。若设置了其他的日期格式，则按设置的日期格式输入。此外，日期分隔符"/"是由系统自动设置的，不需要用户输入。

● 备注型字段的输入

当备注型字段中显示小写的 memo，表示此字段的值为空。双击该字段，打开如图 3.22 所示的备注字段编辑窗口。

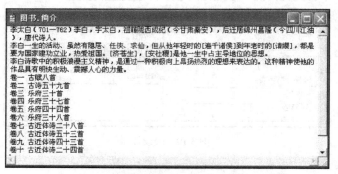

图 3.22　备注字段的编辑窗口

在窗口中输入备注字段的内容后，单击窗口右上角的"关闭"按钮或按 Ctrl+W 组合键，存储输入的内容并返回记录输入窗口。

若想放弃备注字段数据的编辑，按 Esc 键，系统打开对话框询问是否要放弃修改。选择"是"按钮，则在编辑窗口的内容不会存储到备注字段，返回到记录输入的窗口。

当备注字段输入了内容，此字段中显示首字母大写的 Memo。双击此处，即可查看或修改该字段的值。

● 通用型字段的输入

当通用型字段显示小写的 gen，表示此字段的值为空。

如果用户要把以位图（.bmp）格式保存的图片文件插入该字段，按以下步骤操作。

首先，双击该字段，打开通用字段编辑窗口。

然后，运行图形处理软件（例如画图），打开需要插入的位图文件。如图 3.23 所示，使用选定工具选择需要复制的部分，右击鼠标，在快捷菜单选择"复制"命令。

再切换到通用字段的编辑窗口，如图 3.24 所示，选择"编辑"菜单的"粘贴"命令。

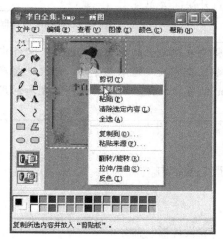

图 3.23　在画图窗口复制

图 3.24　编辑通用型字段

粘贴完成后，单击通用字段编辑窗口右上角的"关闭"按钮或按 Ctrl+W 组合键，存储照片文件并返回记录输入窗口。

当通用字段输入了内容，此字段中显示首字母大写的 Gen。双击此处，即可打开该字段的编辑窗口。若用户要删除在通用型字段输入的内容，选择"编辑"菜单的"清除"命令。若用户要编辑此图片，双击该图片，如图 3.25 所示，显示出"画图"软件的菜单和工具栏，用户可以编辑此图片。

在输入完第 1 条记录的最后一个字段后，按 Tab 键或 Enter 键，系统将光标移至下一条记录的第 1 个字段，如图 3.26 所示。

图 3.25　修改图片

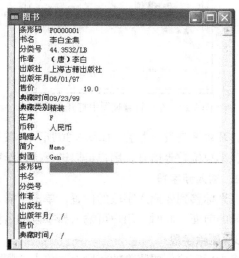

图 3.26　记录输入窗口

记录输入完成后，单击输入窗口右上角的"关闭"按钮或按 Ctrl+W 组合键，将存储输入的数据。

如果用户打开了数据库设计器，如图 3.27 所示，新建的数据表以控件形式显示在设计器中。用户可以拖动表的标题栏来移动其位置，拖动表的边框来改变其大小，还可以右击鼠标，打开快捷菜单进行各种相应操作。

图 3.27　数据库设计器

 在数据库中建立数据表后，输入的数据保存在磁盘上的数据表（DBF）文件中，而不是保存在数据库文件中。如果数据表中有备注型字段或通用型字段，系统还将产生一个主文件名与数据表名称相同，扩展名为.fpt 的备注文件，用来存放备注型和通用型字段的内容。

3.2.5　修改数据表结构

对于已经建立的表，可以使用"表设计器"来修改它的结构。

1. 打开表设计器

用户可以通过以下方法打开表设计器。

（1）如果数据表已经打开，选择"显示"菜单的"表设计器"命令。

（2）如果数据表已经打开，在命令窗口输入命令 MODIFY STRUCTURE。

（3）如果数据表属于一个项目，在项目管理器的"数据"选项卡中选择所建立的数据表，如图 3.28 所示，单击"修改"按钮。

（4）如果打开了数据库设计器，如图 3.29 所示，选择要打开的数据表，在快捷菜单中选择"修改"命令，或在"数据库"菜单选择"修改"命令。

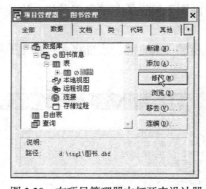

图 3.28　在项目管理器中打开表设计器

图 3.29　在数据库设计器中打开表设计器

打开数据表设计器后，如图 3.30 所示，在"字段"选项卡中显示出各字段的名称、数据类型、宽度、小数位数等信息，用户可以进行插入新字段、删除字段和修改已有的字段。

2. 插入新字段

将光标移到要插入字段的位置，单击"插入"按钮，一个名为"新字段"的字段将插入在选中字段的前面。此时，用户可输入新字段的名称、数据类型、宽度和小数位数。

3. 删除字段

将光标定位到要删除的字段上，单击"删除"按钮即可。注意，删除字段将导致该字段中的数据被永久删除。

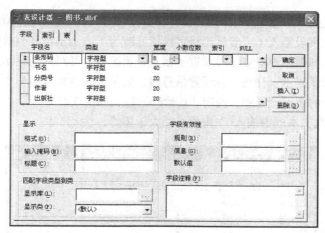

图 3.30　表设计器

4. 修改字段

将光标定位到要修改的字段上，直接修改字段的名称、数据类型、宽度或小数位数。

在改变数据类型时，若将数值类型的字段转换为字符型，则原来存放在字段的数值转换为字符串；若将字符型的字段转换为数值类型，则将原来存放在字段中的数字字符自左而右逐一转化成数字，直到"非数字"的字符为止。如果字符串的第 1 个字符就不是数字字符，则转换的结果为 0。

修改完成后，单击"确定"按钮，Visual FoxPro 打开如图 3.31 所示的对话框，询问是否保存修改。选择"是"按钮，表结构立即变更，关闭表设计器。选择"否"按钮，回到表设计器继续编辑表结构。

在表设计器中单击"取消"按钮，Visual FoxPro 打开如图 3.32 所示的对话框，询问是否放弃修改。选择"是"按钮，放弃刚才的修改，关闭表设计器。选择"否"按钮，回到表设计器继续编辑表结构。

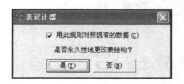

图 3.31　"保存修改"对话框

图 3.32　"放弃修改"对话框

3.2.6　设置数据字典信息

对于数据库表，在表设计器中，除了定义各字段的名称、类型、宽度和小数位数以外，还可以定义数据字典信息。

数据字典信息分为字段属性和表属性。

在"字段"选项卡中选择了需要设置信息的字段后，设置其显示、有效性、注释等字段属性。

1. 字段有效性规则与信息

对于数据表的有些字段，用户要求其值必须符合某种特定的条件。例如，对于图书表的"典藏类别"字段，要求只能输入平装、精装或线装；对于"售价"字段，要求只能输入大于 0 的值。

有效性规则就是用户根据该字段的值要满足的特定条件而设置的逻辑型表达式。设置有效性规则后，当用户向该字段输入（或者试图将字段值修改为）一个不符合有效性规则的值时，系统就拒绝该值的输入。如果用户对该字段设置了信息，系统将打开对话框显示此信息。如果没有设置信息，系统显示默认提示。注意，在设置信息时，要将其包含在双引号中。

例如，在图书表的表设计器中，选定"售价"字段，如图 3.33 所示，在"规则"文本框中输入"售价>0"，在信息文本框中输入""售价必须大于零""。

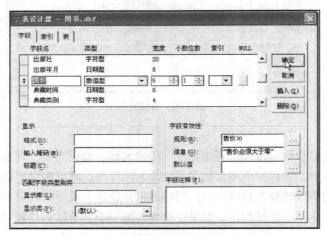

图 3.33　设置售价字段的有效性

选定"典藏类别"字段，在"规则"文本框中输入"典藏类别="平装" OR 典藏类别="精装" OR 典藏类别="线装""，在信息文本框中输入""典藏类别只能为精装、平装或线装""。

设置了有效性规则后，在数据表的浏览窗口，若将某数据记录的售价字段值改为 0。当离开此字段时，系统打开对话框显示用户设置的信息，如图 3.34 所示。若选择"确定"按钮，光标回到该字段让用户来更正输入；若选择"还原"按钮，数据恢复成未被修改前的值。

图 3.34　错误信息对话框

　　　　在数据表设计器中设置有效性规则时，若数据表中已经存在的数据违反了有效性规则，则系统将无法保存该规则。

2. 字段默认值

对于某个字段来说，如果某个值出现的概率很高，可以将此值设定为该字段的默认值。设置完成后，每当新增记录时，该字段中会自动出现所设置的默认值。显然，使用默认值能够节省数据输入的时间。

例如，由于图书馆的大部分图书是平装书，可将平装设置为典藏类别字段的默认值。

在图书表的表设计器中，选择"典藏类别"字段，如图 3.35 所示，在"默认值"文本框中输入""平装""。

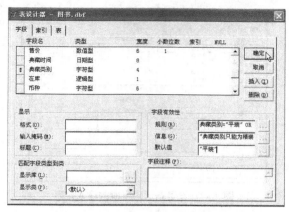

图 3.35　设置典藏类别字段的默认值

此外，还可将"典藏时间"字段的默认值设为当前日期的函数 DATE()，"在库"字段的默认值设为.T.，"币种"字段的默认值设为"人民币"。

设置默认值后，在数据表的浏览窗口新增记录时，各字段的默认值如图 3.36 所示。

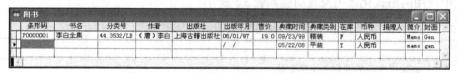

图 3.36　新增记录时各字段的默认值

　默认值文本框中表达式的类型应与该字段的数据类型相一致，且不能违背该字段所设置的有效性规则。

3. 格式化输入/输出

● 输入掩码属性

如果用户要求某些字段按特定的格式来输入数据，可以设置其输入掩码属性。输入掩码由多个格式化字符组成，用于限制输入数据的范围，减少输入错误。

输入掩码中常用的格式化代码及其功能如表 3.4 所示。

表 3.4　　　　　　　　　　输入掩码中常用的格式化代码及其功能

格式化代码	功　　能
A	只允许输入英文字母
N	只允许输入英文字母和数字
9	只允许输入数字或正负号
X	可输入任何字符
!	可输入任何字符，但输入的英文字母会转换为大写
.	指定小数点位置
,	用来分隔整数部分的数字，一般是每三位用逗号分隔

例如，要求输入条形码时第 1 个字符必须为英文字母，后面 7 位必须为数字字符，则选择"条形码"字段，如图 3.37 所示，在"输入掩码"文本框中输入"A9999999"。

图 3.37　设置条形码字段的输入掩码

在输入"售价"字段时，要求显示货币符号，整数部分以三位一撇的形式显示，小数部分以一位的形式显示，则设置"售价"字段的输入掩码为¥9,999.9。

● 格式属性

若要求某些字段按特定的格式来显示数据，可设置格式属性。

格式中常用的格式化代码及其功能如表 3.5 所示。

表 3.5　　　　　　　　　　　格式中常用的格式化代码及其功能

格式化代码	功　　能
T	去除字段值的前置与尾部空格
^	将数值类型字段的数值以科学记数法形式显示
A	只允许输入英文字母
!	可输入任何字符，但输入的英文字母会转换为大写
R	当格式设置为"R"，则输入掩码中的非格式化字符会显示在字段中作为格式化字符使用
M	当格式设置为"M"，则在输入掩码中输入逗号分隔的该字段的各个选项值，用户输入该字段数据时，只能用空格键来切换各个选项值

通常，可以将输入掩码属性与格式属性配合使用，来完成格式化输入/输出功能。

例如，要求读者的电话号码以每四位加一横线分隔的样式显示，则设置电话号码字段的格式属性为 R，输入掩码属性为 999-9999-9999，如图 3.38 所示。设置完成后，在数据表的浏览窗口输入该字段的值时，如图 3.39 所示，用户只能输入数字，横线字符会自动分隔在数字之间，且不会存入字段值中。

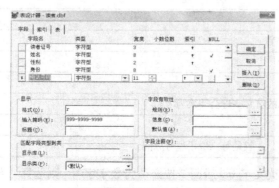

图 3.38　设置电话号码字段的格式符和输入掩码　　　　图 3.39　浏览窗口显示的电话号码

设置图书表的币种字段的格式属性为 M，输入掩码属性为“人民币,美元,日元,港币,台币”，如图 3.40 所示。设置完成后，在数据表的浏览窗口输入该字段的值时，如图 3.41 所示，用户不能用键盘编辑文字，只能用空格键来切换各类币种。

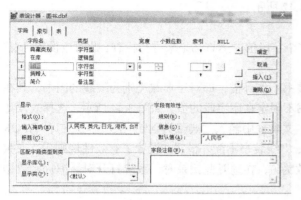

图 3.40　设置币种字段的格式符和输入掩码

作者	出版社	出版年月	售价	币种
(唐)李白	上海古籍出版社	06/01/97	￥ 19.0	人民币
(唐)杜甫	上海古籍出版社	06/01/97	￥ 21.0	人民币
(宋)王安石	上海古籍出版社	06/0:		
(清)龚自珍	上海古籍出版社	06/0:		
徐珂	中华书局	10/05/84	￥ 2.0	人民币
徐珂	中华书局	12/01/83	￥ 3.2	人民币
徐珂	中华书局	12/01/83	￥ 3.4	人民币
白先勇	迪志文化编辑部	09/01/89	￥ 128.0	港币

图 3.41　浏览窗口输入币种

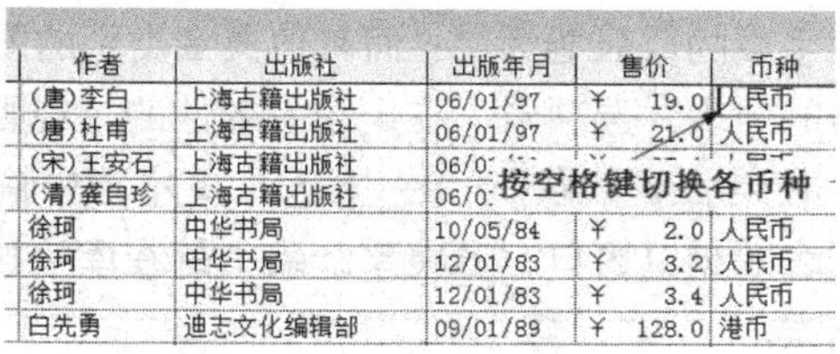

- 输入掩码与格式属性的区别

输入掩码与格式属性有一些相同的格式化代码，它们的区别在于：输入掩码属性完成的是一对一的格式化工作，而格式属性完成的却是全局的格式化工作。

例如，某一个长度为 5 的字符型字段，若要求该字段中输入的英文字母都自动转换为大写，有两种方法：一种是设置其输入掩码属性为!!!!!，另一种是设置其格式属性为!。

4. 字段标题

默认情况下，浏览窗口的列标题是字段名。如果要以其他的名称作为列标题，可在该字段的“标题”文本框中进行设置。

例如，选择“书名”字段，如图 3.42 所示，在“标题”文本框中输入“书籍名称”。设置完成后，在浏览窗口，如图 3.43 所示，书名字段的列标题为“书籍名称”。

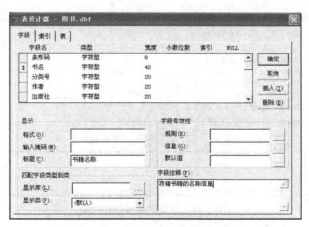

图 3.42　设置书名字段的标题和字段注释

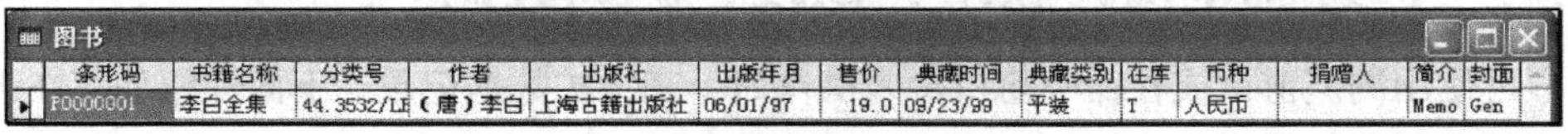

条形码	书籍名称	分类号	作者	出版社	出版年月	售价	典藏时间	典藏类别	在库	币种	捐赠人	简介	封面
P0000001	李白全集	44.3532/LE	(唐)李白	上海古籍出版社	06/01/97	19.0	09/23/99	平装	T	人民币		Memo	Gen

图 3.43　设置字段标题后的浏览窗口

5. 字段注释

字段注释用于说明字段的用途、特性、使用规则等信息。编辑字段注释，便于提醒自己字段的含义，也便于日后他人对数据库进行维护。

例如，对"书名"字段的字段注释如图 3.42 所示。

6. 记录有效性规则与信息

在验证数据记录的正确性时，有时需要多个字段值的运算结果来进行检查，此时应设置"表"选项下的记录有效性规则。

例如，在图书表中，根据借书规则，线装书不能外借，即对于典藏类别为线装的图书，其在库字段的值只能为.T.；而其他典藏类别的图书不限定在库字段的值。如图 3.44 所示，选择表设计器的"表"选项卡，在记录有效性的"规则"文本框中输入"典藏类别='线装' AND 在库=.T. OR 典藏类别<>'线装'"，在"信息"文本框中输入""线装书不能外借""。设置了有效性规则后，在数据表的浏览窗口，若将某线装书的在库字段改为.f.，在离开此记录时，系统打开对话框提示数据错误。

又如，在借阅数据表中，还书日期可以为空值，也可为等于或晚于借阅日期的日期。为了不在还书日期中输入早于借阅日期的日期，在记录有效性的"规则"文本框中输入"EMPTY(还书日期) OR 还书日期>=借阅日期"。

此外，在"表"选项卡中，用户还可以查看数据表文件的路径、所属数据库文件的路径、记录数、字段数等信息，还可以对数据表编辑注释信息。

上述数据字典的信息是存放在数据库文件（.dbc）中，而不是存放在数据表（.dbf）文件中。所以，只有数据库表才能设置数据字典的信息，自由表（不属于任何数据库的数据库表）不能设置这些信息。自由表的相关概念见 3.4.5 小节。当一个数据库表从数据库中移去，变为一个自由表，其设置的数据字典的信息将被删除。

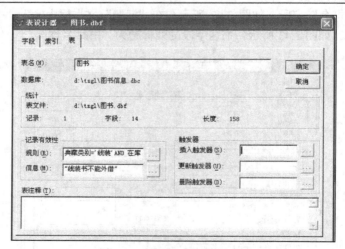

图 3.44　设置记录有效性规则

3.2.7　通过浏览窗口新增、修改、删除数据

用户可使用浏览窗口或在命令窗口输入操作命令来维护数据记录。下面介绍如何在浏览窗口新增、修改和删除数据记录。

1．打开浏览窗口

用户可以通过以下方法打开浏览窗口。

（1）如果数据表已经打开，选择"显示"菜单的"浏览"命令。

（2）如果数据表已经打开，在命令窗口输入命令 **BROWSE**。

（3）如果数据表属于一个项目，在项目管理器的"数据"选项卡中，选择所建立的数据表，如图 3.45 所示，单击"浏览"按钮。

（4）如果打开了数据库设计器，如图 3.46 所示，选择要打开的数据表，在快捷菜单中选择"浏览"命令，或在"数据库"菜单中选择"浏览"命令。

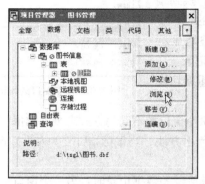

图 3.45　在项目管理器中打开浏览窗口

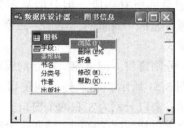

图 3.46　在数据库设计器中打开浏览窗口

2．设置浏览窗口的外观

浏览窗口如图 3.47 所示。与其他窗口的操作类似，用户可以滚动窗口，改变窗口的大小，移动窗口，最大化、最小化窗口。此外，用户还可以通过下列方式改变窗口的外观。

（1）改变列的宽度。如图 3.48 所示，将鼠标指向列标题的分隔线，当鼠标指针变为一个左右双向箭头时，水平拖曳鼠标，将改变列的宽度。

图书								
条形码	书籍名称	分类号	作者	出版社	出版年月	售价	典藏时间	典藏类别
P0000001	李白全集	44.3532/LB	（唐）李白	上海古籍出版社	06/01/97	19.0	09/23/99	平装
P0000002	杜甫全集	44.3532/DF	（唐）杜甫	上海古籍出版社	06/01/97	21.0	09/23/99	精装
P0000003	王安石全集	44.3541/WAS	（宋）王安石	上海古籍出版社	06/01/99	35.0	09/23/99	精装
P0000004	龚自珍全集	13.711/GZZ	（清）龚自珍	上海古籍出版社	06/01/99	33.6	09/23/99	平装
P0000005	清稗类钞第一册	22.146/XK1	徐珂	中华书局	10/05/84	2.0	02/21/00	线装
P0000006	清稗类钞第二册	22.146/XK1	徐珂	中华书局	03/01/86	3.2	02/21/00	线装
P0000007	清稗类钞第三册	22.146/XK1	徐珂	中华书局	03/01/86	3.4	02/21/00	线装
P0000008	游园惊梦二十年	44.568/BXY	白先勇	迪志文化编辑部	09/01/89	128.0	12/30/00	平装
P0000009	新亚遗译	20.8/QM	钱穆	东大图书	09/01/89	228.0	12/30/00	平装
P0000010	岳麓书院	38.2001/JT	江堤 彭爱学	湖南文艺	12/01/95	13.8	09/13/02	平装
P0000011	中国历史研究法	22.18/QM.K207-53	钱穆	三联书店	06/01/01	11.5	09/13/02	平装
P0000012	中国近三百年学术史（上册）	20/QM	钱穆	中华书局	05/01/86	9.2	09/13/02	平装
P0000013	中国近三百年学术史（下册）	20/QM	钱穆	中华书局	05/01/86	9.2	09/13/02	平装
P0000014	庄老通辨	13.133/QM	钱穆	东大图书	06/01/91	6.8	09/13/02	平装
P0000015	旷代逸才-杨度（上册）	44.5/THM	唐浩明	湖南文艺	04/01/96	19.0	09/13/02	精装
P0000016	旷代逸才-杨度（中册）	44.5/THM	唐浩明	湖南文艺	04/01/96	20.0	09/13/02	精装
P0000017	旷代逸才-杨度（下册）	44.5/THM	唐浩明	湖南文艺	04/01/96	18.4	09/13/02	精装

图 3.47　浏览窗口的浏览模式

（2）调整列的位置。默认状态下，在浏览窗口中，按表结构中各字段的次序从左至右显示各列。若用户要调整某列的位置，如图 3.49 所示，将鼠标指向列标题，当指针变为一个向下的箭头时，拖曳列到需要的位置。

| 图 3.48 在浏览窗口中改变列宽 | 图 3.49 在浏览窗口中调整列的位置 |

（3）浏览模式与编辑模式的切换。默认情况下，打开浏览窗口（见图 3.47）时，一行显示一条数据记录，各个字段从左到右排列，这种模式为浏览模式，同时可以看到多条数据记录。但是，当数据表的字段较多时，无法显示记录的所有字段。

选择"显示"菜单的"编辑"命令，用户可以切换到编辑模式。如图 3.50 所示，一行只显示一条数据记录的一个字段，各个字段从上到下地排列。此时，通常可以完整地显示出一条记录的所有字段，但只能显示很少的数据记录。

选择"显示"菜单的"浏览"命令，用户可以重新切换到浏览模式。

图 3.50 浏览窗口的编辑模式

（4）分割窗口。浏览窗口可分割成两个窗口，每个窗口按不同的方式来浏览数据。

如图 3.51 所示，将鼠标指向窗口左下角的黑色小方块，当鼠标指针变为左右双向箭头时，拖曳鼠标，窗口分割为左右两个窗口。

两个窗口是彼此关联的。当在一个窗口移动光标到某条数据记录时，另一个窗口也将移动到相同的记录。每个窗口的模式可通过"显示"菜单的"浏览"或"编辑"命令来分别设置。

要将浏览窗口恢复为一个窗口，只需再用鼠标将黑色小方块拖曳到窗口最左侧即可。

3. 新增记录

在浏览窗口中，选择"表"菜单的"追加新记录（N）"命令或者按 Ctrl+Y 组合键，即在最后一条记录下面增加一条空白记录。注意，即使用户未在字段中输入任何数据，此空白记录已保存在数据表中。

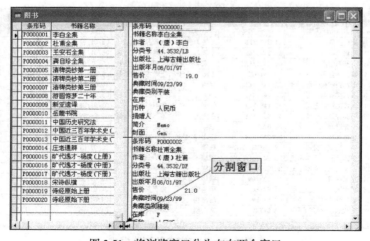

图 3.51 将浏览窗口分为左右两个窗口

如果用户要添加多条记录，选择"显示"菜单的"追加方式"命令，记录指针移到最后一条记录的空记录上。此时，可以输入新记录的各字段的值。输入完一条记录，用户还可以在窗口中继续添加新的记录。

4. 修改记录

在浏览窗口中，将光标定位在要修改的记录的字段上，直接输入新的数据即可。

5. 删除记录

在 Visual FoxPro 中，删除记录分为逻辑删除和物理删除两种。逻辑删除只是在记录上做删除标记，必要时可以去掉删除标记；物理删除才是彻底地从数据表删除记录，物理删除后记录再也不能恢复。

在浏览窗口中，单击数据记录左侧的删除框，如图 3.52 所示，使其变为黑色的框，则对此记录作了逻辑删除。逻辑删除的记录并未真正从表中删除。再次单击删除框，黑色的框又变为白色，表示此记录去掉了删除标记。

此外，将光标移到要删除的记录，选择"表"菜单中的"切换删除标记"命令或者按 Ctrl+T 组合键，也可以设置和取消记录的删除标记。

选择"表"菜单中的"彻底删除"命令，系统打开对话框询问是否物理删除，如图 3.53 所示。选择"是"按钮，数据表中所有做了删除标记的记录将被彻底删除，也就是被物理删除。

图 3.52　在浏览窗口做删除标记　　　　　　图 3.53　"是否彻底删除"对话框

3.3　数据表的基本操作

为了维护数据表，用户需要增加、修改、删除记录。除了通过浏览窗口实现以上操作，用户还可以在命令窗口输入命令或通过菜单来操作。此外，本节还介绍移动记录指针、查找记录、筛选数据表、复制数据表等操作。

3.3.1　打开和关闭表

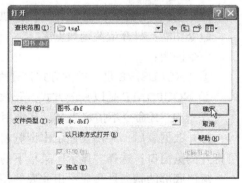

图 3.54　"打开"对话框

在对数据表操作之前，先要打开表。所谓打开表实际就是将磁盘上的文件调入内存。打开表设计器或浏览窗口时，数据表会被打开。此外，还可用以下两种方法打开表。

1. 菜单方式

（1）选择"文件"菜单的"打开"命令，或者单击"常用"工具栏上的"打开"按钮，系统打开"打开"对话框。

（2）如图 3.54 所示，在"查找范围"下拉列表中定位到数据表文件所在的文件夹，在"文件类型"下拉列表中选择"表"，在文件列表中显示出此文件夹下的数据表文件。

双击要打开的数据表，或者选择它，再单击"确定"按钮，即打开所选数据表。

　　在"打开"对话框中，若选中"以只读方式打开"复选框，则以只读方式打开表，即用户无法修改表。

　　若选中"独占"复选框，则以独占方式打开表，即在此用户关闭表以前，其他用户无法再打开此表。若取消"独占"复选框，则以共享方式打开表，即其他用户可同时打开此表。系统默认的打开方式是独占方式，若用户要设置默认的打开方式，可通过命令 **SET EXCLUSIVE ON/OFF**，也可以选择"工具"菜单的"选项"命令，在"选项"对话框的"数据"选项卡中（见图 3.55）选中或取消"以独占方式打开"复选框。

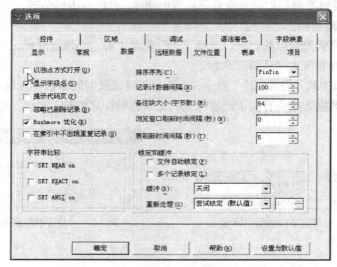

图 3.55　"选项"对话框的"数据"选项卡

　　　　　　若用户要修改数据表的结构，必须以独占方式打开数据表。

2. 命令方式

命令格式：USE　[<**表名**>]　［EXCLUSIVE|SHARED］　[NOUPDATE]

命令功能：打开或关闭数据表。

命令说明：

① EXCLUSIVE 是以独占方式打开表，SHARED 是以共享方式打开表。

② NOUPDATE 是以只读方式打开数据表。

③ 若 USE 命令不指定表名，其作用是关闭当前工作区中打开的表。

打开数据表后，并不会显示出浏览窗口或表设计器。选择"显示"菜单下的"浏览"命令，可打开浏览窗口；选择"显示"菜单下的"表设计器"命令，可打开表设计器。

窗口底部的状态栏会显示出此表的相关信息，如图 3.56 所示。

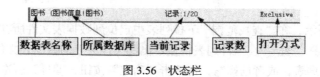

图 3.56　状态栏

3.3.2　显示表的数据记录

使用 LIST 命令和 DISPLAY 命令可以将数据记录显示在桌面上。LIST 命令和 DISPLAY 命令的区别在于：当要显示的内容多于一屏时，使用 DISPLAY 命令会分屏显示，在显示满一屏时，暂停显示，按任意键后继续显示；使用 LIST 命令则会连续显示。

命令格式：**LIST/DISPLAY [<范围>] [[FIELDS] <字段名表>] [FOR <条件>] [OFF]**
　　　　　　[TO　PRINTER [PROMPT]| TO　FILE <文件名>]

命令功能：显示当前数据库表指定范围内所有满足条件的记录。

命令说明：

① <范围>参数共有 4 种，ALL 是所有记录，RECORD <记录号>是指定记录号的记录，NEXT<数值表达式 N>是从当前记录（正在被操作的记录）开始的连续 N 条记录，REST 是从当前记录开始到最后一条记录为止的所有记录。

当用户向数据表录入数据时，按录入的先后顺序，每条记录被赋予一个记录号。第 1 条记录的记录号为 1，第 2 条记录的记录号为 2，依此类推。

未指定范围参数时，LIST 命令显示所有记录，DISPLAY 命令显示当前记录。

② <字段名表>是用逗号隔开的字段名或相关表达式。若未指定 FIELDS<字段名表>，则显示全部字段；若指定<字段名表>，则只显示字段名表中的字段。

③ <条件>是一个逻辑表达式。若指定 FOR<条件>，则只显示指定范围内满足条件的记录。如果没有<范围>参数，LIST 和 DISPLAY 命令将显示所有记录中满足条件的记录。用户也可使用 WHILE<条件>，显示指定范围内从当前记录开始，连续的符合条件的记录。一旦遇到了不符合条件的记录，则停止显示。

④ TO PRINTER 是指定将结果输出到打印机，加上 PROMPT，则在打印之前出现一个打印设置对话框。

⑤ TO FILE<文件名>是将结果输出到指定文件，默认输出的文件类型为文本文件（.txt）。

⑥ OFF 是指定不显示记录号。

例 3.1

```
USE　图书                        &&打开"图书"数据表
LIST                           &&显示表中所有记录，或使用命令 DISPLAY  ALL
DISPLAY　RECORD      3          &&显示表中第 3 条记录
DISPLAY　NEXT       5           &&显示表中第 3 条到第 7 条记录
DISPLAY　REST                   &&显示表中第 7 条记录到最后一条记录
LIST　书名,售价*0.1             &&显示所有图书的书名和售价的 10%
DISPLAY　书名,出版社 FOR 作者='钱穆' AND YEAR(出版年月)=1986
&&显示作者为钱穆，1986 年出版的图书的书名和出版社，结果如图 3.57 所示。
```

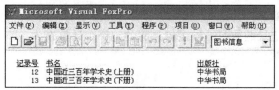

图 3.57　DISPLAY 命令的运行结果

```
GO 1                                    &&移动记录指针到第一条记录
LIST WHILE 售价<30
&&显示从当前记录开始连续的售价小于 30 的书籍，即显示第 1 条和第 2 条记录。
LIST  条形码,书名  FOR NOT 在库 OFF TO FILE C:\外借图书
&&将所有未在库图书的条形码和书名（不显示记录号），输出到 C 盘根目录下的 "外借图书" 文本文件
```

3.3.3 移动记录指针

打开一个数据表后，系统将自动为该表设置一个记录指针，指向正在操作的记录。该记录被称为当前记录。当数据表刚被打开时，记录指针指向第 1 条记录，则第 1 条记录是当前记录。当用户通过浏览窗口或 Visual FoxPro 命令操作某条记录时，正在被操作的记录是当前记录。

用户可以通过 GO 命令或 SKIP 命令来移动记录指针。

1. 绝对定位

命令格式：**GO|GOTO <记录号>|TOP|BOTTOM**

命令功能：将记录指针直接定位到指定的记录。GOTO 和 GO 命令是等价的。

命令说明：

① 若指定<记录号>，记录指针则直接定位到此记录号的记录。

② 指定 TOP，记录指针定位到第 1 条记录。

③ 指定 BOTTOM，记录指针定位到最后一条记录。

如果指定了当前索引，则记录是按指定的索引表达式的顺序排列（索引的概念见 3.5.1），而不是按记录号的顺序排列。此时，使用 GO 1 总是定位到记录号为 1 的记录，不管数据表中此时记录排列的顺序。而使用 GO TOP，则是定位到当前排列在最前面的记录。

2. 相对定位

命令格式：SKIP [N]

命令功能：以当前记录位置为基准，将记录指针向前或向后移动 N 条。

命令说明：

① 当 N 是正整数，向后移动 N 条。

② 当 N 是负整数，向前移动 N 条。

③ 若未指定 N 值，则向后移动一条。

3. 相关函数

● 记录号函数

格式：**RECNO( )**

功能：返回当前记录的记录号。

● 记录数目函数

格式：**RECCOUNT( )**

功能：返回数据表记录的数目，被逻辑删除的记录也计算在内。

● 表文件尾测试函数

格式：**EOF( )**

功能：返回记录指针是否指向表的结尾标记，若指向结尾标志，函数值返回.T.，否则返回.F.。

在最后 1 条记录的后面，有一个表的结尾标记。当记录指针指向最后 1 条记录时，再向后移动一条，就指向此标志。若此时再向后移动记录指针，系统会报错。

● 表文件头测试函数

格式：**BOF( )**

功能：返回记录指针是否指向表的开头标记，若指向开头标志，函数值返回.T.，否则返回.F.。

在第 1 条记录的前面，有一个表的开头标记。当记录指针指向第 1 条记录时，再向前移动一条，就指向此标记。若此时再向前移动记录指针，系统会报错。

例 3.2

USE 图书	&&打开"图书"数据表
?RECNO(),RECCOUNT()	
&&此时记录指针指向第一条记录，记录号结果为 1，由于共有 20 条记录，记录数结果为 20	
GO 5	&&指向表中第 5 条记录
?RECNO(),RECCOUNT()	&&记录号结果为 5，记录数结果为 20
SKIP 3	&&向后移动 3 条记录
?RECNO()	&&记录号结果为 8
SKIP -2	&&向前移动两条记录
?RECNO()	&&记录号结果为 6
GO TOP	&&纪录指针指向排在第 1 的记录，未使用索引时，即记录号为 1 的记录
?RECNO(),BOF()	&&此时记录号为 1，BOF 为.F.
SKIP -1	&&向前移动一条记录
?RECNO(),BOF()	&&此时记录号为 1，BOF 为.T.
GO BOTTOM	&&记录指针指向排在最后的记录
?RECNO(),EOF()	&&此时记录号为 20，EOF 为.F.
SKIP	&&向后移动一条记录
?RECNO(),EOF()	&&此时记录号为 21，EOF 为.T.
SKIP	&&从文件尾再向后移动记录，系统报错"已到文件尾"。

4．菜单方式

如图 3.58 所示，打开数据表的浏览窗口后，小三角指向的是当前记录。用户可以通过"表"菜单下的"转到"子菜单下的命令，移动记录指针。选择其中的"记录号..."命令，系统打开"记录号"对话框，用户可以输入记录号进行绝对定位。

图 3.58　通过菜单跳转数据记录

3.3.4　查找记录

在操作数据表时，有时需要将记录指针定位在符合某个条件的记录上，然后对其进行显示、修改等处理。使用 LOCATE 命令可按条件查找记录，使用 CONTINUE 命令可继续向后搜索，但它们的功能只是定位记录，并不会将满足条件的记录显示出来。

1. 命令方式

命令格式：LOCATE　　<范围>　　FOR　　<条件>

命令功能：记录指针定位在指定范围内第 1 条满足条件的记录上，若没有满足条件的记录，记录指针定位在文件尾。

命令说明：

① <范围>有 ALL、RECORD <记录号>、NEXT<数值表达式>和 REST 4 种，其含义与前面的命令相同。

② 要查找下一条满足条件的记录，使用命令 CONTINUE。

CONTINUE 必须在 LOCATE 命令执行完才能使用。此命令后面不接条件，只是按照 LOCATE 命令所指定的条件从当前位置继续向后查找。

③ 使用 LOCATE 或 CONTINUE 命令，若找到了满足条件的记录，记录指针定位在记录上。FOUND()函数值返回.T.；若没有找到满足条件的记录，记录指针定位在文件尾标志，FOUND()函数值返回.F.。此时，EOF()函数值为.T.。

例 3.3

```
LOCATE FOR 作者='钱穆'  AND  币种<>'人民币'
&&查找钱穆所著的外币书，指针定位到第 1 条符合条件的记录
DISPLAY                          &&显示当前记录，即第 9 条记录
?FOUND( ),EOF( )                 && FOUND( )结果为.T.,EOF( )结果为.F.
CONTINUE
&&继续查找，指针定位到下一条符合条件的记录
DISPLAY                          &&显示当前记录，即第 14 条记录
CONTINUE
&&数据表中已没有符合条件的记录，指针定位到文件尾
?FOUND( ),EOF( )                 && FOUND( )结果为.F.,EOF( )结果为.T.
```

2. 菜单方式

如图 3.58 所示，选择"表"菜单"转到记录"子菜单下的"定位"命令，打开"定位"对话框。如图 3.59 所示，用户可以在"范围"下拉列表中选择范围，在"FOR"文本框中输入表示条件的表达式。

图 3.59 "定位记录"对话框

如果用户在输入表达式时需要辅助，可单击"FOR"文本框右边的按钮，打开"表达式生成器"对话框。如图 3.60 所示，用户在输入字段名称、函数名称或系统变量时，只需在对应的列表中双击需要用到的选项，在"定位记录 For"的文本框中就会出现所选的选项。录入表示条件的表达式后，单击"确定"按钮，该表达式将出现在"For"文本框中。

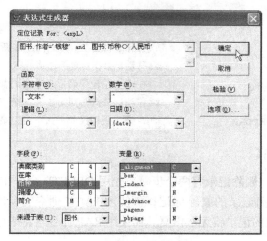

图 3.60　"表达式生成器"对话框

3.3.5　新增记录

在 Visual FoxPro 中，APPEND 命令可以在数据表的尾部追加记录，INSERT 命令可以在数据表的中间插入记录。若在数据表中设置了有效性规则，则不能用 APPEND BLANK 或 INSERT 命令来新增记录，必须使用相关 SQL 命令（详见第 5 章）。

1. 追加记录

命令格式：**APPEND　[BLANK]**

命令功能：在当前表的尾部追加记录。

命令说明：

图 3.61　交互输入的窗口

① 使用 APPEND 命令，系统将打开交互输入的窗口，如图 3.61 所示。设置了默认值的字段已经有了数据。用户可以连续输入多条新的记录，关闭窗口，则新增了多条记录。若用户未编辑任何字段，直接关闭窗口，则不会新增记录。

② 使用 APPEND　BLANK 命令，则直接在当前表的尾部增加一条空白记录，不会打开输入窗口。用户需要再使用修改数据表的命令来编辑此空白记录。

此外，打开浏览窗口后，选择"显示"菜单下的"追加方式"命令，将执行 APPEND 命令所对应操作。选择"表"菜单下的"追加新记录"命令（快捷键 Ctrl+Y），将执行 APPEND BLANK 命令所对应操作。

2. 插入记录

命令格式：**INSERT　[BEFORE]　[BLANK]**

命令功能：在当前表内插入一条记录。

命令说明：

① 若不使用 BEFORE 短语，则在当前记录之后插入记录；若使用该短语，则在当前记录之前插入记录。

② 若不使用 BLANK 短语，则系统打开交互输入的窗口，用户可连续插入多条记录；若使用该短语，则自动插入一条空白记录，不打开交互输入的窗口。

例 3.4

APPEND	&&打开编辑窗口，用户可添加新记录
GO 5	&&移动记录指针到第 5 条记录
INSERT BLANK	&&在第 5 条记录后插入空白记录，其记录号为 6
GO 5	&&移动记录指针到第 5 条记录
INSERT BLANK BEFORE	&&在第 5 条记录前插入空白记录，其记录号为 5

3.3.6 删除记录

在 Visual FoxPro 中，删除记录有两个步骤。先用 DELETE 命令在记录上做删除标记，必要时可用 RECALL 命令取消记录的删除标记；再使用 PACK 命令将所有打了删除标记的记录从表中物理删除，物理删除的记录将无法恢复。而使用 ZAP 命令可将表中所有记录物理删除。

1. 逻辑删除

命令格式：DELETE   [<范围>]   [FOR <条件>]

命令功能：将当前表中指定范围内满足条件的记录做删除标记。

命令说明：

① 如果默认所有短语，则只给当前记录做删除标记。

② 在处理数据记录时，打了删除标记的记录是否被忽略与 DELETE 的状态有关。默认情况下，DELETE 的状态为 OFF，即对打了删除标记的记录可进行各种操作。例如，在浏览窗口中，打了删除标记的记录仍会显示出来，只是左端的小方块标记为黑色。

若要忽略打了删除标记的记录，执行 SET DELETE ON 命令即可；若不要忽略，执行 SET DELETE OFF 命令。此外，选择"工具"菜单下的"选项"命令，在选项对话框的"数据"选项卡中，选择或取消"忽略已删除记录"的复选框也可设置。

③ 为了检测当前记录是否打了删除标记，可用 DELETED( )函数进行测试。

打开浏览窗口后，选择"表"菜单下的"删除记录"命令，打开"删除"对话框，用户也可以删除记录。

2. 恢复删除

命令格式：RECALL   [<范围>]   [FOR <条件>]

命令功能：对当前表中指定范围内满足条件的记录取消删除标记，即恢复被逻辑删除的记录。如果默认所有短语，则只取消当前记录的删除标记。

打开浏览窗口后，选择"表"菜单下的"恢复记录"命令，也可以恢复被逻辑删除的记录。

3. 物理删除带有删除标记的记录

命令格式：PACK

命令功能：将当前表中所有带有删除标记的记录作物理删除。

执行 PACK 命令时，系统打开对话框如图 3.62 所示。选择"是"按钮，则彻底删除打了删除标记的记录；选择"否"按钮，则取消 PACK 命令。

打开浏览窗口后，选择"表"菜单下的"彻底删除"命令，用户也可以彻底删除所有带删除标记的记录。

图 3.62 "确认物理删除"对话框

4. 物理删除所有记录

命令格式：**ZAP**

命令功能：将当前表中所有记录作物理删除。

注意　　　该命令执行后，数据表将成为没有数据记录的空表。

例 3.5

?RECCOUNT()	&&数据表中有 22 条记录
DELETE FOR　　售价<10	&&逻辑删除售价小于 10 元的记录
BROWSE	&&在浏览窗口中显示被逻辑删除的记录
SET DELETE ON	&&设置不忽略逻辑删除的记录
BROWSE	&&在浏览窗口中不会显示被逻辑删除的记录
?RECCOUNT()	&&数据表中仍有 22 条记录
RECALL FOR NOT EMPTY(条形码)	&&还原条形码不为空的记录
PACK	&&物理删除被逻辑删除的记录
?RECCOUNT()	&&数据表中有 20 条记录

3.3.7　修改记录

在 Visual FoxPro 中，使用 EDIT 命令或 CHANGE 命令，以编辑方式打开交互式窗口；使用 BROWSE 命令，以浏览方式打开交互式窗口，供用户修改记录。使用 REPLACE 命令，不会打开交互窗口，直接在命令中指定对记录作有规律的成批地修改。

1. 编辑修改

命令格式：**EDIT/CHANGE　[<范围>]　[FOR <条件>]　[FIELDS <字段表>]**

命令功能：以编辑方式打开窗口，供用户修改数据记录。

默认编辑的是当前记录。可以通过单击 PageUp 按钮或 PageDown 按钮跳转到其他记录，也可以通过鼠标定位到其他记录。

修改完毕后，直接关闭窗口即可。

2. 浏览修改

命令格式：**BROWSE [<范围>]　[FOR <条件>]　[FIELDS <字段表>]**
　　　　　　[FREEZE <字段名>] [LOCK <字段数>]　[NOAPPEND]
　　　　　　[NOEDIT]　　[NODELETE]

命令功能：以浏览方式打开窗口，供用户查看和修改数据记录。

命令说明：

① 选择 FREEZE<字段名>子句，则光标只能定位在浏览窗口的指定字段上，无法移动到其他字段。

② 选择 LOCK<字段数>子句，则从指定字段数目开始，分割为左右两个窗口。当右边窗口水平滚动时，左边窗口不会滚动。

③ 选择 NOAPPEND 子句，则在浏览窗口中无法追加记录；选择 NOEDIT 子句，则无法修改记录；选择 NODELETE 子句，则无法删除记录。

例 3.6

GO 5	&&移动记录指针到第 5 条记录
EDIT FIELDS 书名,售价	&&以编辑方式打开窗口，只显示书名，售价两个字段

```
BROWSE  FOR  出版社='中华书局'  FIELDS 条形码,书名,分类号,售价,出版社
&&打开浏览窗口如图 3.63 所示。显示中华书局出版的图书，只显示条形码、书名、分类号、出版社和售价字段
BROWSE   LOCK  2  FREEZE 售价 NOAPPE
&&打开浏览窗口如图 3.64 所示，从第 2 个字段起分割为左右两个窗口，光标只停留在售价字段上，且此窗口无法追加数据记录
```

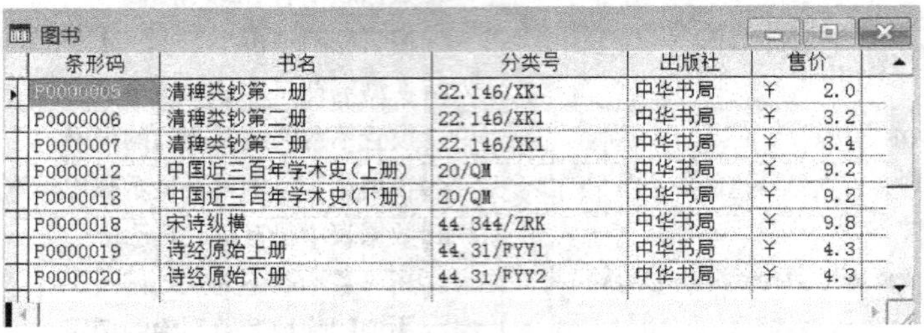

图书

条形码	书名	分类号	出版社	售价
P0000005	清稗类钞第一册	22.146/XK1	中华书局	¥ 2.0
P0000006	清稗类钞第二册	22.146/XK1	中华书局	¥ 3.2
P0000007	清稗类钞第三册	22.146/XK1	中华书局	¥ 3.4
P0000012	中国近三百年学术史(上册)	20/QM	中华书局	¥ 9.2
P0000013	中国近三百年学术史(下册)	20/QM	中华书局	¥ 9.2
P0000018	宋诗纵横	44.344/ZRK	中华书局	¥ 9.8
P0000019	诗经原始上册	44.31/FYY1	中华书局	¥ 4.3
P0000020	诗经原始下册	44.31/FYY2	中华书局	¥ 4.3

图 3.63　浏览窗口

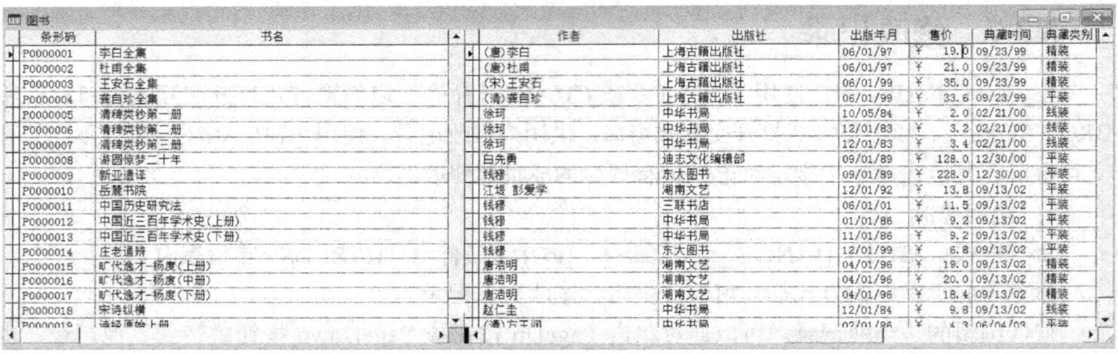

图书

条形码	书名
P0000001	李白全集
P0000002	杜甫全集
P0000003	王安石全集
P0000004	龚自珍全集
P0000005	清稗类钞第一册
P0000006	清稗类钞第二册
P0000007	清稗类钞第三册
P0000008	游园惊梦二十年
P0000009	新亚遗译
P0000010	岳麓书院
P0000011	中国历史研究法
P0000012	中国近三百年学术史(上册)
P0000013	中国近三百年学术史(下册)
P0000014	庄老通辨
P0000015	旷代逸才-杨度(上册)
P0000016	旷代逸才-杨度(中册)
P0000017	旷代逸才-杨度(下册)
P0000018	宋诗纵横
P0000019	诗经原始上册

作者	出版社	出版年月	售价	典藏时间	典藏类别
(唐)李白	上海古籍出版社	06/01/97	¥ 19.0	09/23/99	精装
(唐)杜甫	上海古籍出版社	06/01/97	¥ 21.0	09/23/99	精装
(宋)王安石	上海古籍出版社	06/01/99	¥ 35.0	09/23/99	精装
(清)龚自珍	上海古籍出版社	06/01/99	¥ 33.6	09/23/99	平装
徐珂	中华书局	10/05/84	¥ 2.0	02/21/00	线装
徐珂	中华书局	12/01/83	¥ 3.2	02/21/00	线装
徐珂	中华书局	12/01/83	¥ 3.4	02/21/00	线装
白先勇	迪志文化编辑部	09/01/89	¥ 128.0	12/30/00	平装
钱穆	东大图书	09/01/89	¥ 228.0	12/30/00	平装
江堤 彭爱学	湖南文艺	12/01/92	¥ 13.8	09/13/02	平装
钱穆	三联书店	06/01/01	¥ 11.5	09/13/02	平装
钱穆	中华书局	01/01/86	¥ 9.2	09/13/02	平装
钱穆	中华书局	11/01/86	¥ 9.2	09/13/02	平装
钱穆	东大图书	12/01/99	¥ 6.8	09/13/02	平装
唐浩明	湖南文艺	04/01/96	¥ 19.0	09/13/02	精装
唐浩明	湖南文艺	04/01/96	¥ 20.0	09/13/02	精装
唐浩明	湖南文艺	04/01/96	¥ 18.4	09/13/02	精装
赵仁圭	中华书局	12/01/84	¥ 9.8	09/13/02	线装
(清)方玉润	中华书局	02/01/86	¥ 4.3	06/04/03	平装

图 3.64　分割的浏览窗口

3. 成批替换修改

命令格式：**REPLACE <字段 1> WITH <表达式 1>[,<字段 2> WITH <表达式 2>…]**
[<范围>] [FOR <条件>]

命令功能：在指定范围内对满足条件的记录，直接用<表达式>的值替换字段的值。

命令说明：

① 执行此命令时，不出现交互式窗口，直接计算出表达式的值，替换字段的值。表达式的数据类型与被替换字段的数据类型必须一致。

② 默认范围和条件时，只对当前记录作替换。

③ 通过指定多个 WITH 短语，一条命令可分别用多个表达式替换多个字段。

④ 替换备注型字段时，若要将表达式附加在原有内容的后面，可加上 ADDITIVE 参数。

打开浏览窗口后，选择“表”菜单下的“替换字段...”命令，打开“替换字段”对话框，也可以执行替换命令。

例 3.7

```
REPLACE 条形码 WITH 'Z'+RIGHT(条形码,7) FOR NOT EMPTY(捐赠人)
&&将赠书的条形码的首位字符替换为 Z
&&若用户要在数据表中增加一条记录，并指定字段的值，可以用 APPENDBLANK 和 REPLACE 来实现
```

```
APPEND  BLANK                          &&追加空白记录
REPLACE 条形码 WITH 'P0000021',书名 WITH'活着',作者 WITH'余华'
```
&&将空记录的条形码字段用 P0000021，书名字段用活着，作者字段用余华替换
&&当用户需要对不同的数据记录按不同的条件执行替换操作时，需要多次执行 replace 命令
例如，若要将 1990 年及以前出版图书的售价提高 10%，1990 年之后出版图书售价提高 5%，需执行下列两条命令
```
REPLACE 售价 WITH 售价*1.1 FOR year(出版年月)<=1990
REPLACE 售价 WITH 售价*1.05 FOR year(出版年月)>1990
```

3.3.8 筛选数据表

在操作数据表时，可以通过 SET FILTER TO 命令筛选符合指定条件的数据记录，也可以通过 SET FIELDS TO 命令筛选字段。筛选数据表后，对该表执行操作时均按筛选的数据表来执行，直到撤销筛选为止。

1. 筛选记录

命令格式：**SET FILTER TO [<条件>]**

命令功能：从当前表中筛选出符合条件的记录，随后的操作仅限于符合条件的记录。

若 SET FILTER TO 命令后没有<条件>短语，则取消之前所设置的筛选条件。

2. 筛选字段

命令格式：**SET FIELDS TO [<字段表>]|ALL**

命令功能：从当前表中筛选出需要的字段，随后的操作仅限于指定的字段。

命令说明：

① 若使用 SET FIELDS TO ALL 短语，则将所有字段均设为筛选字段。

② 是否使用筛选字段与 FIELDS 的状态有关。当用户使用 SET FIELDS TO 命令设置了筛选字段后，FIELDS 状态自动置为 ON，只能访问指定的字段。

使用 SET FIELDS OFF 命令，可将 FIELDS 状态置为 OFF，则允许访问所有字段。

例 3.8

```
SET FILTER TO YEAR(典藏时间)=2000
&&设置筛选条件为 2000 年典藏的书籍
SET FIELDS TO 条形码,书名,作者,售价,典藏时间
&&设置筛选字段为条形码,书名,作者,售价,典藏时间
BROWSE                  &&打开浏览窗口，只显示出满足筛选条件的记录的筛选字段
list for 作者='钱穆'    &&只显示 2000 年典藏的作者是钱穆的书籍的条形码,书名,作者,售价,典藏时间
SET FILTER TO           &&取消筛选条件
SET FIELDS OFF          &&设置不使用筛选字段
BROWSE                  &&打开浏览窗口，显示所有记录的所有字段
```

3. 菜单方式

（1）打开浏览窗口后，选择"表"菜单下的"属性"命令，打开"工作区属性"对话框，如图 3.65 所示。

（2）在"工作区属性"对话框中，在"数据过滤器"文本框中输入筛选条件。

（3）单击"工作区属性"对话框的"字段筛选…"按钮，打开"字段选择器"对话框，如图 3.66 所示。选择需要的字段到"选定字段"列表中，单击"确定"按钮。

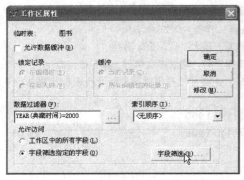
图 3.65 "工作区属性"对话框

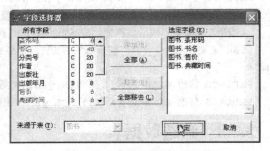
图 3.66 "字段选择器"对话框

3.3.9 表的复制和导入

在 Visual FoxPro 中，使用 COPY TO 命令可将当前数据表中的数据复制为新建的数据表、电子表格或文本文件，使用 COPY STRUCTURE TO 命令可将当前数据表的结构复制到新建的数据表。而使用 APPEND FROM 命令可将其他文件的数据导入到当前数据表。此外，使用导入/导出功能也可以实现数据表和其他文件的数据共享。

1. 将数据表复制为各类文件

命令格式：**COPY TO <文件名> [<范围>] [FOR<条件>][FIELDS <字段表>]**

[[TYPE] XLS|SDF|DELEMITED [WITH<定界符>|BLANK|TAB]]

命令功能：将当前表中指定范围内满足条件的记录复制为一个其他的文件，该文件可以是数据表，也可以是 Excel 电子表格或文本文件。

命令说明：

① 若未使用 TYPE 子句，则将当前表复制为一个数据表文件。若当前表有备注型字段或通用型字段，该命令还会复制备注文件。

② 若使用 TYPE XLS 子句，则复制一个 Excel 电子表格文件。

③ 若使用 TYPE SDF 或 DELIMITED 子句，则复制一个扩展名为 TXT 的文本文件。对于 SDF 文件，不同记录中同一个字段的长度相同。对于 DELIMITED 文件，各字段以逗号分隔，字符型字段以双引号作为定界符。若在 DELIMITED 后指定 WITH BLANK 或 WITH TAB，则各字段以空白键或 Tab 键作为字段间的分隔符。若在 DELIMITED 后指定 WITH 符号，则以指定的符号作为字符型字段的定界符。

2. 复制数据表的结构

命令格式：**COPY STRUCTURE TO <文件名> [FIELDS <字段表>]**

命令功能：将当前表数据结构的定义复制给一个新的数据表文件，新文件的字段定义与原表相同，但没有数据记录。

例 3.9

```
USE 图书          &&打开图书表
COPY TO D:\XZS FOR 典藏类别='线装'
&&将典藏类别为线装的数据记录复制到 D 盘名为 XZS 的数据表文件。要浏览该数据表的数据，需打开
此数据表
COPY TO D:\TS TYPE XLS
```

&&将所有数据复制到 D 盘名为 TS 的 EXCEL 文件，此文件要用 EXCEL 软件打开

COPY TO D:\BOOK FIELDS 书名,售价,典藏时间 TYPE SDF

&&将书名、售价、典藏时间的数据复制到 D 盘名为 BOOK 的文本文件，此文件用 Word 打开后如图 3.67 所示,各字段长度相同

COPY TO D:\BOOK2 FIELDS 书名,售价,典藏时间 TYPE DELIMI WITH '*'

&&将书名、售价、典藏时间的数据复制到 D 盘名为 BOOK2 的文本文件，此文件用 Word 打开后如图 3.68 所示，各字段用逗号分隔，字符型字段的定界符为*

COPY STRU TO D:\SJML FIELDS 条形码,书名

&&将条形码、书名字段的定义复制到 D 盘名为 SJML 的数据表文件。此数据表没有数据记录

李白全集 19.019990923	*李白全集*,19.0,09/23/1999
杜甫全集 21.019990923	*杜甫全集*,21.0,09/23/1999
王安石全集 35.019990923	*王安石全集*,35.0,09/23/1999
龚自珍全集 33.619990923	*龚自珍全集*,33.6,09/23/1999
清稗类钞第一册 2.020000221	*清稗类钞第一册*,2.0,02/21/2000
清稗类钞第二册 3.220000221	*清稗类钞第二册*,3.2,02/21/2000
清稗类钞第三册 3.420000221	*清稗类钞第三册*,3.4,02/21/2000
游园惊梦二十年 128.020001230	*游园惊梦二十年*,128.0,12/30/2000
新亚遗译 228.020001230	*新亚遗译*,228.0,12/30/2000
岳麓书院 13.820020913	*岳麓书院*,13.8,09/13/2002
中国历史研究法 11.520020913	*中国历史研究法*,11.5,09/13/2002
中国近三百年学术史(上册) 9.220020913	*中国近三百年学术史(上册)*,9.2,09/13/2002
中国近三百年学术史(下册) 9.220020913	*中国近三百年学术史(下册)*,9.2,09/13/2002
庄老通辨 6.820020913	*庄老通辨*,6.8,09/13/2002
旷代逸才-杨度(上册) 19.020020913	*旷代逸才-杨度(上册)*,19.0,09/13/2002
旷代逸才-杨度(中册) 20.020020913	*旷代逸才-杨度(中册)*,20.0,09/13/2002
旷代逸才-杨度(下册) 18.420020913	*旷代逸才-杨度(下册)*,18.4,09/13/2002
宋诗纵横 9.820020913	*宋诗纵横*,9.8,09/13/2002
诗经原始上册 4.320030604	*诗经原始上册*,4.3,06/04/2003
诗经原始下册 4.320030604	*诗经原始下册*,4.3,06/04/2003
活着 0.020080706	*活着*,0.0,07/06/2008

图 3.67 BOOK 文本文件　　　　　　　　图 3.68 BOOK2 文本文件

3. 从其他文件向数据表追加记录

命令格式：**APPEND FROM <文件名>[FIELDS<字段名表>][FOR<条件>]**
　　　　　　[[TYPE] XLS|SDF|DELEMITED [WITH<定界符>|BLANK|TAB]]

命令功能：从指定的文件向当前数据表的尾部追加记录。源文件可以是数据表、Excel 电子表格或文本文件。源文件中各列数据应与当前表各字段相匹配。

命令说明：

① 若未使用 TYPE 子句，则从数据表文件向当前表追加记录。在源数据表中，只有与当前表的字段名称相同，类型和宽度相匹配的字段才被添加到当前表。

例如，若有一个数据表 ZL，该表有书名、条形码、期数 3 个字段，数据如图 3.69 所示。打开图书表，执行 APPEND FROM ZL 命令后，图书表中将增加 5 条记录。这 5 条记录的条形码和书名字段的内容来自 ZL 表。

② 若使用 TYPE XLS 子句，则从 Excel 电子表格文件追加数据记录；使用 TYPE SDF 或 DELIMITED 子句，则从文本文件向数据表追加数据。注意，源文件中各列的顺序、类型、宽度应该与当前表相匹配。

此外，打开浏览窗口后，选择"表"菜单下的"追加记录"命令，打开"追加来源"对话框，如图 3.70 所示，用户也可以从其他文件追加记录。单击"选项"按钮，还可以进一步定义字段、FOR 条件等选项。

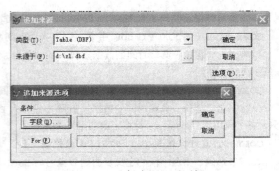

图 3.69　ZL 数据表　　　　　　　　　　图 3.70　"追加来源"对话框

4. 导入/导出数据

● 导出数据

选择"文件"菜单下的"导出"命令，打开"导出"对话框，用户可以将数据表导出为各种类型的文件。

● 导入数据

选择"文件"菜单下的"导入"命令，用户可以将其他类型文件中的数据，在 Visual FoxPro 中产生新的数据表，或追加到已有的数据表中。

用户可以按下列步骤，把 Excel 文件导入为一个数据表。

（1）选择"文件"菜单下的"导入"命令，打开"导入"对话框。

（2）在"导入"对话框中，单击"导入向导"按钮，打开"导入向导"的"步骤 1-数据识别"对话框，如图 3.71 所示。首先在"文件类型"下拉列表中选择"Microsoft Excel"，然后单击"源文件"文本框的"定位"按钮，选择要导入的源文件。再单击"新建表"单选钮，单击旁边的"定位"按钮，指定要导出的数据表文件的路径和文件名。

（3）单击"下一步"按钮，打开"导入向导"的"步骤 1a-选择数据库"对话框，如图 3.72 所示。若要将导入的数据表添加到数据库中，单击"将表添加到下列数据库中"单选钮，再选择所属的数据库。

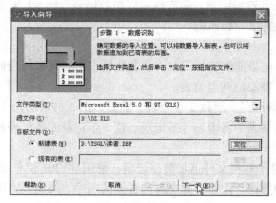

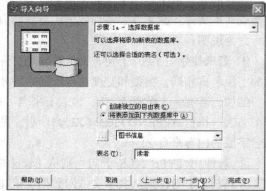

图 3.71　"导入向导步骤 1"对话框　　　　　图 3.72　"导入向导步骤 1a"对话框

（4）单击"下一步"按钮，打开"导入向导"的"步骤 2-定义字段类型"对话框，如图 3.73 所示。选择在 Excel 文件中要导入的数据所在的工作表名称，导入的数据中作为字段名所在的行号"1"，导入的数据中起始行的行号"2"。

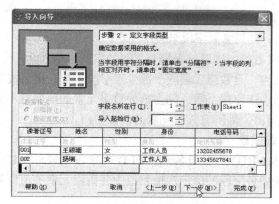

图 3.73　"导入向导步骤 2"对话框

（5）单击"下一步"按钮，打开"导入向导"的"步骤 3-定义输入字段"对话框，如图 3.74 所示。系统会根据每列的数据来定义各字段的名称、类型、宽度、小数位数。若用户要修改系统的定义，单击要修改的列，在表格上的各文本框中输入新的定义。

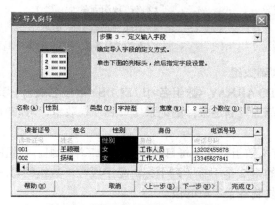

图 3.74　"导入向导步骤 3"对话框

（6）单击"下一步"按钮，打开"导入向导"的"步骤 3a-指定国际选项"对话框。用户可指定货币符号、千位分隔符、日期格式等选项。

（7）单击"下一步"按钮，打开"导入向导"的"步骤 4-完成"对话框。单击"完成"按钮，系统将数据导入新建的数据表中。

3.3.10　记录与数组的数据交换

在 Visual FoxPro 中，使用 SCATTER TO 和 COPY TO ARRAY 命令可将记录中各字段的值复制到数组的数组元素中，而使用 GATHER FROM 命令可将数组元素的值来替换当前记录的各个字段。此外，使用 APPEND FROM ARRA 命令可将数组的值追加为当前表的数据记录。

1．将当前记录复制到数组

命令格式：**SCATTER [FIELDS<字段名表>] [MEMO] TO <数组名> [BLANK]**

命令功能：将当前记录中各字段的内容，依次复制到数组元素中。

命令说明：

① 若不使用 FIELDS 短语指定字段，则将除备注型和通用型之外的全部字段复制到指定数

组。如果使用 MEMO 短语，则同时复制备注字段。

若使用 FIELDS 短语，则只复制字段名表中的字段。

② 若用户预先未定义数组，则系统根据要复制的字段自动创建一个数组。

若用户预先定义了数组，且数组元素的个数少于字段个数，则系统将自动建立其余的数组元素。如果数组元素的个数多于字段个数，则多余的数组元素的值保持不变。

③ 若使用 BLANK 短语，则所有数组元素的值为空白。

2. 将数组复制到当前记录

命令格式：**GATHER FROM <数组名> [FIELDS <字段名表>][MEMO]**

命令功能：当前记录中各字段的值依次被数组中各数组元素的值所替换。

例 3.10

```
GO BOTTOM                       &&定位到最后一条记录
SCATTER TO TS                   &&将当前记录的各个字段的内容复制到数组 TS
DISPLAY MEMO LIKE TS            &&查看数组 TS 的值
TS(1)='P0000021'               &&修改数组元素 TS（1）
TS(2)='诗经原始中册'            &&修改数组元素 TS（2）
APPEND BLANK                    &&追加一条空白记录
GATHER FROM TS                  &&数组 TS 各数组元素的值来替换当前记录的各字段
```

3. 将多条记录复制到数组

命令格式：**COPY TO ARRAY <数组名>[FIELDS <字段名表>] [<范围>] [FOR <条件>]**

命令功能：将指定范围内满足条件的记录拷贝到二维数组，可同时拷贝多条记录。

命令说明：

① 若用户预先未定义数组，系统将自动创建一个二维数组。数组的第 1 个下标（行下标）是复制的记录数，数组的第 2 个下标（列下标）是字段数。数组的每一行复制一条记录，从第 1 个数组元素开始，依次复制各个字段的值。

② 若用户已定义数组，如果数组的行数少于记录数，则多出的记录不复制到数组。如果数组的列数少于字段数，则多出的字段不复制到数组。如果数组的列数多于字段数，则多出的数组元素将保持原值。

4. 从数组追加数据记录

命令格式：**APPEND FROM ARRAY <数组名> [FIELDS<字段名表>] [FOR<条件>]**

命令功能：向数据表中追加一条或多条数据记录，其数据来源于数组。

命令说明：若指定一维数组，则将各个数组元素的值作为一条记录追加到数据表；若指定二维数组，则将数组中每一行的数据作为一条记录添加到数据表，同时添加多条记录。

注意：数组中各数组元素和对应字段的数据类型要一致，否则追加操作将不能执行。

3.3.11　记录的统计

在 Visual FoxPro 中，使用 COUNT 命令可统计记录的数目，使用 SUM 命令可统计数值型字段的和值，使用 AVERAGE 命令可统计数值型字段的平均值。统计的结果可以存放在指定变量中。

1. 统计记录的数目

命令格式：**COUNT [<范围>] [FOR <条件>] [TO <变量名>]**

命令功能：统计当前数据表指定范围内满足条件的记录个数，可将统计结果存入内存变量中命令说明：

① 若不指定范围和条件，则统计所有记录。

② 系统在状态栏显示统计结果。若将结果保存到变量中，则在命令执行后可以使用? 命令查看变量的值。

2. 统计数值型字段的和

命令格式：**SUM <数值型字段名表> [<范围>] [FOR <条件>] [TO <变量名表>]**

命令功能：对当前数据表满足条件的记录，累加数值字段名表指定的数值字段的值，可将求和结果存入内存变量中

命令说明：

① 系统在桌面上显示统计结果。

② 可以统计多个数值型字段的和，存储到多个内存变量中。

3. 统计数值型字段的平均值

命令格式：**AVERAGE <数值型字段名表> [<范围>] [FOR <条件>] [TO <变量名表>]**

命令功能：对当前数据表满足条件的记录，计算数值型字段的平均值，可将平均值结果存入内存变量中

例 3.11

```
COUNT  FOR   典藏类别='线装'  TO a          &&统计线装书的数目保存到变量 a 中
SUM 售价 TO b FOR   典藏类别='线装'          &&统计线装书的价格的和
AVERAGE 售价 TO c FOR   典藏类别='线装'       &&统计线装书的价格的平均值
?b/a,c                                    &&显示 b/a 和 c 变量的值，均为 5.6
```

3.4　数据库的基本操作

数据库建立以后，可以对其进行打开、关闭、删除等操作。在数据库设计器中，还可以对其中的数据表进行添加、移除、删除等操作。

3.4.1　打开数据库及设计器

打开数据库可以采取 3 种方法：在项目管理器中打开；通过"打开"对话框打开；使用 OPEN DATABASE 命令打开。

1. 在项目管理器中打开数据库及设计器

在项目管理器中，在"数据"选项卡中逐级展开，选中需要打开的数据库后，单击"打开"按钮或选择"项目"菜单下的"打开文件"命令，此时数据库即处于打开的状态。如图 3.75 所示，在"常用"工具栏的数据库列表中显示当前打开的数据库的名称。

单击项目管理器的"修改"按钮或选择"项目"菜单下的"修改文件"命令，系统将打开数据库设计器，用户可修改数据库。

2. 通过"打开"对话框打开数据库

选择"文件"菜单的"打开"命令，或者单击"常用"工具栏的"打开"按钮 ，系统打开"打开"对话框，如图 3.76 所示。

在"查找范围"下拉列表中定位到数据库所在的文件夹，在"文件类型"下拉列表中选择"数

据库"，在文件列表中双击要打开的数据库，即可打开数据库设计器。

图 3.75　打开数据库

图 3.76　添加数据表

与打开数据表类似，在打开对话框中可指定数据库以独占或共享方式打开，以及是否以只读方式打开。若以只读方式打开数据库，则用户不能修改数据库，如不能在数据库中建立新的数据表，但用户还是可以修改数据表。

3. 使用命令打开数据库

命令格式：**OPEN DATABASE [<数据库名>|?]〔EXCLUSIVE|SHARED〕[NOUPDATE]**

命令功能：打开数据库。

命令说明：

① 在命令中指定数据库名，则直接打开数据库。

② 若未指定数据库名或使用问号，系统将打开"打开"对话框，要求用户指定数据库名称和存储路径。

③ 使用 OPEN DATABASE 命令只会打开数据库，不会启动数据库设计器。若打开数据库后，需要启动设计器，可执行 MODIFY DATABASE 命令。

也可以直接执行 MODIFY DATABASE <数据库名>命令，打开数据库并启动设计器。

④ 若指定 EXCLUSIVE，将以独占方式打开数据库；指定 SHARED，以共享方式打开数据库。若指定 NOUPDATE，则以只读方式打开数据库。

若同时打开了多个数据库，在"常用"工具栏的数据库下拉列表中会显示所有已打开的数据库。在列表中选中某个数据库，则此数据库被切换为当前数据库。或执行 SET DATABASE TO <.数据库名>命令，也可切换当前数据库。

打开数据库后，若执行建立数据表的操作，新建的数据表将属于当前数据库。

要打开当前数据库中的数据表，只需执行 USE <数据表名>命令，无须在命令中指定数据表的路径。

3.4.2　关闭数据库

对数据库的操作结束后，应关闭数据库。

　　　　　　关闭数据库设计器的窗口，并不意味着关闭了数据库。

用户可通过项目管理器或 CLOSE 命令来关闭数据库。数据库被关闭后，在"常用"工具栏的数据库下拉列表中将不会显示出此数据库。

1. 通过项目管理器来关闭数据库

在项目管理器中，选中需要关闭的数据库后，单击"关闭"按钮或选择"项目"菜单下的"关闭文件"命令，此数据库即被关闭。

2. 通过 CLOSE 命令关闭数据库

CLOSE DATABASE 命令将关闭当前的数据库，以及此数据库中所有打开的数据表。

如果要关闭所有打开的数据库，可使用 **CLOSE ALL** 命令。此命令还将同时关闭除主窗口和命令窗口外的所有窗口。

3.4.3　向数据库添加数据表

打开数据库后，用户可以建立新的数据表，也可以将已经保存在磁盘上的数据表添加到数据库中。

　　　　只有不属于任何数据库的自由表才能被添加到数据库。因为任何一个数据表只能属于一个数据库。如果一个数据表已经属于某一数据库，则不能将其添加到其他的数据库中。

添加数据表可以采取 3 种方法：在数据库设计器中添加数据表；通过项目管理器添加数据表；通过 ADD TABLE 命令添加数据表。

1. 在数据库设计器添加数据表

（1）打开数据库设计器后，可通过下列方式添加数据表。

- 在数据库设计器的空白处右击鼠标，在快捷菜单中选择"添加表"命令。
- 单击"数据库设计器"工具栏上的"添加表"按钮🖳。
- 选择"数据库"菜单下的"添加表"命令。

（2）在"打开"对话框的"查找范围"下拉列表中选择要添加的数据表所在的文件夹，在文件列表中选择要添加的数据表，单击"确定"按钮。

2. 通过项目管理器添加数据表

如果数据库隶属于一个项目，也可以通过项目管理器向数据库中添加数据表。

在项目管理器的"数据"选项卡中，展开需要添加数据表的数据库，选择"表"选项，单击"添加"按钮或选择"项目"菜单下的"添加文件"命令，打开"打开"对话框。在对话框中选择需要添加的数据表，单击"确定"按钮。

3. 通过 ADD TABLE 命令添加数据表

命令格式：**ADD　TABLE　[<数据表名>|?]**

命令功能：向当前数据库中添加数据表。

例 3.12

```
OPEN DATA d:\tsgl\图书信息          &&打开图书信息数据库
ADD TABLE d:\tsgl\用户              &&将用户数据表添加到当前数据库
MODIFY DATA                        &&启动数据库设计器
CLOSE DATABASE                     &&关闭数据库
```

3.4.4　从数据库移去数据表

如果数据库中不需要某个数据表，用户可以将其从数据库中移去，使其成为一个自由表。

由于数据字典保存在数据库文件中，自由表中无法定义数据字典的信息。当数据库表变为自由表时，原先所设置的字段的默认值、有效性规则、数据表的长表名等信息都将丢失。

若用户不再需要数据表文件本身，在移去时也可选择删除数据表。

移去数据表可以采取 3 种方法：在数据库设计器中移去数据表；通过项目管理器移去数据表；通过 REMOVE TABLE 命令移去数据表。

1. 在数据库设计器移去数据表

（1）打开数据库设计器，选中要移去的数据表后，可通过下列方式移去数据表。

● 在数据表图标上右击鼠标，在快捷菜单中选择"删除"命令。

● 单击"数据库设计器"工具栏的"移去表"按钮⬚。

● 选择"数据库"菜单下的"移去"命令。

（2）系统打开对话框，如图 3.77 所示。

单击"移去"按钮，系统将再次打开对话框询问是否确认移去，如图 3.78 所示。单击"是"按钮，则数据表从数据库中移去，变为自由表。单击"删除"按钮，系统将此数据表文件从磁盘删除。单击"取消"按钮，系统取消刚才的移去操作。

2. 通过项目管理器移去数据表

在项目管理器的"数据"选项卡中，选中需要移去的数据表，单击"移去"按钮或选择"项目"菜单下的"移去文件"命令，也可移去或删除数据表。

图 3.77 "移去数据表"对话框

图 3.78 "确认移去数据表"对话框

3. 通过 REMOVE TABLE 命令移去数据表

命令格式：**REMOVE TABLE <数据表名> [DELETE] [RECYCLE]**

命令功能：从当前数据库中移去指定的数据表。

命令说明：

① 若未指定 DELETE，此数据库表将成为一个自由表；指定 DELETE，数据表文件将从磁盘上删除。

② 若指定 DELETE 且未指定 RECYCLE，该文件被删除且不会进入回收站；而指定 RECYCLE，删除的数据表文件将会进入回收站。

不要从"资源管理器"或"我的电脑"中直接删除数据库表文件。由于数据库中仍然保留着此表的信息，会导致数据库的错误。

3.4.5 自由表

自由表是不属于任何数据库的数据表。如果当前没有打开数据库，通过"文件"菜单的"新建"命令或 CREATE 命令所新建的数据表就是自由表。此外，在项目管理器的"数据"选项卡中，选择"自由表"选项，单击"新建"按钮，也可以建立自由表。

不管是数据库表还是自由表，都是由表结构和数据记录组成的二维表，对应于磁盘上扩展名为 dbf 的表文件。

自由表和数据库表可以相互转换。自由表可以添加到数据库中，成为数据库表。数据库表可以从数据库中移除，成为自由表。

但是，数据库表与自由表是有区别的，**数据库表与自由表相比有以下特点。**

- 数据库表可以使用长表名，在表中可以使用长字段名。
- 数据库表中的字段可设置标题、默认值、输入掩码、有效性规则等。
- 数据库表可以设置记录有效性规则和插入、修改、删除的触发器。
- 数据库表可以建立主索引。
- 同一个数据库的数据库表可以建立永久性关联，设置参照完整性。

3.4.6　删除数据库

如果不再需要某个数据库，用户可以将其从磁盘删除。

通过项目管理器可删除数据库，也可通过 DELETE DATABASE 命令来删除。

1.　通过项目管理器删除数据库

（1）在项目管理器的"数据"选项卡中，选中需要删除的数据库，单击"移去"按钮或选择"项目"菜单下的"移去文件"命令。

（2）系统打开对话框，询问移去或删除文件。单击"删除"按钮，则数据库被删除。

数据库被删除后，数据库中的数据表并未从磁盘删除，而是成为自由表。

2.　通过 DELETE DATABASE 命令删除数据库

命令格式：**DELETE　DATABASE　<数据库名>　[DELETETABLES]**

命令功能：删除数据库。

执行此命令后，系统打开对话框询问是否删除数据库。单击"是"按钮，则执行删除。

命令说明：

① 若未指定 DELETETABLES，此数据库中的数据表不会被删除，成为自由表。若指定 DELETETABLES，数据库中的数据表文件也将同时从磁盘上删除。

② 执行此命令时，必须首先关闭要删除的数据库。

3.4.7　数据库的清理与检验

1.　清理数据库

为了避免数据库中包含一些不必要的数据，用户应定期对数据库进行清理。

在执行清理时，数据库必须以独占模式打开，并且数据库中所有的数据表都要关闭。

打开数据库设计器后，选择"数据库"菜单下的"清理数据库"命令，或执行 **PACK DATABASE** 命令，即可清理数据库。

2.　检验数据库

用户的某些操作，例如，直接从资源管理器中删除了数据库表，可能会造成数据库的错误。此时，用户需要检验数据库并执行一些恢复操作。执行命令 **VALIDATE DATABASE RECOVER** 可检验数据库，当发现错误时，系统将提醒用户，并允许用户进行修正操作。

在检验数据库时，数据库也必须以独占模式打开。

3.5　索引的建立及使用

索引是数据库中一个重要的概念。使用索引，可以按指定顺序排列数据表的记录，加快查询速度，还可以保证关键字段中输入值的唯一性，并且是建立数据表之间关系的基础。

3.5.1　索引的概念

1. 索引的功能

默认情况下，表中记录的排列顺序是由数据输入时的先后顺序决定的，并用记录号标识。除非有记录插入或者被物理删除，记录的顺序是不会改变的。这种顺序称为物理顺序。

在实际应用中，用户经常需要按某种特定的顺序来排列记录。例如，对于图书表，要求按照价格从高到低排序，或按出版时间从早到晚排序。此时，应根据要排序的字段（或表达式）建立索引。

索引中存储的是所有记录的索引表达式的值及按此值的顺序所排列的记录号。表 3.6 所示为图书表的价格字段的降序所建立的索引，表 3.7 所示为出版年月字段的升序所建立的索引。打开索引后，系统将按照索引中记录号的顺序显示相关记录，称为逻辑顺序。此时，记录在数据表中的存储位置并未改变，即物理顺序不会改变。

表 3.6　售价的索引

售　　价	记　录　号
228.0	9
128.0	8
35.0	3
33.6	4
21.0	2
20.0	16
19.0	1
19.0	15
18.4	17
13.8	10
11.5	11
9.8	18
9.2	12
9.2	13
6.8	14
4.3	19
4.3	20
3.4	7
3.2	6
2.0	5

表 3.7　出版年月的索引

出　版　年　月	记　录　号
1984/10/05	5
1986/03/01	6
1986/03/01	7
1986/05/01	12
1986/05/01	13
1986/05/01	19
1986/05/01	20
1989/09/01	8
1989/09/01	9
1994/06/01	18
1995/12/01	10
1996/04/01	15
1996/04/01	16
1996/04/01	17
1997/06/01	1
1997/06/01	2
1999/06/01	3
1999/06/01	4
1999/12/01	14
2001/06/01	11

除了按指定顺序排列记录，索引还能加快查询速度，并且是建立数据表之间关系的基础。

2. 索引的种类

在 Visual FoxPro 中，可定义主索引、候选索引、普通索引和唯一索引 4 种不同类型的索引。

● 主索引：在主索引中，各条记录的索引表达式的值不能重复。

主索引通常用来保证关键字段中输入值的唯一性，如图书表的条形码、读者的读者证号均应定义为主索引。

一个数据库表只能建立一个主索引，自由表不能建立主索引。

如果在建立主索引时，表中记录的索引表达式的值有彼此重复的情况，则 Visual FoxPro 将提示用户违反了唯一性，无法建立此索引。

成功地建立了主索引后，当用户新增或修改记录时，若输入索引表达式的值与已有的记录重复，Visual FoxPro 将提示此项操作违反了唯一性，自动取消此操作。

● 候选索引：与主索引类似，候选索引中各记录的索引表达式的值必须唯一。

因为一个表只能建立一个主索引。当一个表要建立多个不允许有重复值的索引时，可以使用候选索引。

例如，在学生表中，每条记录的学号和身份证号都必须唯一。若以学号为表达式建立了主索引，则可建立以身份证号为表达式的候选索引，这样就可以同时保证这两个字段值的唯一性。

● 普通索引：最常用的索引类型，无任何限制。

● 唯一索引：注意，唯一索引并不限制表中各记录的索引表达式值的唯一性。

当多条记录的索引表达式的值相同时，只有第 1 条记录被编入唯一索引。

例如，在读者表中，以性别为索引表达式建立唯一索引，则索引如表 3.8 所示。打开此索引来浏览记录时，只能查看第 5 条和第 1 条记录。

表 3.8　　　　　　　　　　　以性别为表达式的唯一索引

性　　别	记　录　号
男	5
女	1

3. 索引文件

索引文件分为两类，一类为复合索引文件，另一类为单索引文件。一个复合索引文件包含多个索引，每个索引有各自的索引名称和索引表达式。单索引文件只包含一个索引，目前很少使用。

复合索引文件又有结构化和非结构化两种，通常使用的是结构化复合索引文件。该文件的主文件名与表文件名相同，扩展名为 cdx，即"图书"表文件的结构化复合索引文件的文件名为"图书.cdx"。打开数据表后，其结构化复合索引文件被自动打开。在添加、更改或删除记录时，其中的索引会自动进行维护。关闭数据表时，该索引文件被自动关闭。

3.5.2　索引的建立

在 Visual FoxPro 中，用户可以通过表设计器或 INDEX 命令建立索引。

1. 在表设计器中建立索引

（1）根据单一字段建立普通索引。如果用户要建立普通索引，而且索引表达式只是一个字段，可在表设计器的"字段"选项卡中进行。

例如，要建立名称为"售价"，索引表达式为"售价"字段降序排列的普通索引，其操作步骤如下。

打开表设计器，如图 3.79 所示，在"字段"选项卡中定位到"售价"字段，在索引的下拉列表中选择"降序"即可。

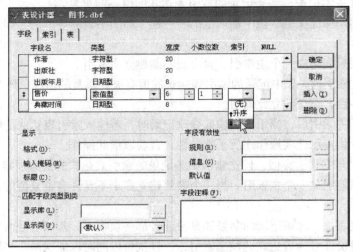

图 3.79　表设计器的字段选项卡

（2）根据单一字段建立其他类型索引。如果用户要建立的索引类型不是普通索引，可在表设计器的"字段"选项卡建立索引后，再在"索引"选项卡中改变索引类型。

例如，要根据"条形码"字段建立名称为"条形码"的主索引，其操作步骤如下。

① 首先打开表设计器。在"字段"选项卡中，定位到"条形码"字段，在索引的下拉列表中选择"升序"。

② 然后切换到"索引"选项卡，如图 3.80 所示。在"类型"的下拉列表中选择"主索引"。

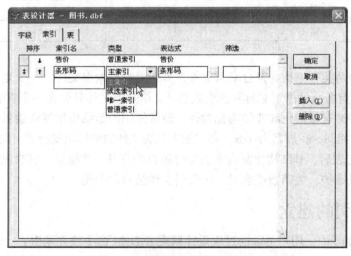

图 3.80　表设计器的索引选项卡

此外，如果要改变索引的名称，也可以在"索引"选项卡中进行。

（3）根据多个字段建立索引。如果用户要根据多个字段的值来建立索引，此时的索引表达式就不应是一个字段，而是与多个字段相关的表达式。

例如，要求图书先根据出版社排序，出版社相同的再根据价格从低到高地排列，则要根据"出版社"和"售价"两个字段建立索引表达式。由于"出版社"是字符型，而"售价"是数值型，则表达式应定义为"出版社+STR（售价）"，通过 STR 函数将售价转换为字符型。

建立索引的步骤如下。

① 在表设计器的"索引"选项卡中，定位到空白行。

② 在"索引名"处输入"出版社售价"，在"索引类型"的下拉列表中选择"普通索引"，在"表达式"处输入"出版社+STR(售价)"。

若用户只要对符合条件的记录建立索引，可在"筛选"文本框中输入条件表达式，则只有符合条件的记录才被编入索引中。

在表设计器建立索引后，当前数据记录并不会根据此索引排序。用户需要设置其为主控索引后，才能改变记录的逻辑顺序。

在表设计器中建立的索引都保存在结构化复合索引文件中。对于"图书"表，保存在"图书.CDX"文件中。

2. 使用 INDEX 命令建立索引

命令格式：INDEX ON <**索引表达式**> TAG <**索引名**> [OF <**索引文件名**>]

[FOR <条件>] [ASCENDING|DESCENDING][UNIQUE|CANDIDATE]

命令功能：以指定表达式为索引表达式，建立一个指定名称的索引。

命令说明：

① 若未指定 OF <索引文件名>，则索引保存在结构化复合索引文件中。否则，索引保存在指定名称的非结构化复合索引文件中。

② 若指定 FOR <条件>，则只有符合条件的记录才会编入索引。

③ ASCENDING|DESCENDING 用于指定索引的排序方式，其中 ASCENDING 表示按升序排列，DESCENDING 表示按降序排列。默认的排序方式为升序。

④ UNIQUE|CANDIDATE 用于指定索引的类型，其中 CANDIDATE 表示候选索引，UNIQUE 表示唯一索引。默认的索引类型为普通索引。

INDEX 命令无法建立主索引。

⑤ 使用 INDEX ON <索引表达式> TO <索引文件名>命令，将建立单索引文件。

例 3.13

```
INDEX ON 捐赠人 TAG 捐赠人 UNIQUE FOR NOT EMPTY(捐赠人)
&&将捐赠人不为空的书根据捐赠人字段建立唯一索引
BROWSE FIELDS 书名,捐赠人
&&浏览书名和捐赠人字段
INDEX ON DTOC(典藏时间,1)+出版社 TAG 时间出版 DESCEDING
```
&&根据典藏时间和出版社字段的降序建立名称为时间出版的普通索引，因为典藏时间是日期型，所以需要通过 DTOC 函数转换为字符型表达式，再与出版社连接。又由于 DTOC 转换的格式与系统当前设置的日期格式有关，所以采用 DTOC（日期型数据,1）的形式，使其转换为 yyyymmdd 固定格式的字符串。
```
BROWSE
```
&&记录按典藏时间从晚到早的顺序排列。典藏时间相同的，按出版社的降序排列

3.5.3 索引的使用

1. 索引文件的打开和关闭

索引文件不能独立使用，必须在打开数据表后才能使用。

打开数据表的时候，结构化复合索引文件会自动打开。若要使用非结构化符合索引文件或单索引文件，应使用命令 SET INDEX TO <索引文件名>命令来打开索引文件。

使用没有参数的命令 SET INDEX TO，可以关闭除结构化复合索引文件外的索引文件。关闭数据表的时候，所有相关的索引文件会自动关闭。

2. 设置主控索引

虽然索引文件中有多个索引，但是在同一时刻，数据表只能把其中的一个索引作为主控索引。其索引表达式决定了记录的排列顺序。

通常情况下，用户打开数据表时，并没有设置主控索引，记录是按物理顺序排列的。

使用 INDEX ON 命令建立索引时，刚建立的索引将被设为主控索引。

打开数据表后，用户也可使用 SET ORDER TO 命令或属性对话框来设置主控索引。

（1）SET ORDER TO 命令设置主控索引。

命令格式：**SET ORDER TO [[TAG] <索引名>]**

命令功能：将指定的索引设为主控索引。不带任何参数的 SET OEDER TO 命令，将取消所有的主控索引，记录按物理顺序排列。

（2）打开数据表时设置主控索引。

命令格式：**USE <数据表> ORDER [TAG] <索引名>**

命令功能：打开数据表，同时设置指定名称的索引为主控索引。

例 3.14

```
USE 图书 ORDER 售价                              &&打开图书表，将售价索引设为主控索引
BROWSE FIELDS 条形码,书名,出版社,售价
&&记录按售价的降序排列,如图 3.81 所示
SET ORDER TO 出版社售价                           &&将出版社售价设为主控索引
BROWSE FIELDS 条形码,书名,出版社,售价
&&记录首先按出版社排列，出版社相同的按售价的升序排列，如图 3.82 所示
SET ORDER TO                                     &&取消主控索引
BROWSE                                           &&记录按物理顺序排列
```

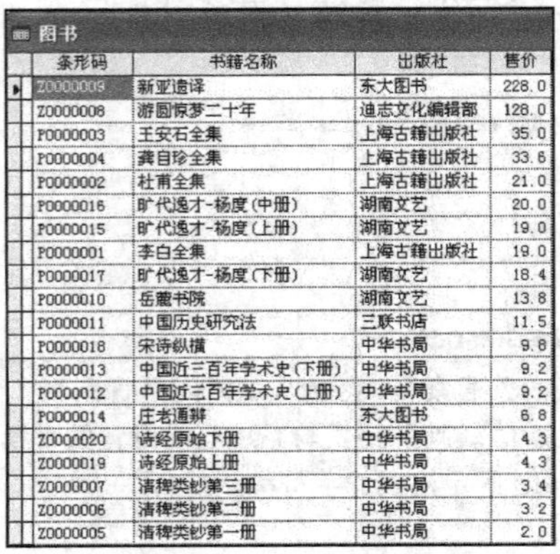

图书

条形码	书籍名称	出版社	售价
Z0000009	新亚遗译	东大图书	228.0
Z0000008	游圆惊梦二十年	迪志文化编辑部	128.0
P0000003	王安石全集	上海古籍出版社	35.0
P0000004	龚自珍全集	上海古籍出版社	33.6
P0000002	杜甫全集	上海古籍出版社	21.0
P0000016	旷代逸才-杨度(中册)	湖南文艺	20.0
P0000015	旷代逸才-杨度(上册)	湖南文艺	19.0
P0000001	李白全集	上海古籍出版社	19.0
P0000017	旷代逸才-杨度(下册)	湖南文艺	18.4
P0000010	岳麓书院	湖南文艺	13.8
P0000011	中国历史研究法	三联书店	11.5
P0000018	宋诗纵横	中华书局	9.8
P0000013	中国近三百年学术史(下册)	中华书局	9.2
P0000012	中国近三百年学术史(上册)	中华书局	9.2
P0000014	庄老通辨	东大图书	6.8
Z0000020	诗经原始下册	中华书局	4.3
Z0000019	诗经原始上册	中华书局	4.3
Z0000007	清稗类钞第三册	中华书局	3.4
Z0000006	清稗类钞第二册	中华书局	3.2
Z0000005	清稗类钞第一册	中华书局	2.0

图 3.81 以售价为主控索引

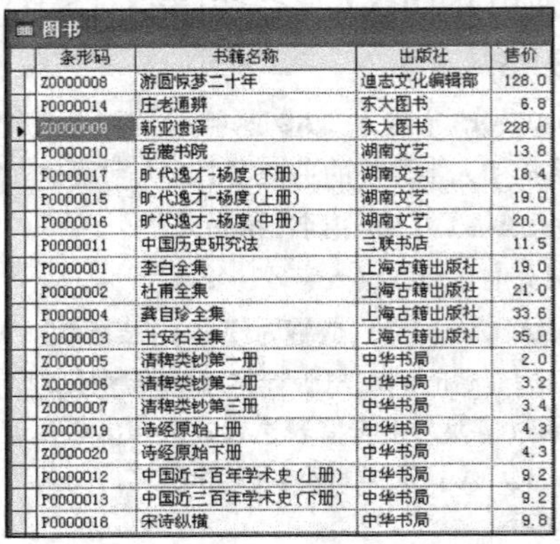

图书

条形码	书籍名称	出版社	售价
Z0000008	游圆惊梦二十年	迪志文化编辑部	128.0
P0000014	庄老通辨	东大图书	6.8
Z0000009	新亚遗译	东大图书	228.0
P0000010	岳麓书院	湖南文艺	13.8
P0000017	旷代逸才-杨度(下册)	湖南文艺	18.4
P0000015	旷代逸才-杨度(上册)	湖南文艺	19.0
P0000016	旷代逸才-杨度(中册)	湖南文艺	20.0
P0000011	中国历史研究法	三联书店	11.5
P0000001	李白全集	上海古籍出版社	19.0
P0000002	杜甫全集	上海古籍出版社	21.0
P0000004	龚自珍全集	上海古籍出版社	33.6
P0000003	王安石全集	上海古籍出版社	35.0
Z0000005	清稗类钞第一册	中华书局	2.0
Z0000006	清稗类钞第二册	中华书局	3.2
Z0000007	清稗类钞第三册	中华书局	3.4
Z0000019	诗经原始上册	中华书局	4.3
Z0000020	诗经原始下册	中华书局	4.3
P0000012	中国近三百年学术史(上册)	中华书局	9.2
P0000013	中国近三百年学术史(下册)	中华书局	9.2
P0000018	宋诗纵横	中华书局	9.8

图 3.82 以出版社售价为主控索引

（3）通过"数据工作期"的"属性"对话框设置主控索引。通过"属性"对话框设置主控索引的步骤如下。

① 选择"窗口"菜单下的"数据工作期"命令或单击工具栏上的"数据工作期"按钮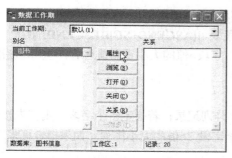，打开"数据工作期"对话框，如图 3.83 所示。

② 在"数据工作期"对话框的"别名"列表中选择数据表，单击"属性"按钮，打开"工作区属性"对话框。

③ 如图 3.84 所示，在"工作区属性"对话框的"索引顺序"下拉列表中选择要设置为主控索引的索引，单击"确定"按钮。

图 3.83　"数据工作期"对话框

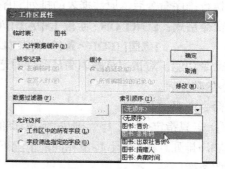

图 3.84　"工作区属性"对话框

3. 快速查询

建立索引后，可以用 SEEK 命令对记录进行快速查询。

命令格式：**SEEK <表达式>[ORDER [TAG] <索引名>]**

命令功能：查询索引表达式与指定<表达式>相同的记录。若找到此记录，记录指针定位到相匹配的第一条记录；若未找到，记录指针定位到文件尾。

命令说明：

① 若指定 ORDER [TAG] <索引名>，则查找指定<索引名>的索引表达式与<表达式>相同的记录。否则查找主控索引的索引表达式与<表达式>相同的记录。

② 如果按主控索引的索引表达式来查找记录，要继续查找下一条记录时，可使用 SKIP 命令。

例 3.15

```
SET ORDER TO 售价              &&将售价索引设为主控索引
SEEK 4.3                      &&查找售价为 4.3 的记录
DISPLAY                       &&显示当前记录
SKIP
&&将记录指针向下移动（因为售价相同的记录排列在一起）
DISPLAY                       &&显示当前记录
SEEK 'P0000011' ORDER 条形码
&&查找条形码的索引表达式与 P0000011 相同的记录
DISPLAY                       &&显示当前记录
```

3.5.4　索引的删除

索引虽然有很多用处，但是维护索引要付出代价。首先，索引文件要占据磁盘空间。此外，当对数据表进行插入、删除和修改操作时，系统要维护索引。也就是说，索引会降低数据处理的速度。所以，对于没有必要建立的索引，用户可通过表设计器或 DELETE TAG 命令来删除。

在表设计器的"索引"选项卡中（见图 3.80，定位到要删除的索引上，单击"删除"按钮，即可删除索引。

使用命令 **DELETE TAG <索引名>**命令，删除指定名称的索引。使用命令 **DELETE TAG ALL**，则可以删除数据表的全部索引。

3.5.5　物理排序

物理排序是指依据数据表中某一个或多个字段的大小，将记录重新排序，产生一个新的数据表。执行排序命令后，原数据表的排列顺序不变。

命令格式：**SORT ON <字段 1>[/A|D][/C] [,<字段 2>[/A|D][/C]]···TO <文件名>**
　　　　　　[范围] [FOR <条件>] [FIELDS<字段表>][ASCENDING|DESCENDING]

命令功能：对指定范围内满足条件的记录，按<字段>值的大小重新排序，产生一个指定<文件名>的数据表。

命令说明：

① 若只指定<字段 1>，则按<字段 1>值的大小排列记录；若指定多个字段，则首先按<字段 1>的顺序排列，在<字段 1>值相同的情况下，再按<字段 2>值的大小排列。如果指定更多字段，也依此类推。

② 指定<字段>/A 表示按字段的升序排列，<字段>/D 表示按字段的降序排列，默认为升序排列。ASCENDING 表示未标识用/A 或/D 排序的其他字段按升序排列，DESCENDING 则表示按降序排列。

③ 指定<字段>/C，表示对字符排序时不区分字母的大小写。

④ 若指定[范围][FOR <条件>]，则新数据表中只包含指定范围内满足条件的记录；未指定时包括所有的记录。

⑤ 若指定 FIELDS<字段表>，则新数据表只包含<字段表>中的字段；未指定时则包括所有字段。

例 3.16

```
SORT ON 出版社,出版年月/D FIEL 书名,出版社,出版年月,售价 TO D:\book
    &&按出版社的升序，出版社相同的按出版年月从晚到早的顺序，把所有记录的书名、出版社、出版年月和售
价 4 个字段复制到 D 盘根目录的 book 数据表
BROWSE                    &&原数据表的顺序没有变化
USE D:\book               &&打开新数据表
BROWSE
```

3.6　多表的使用

前面介绍的数据表操作都是针对单个数据表进行的。在实际的数据处理过程中，经常需要同时处理几个数据表。在 Visual FoxPro 中，通过多工作区可实现同时对多个表的操作。

3.6.1　工作区

1. 工作区的概念

用户在操作数据表之前，必须打开数据表。所谓打开，就是 Visual FoxPro 在内存中开辟一个

区域，调入磁盘上的数据表文件。这个内存区域就是工作区。

Visual FoxPro 最多可以开辟 32 767 个工作区，每个工作区可以打开一个数据表。也就是说，在 Visual FoxPro 中最多可同时打开 32 767 个数据表。

一个工作区中只能打开一个数据表。在同一个工作区中，如果已经打开了一个数据表，再次打开数据表时，原来打开的数据表将被自动关闭。

2．工作区号与别名

为了区分不同的工作区，系统为每个工作区指定了一个编号，即 1，2，3，…，32 767。同时，系统还给每个工作区指定了一个别名。1～10 号工作区的别名为 A，B，…，J，11 号～32 767 号工作区分别用 W11，W12，…，W32767 表示。

如果在工作区中打开了数据表，可用数据表的名称作为工作区的别名。例如，在 1 号工作区打开了图书表，则图书可作为 1 号工作区的别名。

若使用 USE <数据表名> ALIAS <别名> 命令打开数据表，则工作区的别名为指定的 <别名>，而不是数据表的名称。例如，在 1 号工作区执行了 USE 图书 ALIAS BOOK 命令，则 BOOK 将作为工作区的别名。

3．选择工作区

由于 Visual FoxPro 提供多个工作区，在对数据表操作时，必须首先选择其所在的工作区。被选择的工作区称为当前工作区。任一时刻，用户只能选择一个工作区为当前工作区。在当前工作区打开的数据表，称为当前表。没有特别声明时，用户所做的操作都是针对当前数据表。例如，执行 BROWSE 命令，将浏览当前数据表。

Visual FoxPro 6.0 启动后，自动指定 1 号工作区为当前工作区。

用户可通过 SELECT 命令或数据工作期对话框选择当前工作区。

（1）SELECT 命令选择工作区。

命令格式：**SELECT <工作区编号>|<别名>|0**

命令功能：选择当前工作区。

命令说明：

① <工作区编号> 为 1～32 767 之间任一整数。

② 别名可以用 A～J 和 W11～W32767 表示。工作区中打开的数据表名称或别名也可为工作区别名。

③ SELECT 0 表示选用空闲的编号最小的工作区为当前工作区。

例 3.17

```
SELECT 1              &&选择 1 号工作区
USE 图书 ALIAS BOOK    &&打开图书表，以 BOOK 为数据表别名
SELECT 2              &&选择 2 号工作区
USE 借阅              &&打开借阅表
SELECT 0              &&选择空闲的编号最小的工作区，即 3 号工作区
USE 读者              &&打开读者表
BROWSE               &&当前工作区为 3 号工作区，浏览读者表的数据
SELECT BOOK          &&选择别名为 BOOK 的工作区，即 1 号工作区
BROWSE               &&当前工作区为 1 号工作区，浏览图书表的数据
SELECT B             &&选择别名为 B 的工作区，即 2 号工作区
BROWSE               &&当前工作区为 2 号工作区，浏览读者表的数据
```

（2）通过数据工作期对话框选择工作区。选择"窗口"菜单下的"数据工作期"命令，打开"数据工作期"对话框，如图 3.85 所示。

在"数据工作期"对话框的"别名"列表中，显示出已经打开了数据表的工作区。其中蓝色高亮的为当前工作区，状态栏中显示出该工作区的编号、记录数目信息。通过在列表中选择别名，即可将选中的工作区切换为当前工作区。

在"数据工作期"的对话框中，还可完成以下操作。

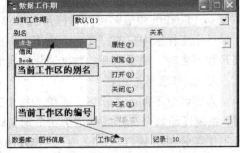

图 3.85　"数据工作期"对话框

● 单击"属性"按钮，可打开"工作区属性"对话框（见图 3.84）。在此对话框中，用户可以筛选当前表的记录和字段，设置主控索引。单击"修改"按钮，可修改表结构。

● 单击"浏览"按钮，可打开浏览窗口编辑当前表的数据。

● 单击"打开"按钮，可在新的工作区打开数据表。

● 单击"关闭"按钮，可关闭当前工作区中打开的数据表。

3.6.2　使用其他工作区的表

1. 访问其他工作区的字段

在当前工作区中，要访问其他工作区的数据表的字段，必须通过"工作区别名->字段名"或"工作区别名.字段名"的形式来引用。

例 3.18

```
SELECT 借阅                    &&选择 2 号工作区
BROWSE FIELDS 读者证号,读者.姓名,条形码,A->书名,借阅日期,还书日期
&&浏览各字段的数据，如图 3.86 所示
```

读者证号	姓名	条形码	书名	借阅日期	还书日期
001	王颖珊	P0000001	李白全集	01/02/08	01/25/08
001	王颖珊	P0000002	李白全集	01/02/08	01/26/08
001	王颖珊	P0000003	李白全集	01/02/08	01/26/08
002	王颖珊	P0000001	李白全集	02/05/08	/ /
002	王颖珊	P0000002	李白全集	02/25/08	03/05/08
002	王颖珊	P0000008	李白全集	02/25/08	03/05/08
002	王颖珊	P0000009	李白全集	03/01/08	/ /
001	王颖珊	P0000004	李白全集	03/01/08	04/05/08
006	王颖珊	P0000002	李白全集	03/10/08	03/25/08
006	王颖珊	P0000010	李白全集	03/10/08	03/25/08
005	王颖珊	P0000011	李白全集	03/25/08	04/10/08
005	王颖珊	P0000012	李白全集	03/25/08	04/10/08
006	王颖珊	P0000015	李白全集	03/25/08	04/06/08
006	王颖珊	P0000016	李白全集	03/25/08	04/06/08
006	王颖珊	P0000017	李白全集	03/25/08	/ /
001	王颖珊	P0000010	李白全集	04/20/08	/ /
001	王颖珊	P0000011	李白全集	04/05/08	/ /
005	王颖珊	P0000002	李白全集	04/10/08	/ /
005	王颖珊	P0000008	李白全集	04/10/08	/ /
006	王颖珊	P0000013	李白全集	04/06/08	/ /

图 3.86　浏览多工作区的字段

其中，读者证号、条形码、借阅日期、还书日期是当前表的字段。姓名是 3 号工作区打开的读者表的字段，可以用"读者.姓名""C.姓名""读者->姓名"和"C->姓名"4 种形式引用。书名是 1 号工作区打开的图书表（别名为 BOOK）的字段，可以用"BOOK->姓名"或"A->姓名"引用。

2. 在另外工作区执行命令

在 Visual FoxPro 中，许多命令可以使用 **IN <工作区别名>** 短语，实现在另外工作区中执行命令。

例如，当前工作区为 2 号工作区，要在 3 号工作区打开"读者"数据表，可以执行"USE 读者 IN 3"命令。此时，在 3 号工作区打开了读者表，而当前工作区仍为 2 号工作区。

又如，当前工作区为 2 号工作区，要在 1 号工作区（已打开图书表）按"条形码"索引查找条形码为"P000000002"的记录。可以执行 SEEK 'P000000002' ORDER 条形码 IN 1 命令。此时，在 1 号工作区记录指针定位到条形码为 P000000002 的记录，而当前工作区仍为 2 号工作区。

3. 查看其他工作区的函数

有关数据表的函数，可以使用工作区别名或工作区号作为参数，查看其他工作区中此函数的值。

如上例所示，当前是 2 号工作区，在 1 号工作区通过 SEEK 命令查找记录后，可用 FOUND(1) 或 FOUND('A') 函数的值判断是否在 1 号工作区找到了符合条件的记录，可用 RECNO(1) 或 RECNO('A') 函数的值查看 1 号工作区的记录号。

3.6.3　数据表之间的临时关联

每个工作区都有一个记录指针。默认情况下，不同工作区的记录指针是相互独立的。也就是说，在一个工作区中移动记录指针，不会引起另外一个工作区的记录指针的移动。如图 3.82 所示，在浏览窗口中，当前工作区的借阅表的记录指针从第 1 条移到最后一条，而读者表的记录指针并未移动，一直指向第 1 条记录。因此，显示的姓名都是第 1 位读者的姓名。

为了解决此问题，应在借阅表与读者表建立关联。建立关联后，在借阅表中移动记录指针时，会引起读者表的记录指针做相应的移动。其中，主动移动记录指针的数据表（借阅表）被称为父表或主表，被关联的数据表（读者表）被称为子表或从表。

关于关联，必须注意以下几点。

- 通常，关联表达式为父表和子表的相同字段（读者证号字段）。
- 在建立关联之前，子表（读者表）要根据关联表达式（读者证号字段）建立索引，并设为主控索引。
- 必须选择父表（借阅表）的工作区为当前工作区，再使用 SET RELATION TO 命令或数据工作期对话框来进行关联。
- 建立关联后，当父表的纪录指针移动时，子表就按主控索引查找与主表的关联表达式相同的记录。若找到此记录，其记录指针就定位到此记录；若未找到，其记录指针将定位到文件尾。
- 该关联为临时性关联，当数据表关闭时，关联被取消。

1. 使用 SET RELATION TO 命令建立关联

命令格式：**SET RELATION TO [<关联表达式 1> INTO <工作区号 1>|<别名 1>]**

　　　　　　　[,<关联表达式 2> INTO <工作区号 2>|<别名 2>…] [ADDITIVE]

命令功能：将当前数据表与其他工作区的数据表之间按关联表达式建立关联。

命令说明：

① 通过指定多个关联表达式和工作区，可使一个数据表同时与多个工作区的数据表来进行关联。

② 若使用 ADDITIVE 选项，则在建立关联时，该工作区原先建立的关联仍然保留。否则，建立此关联时会取消该工作区原有的关联。

③ 没有任何参数的 SET RELATION TO 命令将取消该工作区所有的关联。

假设各工作区打开的数据表如例 3.17 所示。在借阅表和读者表、图书表之间建立关联的命令见例 3.19。

例 3.19

```
SELECT 读者                    &&选择 3 号（读者）工作区
INDEX ON 读者证号 TAG 读者证号
&&根据读者证号建立索引，并设为主控索引
SELECT A                       &&选择 1 号（图书）工作区
SET ORDER TO 条形码
&&将条形码索引设为主控索引（该索引已建立）
SELECT 借阅                    &&选择 2 号（借阅）工作区
SET RELATION TO 读者证号 INTO 读者,条形码 INTO 1
&&将该工作区的数据表与读者表和图书表建立关联
BROWSE FIELDS 读者证号,读者.姓名,条形码,A->书名,借阅日期,还书日期
&&浏览各字段的数据，如图 3.87 所示
```

读者证号	姓名	条形码	书名	借阅日期	还书日期
001	王颖珊	P0000001	李白全集	01/02/08	01/25/08
001	王颖珊	P0000002	杜甫全集	01/02/08	01/26/08
001	王颖珊	P0000003	王安石全集	01/02/08	/ /
002	扬瑞	P0000001	李白全集	02/05/08	/ /
002	扬瑞	P0000002	杜甫全集	02/25/08	03/05/08
002	扬瑞	P0000008	游园惊梦二十年	02/25/08	03/05/08
002	扬瑞	P0000009	新亚遗译	03/01/08	/ /
001	王颖珊	P0000004	龚自珍全集	03/01/08	04/05/08
006	孙思旺	P0000002	杜甫全集	03/10/08	03/25/08
006	孙思旺	P0000010	岳麓书院	03/10/08	04/25/08
005	孙建平	P0000011	中国历史研究法	03/25/08	04/10/08
005	孙建平	P0000012	中国近三百年学术史（上册）	03/25/08	04/10/08
006	孙思旺	P0000015	旷代逸才-杨度（上册）	03/25/08	04/06/08
006	孙思旺	P0000016	旷代逸才-杨度（中册）	03/25/08	/ /
006	孙思旺	P0000017	旷代逸才-杨度（下册）	03/25/08	/ /
001	王颖珊	P0000010	岳麓书院	04/20/08	/ /
001	王颖珊	P0000011	中国历史研究法	04/05/08	/ /
005	孙建平	P0000002	杜甫全集	04/10/08	/ /
005	孙建平	P0000008	游园惊梦二十年	04/10/08	/ /
006	孙思旺	P0000013	中国近三百年学术史（下册）	04/10/08	/ /

图 3.87　建立关联后浏览多工作区的字段

2. 通过数据工作期对话框建立关联

通过菜单方式，在借阅表和读者表间建立关联的操作步骤如下所示。

（1）选择"窗口"菜单下的"数据工作期"命令，打开"数据工作期"对话框。

（2）在"数据工作期"对话框的"别名"列表中选择"借阅"数据表，单击"关系"按钮，然后在"别名"列表中选择"读者"数据表。

（3）系统打开"设置索引顺序"对话框，如图 3.88 所示，用户选择关联表达式对应的索引（读者证号索引），单击"确定"按钮。

如果子表未根据关联建立索引，则要打开其表设计器或执行 IDNEX 命令建立索引后，才能建立关联。

（4）系统打开"表达式生成器"对话框，如图 3.89 所示，选择"读者证号"字段作为关联表达式，单击"确定"按钮。

（5）如图 3.90 所示，在"数据工作期"对话框的"关系"列表中，借阅表和读者表已建立起关联。

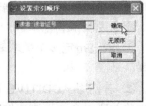

图 3.88　"设置索引顺序"对话框

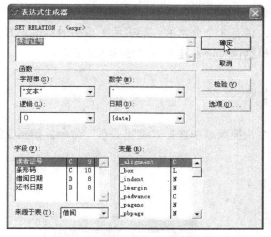

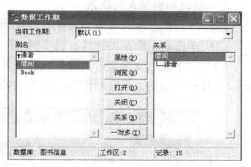

图 3.89　"表达式生成器"对话框　　　　图 3.90　"数据工作期"对话框

可用同样的方式，在借阅表和图书表之间也建立关系。

3.7　永久联系及参照完整性

数据库中通常包含多个数据表，设置永久联系，可以在数据库中存储数据表之间关联的信息。建立永久联系后，通过设置参照完整性，可以保证相关联的数据表中数据的一致性。

3.7.1　永久联系

1. 永久联系的概念

如 3.6.3 小节所述，在数据表之间可建立临时性关联。关闭数据表时，临时性关联将被自动取消。而永久联系是在一个数据库的数据表之间建立的一种联系，该联系存储在数据库文件中。每次打开数据库，永久联系总是有效的。

建立永久联系后，才能设置数据表之间的参照完整性。此外，在建立查询、视图或设计表单、报表时，每当添加相关的数据表，表之间的关联也会被自动添加。与临时关联不同，永久联系不能直接控制各工作区的记录指针的联动。

数据表之间通常是根据共有的字段建立永久联系。联系可分为一对一和一对多两种，一对多较为常用。建立一对多联系，要求父表根据相关的字段建立主索引或候选索引，子表根据相关的字段建立普通索引。

2. 建立永久联系

在数据库设计器中可建立永久联系。例如，图书信息数据库的图书表和借阅表之间可根据条形码建立一对多的关联，其操作步骤如下。

（1）打开数据库设计器。

（2）在图书表中建立以条形码为索引表达式的主索引，在借阅表建立以条形码为索引表达式的普通索引。

（3）鼠标指向图书表的主索引条形码，将鼠标拖曳到借阅表的普通索引条形码处，如图 3.91 所示，释放鼠标。

Visual FoxPro 程序设计教程（第 3 版）

（4）两表的索引之间出现一条连线，表示两表已经建立永久联系。

其中不带分岔的一端表示关系中的"一"方，带有 3 个分岔的一端表示关系中的"多"方。

用同样的方式，可以在读者表和借阅表之间根据读者证号建立一对多的永久联系。

3. 编辑和删除永久联系

若用户要修改永久联系，可按下列操作步骤执行。

（1）单击表示联系的连线，选中两表的联系。

（2）在连线上直接双击鼠标，或右击鼠标，在快捷菜单中选择"编辑关系"命令，如图 3.92 所示，打开"编辑关系"对话框，如图 3.93 所示。

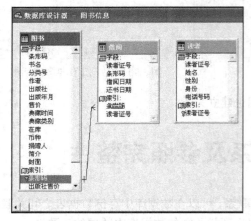

图 3.91　建立永久性联系

图 3.92　编辑关系

（3）在"编辑关系"对话框中可修改进行永久联系的索引。

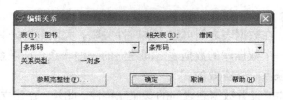

图 3.93　"编辑关系"对话框

选中连线后，按 Delete 键或在快捷菜单中选择"删除关系"命令，即可删除永久联系。

3.7.2　参照完整性

在建立了表间的永久联系后，应设置参照完整性。参照完整性是指两个相关联的表中相关数据是否一致。设置了参照完整性后，当插入、修改、删除一个表中的数据时，系统通过参照引用相关联的另一个数据表的数据，来检验操作的正确性。

以图书表（父表）和借阅表（子表）为例，下列操作将破坏两表的参照完整性。

● 在图书表中删除了某一本书，而未删除借阅表中所对应的记录，导致这些借阅记录在图书表中找不到相关图书。

● 在图书表中修改了某一本书的条形码，而借阅表中原先与之所对应记录的条形码却未被修改，导致借阅记录在图书表中找不到相关图书。

● 在借阅表中插入一条记录，而该记录的条形码在图书表中却不存在，导致无法找到相关的图书。

在 Visual FoxPro 中设置参照完整性，首先，要选择"数据库"菜单下的"清理数据库"命令，对数据库进行清理。注意，清理数据库时，必须以独占形式打开数据库。

然后，打开数据库设计器，可选用下列 3 种方法打开"参照完整性生成器"对话框。

● 选择"数据库"菜单中的"编辑参照完整性"命令。

● 在数据库设计器的空白处右击鼠标，在快捷菜单中选择"编辑参照完整性"命令。

● 在数据库设计器中双击两个表之间的连线，打开"编辑关系"对话框，单击对话框中的"参照完整性"按钮。

在如图 3.94 所示的"参照完整性生成器"对话框中，列出此数据库中有哪些关联。关联的哪一方是父表，哪一方是子表，以及关联所使用的索引。在"更新"、"删除"和"插入"的 3 种规则的下拉列表中，有"限制"、"级联"和"忽略"3 个选项，默认为"忽略"选项。

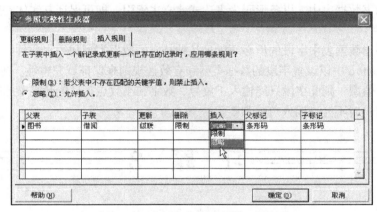

图 3.94　"参照完整性生成器"对话框

各规则及所对应选项的含义如下。

● 更新规则：规定当父表的关键字的值修改时，应当适用哪条规则。

➤ 级联：自动修改子表中相关记录的对应字段的值。

➤ 限制：如果子表中有相关记录，则不允许修改父表中的关键字。

➤ 忽略：不管子表中是否有相关记录，允许修改父表的关键字，也不会自动修改子表中的相关记录。

例如，要求设置为修改图书的条形码时，系统能自动修改借阅表中相关记录的条形码，则应在更新列的下拉列表中选择"级联"选项。

● 删除规则：规定当删除父表的记录时，应当适用哪条规则。

➤ 级联：自动删除子表中所有相关记录。

➤ 限制：如果子表中有相关记录，则不允许删除父表中的记录。

➤ 忽略：不管子表中是否有相关记录，允许删除父表中的记录。且不会自动删除子表中的相关记录。

例如，要求设置为当借阅表中存在某本图书的借阅记录，不能删除图书表中此图书的记录，则应在删除列的下拉列表中选择"限制"选项。

● 插入规则：规定当在子表中插入记录或修改记录时，应当适用哪条规则。

➤ 限制：当父表中没有相关记录时，不允许在子表中的插入该记录。

➤ 忽略：不管父表中是否有相关记录，允许在子表中插入记录。

例如，要求设置为在增加新的借阅记录时，如果图书的条形码不存在图书表中，就不能增加此借阅记录。应在插入列的下拉列表中选择"限制"。

3.7.3　数据完整性

数据完整性是指是对数据的约束条件，是保证数据正确性的重要手段。除了上一小节的参照完整性，数据完整性还包括实体完整性和域完整性。

● 实体完整性

实体完整性用来确保数据表中的每条记录都是唯一的，即数据表中没有重复的记录。Visual FoxPro 中以指定主关键字或候选关键字保证实体完整性。作为主关键字或候选关键字的字段不能取空值，各记录中此字段的值不允许重复。

例如，在图书数据表中，以条形码为表达式建立主索引，即可保证其实体完整性。

● 域完整性

域完整性是指数据表中字段的值必须满足某种特定的数据类型和约束条件。

在 Visual FoxPro 中以设置字段的数据类型和有效性规则来保证域完整性。例如，设置图书表的售价字段为数值型，则此字段只能输入正负号、数字和小数点。设置此字段的有效性规则为售价>0，则输入售价时不允许输入负数和零。

习　题　3

一、单选题

1. 在 Visual FoxPro 中以下叙述错误的是（　　）。

A）关系也被称作数据表

B）数据库文件不存储用户数据

C）数据库文件用来组织和管理相互联系的多个数据表及相关的数据库对象

D）多个数据表存储在一个物理文件中

2. 在 Visual FoxPro 中，学生表 STUDENT 中包含有通用型字段简介，表中通用型字段中的数据均存储到另一个文件中，该文件名为（　　）。

A）简介.FPT　　　　　　　　　　B）STUDENT.DBF

C）简介.DBT　　　　　　　　　　D）STUDENT.FPT

3. 在 Visual FoxPro 中，存储图像的字段类型应该是（　　）。

A）备注型　　　B）通用型　　　C）字符型　　　D）双精度型

4. 在 Visual FoxPro 中，下列关于表的叙述正确的是（　　）。

A）在数据库表和自由表中，都能给字段定义有效性规则和默认值

B）自由表不能建立候选索引

C）自由表加入到数据库中，可以变为数据库表

D）一个自由表加入多个数据库中

5. 在 Visual FoxPro 中，建立数据库表时，将年龄字段值限制在 18 之上的这种约束属于（　　）。

A）实体完整性约束　　　　　　　B）域完整性约束

C）参照完整性约束　　　　　　　D）视图完整性约束

6. 数据库表可以设置字段的默认值，默认值是（　　　）。

　　A）逻辑表达式　　　B）字符表达式　　　C）数值表达式　　　D）以上都可能

7. 在数据库表上的字段有效性规则是（　　　）。

　　A）逻辑表达式　　　B）字符表达式　　　C）数字表达式　　　D）以上三种都有可能

8. 在 Visual FoxPro 中，数据库表的字段或记录的有效性规则的设置可以在（　　　）。

　　A）项目管理器中进行　　　　　　　　B）数据库设计器中进行

　　C）表设计器中进行　　　　　　　　　D）表单设计器中进行

9. 假设在数据库表的表设计器中，字符型字段"性别"已被选中，正确的有效性规则设置是（　　　）。

　　A）="男". OR. "女"　　　　　　　　B）性别="男". oR. "女"

　　C）$"男女"　　　　　　　　　　　　D）性别 $"男女 "

10. 在 Visual FoxPro 中，创建一个名为 SDB.DBC 的数据库文件，使用的命令是（　　　）。

　　A）CREATE　　　　　　　　　　　　B）CREATE SDB

　　C）CREATE TABLE SDB　　　　　　　D）CREATE DATABASE SDB

11. 在 Visual FoxPro 中，调用表设计器建立数据库表 STUDENT.DBF 的命令是（　　　）。

　　A）MODIFY STRUCTURE STUDENT　　　B）MODIFY COMMAND STUDENT

　　C）CREATE STUDENT　　　　　　　　D）CREATE TABLE STUDENT

12. 要为当前表所有职工增加 100 元工资应该使用命令（　　　）。

　　A）CHANGE 工资 WITH 工资+100

　　B）REPLACE 工资 WITH 工资+100

　　C）CHANGE ALL 工资 WITH 工资+100

　　D）REPLACE ALL 工资 WITH 工资+100

13. MODIFY STRUCTURE 命令的功能是（　　　）。

　　A）修改记录值　　　　　　　　　　　B）修改表结构

　　C）修改数据库结构　　　　　　　　　D）修改数据库或表结构

14. 执行 USE sc IN 0 命令的结果是（　　　）。

　　A）选择 0 号工作区打开 sc 表　　　　B）选择空闲的最小号的工作区打开 sc 表

　　C）选择第 1 号工作区打开 sc　　　　　D）显示出错信息

15. 在当前打开的表中，显示"书名"以"计算机"打头的所有图书，正确的命令是（　　　）。

　　A）list for 书名＝"计算*"　　　　　　B）list for 书名="计算机"

　　C）list for 书名＝"计算%"　　　　　　D）list where 书名＝"计算机"

16. 在 Visual FoxPro 中，假设 student 表中有 40 条记录，执行下面的命令后，屏幕显示的结果是（　　　）。

```
?RECCOUNT()
```

　　A）0　　　　　　　B）1　　　　　　　C）40　　　　　　　D）出错

17. 在 Visual FoxPro 中，使用 LOCATE FOR <expL>命令按条件查找记录，当查找到满足条件的第 1 条记录后，如果还需要查找下一条满足条件的记录，应使用（　　　）。

　　A）再次使用 LOCATE FOR <expL>命令

　　B）SKIP 命令

C）CONTINUE 命令

D）GO 命令

18. 有关 ZAP 命令的描述，正确的是（　　　）。

A）ZAP 命令只能删除当前表的当前记录

B）ZAP 命令只能删除当前表的带有删除标记的记录

C）ZAP 命令能删除当前表的全部记录

D）ZAP 命令能删除表的结构和全部记录

19. 在表设计器中设置的索引包含在（　　　）。

A）独立索引文件中　　　　　　　　B）唯一索引文件中

C）结构复合索引文件中　　　　　　D）非结构复合索引文件中

20. 在数据库中建立索引的目的是（　　　）。

A）节省存储空间　　　　　　　　　B）提高查询速度

C）提高查询和更新速度　　　　　　D）提高更新速度

21. 已知表中有字符型字段职称和姓别，要建立一个索引，要求首先按职称排序、职称相同时再按性别排序，正确的命令是（　　　）。

A）INDEX ON 职称＋性别 TO ttt

B）INDEX ON 性别＋职称 TO ttt

C）INDEX ON 职称，性别 TO ttt

D）INDEX ON 性别，职称 TO ttt

22. 若所建立索引的字段值不允许重复，并且一个表中只能创建一个，它应该是（　　　）。

A）主索引　　　　B）唯一索引　　　　C）候选索引　　　　D）普通索引

23. 以下关于主索引和候选索引的叙述正确的是（　　　）。

A）主索引和候选索引都能保证表记录的唯一性

B）主索引和候选索引都可以建立在数据库表和自由表上

C）主索引可以保证表记录的唯一性，而候选索引不能

D）主索引和候选索引是相同的概念

24. 在创建数据库表结构时，给该表指定了主索引，这属于数据完整性中的（　　　）。

A）参照完整性　　　B）实体完整性　　　C）域完整性　　　D）用户定义完整性

25. 用命令"INDEX on 姓名 TAG index_name "建立索引，其索引类型是（　　　）。

A）主索引　　　　B）候选索引　　　　C）普通索引　　　　D）唯一索引

26. 执行命令"INDEX on 姓名 TAG index_name "建立索引后，下列叙述错误的是（　　　）。

A）此命令建立的索引是当前有效索引

B）此命令所建立的索引将保存在.idx 文件中

C）表中记录按索引表达式升序排序

D）此命令的索引表达式是"姓名"，索引名是"index_name"

27. 不论索引是否生效，定位到相同记录上的命令是（　　　）。

A）GO TOP　　　B）GO BOTTOM　　　C）GO 6　　　D）SKIP

28. 打开表并设置当前有效索引（相关索引已建立）的正确命令是（　　　）。

A）ORDER student IN 2 INDEX 学号　　　B）USE student IN 2 ORDER 学号

C）INDEX 学号 ORDER student　　　D）USE student IN 2

29．有一学生表文件，且通过表设计器已经为该表建立了若干普通索引，其中一个索引的索引表达式为姓名字段，索引名为 XM。现假设学生表已经打开，且处于当前工作区中，那么可以将上述索引设置为当前索引的命令是（　　　）。

　　A）SET INDEX TO 姓名　　　　　　B）SET INDEX TO XM
　　C）SET ORDER TO 姓名　　　　　　D）SET ORDER TO XM

30．要控制两个表中数据的完整性和一致性可以设置"参照完整性"，要求这两个表（　　　）。

　　A）是同一个数据库中的两个表　　　B）不同数据库中的两个表
　　C）两个自由表　　　　　　　　　　D）一个是数据库表另一个是自由表

31．设有两个数据库表，父表和子表之间是一对多的联系，为控制子表和父表的关联，可以设置"参照完整性规则"，为此要求这两个表（　　　）。

　　A）在父表连接字段上建立普通索引，在子表连续字段上建立主索引
　　B）在父表连接字段上建立主索引，在子表连续字段上建立普通索引
　　C）在父表连接字段上不需要建立任何索引，在子表连接字段上建立普通索引
　　D）在父表和子表的连接字段上都要建立主索引

32．Visual FoxPro 参照完整性规则不包括（　　　）。

　　A）更新规则　　　B）查询规则　　　C）删除规则　　　D）插入规则

33．在 Visual FoxPro 中进行参照完整性设置时，要想设置成：当更改父表中的主关键字段或候选关键字段时，自动更改所有相关子表记录中的对应值。应选择（　　　）。

　　A）限制（Restrict）　　　　　　　　B）忽略（Ignore）
　　C）级联（Cascade）　　　　　　　　D）级联（Cascade）或限制（Restrict）

34．有关参照完整性的删除规定，正确的描述是（　　　）。

　　A）如果删除规则选择的是"限制"，则当用户删除父表中的记录时，系统将自动删除子表中的所有相关记录
　　B）如果删除规则选择的是"级联"，则当用户删除父表中的记录时，系统将禁止删除子表相关的父表中的记录
　　C）如果删除规则选择的是"忽略"，则当用户删除父表中的记录时，系统不负责做任何工作
　　D）上面 3 种说法都不对

35．Visual FoxPro 的"参照完整性"中"插入规则"包括的选择是（　　　）。

　　A）级联和忽略　　　B）级联和删除　　　C）级联和限制　　　D）限制和忽略

36．命令 SELECT 0 的功能是（　　　）。

　　A）选择编号最小的空闲工作区　　　B）选择编号最大的空闲工作区
　　C）随机选择一个工作区的区号　　　D）无此工作区，命令错误

37．执行下列一组命令之后，选择"职工"表所在工作区的错误命令是（　　　）。

```
CLOSE ALL
USE 仓库 IN 0
USE 职工 IN 0
```

　　A）SELECT 职工　　　　　　　　　B）SELECT 0
　　C）SELECT 2　　　　　　　　　　　D）SELECT B

38．在 Visual FoxPro 的数据工作期窗口，使用 SET RELATION 命令可以建立两个表之间的关联，这种关联是（　　　）。

　　A）永久性关联　　　　　　　　　B）永久性关联或临时性关联

　　C）临时性关联　　　　　　　　　D）永久性关联和临时性关联

39．两表之间"临时性"联系称为关联，在两个表之间的关联已经建立的情况下，有关"关联"的正确叙述是（　　　）。

　　A）建立关联的两个表一定在同一个数据库中

　　B）两表之间"临时性"联系是建立在两表之间"永久性"联系基础之上的

　　C）当父表记录指针移动时，子表记录指针按一定的规则跟随移动

　　D）当关闭父表时，子表自动被关闭

40．下面有关表间永久联系和关联的描述中，正确的是（　　　）。

　　A）永久联系中的父表一定有索引，关联中的父表不需要有索引

　　B）无论是永久联系还是关联，子表一定有索引

　　C）永久联系中子表的记录指针会随父表的记录指针的移动而移动

　　D）关联中父表的记录指针会随子表的记录指针的移动而移动

二、填空题

1．数据库文件的扩展名是_____，数据库表文件的扩展名是_____，自由表的扩展名是_____。

2．打开数据库设计器的命令是_____。

3．在 Visual FoxPro 中，相当于主关键字的索引是_____。

4．实体完整性约束要求关系数据库中元组的_____属性值不能为空。

5．Visual Foxpro 索引文件不改变表中记录的_____顺序。

三、思考题

1．比较数据库和数据表两种不同类型的文件。

2．比较数据库表和自由表的异同。

3．列举 4 种索引的特点。

4．列举 3 种数据完整性的含义及实现的方法。

5．简述临时关联和永久性联系的功能及建立方法。

四、实践题

（一）建立数据库和数据表。

1．在 D 盘建立 data 文件夹，设置为默认文件夹。

2．建立项目文件"教务管理"。

3．在项目文件中建立数据库"成绩管理"。

4．在数据库中建立数据表和"学生"、"成绩"和"课程"，数据如图 3.95 所示，请根据数据的值正确地设置字段的类型和字段宽度。

5．在数据表中输入如图 3.95 数据。

6．输入王刚同学的简历为"2013 年获得国家奖学金，2014 年加入中国共产党。"。

7．将王刚的照片插入照片字段。

8．在数据表"课程"中添加一条数据纪录"0305 高级 office　3　.f."。

9．在数据表"课程"中对数据记录"网页设计"打删除标记，并彻底删除该数据。

10．对学生数据表的性别字段设置默认为男性，政治面貌字段设置默认为群众。

对课程数据表的必修课字段设置：默认为必修课。

11．对成绩数据表的成绩字段设置有效性规则：只能输入 0～100 之间的数值。

对学生数据表的性别字段设置有效性规则：只能输入男或女。

12．对学生数据表的政治面貌字段设置格式符和输入掩码，实现在输入数据时，通过按空格键可切换群众、团员和党员 3 种值。

13．对学生数据表的性别字段前面插入手机字段，设置其格式符和输入掩码，使该字段显示为三位数字-三位数字-四位数字，例 188-7477-8907 的形式。

14．对课程数据表设置记录有效性规则：必修课的学分不低于 2 分。

图 3.95　成绩管理数据库的学生、课程和成绩数据表

（二）使用 VFP 命令实现以下功能。

1．以独占方式打开学生数据表。

2．显示在 1994 年出生的女性学生的姓名和出生年月。

3．将记录指针移到第 5 条记录，显示该记录。

4．将记录指针往后移动两条记录，显示当前记录。

5．将记录指针移到文件尾，使用函数测试记录指针是否指向文件尾，查看记录号。

6．查找姓何的学生，显示找到的记录，继续查找并显示记录。

7．新增一条空白记录，用命令将其学号设为 201221120132，姓名设为张三。

8．逻辑删除籍贯为河北的记录，清除这些记录。

9．打开浏览窗口，只显示男同学的学号、姓名、出生年月字段，让光标冻结在姓名字段上。

（提示：直接用 BROWSE 命令）

10．打开表设计器。

在政治面貌后面增加一个捐款字段，整型（该操作不用命令实现）。

11．用命令将所有党员的捐款设置为 10，团员的捐款设置为 5，群众的捐款设置为 0。

12．统计党员、团员和群众的人数，将结果存储到变量中，并显示变量的值。

13．统计并显示捐款的总金额。

14．对数据表设置筛选条件为学号前十位为 2012211201，筛选字段为学号、姓名、性别，打开浏览窗口。

15．取消筛选条件，将筛选字段设为所有字段，再打开浏览窗口。

16．将学生表中所有女学生的信息复制为 D 盘的 Excel 文件女学生。

17．将学生表中所有男学生的学号、姓名、出生年月的信息复制为 D 盘的文本文件男学生。

18．将 student 数据表的学生信息的学号、姓名字段的值追加到学生表中。

19．使用 scatter to 和 gather from 命令将学生"赵亚雄"的信息复制到 student 表中。

（三）建立与使用索引。

对各个数据表按要求建立索引，并按这些索引查看数据排列的结果。

● 在学生数据表以学号为表达式建立主索引。

● 在学生数据表建立索引，要求按出生年月从晚到早排列。

● 在学生数据表建立索引，要求首先按性别排列，性别相同的按年龄从大到小排列。

● 在学生数据表以政治面貌为表达式建立唯一索引。

● 在学生数据表建立索引，要求将女生按年龄从大到小排列。

● 在课程数据表以课程编号为表达式建立主索引。

● 在课程数据表建立索引，将课程数据表的必修课按学分从高到低排列。

● 以 INDEX 命令方式在成绩数据表建立索引：以学号为表达式建立普通索引，以课程编号为表达式建立普通索引。

● 以 INDEX 命令方式在成绩表建立索引，将同一课程的 80 分以上的成绩按从高到低的顺序排列。

（四）多工作区与临时性关联。

1．在 2 个工作区分别打开成绩和学生数据表并建立临时关联，浏览显示选课时间、课程编号、学号、姓名和成绩。

2．使用命令方式执行以下操作：在新的工作区打开课程数据表，在成绩和课程数据表建立临时关联，浏览显示选课时间、课程编号、课程名称、学号、姓名和成绩。

（五）永久性关联和设置参照完整性。

1．在学生、课程和成绩数据表之间建立永久性关联。

2．设置学生和成绩的参照完整性：更新规则为"级联"，删除规则为"级联"，插入规则为"限制"。

设置课程和成绩的参照完整性：更新规则为"限制"，删除规则为"限制"，插入规则为"限制"。

3．在数据表的浏览窗口，验证参照完整性规则。

（六）自由表与数据库表。

1．建立自由表班级，表结构如下（班级编号 C(10)，班级名称 C(10)，所属学院 C(2)，班主任 C(2)，联系电话 C(11)，班长 C(12)）。

2．将班级数据表添加到数据库成绩管理中。

第4章
结构化查询语言

结构化查询语言（Structured Query Language，SQL）是关系数据库的标准查询语言，具有功能丰富、使用灵活、语言简洁等特点。本章将从数据查询、数据操纵和数据定义3个方面介绍 Visual FoxPro 所支持的 SQL。

4.1　SQL 概述

4.1.1　SQL 的发展

1974 年，IBM 公司的 Boyce 和 Chamberlin 将关系数据库的 12 条准则的数学定义以简单的关键字语法表现出来，里程碑式地提出了 SQL。1979 年，IBM 公司研制的关系数据库管理系统 System R 中实现了这种语言。由于 SQL 的众多优点，各数据库厂家纷纷推出包含 SQL 的数据库管理软件。1986 年 10 月，美国国家标准局（American National Standard Institute，ANSI）的数据库委员会批准了 SQL 作为关系数据库语言的美国标准。1987 年国际标准化组织（International Organization for Standardization，ISO）也通过了这一标准。此后，ANSI 不断修改和完善 SQL 标准，分别于 1989 年公布了 SQL-89 标准，1992 年公布了 SQL-92 标准。1999 年，ANSI 和 ISO 合作发布了 SQL-99 标准。经过多年的发展，SQL 已成为关系数据库的标准语言。

4.1.2　SQL 的特点

SQL 具有以下特点。

1．综合统一

SQL 集数据定义、数据操纵、数据查询、数据控制的功能于一体，语言风格统一，可以独立完成数据库生命周期中的全部活动。

数据定义用于对基本表、视图及索引文件的定义、修改、删除等操作。

数据操纵用于对数据库中的数据进行插入、删除、修改等数据维护操作。

数据查询用于对数据进行查询、统计、分组、排序等操作。

数据控制用于实现对基本表和视图的授权、事务控制等操作。由于 Visual FoxPro 在安全控制方面的缺陷，它没有提供数据控制的功能。

2. 高度非过程化

用户只需用 SQL 语句描述"做什么"，而不必指明"怎么做"。系统会根据 SQL 语句自动完成操作。用户不必了解数据的存储格式、存取路径和 SQL 命令的内部执行过程，大大减轻了用户的负担，有利于提高数据独立性。

3. 语言简洁，易学易用

虽然 SQL 功能很强，但完成核心功能只用了下列 9 条命令。

- 数据定义：CREATE, DROP, ALTER。
- 数据操纵：INSERT, UPDATE, DELETE。
- 数据查询：SELECT。
- 数据控制：GRANT, REVOKE。

另外，SQL 语法简单，接近于英语，容易学习。

4. 两种使用方式

SQL 既能以交互式命令方式执行，也能嵌入高级语言的程序中使用。在两种不同的使用方式下，SQL 的语法结构基本一致。

4.2 数 据 查 询

4.2.1 SELECT 命令的基本格式

SQL 的查询命令也称做 SELECT 命令，该命令的基本格式如下：

```
SELECT<查询项>FROM<数据表>WHERE<条件>
GROUP BY<分组表达式>HAVING<分组条件>
ORDER BY<排序项>INTO<目的地>
```

命令中各短语的含义如下。

① SELECT<查询项>：说明在查询结果中输出的内容，通常是字段或与字段相关的表达式，多个查询项之间可用逗号隔开。

② FROM<数据表>：说明要查询的数据来自哪个表或哪些表。SQL 可对单个表或多个表进行查询，多个表之间要用逗号隔开。

③ WHERE<条件>：说明查询的条件，SQL 只查询数据表中符合指定条件的数据。

④ GROUP BY<分组表达式>：用于对查询结果进行分组。

⑤ HAVING<分组条件>：用来限定分组必须满足的条件。

⑥ ORDER BY<排序项>：用于对查询的结果进行排序。

⑦ INTO<目的地>：指定查询结果输出的目的地，可以是数据表、临时表和数组。缺省本项时，输出到浏览窗口。

SQL 命令还包括许多其他短语，格式较为复杂。下面以图书管理数据库的图书、读者、借阅数据表（见图 4.1）为范例，通过大量的实例来介绍 SELECT 命令的使用。

借阅

读者证号	条形码	借阅日期	还书日期
001	P0000001	2008/01/02	2008/03/01
001	P0000002	2008/01/02	2008/03/01
001	P0000003	2008/01/02	/ /
002	P0000001	2008/02/05	/ /
002	P0000008	2008/02/25	2008/03/05
001	P0000004	2008/03/01	2008/04/05
002	P0000009	2008/03/05	/ /
006	P0000002	2008/03/05	2008/03/25
006	P0000010	2008/03/10	2008/03/25
005	P0000011	2008/03/10	2008/03/25
005	P0000012	2008/03/25	2008/04/10
006	P0000015	2008/03/25	2008/04/06
006	P0000016	2008/03/25	2008/04/06
006	P0000017	2008/03/25	/ /
001	P0000010	2008/04/05	/ /
001	P0000011	2008/04/05	/ /
005	P0000002	2008/04/10	/ /
005	P0000008	2008/04/10	/ /
006	P0000013	2008/04/10	/ /

读者

读者证号	姓名	性别	身份	电话号码
001	王颖姗	女	工作人员	132-0251-5678
002	扬瑞	女	工作人员	133-4582-7841
003	戴秀云	女	教研人员	882-3221-
004	黄源玲	女	教研人员	882-1245-
005	孙建平	男	研究生	135-0731-7845
006	孙思旺	男	研究生	867-7473-
007	李琼琼	女	研究生	133-3645-7894
008	施甸文	男	研究生	882-4512-
009	向振湘	女	研究生	135-0731-4510
010	潘泽泉	男	研究生	136-0731-4510

图书

条形码	书名	分类号	作者	出版社	出版年月	售价	典藏时间	典藏类别	在库	币种	捐赠人	简介	封面
P0000001	李白全集	44.3532/LB	(唐)李白	上海古籍出版社	1997/08/01	¥19.0	1999/09/23	精装	F	人民币		Memo	Gen
P0000002	杜甫全集	44.3532/DF	(唐)杜甫	上海古籍出版社	1997/08/01	¥21.0	1999/09/23	精装	F	人民币		memo	Gen
P0000003	王安石全集	44.3541/WAS	(宋)王安石	上海古籍出版社	1999/08/01	¥35.0	1999/09/23	平装	F	人民币		memo	Gen
P0000004	龚自珍全集	13.711/GZZ	(清)龚自珍	上海古籍出版社	1999/06/01	¥33.6	1999/09/23	平装	T	人民币		memo	gen
P0000005	清稗类钞第一册	22.146/XK1	徐珂	中华书局	1984/10/05	¥2.0	2000/02/21	线装	T	人民币		memo	gen
P0000006	清稗类钞第二册	22.146/XK1	徐珂	中华书局	1986/03/01	¥3.2	2000/02/21	线装	T	人民币	邓力群	memo	gen
P0000007	清稗类钞第三册	22.146/XK1	徐珂	中华书局	1986/03/01	¥3.4	2000/02/21	线装	T	人民币	邓力群	memo	gen
P0000008	游圆惊梦二十年	44.568/BXY	白先勇	迪志文化编辑部	1989/09/01	¥2.0	2000/12/30	精装	F	港币	李泽厚	memo	gen
P0000009	新亚遗论	20.8/QM	钱穆	东大图书	1989/09/01	¥228.0	2000/12/30	平装	T	港币	李泽厚	memo	gen
P0000010	岳麓书院	38.2001/JT	江堤 彭爱学	湖南文艺	1995/12/01	¥13.8	2002/09/13	平装	T	人民币		memo	gen
P0000011	中国历史研究法	20.18/QM.K207-53	钱穆	三联书店	2001/06/01	¥11.5	2002/09/13	平装	F	人民币		memo	gen
P0000012	中国近三百年学术史(上册)	20/QM	钱穆	中华书局	1986/05/01	¥9.2	2002/09/13	平装	T	人民币		memo	gen
P0000013	中国近三百年学术史(下册)	20/QM	钱穆	中华书局	1986/05/01	¥9.2	2002/09/13	平装	T	人民币		memo	gen
P0000014	庄老通辨	13.133/QM	钱穆	东大图书	1999/12/01	¥6.8	2002/09/13	平装	T	台币		memo	gen
P0000015	旷代逸才-杨度(上册)	44.5/THM	唐浩明	湖南文艺	1996/04/01	¥19.0	2002/09/13	精装	T	人民币		memo	gen
P0000016	旷代逸才-杨度(中册)	44.5/THM	唐浩明	湖南文艺	1996/04/01	¥20.0	2002/09/13	精装	T	人民币		memo	gen
P0000017	旷代逸才-杨度(下册)	44.5/THM	唐浩明	湖南文艺	1996/04/01	¥18.4	2002/09/13	精装	T	人民币		memo	gen
P0000018	宋诗纵横	44.344/ZRK	赵仁圭	中华书局	1994/08/01	¥9.8	2002/09/13	线装	T	人民币		memo	gen
P0000019	诗经原始上册	44.31/FYY1	(清)方玉润	中华书局	1986/05/01	¥4.3	2003/06/04	平装	T	人民币	邓力群	memo	gen
P0000020	诗经原始下册	44.31/FYY2	(清)方玉润	中华书局	1986/05/01	¥4.3	2003/06/04	平装	T	人民币	邓力群	memo	gen

图 4.1　图书、读者、借阅数据表

4.2.2　简单查询

本节中的查询数据都来源于一个表——图书表，使用 SELECT、FROM、WHERE 关键字作一些简单的查询。

1. 查询表中部分字段

例 4.1　查询图书表中所有图书的书名、出版社。

`SELECT 书名，出版社 FROM 图书` &&结果如图 4.2 所示

2. 使用 DISTINCT 短语

例 4.2　查询图书表中出版社的种类。

`SELECT DISTINCT 出版社 FROM 图书` &&结果如图 4.3 所示

注意　　DISTINCT 短语的作用是去掉查询结果的重复值。

3. 查询表中所有字段

例 4.3　查询图书表中所有字段。

`SELECT * FROM 图书`

"*"是通配符，表示所有字段。

4. 查询满足条件的数据

例 4.4　查询钱穆所著的在库的图书的条形码和书名。

```
SELECT  条形码，书名  FROM  图书  WHERE  作者='钱穆'AND 在库=.T.
```

结果如图 4.4 所示

图 4.2　例 4.1 查询结果　　　　图 4.3　例 4.2 查询结果　　　　图 4.4　例 4.4 查询结果

　　　　WHERE 短语用来指定查询条件，查询条件是逻辑表达式。

4.2.3　特殊运算符

在 SQL 命令中用 WHERE 指定查询条件时，可以在条件中使用几个特殊运算符。

1. BETWEEN AND

例 4.5　查询图书表中售价大于等于 10 元并且小于等于 20 元的图书的书名和售价。

```
SELECT  书名，售价  FROM  图书  WHERE 售价 BETWEEN 10 AND 20
&&结果如图 4.5 所示
&&本例的条件等价为：WHERE 售价>=10 AND 售价<=20
```

　　　　BETWEEN ＜表达式 1＞AND＜表达式 2＞运算意为在＜表达式 1＞和＜表达式 2＞之间，即大于等于＜表达式 1＞，并且小于等于＜表达式 2＞。

2. IN

例 4.6　查询图书表中 1999 年和 2003 年典藏的图书的书名和典藏时间。

```
SELECT  书名，典藏时间 FROM 图书 WHERE YEAR(典藏时间) IN (1999,2003)
&&结果如图 4.6 所示
&&本例的条件等价为：WHERE YEAR(典藏时间)=1999 OR YEAR(典藏时间)=2003
&&也可以采用：WHERE 典藏时间  between {^1999/1/1} and {^1999/12/31};
 or  典藏时间  between {^2003/1/1} and {^2003/12/31}
```

IN 运算符后面接一个集合，集合形式为（元素 1，元素 2，元素 3…），元素可以是数值、字符、日期和逻辑型表达式。该运算意为属于集合，即等于集合中任一元素。

书名	售价
李白全集	19.0
岳麓书院	13.8
中国历史研究法	11.5
旷代逸才-杨度（上册）	19.0
旷代逸才-杨度（中册）	20.0
旷代逸才-杨度（下册）	18.4

图 4.5 例 4.5 查询结果

书名	典藏时间
李白全集	09/23/99
杜甫全集	09/23/99
王安石全集	09/23/99
龚自珍全集	09/23/99
诗经原始上册	06/04/03
诗经原始下册	06/04/03

图 4.6 例 4.6 查询结果

3. NOT

例 4.7 查询图书表中售价不在 10 元到 20 元之间的图书的书名和售价。

SELECT 书名，售价 **FROM** 图书 **WHERE** 售价 **NOT BETWEEN** 10 **AND** 20
&&结果如图 4.7 所示
&&本例的条件等价为：**WHERE** 售价<10 **OR** 售价>20

NOT 运算符意为不满足后面的条件。可以在 NOT 后面接逻辑表达式，也可用于 NOT IN 和 NOT BETWEEN AND。

4. LIKE

例 4.8 查询图书表中书名以"诗"开始的图书的书名和作者。

SELECT 书名，作者 **FROM** 图书 **WHERE** 书名 **LIKE** "诗%"
&&结果如图 4.8 所示
&&本例的条件等价为：**LEFT**(书名,2)="诗"

书名	售价
杜甫全集	21.0
王安石全集	35.0
龚自珍全集	33.6
清稗类钞第一册	2.0
清稗类钞第二册	3.2
清稗类钞第三册	3.4
游园惊梦二十年	128.0
新亚遗译	228.0
中国近三百年学术史（上册）	9.2
中国近三百年学术史（下册）	9.2
庄老通辨	6.8
宋诗纵横	9.8
诗经原始上册	4.3
诗经原始下册	4.3

图 4.7 例 4.7 查询结果

书名	作者
诗经原始上册	(清)方玉润
诗经原始下册	(清)方玉润

图 4.8 例 4.8 查询结果

LIKE 是字符串匹配运算符，后面接一个带有通配符的字符串。其中，通配符"%"表示 0 个或多个字符，通配符"_"(下画线)表示一个字符。

例如，如果要查询书名中第 2 个字为诗的图书，条件应设为：书名 LIKE"_诗%"
条件也可以等价为：WHERE SUBSTR (书名,3,2)="诗"

4.2.4 统计查询

SELECT 命令不仅具有一般的检索能力，同时还支持对查询结果进行统计，如检索读者的人数、图书的平均售价等。用于统计的函数如表 4.1 所示。

表 4.1 统计函数

函 数 名	功 能
SUM	计算数值列的和
AVG	计算数值列的平均值
MAX	计算列（数值、日期、字符）的最大值
MIN	计算列（数值、日期、字符）的最小值
COUNT	计算查询结果的数目

例 4.9 查询图书表中线装书的数目。

```
SELECT COUNT(*) FROM 图书 WHERE 典藏类别="线装"
&&统计结果如图 4.9 所示
&&如果要查询所有图书的数目，执行 SELECT COUNT(*) FROM 图书
```

 COUNT(*)是 COUNT()函数的一种特殊形式，用来统计查询结果的记录数。

例 4.10 查询图书表中有多少家出版社。

```
SELECT COUNT（DISTINCT 出版社）FROM 图书
&&统计结果如图 4.10 所示
```

若使用 COUNT(出版社)，将统计出版社的数目。因为相同的出版社会重复计数，统计结果为 20。而 COUNT(DISTINCT 出版社) 对重复的出版社只计数一次，因此统计结果为 6。

例 4.11 查询图书表中书的最高售价、最低售价和平均售价。

```
SELE MAX(售价) AS 最高价,MIN(售价) AS 最低价,AVG(售价) AS 平均价 FROM 图书
&&统计结果如图 4.11 所示
```

图 4.9 例 4.9 查询结果　　　图 4.10 例 4.10 查询结果　　　图 4.11 例 4.11 查询结果

 AS 的作用是在查询结果中将指定列命名为一个新的名称。

4.2.5 分组查询

在 SELECT 命令中，利用 GROUP BY 子句可以进行分组查询。分组查询是将数据按某个字段进行分组，字段值相同的被分为一组，输出为一条数据。在分组查询中使用 HAVING 短语，还可进一步限定分组的条件。

例 4.12 查询图书表中每种典藏类别的图书数目。

```
SELECT 典藏类别，COUNT(*) FROM 图书 GROUP BY 典藏类别
&&统计结果如图 4.13 所示。根据图书的精装、平装和线装 3 种典藏类别，分为 3 组
```

分组查询的过程如图 4.12 所示，在执行查询时，系统将分组字段值相同的记录分为一组，每

组在统计结果中对应产生一条数据，COUNT(*)为每组的记录数目，即每种类别的图书数目。

条形码	书名	典藏类别	分类号	作者	出版社
P0000001	李白全集	精装	44.3F30.7/	(唐)李白	上海古籍出版社
P0000002	杜甫全集	精装	44.3 典藏类别的值为精装的有五条记录	社
P0000015	旷代逸才-杨度(上册)	精装	44.5.		
P0000016	旷代逸才-杨度(中册)	精装	44.5/THM	唐浩明	湖南文艺
P0000017	旷代逸才-杨度(下册)	精装	44.5/THM	唐浩明	湖南文艺
P0000003	王安石全集	平装	44.3541/WAS	(宋)王安石	上海古籍出版社
P0000004	龚自珍全集	平装	13.711/GZZ	(清)龚自珍	上海古籍出版社
P0000008	游园惊梦二十年	平装	44.568/BXY	白先勇	迪志文化编辑部
P0000009	新亚遗铎	平装	20.8/QM	钱穆	东大图书
P0000010	岳麓书院	平装	38.2 典藏类别的值为平装的有十一条记录	
P0000011	中国历史研究法	平装	22.18		
P0000012	中国近三百年学术史(上册)	平装	20/QM	钱穆	中华书局
P0000013	中国近三百年学术史(下册)	平装	20/QM	钱穆	中华书局
P0000014	庄老通辨	平装	13.133/QM	钱穆	东大图书
P0000019	诗经原始上册	平装	44.31/FYY1	(清)方玉润	中华书局
P0000020	诗经原始下册	平装	44.31/FYY2	(清)方玉润	中华书局
P0000005	清稗类钞第一册	线装	22.146/XK1	徐珂	中华书局
P0000006	清稗类钞第二册	线装	22.1 典藏类别的值为线装的有四条记录	
P0000007	清稗类钞第三册	线装	22.14/XX1		
P0000018	宋诗纵横	线装	44.344/ZRK	赵仁圭	中华书局

图 4.12　例 4.12 根据典藏类别分组查询

典藏类别	Cnt
精装	5
平装	11
线装	4

图 4.13　例 4.12 查询结果

例 4.13　查询图书表中各出版社的图书的最高价、最低价和平均价格。

> **SELE** 出版社,**MAX**(售价) **AS** 最高价,**MIN**(售价) **AS** 最低价,**AVG**(售价) **AS** 平均价 **FROM** 图书 **GROUP BY** 出版社
>
> &&统计结果如图 4.15 所示。根据图书的 6 家出版社，分为 6 组，统计每组售价的最大值、最小值和平均值

分组查询的过程如图 4.14 所示，系统将出版社相同的记录分为一组。有些出版社只有一本图书，则该组只有一条记录。每组在统计结果中对应产生一条数据，如图 4.15 所示。

条形码	书名	出版社	售价
P0000008	游园惊梦二十年	迪志文化编辑部	128.0
P0000009	新亚遗铎	东大图书	228.0
P0000014	庄老通辨	东大图书	6.8
P0000010	岳麓书院	湖南文艺	13.8
P0000015	旷代逸才-杨度(上册)	湖南文艺	19.0
P0000016	旷代逸才-杨度(中册)	湖南文艺	20.0
P0000017	旷代逸才-杨度(下册)	湖南文艺	18.4
P0000011	中国历史研究法	三联书店	11.5
P0000001	李白全集	上海古籍出版社	19.0
P0000002	杜甫全集	上海古籍出版社	21.0
P0000003	王安石全集	上海古籍出版社	35.0
P0000004	龚自珍全集	上海古籍出版社	33.6
P0000005	清稗类钞第一册	中华书局	2.0
P0000006	清稗类钞第二册	中华书局	3.2
P0000007	清稗类钞第三册	中华书局	3.4
P0000012	中国近三百年学术史(上册)	中华书局	9.2
P0000013	中国近三百年学术史(下册)	中华书局	9.2
P0000018	宋诗纵横	中华书局	9.8
P0000019	诗经原始上册	中华书局	4.3
P0000020	诗经原始下册	中华书局	4.3

图 4.14　例 4.13 根据出版社分组查询

出版社	最高价	最低价	平均价
迪志文化编辑部	128.0	128.0	128.00
东大图书	228.0	6.8	117.40
湖南文艺	20.0	13.8	17.80
三联书店	11.5	11.5	11.50
上海古籍出版社	35.0	19.0	27.15
中华书局	9.8	2.0	5.68

图 4.15　例 4.13 查询结果

例 4.14　查询图书表中每年入藏的图书数目。

> **SELECT YEAR**（典藏时间）**AS** 入藏年份，**COUNT**(*) **FROM** 图书 **GROUP BY** 入藏年份
>
> &&统计结果如图 4.17 所示

分组查询的过程如图 4.16 所示，系统将入藏年份相同的记录分为一组。因为 GROUP BY 短语后面只能用列名，不能用表达式。所以，当要分组的列不是字段，而是表达式时，如本例中的"YEAR（典藏时间）"。需要在 SELECT 中使用 AS 对表达式命名，如本例中"AS 入藏年份"，然后在 GROUP BY 短语后使用列名"入藏年份"。也可以用表达式在列中的序号，如本例中可用 GROUP BY 1。

注意　GROUP BY 短语后面只能用列名或序号，不能用表达式。

图 4.16　例 4.13 根据入藏年份分组查询　　　　　图 4.17　例 4.14 查询结果

例 4.15　查询图书表中有哪些年份入藏图书的数目在 5 本及以上。

```
SELECT YEAR（典藏时间）AS 入藏年份，COUNT(*) AS 数目 FROM 图书；
GROUP BY 1 HAVING 数目>=5
&&统计结果如图 4.18 所示。
```

 当需要对分组的结果限定条件时，应使用 HAVING 短语限定条件。HAVING 短语必须与 GROUP BY 短语一起使用，不能单独使用。

此外，当 Visual FoxPro 命令较长时，可使用分号（；）作为续行符号，将一条命令写为多行。

例 4.16　查询图书表中有哪些年份入藏的平装书数目在 5 本及以上。

```
SELECT YEAR（典藏时间）AS 入藏年份，COUNT(*) AS 数目 FROM 图书；
GROUP BY 1 HAVING 数目>=5 WHERE 典藏类别='平装书'
&&统计结果如图 4.19 所示
```

图 4.18　例 4.15 查询结果　　　　　图 4.19　例 4.16 查询结果

 HAVING 短语与 WHERE 短语可同时使用。其中，WHERE 短语是对分组前的记录限定条件，HAVING 短语是对分组后的结果限定条件。

例如，本例中用 WHERE 典藏类别='平装书'指定分组前的条件，则只有平装书才进行分组，如图 4.20 所示；分组的结果如图 4.21 所示；再在其中查询数目在 5 本及以上的分组，用 HAVING 数目>=5 指定分组后的条件，查询结果如图 4.19 所示。

图 4.20　符合条件的数据根据入藏年份分组　　　　　图 4.21　分组结果

4.2.6 排序查询

在 SELECT 语句中，可以使用 ORDER BY 短语对查询结果排序。

例 4.17 查询图书表中图书的书名、出版社和出版年月。要求出版社相同的图书排列在一起，出版社相同的再按出版日期从晚到早排列。

> SELECT 书名, 出版社, 出版年月 FROM 图书 ORDER BY 出版社, 出版年月 DESC
> &&统计结果如图 4.22 所示。

 ORDER BY 短语后可接多列的名称。表示首先按第 1 列的顺序排列，第 1 列值相同的数据再按第 2 列的顺序排列，依此类推。可以在列名后使用 ASC 短语，表示按升序排列；使用 DESC 短语，表示按降序排列。未指明排序方式时，默认按升序排列。

例 4.18 查询图书表中各出版社的图书数目，要求按数目从低到高的顺序排列数据。

> SELECT 出版社, COUNT(*) AS 数目 FROM 图书 GROUP BY 出版社 ORDER BY 数目
> &&统计结果如图 4.23 所示，也可在 ORDER BY 短语后面直接使用列号，如本例中也可使用 ORDER BY 2

 ORDER BY 短语后不能接表达式，只能接列名或列号。若要排序的列是表达式，可在 SELECT 中使用 AS 对表达式命名，再在 ORDER BY 短语后面使用列名。

例 4.19 查询图书表中售价最高的 3 本书的书名和售价。

> SELECT TOP 3 书名, 售价 FROM 图书 ORDER BY 售价 DESC
> &&统计结果如图 4.24 所示
> &&若本题改为显示售价前 30%的记录，则 SQL 语句为 SELECT TOP 30 PERCENT 书名, 售价 FROM 图书 ORDER BY 售价 DESC，显示结果为售价最高的 6 本书。

图 4.22　例 4.17 查询结果　　　图 4.23　例 4.18 查询结果　　　图 4.24　例 4.19 查询结果

 在使用 ORDER 短语排序时，在 SELECT 后可使用 TOP <整数>指定显示前面的整数条记录。若要求显示前面的百分之几的记录，则可使用 TOP <实数> PERCENT。

4.2.7 简单连接查询

以上的例子都是针对一个数据表的查询。在实际应用中，查询经常会涉及几个数据表。基于多个相关联的数据表进行的查询称为连接查询。

对于连接查询，在 FROM 短语后多个数据表的名称之间用逗号隔开，在 WHERE 短语中须指定数据表之间进行连接的条件。

例 4.20　依据读者表和借阅表，查询各位读者的读者证号、姓名、电话号码、所借图书的条形码和借阅日期、还书日期。

> SELECT 读者.读者证号,姓名,电话号码,条形码,借阅日期,还书日期 FROM 读者,借阅;
> WHERE 读者.读者证号=借阅.读者证号
> &&统计结果如图 4.25 所示
> &&对于连接查询，WHERE 短语中须指定数据表之间进行连接的条件。
> &&若未指定连接条件，执行 **SELECT 读者.读者证号,姓名,电话号码,条形码,借阅日期,还书日期 FROM 读者,借阅**，则将读者表的每条数据和借阅表的每条数据连接，查询结果有 200 条数据。

读者证号	姓名	电话号码	条形码	借阅日期	还书日期
001	王颖珊	13202455678	P0000001	01/02/08	03/01/08
001	王颖珊	13202455678	P0000002	01/02/08	03/01/08
001	王颖珊	13202455678	P0000003	01/02/08	/ /
002	杨瑞	13345627841	P0000001	02/05/08	/ /
002	杨瑞	13345627841	P0000002	02/25/08	03/05/08
002	杨瑞	13345627841	P0000008	02/25/08	03/05/08
002	杨瑞	13345627841	P0000004	03/01/08	04/05/08
002	杨瑞	13345627841	P0000009	03/05/08	/ /
006	孙思旺	8677473	P0000009	03/10/08	03/25/08
006	孙思旺	8677473	P0000010	03/10/08	03/25/08
005	孙建平	13507317845	P0000011	03/25/08	04/10/08
005	孙建平	13507317845	P0000012	03/25/08	04/10/08
006	孙思旺	8677473	P0000015	03/25/08	04/06/08
006	孙思旺	8677473	P0000016	03/25/08	04/06/08
006	孙思旺	8677473	P0000017	03/25/08	/ /
001	王颖珊	13202455678	P0000010	04/05/08	/ /
001	王颖珊	13202455678	P0000011	04/05/08	/ /
005	孙建平	13507317845	P0000002	04/10/08	/ /
005	孙建平	13507317845	P0000008	04/10/08	/ /
006	孙思旺	8677473	P0000013	04/10/08	/ /

图 4.25　例 4.20 查询结果

对于连接查询，连接条件通常是两个数据表的公共字段的值相同。

　　在连接查询中引用两个表的公共字段时，必须在字段前添加表名作为前缀，否则系统会提示出错。例如，本例中的读者证号字段是两个表中共有的字段，引用时必须用前缀限定其所属的表。对于只在一个数据表中出现的字段，如电话号码、条形码、借阅日期，则无须指定前缀。

　　例 4.21　依据读者表和借阅表、图书表，查询各位读者的读者证号、姓名、电话号码、未归还图书的条形码、书名和借阅日期。按读者证号的升序排列。提示：在借阅表中，还书日期为空即说明图书未归还。

> SELECT 读者.读者证号,姓名,图书.条形码,书名,借阅日期 FROM 读者,借阅,图书;
> WHERE EMPTY(还书日期) AND 读者.读者证号=借阅.读者证号 AND 图书.条形码=借阅.条形码;
> ORDER BY 读者.读者证号
> &&统计结果如图 4.26 所示
> &&对于 3 个数据表的连接查询，WHERE 短语中起码有两个连接条件。对于两个表的公共字段，例如，读者证号、条形码，必须在字段前添加表名作为前缀

对于 3 个表的连接查询，使用 WHERE 子句指定查询条件时，其形式为
FROM 数据表 1，数据表 2，数据表 3 WHERE <连接条件 1> AND <连接条件 2>

　　此外，在 SELECT 查询的 FROM 短语中，可对数据表指定别名。指定别名后，在引用该数据表的字段时，应以别名作为数据表的前缀。例如，该题若指定读者表的别名为 D，则为

```
SELECT 读者.读者证号,姓名,图书.条形码,书名,借阅日期  FROM 读者 D,借阅,图书;
WHERE EMPTY(还书日期) AND D.读者证号=借阅.读者证号 AND 图书.条形码=借阅.条形码;
ORDER BY D.读者证号
```

例 4.22　依据读者表和借阅表，查询姓名、电话号码和未归还图书的数目。

```
SELECT 姓名，电话号码，COUNT(*) AS 未还图书数 FROM 借阅，读者;
WHERE EMPTY（还书日期）AND 借阅.读者证号=读者.读者证号;
GROUP BY 读者.读者证号
&&统计结果如图 4.27 所示
```

读者证号	姓名	条形码	书名	借阅日期
001	王颖珊	P0000003	王安石全集	01/02/08
001	王颖珊	P0000010	岳麓书院	04/05/08
001	王颖珊	P0000011	中国历史研究法	04/05/08
002	杨瑞	P0000001	李白全集	02/05/08
002	杨瑞	P0000009	新亚遗译	03/05/08
005	孙建平	P0000002	杜甫全集	04/10/08
005	孙建平	P0000008	游园惊梦二十年	04/10/08
006	孙思旺	P0000013	中国近三百年学术史(下册)	04/10/08
006	孙思旺	P0000017	旷代逸才-杨度(下册)	03/25/08

图 4.26　例 4.21 查询结果

姓名	电话号码	未还图书数
王颖珊	13202455678	3
杨瑞	13345627841	2
孙建平	13507317845	2
孙思旺	8677473	2

图 4.27　例 4.22 查询结果

 注意　在连接查询中，也可以使用 GROUP BY 进行分组操作。若进行分组的字段为公共字段，也需在字段前使用表名作为前缀。

例 4.23　依据借阅表、图书表和读者表，查询逾期未归还图书的读者证号、姓名、电话号码、条形码、书名、借阅日期和逾期天数。按读者证号的升序排列。提示：由当前日期减去借阅日期得到借阅的天数，所借图书超过 31 天视为逾期未还。（设当前系统日期为 2008 年 5 月 1 日）

```
SELECT 读者.读者证号，姓名，电话号码，图书.条形码，书名，借阅日期;
DATE()-借阅日期-31 AS 逾期天数 FROM 借阅，图书，读者;
WHERE EMPTY（还书日期）AND DATE()-借阅日期>31 AND 借阅.条形码=图书.条形码;
AND 借阅.读者证号=读者.读者证号;
ORDER BY 借阅.读者证号
&&统计结果如图 4.28 所示
```

读者证号	姓名	电话号码	条形码	书名	借阅日期	逾期天数
001	王颖珊	13202455678	P0000003	王安石全集	01/02/08	89
002	杨瑞	13345627841	P0000001	李白全集	02/05/08	55
002	杨瑞	13345627841	P0000009	新亚遗译	03/05/08	26
006	孙思旺	8677473	P0000017	旷代逸才-杨度(下册)	03/25/08	6

图 4.28　例 4.23 查询结果

4.2.8　超连接查询

用 WHERE 指定连接条件称为等值连接，只有在满足连接条件的情况下，相应的记录才会出现在查询结果中。在 SQL 标准中还支持表的超连接，它的语法形式如下：

```
SELECT…FROM <数据表 1> INNER | LEFT | RIGHT | FULL JOIN <数据表 2> ON 连接条件
```

其具体含义如下。

① INNER JOIN 和 JOIN 作用相同，都是普通连接，即只有在两个数据表中满足连接条件的记录才出现在查询结果中。

② LEFT JOIN 是左连接，即输出中包含数据表 1 中所有的记录。如果该记录在数据表 2 中有匹配记录，则返回数据表 2 中对应的记录；如果没有匹配记录，则返回空值。

③ RIGHT JOIN 是右连接，即输出中包含数据表 2 中所有的记录，如果该记录在数据表 1 中有匹配的记录，则返回数据表 1 中对应的记录；如果没有匹配记录，则返回空值。

④ FULL JOIN 是全连接，即输出中包含数据表 1 和数据表 2 中所有的记录，不管其在另一个表中有无匹配记录。

例 4.24 执行与例 4.20 功能相同的查询，但要求将读者表中没有借过图书的读者证号也显示出来。

```
SELECT 读者.读者证号，姓名，电话号码，条形码，借阅日期，还书日期;
FROM 读者 LEFT JOIN 借阅 ON 读者.读者证号=借阅.读者证号;
&&结果如图 4.29 所示
```

读者证号	姓名	电话号码	条形码	借阅日期	还书日期
001	王颖珊	13202455678	P0000001	01/02/08	03/01/08
001	王颖珊	13202455678	P0000002	01/02/08	03/01/08
001	王颖珊	13202455678	P0000003	01/02/08	/ /
001	王颖珊	13202455678	P0000010	04/05/08	05/01/08
001	王颖珊	13202455678	P0000011	04/05/08	05/01/08
002	杨瑞	13345627841	P0000001	02/25/08	/ /
002	杨瑞	13345627841	P0000002	02/25/08	03/05/08
002	杨瑞	13345627841	P0000008	02/25/08	03/05/08
002	杨瑞	13345627841	P0000009	03/01/08	04/05/08
002	杨瑞	13345627841	P0000009	03/05/08	/ /
003	戴秀云	8823221	NULL.	NULL.	.NULL.
004	黄源玲	8821245	NULL.	NULL.	.NULL.
005	孙建平	13507311234	P0000011	03/25/08	04/10/08
005	孙建平	13507311234	P0000012	03/25/08	04/10/08
005	孙建平	13507311234	P0000002	04/10/08	/ /
005	孙建平	13507311234	P0000003	04/10/08	/ /
006	孙思旺	8677473	P0000002	03/10/08	03/25/08
006	孙思旺	8677473	P0000010	03/10/08	03/25/08
006	孙思旺	8677473	P0000015	03/25/08	04/06/08
006	孙思旺	8677473	P0000016	03/25/08	04/06/08
006	孙思旺	8677473	P0000017	03/25/08	/ /
006	孙思旺	8677473	P0000013	04/10/08	/ /
007	李琼	13336457894	NULL.	NULL.	.NULL.
008	施翰文	8824512	NULL.	NULL.	.NULL.
009	向振湘	13507314510	NULL.	NULL.	.NULL.
010	潘泽泉	13607314510	NULL.	NULL.	.NULL.

图 4.29　例 4.24 查询结果

使用 LEFT JOIN，则查询结果包括左表（读者表）中所有记录。对于那些右表（借阅表）中没有相匹配记录的读者，其右表的字段（条形码、借阅日期）为空值（NULL 值）。

若将本题的 LEFT JOIN 改为 JOIN，则为普通连接，查询结果与例 4.20 完全相同。

例 4.25 依据读者表和借阅表、图书表，查询各位读者的读者证号、姓名、电话号码、借阅图书的条形码、书名和借阅日期。按读者证号的升序排列，但要求使用连接的形式。

```
SELECT 读者.读者证号,姓名,图书.条形码,书名,借阅日期;
FROM 图书 JOIN 借阅 ON 借阅.条形码=图书.条形码 JOIN 读者 ON 借阅.读者证号=读者.读者证号;
ORDER BY 读者.读者证号
```

若要求使用 JOIN 对于 3 个表进行连接查询，其形式为

FROM <数据表 1> JOIN <数据表 2> ON <连接条件 1> JOIN <数据表 3> ON <连接条件 2>

其中，数据表 2 是与数据表 1 和数据表 3 都有关联关系的数据表。

若将本题的 JOIN 改为 FULL JOIN，即 FROM 图书 FULL JOIN 借阅 ON 借阅.条形码=图书.条形码 FULL JOIN 读者 ON 借阅.读者证号=读者.读者证号 则为全连接。查询结果如图 4.30 所示，所有的读者（不管是否借过图书）和所有的图书（不管是否被借阅过），都出现在查询结果中。

4.2.9 嵌套查询

在 SELECT 语句中，一个查询语句完全嵌套在另一个查询语句的 WHERE 或 HAVING 的条件短语中，称为嵌套查询。通常把条件短语中的查询称为子查询，父查询则使用子查询的查询结果作为查询条件。

例 4.26 查询未借阅过书籍的读者的读者证号和姓名。

图 4.30 全连接查询结果

SELECT 读者证号，姓名 FROM 读者；
WHERE 读者证号 NOT IN（SELECT 读者证号 FROM 借阅）

&&结果如图 4.31 所示。先通过子查询，查询出在借阅表中出现过的读者证号，得到结果如图 4.32 所示；再通过父查询，查询读者表中读者证号没有包含在子查询中的记录

读者证号	姓名
003	戴秀云
004	黄源玲
007	李琼琼
008	施赖文
009	向振湘
010	潘泽泉

图 4.31 例 4.26 查询结果

图 4.32 例 4.26 的子查询结果

例 4.27 查询图书表中售价大于平均售价的书名和售价。

SELE 书名，售价 FROM 图书 WHERE 售价>（SELECT AVG（售价） FROM 图书）

&&结果如图 4.33 所示。先通过子查询，查询出图书的平均售价 29.98；再通过父查询，查询图书表中售价大于 29.98 的记录

例 4.28 查询图书表中售价最贵的图书的书名和售价。

SELE 书名,售价 FROM 图书 WHERE 售价=(SELECT max(售价) FROM 图书)

&&结果如图 4.34 所示。先通过子查询，查询出图书的最高售价 228；再通过父查询，查询图书表中售价等于 228 的记录

&&如果执行 SELE 书名,max(售价) FROM 图书，得到的书名是最后一本图书的书名，而不是价格最贵图书的书名

书名	售价
王安石全集	35.0
龚自珍全集	33.6
游圆惊梦二十年	128.0
新亚遗译	228.0

图 4.33　例 4.27 查询结果

书名	售价
新亚遗译	228.0

图 4.34　例 4.28 的子查询结果

例 4.29　查询有哪些读者借阅过与读者杨瑞所借的任意一本图书相同。

```
SELECT distinct 姓名 FROM 借阅,读者;
WHERE 姓名<>'杨瑞' and 读者.读者证号=借阅.读者证号;
and 条形码 in (SELE 条形码 FROM 借阅,读者 WHERE 姓名='杨瑞' and 读者.读者证号=借阅.读者证号)
```

&&结果如图 4.35 所示。先通过子查询，查询读者和借阅表中杨瑞所借阅图书的条形码，如图 4.36 所示；再通过父查询，查询借阅和读者表中除了杨瑞外，借阅图书的条形码等于任意子查询的读者

&&由于借阅表中没有姓名字段，所以子查询和父查询都是多表查询，注意两表之间连接的条件

姓名
王颖珊
孙建平
孙思旺

图 4.35　例 4.29 的查询结果

条形码
P0000001
P0000002
P0000008
P0000004
P0000009

图 4.36　例 4.29 的子查询结果

例 4.30　查询每位读者最后一次借阅图书的条形码和借阅日期，按读者证号升序排列。

```
SELECT 读者证号，条形码，借阅日期 FROM 借阅 JY WHERE 借阅日期=;
（SELECT MAX（借阅日期）FROM 借阅 WHERE 借阅.读者证号=JY.读者证号）;
ORDER BY 读者证号
```

&&结果如图 4.37 所示。先对父查询的每条记录，子查询找到对应读者最晚的借阅日期（即最后一次借阅的日期）；再通过父查询，查询借阅表中借阅日期等于子查询的记录。在该查询中，子查询中要用到父查询的值。由于子查询和父查询的数据表都是借阅表，为了避免混淆，对父查询的借阅表指定别名 JY

读者证号	条形码	借阅日期
001	P0000010	04/05/08
001	P0000011	04/05/08
002	P0000009	03/05/08
005	P0000002	04/10/08
005	P0000008	04/10/08
006	P0000013	04/10/08

图 4.37　例 4.30 查询结果

读者证号	条形码	借阅日期
005	P0000002	04/10/08
005	P0000008	04/10/08
006	P0000013	04/10/08

图 4.38　查询结果

若将本题改为

```
SELECT 读者证号，条形码，借阅日期 FROM 借阅 JY WHERE 借阅日期=;
（SELECT MAX（借阅日期）FROM 借阅）;
ORDER BY 读者证号
```

查询结果如图 4.38 所示，先通过子查询找到最晚的借阅日期 2008 年 4 月 10 日；再通过父查询，查询借阅表中借阅日期为 2008 年 4 月 10 日的借阅记录。

4.2.10 谓词和量词

在嵌套查询中，还可以使用量词和谓词。

EXISTS 或 NOT EXISTS 是谓词，用来检查在子查询中是否有结果返回，即存在记录或不存在记录。要完成例 4.26 的查询，查询未借阅过书籍的读者的读者证号和姓名，若使用 EXIST，则执行下列命令：

```
SELECT 读者证号, 姓名 FROM 读者;
WHERE NOT EXIST（SELECT  *  FROM 借阅 WHERE 借阅.读者证号=读者.读者证号）
```

例 4.31 查询被借阅过的图书籍条形码和书名。

```
SELECT 条形码,书名 FROM 图书;
WHERE EXIST (SELECT 条形码 FROM 借阅 WHERE 图书.条形码=借阅.条形码)
&&结果如图 4.39 所示
```

条形码	书名
P0000001	李白全集
P0000002	杜甫全集
P0000003	王安石全集
P0000004	龚自珍全集
P0000008	游园惊梦二十年
P0000009	新亚遗译
P0000010	岳麓书院
P0000011	中国历史研究法
P0000012	中国近三百年学术史(上册)
P0000013	中国近三百年学术史(下册)
P0000015	旷代逸才-杨度(上册)
P0000016	旷代逸才-杨度(中册)
P0000017	旷代逸才-杨度(下册)

图 4.39 例 4.31 查询结果

图 4.40 例 4.31 查询结果

ANY、SOME 和 ALL 是量词。其中，ANY 和 SOME 是同义词。在子查询中进行比较运算时，若使用 ANY 或 SOME，则只要有一行能使结果为真，子查询就为真。若使用 ALL，则要求所有行都使结果为真，子查询才为真。

对于例 4.31,可使用 SELECT 条形码,书名 FROM 图书 WHERE 条形码=ANY(SELECT 条形码 FROM 借阅)

首先通过子查询查出所有被借阅过的图书的条形码，然后在图书表中查找与任意条形码相同的图书。

例 4.32 查询有哪些读者借阅过与读者杨瑞所借的任意一本图书相同。

```
SELECT distinct 姓名 FROM 借阅,读者;
WHERE 姓名<>'杨瑞' and 读者.读者证号=借阅.读者证号 and ;
条形码 =ANY (SELE 条形码 FROM 借阅,读者 WHERE 姓名='杨瑞' and 读者.读者证号=借阅.读者证号)
```

例 4.33 查询图书表中有哪些出版社，出版的图书比上海古籍出版社最贵的图书更昂贵。

```
SELECT DISTINCT 出版社 FROM 图书 WHERE;
售价>ALL (SELE 售价 FROM 图书 WHERE 出版社='上海古籍出版社')
```
&&结果如图 4.40 所示。先通过子查询，查询所有上海古籍出版社的图书售价；再通过父查询，查询图书表中售价大于所有子查询的记录该查询也可使用下列嵌套查询。

```
SELECT DISTINCT 出版社 FROM 图书 WHERE;
售价>(SELE max(售价) FROM 图书 WHERE 出版社='上海古籍出版社')
```

4.2.11　集合的并运算

通过集合的并运算（UNION），可将两个 SELECT 语句的查询结果合并为一个结果。

进行并运算的两个查询结果，必须具有相同的字段个数，且对应字段具有相同的数据类型与数据宽度。

例 4.34　将 ZL 数据表（见图 3.69）的条形码和书名字段与图书表中精装书的条形码和书名字段合并在查询结果中。

```
SELECT 条形码,书名 FROM ZL;
UNION SELECT 条形码,书名 FROM 图书 WHERE 典藏类别='精装'
&&结果如图 4.41 所示
```

条形码	书名
F0000001	哲学动态
F0000002	机械工业高教研究
F0000003	理论前沿
F0000004	学位与研究生教育
F0000005	高等学校文科学报文摘
P0000001	李白全集
P0000002	杜甫全集
P0000003	王安石全集
P0000015	旷代逸才-杨度(上册)
P0000016	旷代逸才-杨度(中册)
P0000017	旷代逸才-杨度(下册)

图 4.41　例 4.34 查询结果

4.2.12　查询结果的输出

在上面的查询中，查询结果显示在名为"查询"的浏览窗口中。

在实际应用中，用户可通过 INTO 短语和 TO 短语，将查询结果保存为不同的目标。

若同时使用了 INTO 短语和 TO 短语，则 TO 短语将被忽略。

1．将查询结果存放到数组

可以使用 INTO ARRAY <数组名>短语将查询结果存放到二维数组中。

例 4.35　将图书表中精装书的条形码和书名存放在二维数组 BOOK 中。

```
SELECT 条形码,书名 FROM 图书 WHERE 典藏类别='精装' INTO ARRAY BOOK
&&执行此命令后，不会出现浏览窗口显示查询结果
```

执行 DISPLAY MEMORY LIKE BOOK 命令后，桌面上显示出 BOOK 各数组元素的值，如图 4.42 所示。BOOK 数组为 6 行 2 列，每行对应查询结果的一条记录，每列对应查询结果的一个字段。

BOOK		Pub	A	
(	1, 1)		C	"P0000001"
(	1, 2)		C	"李白全集"
(	2, 1)		C	"P0000002"
(	2, 2)		C	"杜甫全集"
(	3, 1)		C	"P0000003"
(	3, 2)		C	"王安石全集"
(	4, 1)		C	"P0000015"
(	4, 2)		C	"旷代逸才-杨度(上册)"
(	5, 1)		C	"P0000016"
(	5, 2)		C	"旷代逸才-杨度(中册)"
(	6, 1)		C	"P0000017"
(	6, 2)		C	"旷代逸才-杨度(下册)"

图 4.42　例 4.35 查询结果

2．将查询结果存放到临时文件

可以使用 INTO CURSOR <文件名>短语将查询结果存放到一个临时表文件中。

```
SELECT 条形码,书名 FROM 图书 WHERE 典藏类别='精装' INTO CURSOR TS
```

例如，执行上述命令后，系统将产生并打开一个只读的数据表文件 TS，并设其为当前数据表。但是，此表是个临时文件。当该表被关闭后，文件将被自动删除。

3. 将查询结果存放到永久表文件

可以使用 INTO TABLE <文件名>短语将查询结果存放到一个永久的数据表文件中。

```
SELECT 条形码,书名 FROM 图书 WHERE 典藏类别='精装' INTO TABLE D:\TS
```

例如，执行上述命令后，系统将在 D 盘根目录下建立数据表文件 TS.DBF，并且打开该文件，并设为当前数据表。与临时文件不同，该表文件被存放在磁盘中，关闭后不会被自动删除。

4. 将查询结果存放到文本文件

可以使用 TO FILE <文件名> [ADDITIVE]短语将查询结果存放到一个文本文件中。

```
SELECT 条形码,书名 FROM 图书 WHERE 典藏类别='精装' TO FILE D:\图书
```

例如，执行上述命令后，系统将在 D 盘根目录下建立文本文件"图书.TXT"，存放查询结果。若原文件已存在，查询结果将替换原有文件的内容。通过使用参数 ADDITIVE，可不替换原有文件的内容，而将结果将追加到原文件的尾部。

5. 将查询结果直接打印

可以使用 TO PRINTER [PROMPT]短语将查询结果直接打印出来。若使用了 PROMPT 选项，打印之前还会打开设置打印机的对话框。

4.3　数 据 操 纵

SQL 的数据操纵功能主要包括在数据表中插入记录、修改记录和删除记录，对应的 SQL 语句分别是 INSERT、UPDATE 和 DELETE。

4.3.1　插入记录

对数据表设置了有效性规则或主索引后，将无法通过 INSERT BALNK 或 APPEND BLANK 命令来插入空白记录。此时，可使用 INSERT INTO 命令向数据表插入记录。

命令格式：`INSERT  INTO  <表名>  [(<字段 1>[,<字段 2>…])]`
　　　　　　`VALUES  (<表达式 1>[,<表达式 2>…])`

命令功能：向指定的数据表插入一条记录，并用指定的表达式对字段赋值。

命令说明：

① 当对新记录的所有字段都赋值时，可省略字段名。若只对其中某些字段赋值，则需指定要赋值的字段名称（<字段 1>，<字段 2>…）。

② VALUES 短语中各个表达式的值为对各个字段的赋值。表达式和对应字段的数据类型、取值范围必须一一对应。

③ 通过 INSERT INTO <表名> FROM ARRAY<数组名>|FROM MEMVAR 命令，可插入空白记录，并将数组元素或内存变量的值作为新记录的字段值。

例 4.36　在图书表和读者表中插入记录。

```
INSERT INTO 图书( 条形码,书名 ) VALUES ('P0000022','儒林外史')
```
&&在图书表插入记录，条形码为 P0000022，书名为《儒林外史》。由于只对其中某些字段赋值，则需指定要赋值的字段名称。
```
INSERT INTO 读者 VALUES ('011', '陈秋娴', '女', '研究生', '')
```
&&在读者表插入记录，借书证号为 011，姓名为陈秋娴，性别为女，身份为研究生，电话号码为空。由于对新纪录的所有字段都赋值，可省略字段名。
```
DIMENSION DZ(3)
DZ(1)='012'
DZ(2)='黄庆'
DZ(3)='男'
```
&&定义一个数组 DZ，并对各个数组元素赋值
```
INSERT INTO 读者 FROM ARRAY DZ
```
&&在读者表中插入一条记录，数组 DZ 赋值给记录中的各字段

4.3.2　更新记录

在 Visual FoxPro 中，不仅可以使用 REPLACE 命令修改记录，还可以使用 SQL 语句的 UPDATE 命令来修改记录。

命令格式：**UPDATE <表名> SET <字段 1>=<表达式 1>[,<字段 2>=<表达式 2>……]**

[WHERE <条件>]

命令功能：对于指定数据表中符合条件的记录，用指定的表达式的值来更新指定的字段。

命令说明：

① 使用 UPDATE 命令可以一次更新多个字段的值。

② WHERE <条件>用来指定更新的条件。当默认时，将更新数据表的所有记录。

例 4.37　将读者孙建平的身份改为教研人员，电话号码改为 13507311234。

```
UPDATE 读者 SET 身份='教研人员',电话号码='13507311234' WHERE 姓名='孙建平'
```
&&使用 UPDATE 命令可以一次更新多个字段的值

例 4.38　将 1990 年及以前出版图书的售价提高 10%，1990 年之后出版图书售价提高 5%。

```
UPDATE 图书 SET 售价=售价*1.1 WHERE YEAR(出版年月)<=1990
UPDATE 图书 SET 售价=售价*1.05 WHERE YEAR(出版年月)>1990
```
&&若要对符合不同条件的记录按不同的规则修改数据，需要执行多条 update 语句

例 4.39　将王颖珊在 2008 年 4 月 5 日的借阅数据的还书日期设置为 2008 年 5 月 1 日。

```
UPDATE 借阅 SET 还书日期={^2008/5/1};
WHERE 读者证号=(SELECT 读者证号 FROM 读者 WHERE 姓名='王颖珊');
 AND 借阅日期={^2008/4/5}
```
&&在 update 语句中，WHERE 条件也可以用嵌套查询

4.3.3　删除记录

在 Visual FoxPro 中，不仅可以使用 DELETE 命令来删除记录，还可以使用 SQL 语句的 DELETE FROM 命令来删除数据记录。这种删除也只是逻辑删除，如果要物理删除，还要执行 PACK 命令。

命令格式：**DELETE FROM <表名> [WHERE <条件>]**

命令功能：对于指定数据表中符合条件的记录，进行逻辑删除。

命令说明：WHERE <条件>用来指定删除的条件。当默认时，将删除数据表的所有记录。

例 4.40　将借阅表中已还书（即还书日期不为空）的记录删除。

DELETE FROM 借阅 WHERE NOT EMPTY(还书日期)

例 4.41　将读者数据表中未借阅过图书的读者删除。

DELETE FROM 读者 WHERE 读者证号　NOT IN (SELECT 读者证号 FROM 借阅)

4.4　数 据 定 义

SQL 的数据定义功能主要包括数据表、视图、存储过程等对象的定义。本节主要介绍使用 CREATE TABLE 命令建立数据表，使用 ALTER TABLE 命令修改数据表以及使用 DROP TABLE 命令删除数据表。

4.4.1　建立数据表

在 Visual FoxPro 中，通过 CREATE TABLE 命令可以建立数据表，同时可以建立索引以及表之间的永久性关联。

命令格式：**CREATE TABLE| DBF <表名> [NAME<长表名>][FREE]**

(<字段名 1> <字段类型>[(<字段宽度> [,<小数位数>])]

[NULL|NOT NULL]

[CHECK <字段有效性规则> [ERROR<错误信息>]]

[DEFAULT<默认值>]

[PRIMARY KEY | UNIQUE]

[,REFERENCE <数据表 1> [TAG <索引标识>]]

[,<字段名 2>…])

[,PRIMARY KEY <索引表达式 1> TAG<索引标识 1>]

[,UNIQUE <索引表达式 2> TAG<索引标识 2>]

[,FOREIGN KEY <索引表达式 3> TAG<索引标识 3>

REFERENCE <数据表 2> [TAG <索引标识 4>]]

[,CHECK <数据表有效性规则> [ERROR<错误信息>]])

命令功能：创建一个由指定字段组成的数据表。

命令说明：

① 如果当前打开了数据库，则建立的数据表将属于当前数据库。若指定 FREE 参数，则将建立一个自由表。

② 命令中要定义每个字段的字段名、字段类型、字段宽度和小数位数。表 4.2 所示为各字段类型及其宽度。

表 4.2 各字段类型及其宽度

数 据 类 型	字 段 宽 度	小 数 位 数	说　明
C	n	—	宽度为 n 的字符型字段
D	—	—	日期型
T	—	—	日期时间型
N	n	d	宽度为 n 的数值型字段，小数点后保留 d 位
F	n	d	宽度为 n 的浮点型字段，小数点后保留 d 位
I	—	—	整型
B	—	d	双精度型
Y	—	—	货币型
L	—	—	逻辑型
M	—	—	备注型
G	—	—	通用型

③ NULL 用来指定字段允许为空值，NOT NULL 指定不允许为空值。

④ CHECK<有效性规则>短语用来指定该字段取值的约束条件，<有效性规则>是一个逻辑表达式。

ERROR<错误信息>短语用来指定当字段值违反有效性规则时显示的提示信息，<错误信息>是一个字符型表达式。

⑤ DEFAULT<默认值>短语用来指定该字段默认的取值，<默认值>表达式的数据类型应与该字段的数据类型一致。

⑥ PRIMARY KEY 用来指定根据该字段创建主索引，UNIQUE 指定根据该字段建立候选索引。

⑦ REFERENCE<数据表 1>TAG<索引标识 1>指定通过该字段，在新建立的数据表与<数据表 1>的建立永久性关联，其中<数据表 1>为父表，<索引标识 1>为父表的索引标识。如默认该项，则与父表的主索引建立关联。

⑧ 定义完所有字段之后，若用户要根据表达式建立索引，可通过 PRIMARY KEY <索引表达式 1> TAG<索引标识 1>短语建立主索引，通过 UNIQUE <索引表达式 2> TAG<索引标识 2>短语建立候选索引。通过 FOREIGN KEY <索引表达式 3> TAG<索引标识 3>短语建立普通索引，并通过 REFERENCE <数据表 2> [TAG <索引标识 4>]短语在两个数据表之间建立永久性关联。

⑨ 定义完所有字段之后，通过 CHECK 短语可设置数据表级的有效性规则。

例 4.42 建立图书管理数据库，再使用 SQL 命令建立读者表、图书表和借阅表。

```
CREATE DATA C:\图书管理   &&在图书表插入记录
CREATE TABL 读者(读者证号 C(3) PRIMARY KEY,姓名 C(8),;
            性别 C(2) CHECK 性别='男'OR 性别='女';
            ERROR '性别只能为男女' DEFAULT '男',;
            身份 C(8),电话号码 C(11))
```
&&建立读者数据表，定义读者证号、姓名、性别、身份和电话号码 5 个字段，均为字符型。并根据读者证号字段建立主索引，设置了性别字段的有效性规则、错误信息和默认值
```
CREATE TABLE 图书 ( 条形码 C(8) PRIMARY KEY,书名 C(40) ,分类号 C(20),;
```

```
            作者 C(20),出版社 C(20),出版时间 D,;
            售价 N(6,1) CHECK 售价>0 ERROR '售价必须大于零',;
            典藏类别 C(4) DEFAUL '平装',;
            典藏时间 D DEFAULT DATE(),在库 L DEFAULT .T.,;
            捐赠人 C(8),简介 M,封面 G,;
            CHECK 典藏类别='线装' AND 在库=.T. OR 典藏类别<>'线装';
            ERROR  '线装书不能外借')
```
&&建立图书数据表，定义各个字段，根据条形字段建立主索引，对有些字段设置了有效性规则、错误信息和默认值。其中，最后一个是针对数据表所设置的有效性规则

```
CREATE TABLE 借阅 ( 条形码 C(8) REFERENCE 图书,;
            读者证号 C(3) REFERENCE 读者,;
            借阅日期 D, 还书日期 D)
```
&&建立借阅数据表，定义各个字段。根据条形码字段建立普通索引，与图书表进行关联。根据读者证号字段建立普通索引，与读者表进行关联

建立的数据库及 3 个数据表如图 4.43 所示。

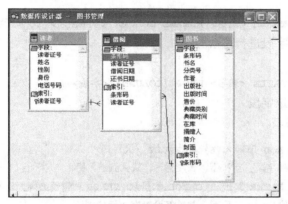

图 4.43　图书管理数据库

4.4.2　修改数据表

在 Visual FoxPro 中，ALTER TABLE 命令有几种格式，可以用不同的方式修改数据表。

1．增加字段

命令格式：**ALTER TABLE <表名>**

    ADD [COLUMN] <字段名> <字段类型>[(<字段宽度> [,<小数位数>])]

    [NULL|NOT NULL]

    [CHECK <字段有效性规则> [ERROR<错误信息>]]

    [DEFAULT<默认值>]

    [PRIMARY KEY | UNIQUE]

    [,REFERENCE <数据表 1> [TAG <索引标识>]]

命令功能：为指定数据表增加一个字段。

命令说明：在增加字段时，可以使用 NULL、CHECK、DEFAULT 短语来设置字段的属性，也可通过 PRIMARY KEY、UNIQUE 短语来建立索引，通过 REFERENCE 短语来建立与其他表的关联。

2. **修改字段**

命令格式：`ALTER TABLE <表名>`

`ALTER [COLUMN] <字段名> <字段类型>[(<字段宽度> [,<小数位数>])]`

命令功能：重新设置指定字段的数据类型、宽度、小数位数，以及默认值、有效性规则，建立索引。但此命令不能修改字段的名称，也不能删除字段已定义的规则。

3. **定义和删除字段的有效性规则、默认值**

命令格式：`ALTER TABLE <表名> ALTER [COLUMN] <字段名>`

`[SET DEFAULT<默认值>] [SET CHECK <有效性规则> [ERROR<错误信息>]]`

`[DROP DEFAULT] [DROP CHECK]`

命令功能：定义和删除字段的有效性规则、默认值。

命令说明：使用 SET CHECK 短语可以设置指定字段的有效性规则，SET DEFAULT 短语可以设置其默认值。

使用 DROP CHECK 短语可以删除指定字段的有效性规则，DROP DEFAULT 短语可以删除其默认值。

4. **重命名字段**

命令格式：`ALTER TABLE <表名> RENAME COLUMN <原字段名> TO <新字段名>`

命令功能：对指定字段进行重命名。

5. **删除字段**

命令格式：`ALTER TABLE <表名> DROP [COLUMN] <字段>`

命令功能：删除指定字段。

例 4.43　修改图书表。

```
ALTER TABLE 图书 ADD 币种 C(6) DEFAULT '人民币'
&&在图书表中增加币种字段，字符型，长度为 6，默认值是人民币
ALTER TABLE 图书 ALTER 售价 Y CHECK 售价>0 ERROR '售价必须大于零'
&&将图书表的售价字段修改为货币型，并重新设置有效性规则
ALTER TABLE 图书 ALTER 典藏时间 DROP DEFAULT
&&删除图书表中典藏时间字段的默认值
ALTER TABLE 图书 RENAME COLUMN 出版时间 TO 出版日期
&&将图书表中出版时间字段改名为出版日期字段
ALTER TABLE 图书 DROP 封面
&&删除图书表中的封面字段
```

6. **定义和删除数据表的有效性规则**

命令格式：`ALTER TABLE <表名>`

`[SET CHECK <有效性规则> [ERROR<错误信息>]]`

`[DROP CHECK]`

命令功能：定义和删除数据表的有效性规则。

7. **定义和删除数据表的索引**

命令格式：`ALTER TABLE <表名>`

`[ADD PRIMARY KEY <索引表达式 1> TAG<索引标识 1>]`

`[DROP PRIMARY KEY]`

[ADD UNIQUE <索引表达式 2> TAG<索引标识 2>]

[DROP UNIQUE TAG <索引标识>]

[ADD FOREIGN KEY <索引表达式 3> TAG<索引标识 3>

REFERENCE <数据表 2> [TAG <索引标识 4>]]

[DROP FOREIGN KEY TAG<索引标识>[SAVE]]

命令功能：定义和删除数据表的索引及与其他表的关联。

例 4.44　修改借阅表。

ALTER TABLE 借阅 SET CHECK EMPTY(还书日期) OR 还书日期>借书日期
&&对借阅表设置有效性规则

ALTER TABLE 借阅 DROP FOREIGN KEY TAG 读者证号
&&删除借阅表的读者证号索引，并删除与数据表读者之间的关联

4.4.3　删除数据表

命令格式：DROP TABLE <表名>

命令功能：删除指定的数据表。

命令说明：删除数据库表时，应先打开所属的数据库，否则将照成数据库中信息的不一致。

习　题　4

一、单选题

1. 在 SQL SELECT 语句中用于实现关系的选择运算的短语是（　　）。

　　A）FOR　　　　　B）WHILE　　　　　C）WHERE　　　　D）CONDITION

2. 以下有关 SQL 的 SELECT 语句的叙述中，正确的是（　　）。

　　A）SELECT 子句中只能包含表中的字段，不能使用表达式

　　B）SELECT 子句中列的顺序应该与表中列的顺序一致

　　C）SELECT 子句中的 AS 短语用来规定数据表的别名

　　D）当 SELECT 子句中的字段是 FROM 短语后的多个数据表的公共字段，则应在字段前面加上数据表的别名

3. 查询订购单号（字符型，长度为 4）尾字符是"1"的错误命令是（　　）。

　　A）SELECT * FROM 订单 WHERE SUBSTR(订购单号,4)= "1"

　　B）SELECT * FROM 订单 WHERE SUBSTR(订购单号,4,1)="1"

　　C）SELECT * FROM 订单 WHERE "1"$订购单号

　　D）SELECT * FROM 订单 WHERE RIGHT(订购单号,1)="1"

4. 在 SQL 语句中，与表达式""湖南"$地址"功能相同的表达式是（　　）。

　　A）地址 LIKE"%湖南%"　　　　　　　　B）LEFT(地址,4)="湖南"

　　C）地址 IN"%湖南%"　　　　　　　　　D）AT(地址，"湖南")>0

5. 在 SQL 语句中，与表达式"商品名称 NOT IN（"电视机"，"冰箱"）"功能相同的表达式是（　　）。

　　A）商品名称="电视机" AND 商品名称="冰箱"

B）商品名称="电视机" OR 商品名称="冰箱"

C）商品名称!="电视机" AND 商品名称!="冰箱"

D）商品名称<>"电视机" OR 商品名称<>"冰箱"

6. 使用 SQL 语句进行分组检索时，为了去掉不满足条件的分组，应当（　　）。

A）使用 WHERE 子句

B）在 GROUP BY 后面使用 HAVING 子句

C）先使用 WHERE 子句，再使用 HAVING 子句

D）先使用 HAVING 子句，再使用 WHERE 子句

7～13 题使用的数据表有如下 3 个表。

职员.DBF：职员号 C(3)，姓名 C(6)，性别 C(2)，组号 N(1)，职务 C(10)

客户.DBF：客户号 C(4)，客户名 C(36)，地址 C(36)，所在城市 C(36)

订单.DBF：订单号 C(4)，客户号 C(4)，职员号 C(3)，签订日期 D，金额 N(6.2)

7. 查询金额最大的那 10%订单的信息。正确的 SQL 语句是（　　）。

A）SELECT * TOP 10 PERCENT FROM 订单

B）SELECT TOP 10% * FROM 订单 ORDER BY 金额

C）SELECT * TOP 10 PERCENT FROM 订单 ORDER BY 金额

D）SELECT TOP 10 PERCENT * FROM 订单 ORDER BY 金额 DESC

8. 查询订单数在 3 个以上、订单的平均金额在 200 元以上的职员号。正确的 SQL 语句是（　　）。

A）SELECT 职员号 FROM 订单 GROUP BY 职员号 HAVING COUNT(*)>3　AND AVG_金额>200

B）SELECT 职员号 FROM 订单 GROUP BY 职员号 HAVING COUNT(*)>3　AND AVG(金额)>200

C）SELECT 职员号 FROM 订单 GROUP BY 职员号 HAVING COUNT(*)>3　WHERE AVG(金额)>200

D）SELECT 职员号 FROM 订单 GROUP BY 职员号 WHERE COUNT(*)>3 AND　AVG_金额>200

9. 显示 2005 年 1 月 1 日后签订的订单，显示订单的订单号、客户以及签订日期。正确的 SQL 语句是（　　）。

A）SELECT 订单号，客户名，签订日期 FROM 订单 JOIN 客户 ON 订单.客户号=客户.客户号 WHERE 签订日期>{^2005-1-1}

B）SELECT 订单号，客户名，签订日期 FROM 订单 JOIN 客户 WHERE 订单.客户号=客户.客户号 AND 签订日期>{^2005-1-1}

C）SELECT 订单号，客户名，签订日期 FROM 订单，客户 WHERE 订单.客户号=客户.客户号 AND 签订日期<{^2005-1-1}

D）SELECT 订单号，客户名，签订日期 FROM 订单，客户 ON 订单.客户号=客户.客户号 AND 签订日期<{^2005-1-1}

10. 显示没有签订任何订单的职员信息（职员号和姓名），正确的 SQL 语句是（　　）。

A）SELECT 职员.职员号，姓名 FROM 职员 JOIN 订单 ON 订单.职员号=职员.职员号 GROUP BY 职员.职员号 HAVING COUNT(*)=0

B）SELECT 职员.职员号，姓名 FROM 职员 LEFT JOIN 订单

ON 订单.职员号=职员.职员号 GROUP BY 职员.职员号 HAVING COUNT(*)=0

  C）SELECT 职员号，姓名 FROM 职员

    WHERE 职员号 NOT IN(SELECT 职员号 FROM 订单)

  D）SELECT 职员.职员号，姓名 FROM 职员

    WHERE 职员.职员号<>(SELECT 订单.职员号 FROM 订单)

11．有以下 SQL 语句：

SELECT 订单号，签订日期，金额 FROM 订单，职员

WHERE 订单.职员号=职员.职员号 AND 姓名="李二"

与如上语句功能相同的 SQL 语句是（ ）。

  A）SELECT 订单号，签订日期，金额 FROM 订单

    WHERE EXISTS(SELECT * FROM 职员 WHERE 姓名="李二")

  B）SELECT 订单号，签订日期，金额 FROM 订单 WHERE

    EXISTS (SELECT * FROM 职员 WHERE 职员号=订单.职员号 AND 姓名="李二")

  C）SELECT 订单号，签订日期，金额 FROM 订单

    WHERE IN (SELECT 职员号 FROM 职员 WHERE 姓名="李二")

  D）SELECT 订单号，签订日期，金额 FROM 订单 WHERE

    IN (SELECT 职员号 FROM 职员 WHERE 职员号=订单.职员号 AND 姓名="李二")

12．从订单表中删除客户号为"1001"的订单记录，正确的 SQL 语句是（ ）。

  A）DROP FROM 订单 WHERE 客户号="1001"

  B）DROP FROM 订单 FOR 客户号="1001"

  C）DELETE FROM 订单 WHERE 客户号="1001"

  D）DELETE FROM 订单 FOR 客户号="1001"

13．将订单号为"0060"的订单金额改为 169 元，正确的 SQL 语句是（ ）。

  A）UPDATE 订单 SET 金额=169 WHERE 订单号="0060"

  B）UPDATE 订单 SET 金额 WITH 169 WHERE 订单号="0060"

  C）UPDATE FROM 订单 SET 金额=169 WHERE 订单号="0060"

  D）UPDATE FROM 订单 SET 金额 WITH 169 WHERE 订单号="0060"

14~22 题使用的数据表如下。

当前盘当前目录下有数据库"大奖赛.dbc"，其中有数据库表"歌手.dbf"、"评分.dbf"。

"歌手"表	
歌手号	姓名
1001	王蓉
2001	许巍
3001	周杰伦
4001	林俊杰
……	

"评分"表		
歌手号	分数	评委号
1001	9.8	101
2001	9.6	102
3001	9.7	103
4001	9.8	104
……		

14．为"歌手"表增加一个字段"最后得分"的 SQL 语句是（ ）。

  A）ALTER TABLE 歌手 ADD 最后得分 F(6,2)

  B）ALTER DBF 歌手 ADD 最后得分 F 6,2

C）CHANGE TABLE 歌手 ADD 最后得分 F(6,2)

D）CHANGE TABLE 学院 INSERT 最后得分 F 6,2

15．插入一条记录到"评分"表中，歌手号、分数和评委号分别是"1001"、9.9 和"105"，正确的 SQL 语句是（　　　）。

A）INSERT VALUES("1001"，9"105")INTO 评分(歌手号，分数，评委号)

B）INSERT TO 评分(歌手号，分数，评委号)VALUES("1001"，9.9"105")

C）INSERT INTO 评分(歌手号，分数，评委号)VALUES("1001"，9.9，"105")

D）INSERT VALUES("100"9.9"105")TO 评分(歌手号，分数，评委号)

16．假设每个歌手的"最后得分"的主算方法是，去掉一个最高分和一个最低分，取剩下分数的平均分。根据"评分"表求每个歌手的"最后得分"并存储于表 TEMP 中。表 TEMP 中有两个字段："歌手号"和"最后得分"，并且按最后得分降序排列，生成表 TEMP 的 SQL 语句是（　　　）。

A）SELECT 歌手号，(COUNT(分数)－MAX(分数)－MIN(分数))/(SUM(*)－2)最后得分；
FROM 评分 INTO DBF TEMP GROUP BY 歌手号 ORDER BY 最后得分 DESC

B）SELECT 歌手号，(COUNT(分数)－MAX(分数)－MIN(分数))/(SUM(*)－2)最后得分；
FROM 评分 INTO DBF TEMP GROUP BY 评委号 ORDER BY 最后得分 DESC

C）SELECT 歌手号，(SUM(分数)－MAX(分数)－MIN(分数))/(COUNT(*)－2)最后得分；
FROM 评分 INTO DBF TEMP GROUP BY 评委号 ORDER BY 最后得分 DESC

D）SELECT 歌手号，(SUM(分数)－MAX(分数)－MIN(分数))/(COUNT(*)－2)最后得分；
FROM 评分 INTO DBF TEMP GROUP BY 歌手号 ORDER BY 最后得分 DESC

17．与"SELECT * FROM 歌手 WHERE NOT(最后得分>9.00 OR 最后得分<8.00)"等价的语句是（　　　）。

A）SELECT * FROM 歌手 WHERE 最后得分 BETWEEN 9.00 AND 8.00

B）SELECT * FROM 歌手 WHERE 最后得分>=8.00 AND 最后得分<=9.00

C）SELECT * FROM 歌手 WHERE 最后得分>9.00 OR 最后得分<8.00

D）SELECT * FROM 歌手 WHERE 最后得分<=8.00 AND 最后得分>=9.00

18．为"评分"表的"分数"字段添加有效性规则："分数必须大于等于 0 并且小于等于 10"，正确的 SQL 语句是（　　　）。

A）CHANGE TABLE 评分 ALTER 分数 SET CHECK 分数>=0 AND 分数<=10

B）ALTER TABLE 评分 ALTER 分数 SET CHECK 分数>=0 AND 分数<=10

C）ALTER TABLE 评分 ALTER 分数 CHECK 分数>=0 AND 分数<=10

D）CHANGE TABLE 评分 ALTER 分数 SET CHECK 分数>=0 OR 分数<=10

19．根据"歌手"表建立视图 myview，视图中含有包括了"歌手号"左边第一位是"1"的所有记录，正确的 SQL 语句是（　　　）。

A）CREATE VIEW myview AS SELECT * FROM 歌手 WHERE LEFT(歌手号，1)="1"

B）CREATE VIEW myview AS SELECT * FROM 歌手 WHERE LIKE("1"歌手号)

C）CREATE VIEW myview SELECT * FROM 歌手 WHERE LEFT(歌手号，1)="1"

D）CREATE VIEW myview SELECT * FROM 歌手 WHERE LIKE("1"歌手号)

20．删除视图 myview 的命令是（　　　）。

A）DELETE myview VIEW

B）DELETE myview

C）DROP myview VIEW

D）DROP VIEW myview

21. 假设 temp.dbf 数据表中有两个字段"歌手号"和"最后得分",下面程序的功能是:将 temp.dbf 中歌手的"最后得分"填入"歌手"表对应歌手的"最后得分"字段中(假设已增加了该字段),横线处应该填写的 SQL 语句是(　　　)。

```
USE 歌手
DO WHILE . NOT. EOF()
————————
REPLACE 歌手最后得分 WITH a[2]
SKIP
ENDDO
```

　　A)SELECT * FROM temp WHERE temp.歌手号=歌手.歌手号 TO ARRAY a
　　B)SELECT * FROM temp WHERE temp.歌手号=歌手.歌手号 INTO ARRAY a
　　C)SELECT * FROM temp WHERE temp.歌手号=歌手.歌手号 TO FILE a
　　D)SELECT * FROM temp WHERE temp.歌手号=歌手.歌手号 INTO FILE a

22. 与 SELECT DISTINCT 歌手号 FROM 歌手 WHERE 最后得分>ALL(SELECT 最后得分 FROM 歌手 WHERE SUBSTR(歌手号,1,1)="2")等价的 SQL 语句是(　　　)。

　　A)SELECT DISTINCT 歌手号 FROM 歌手 WHERE 最后得分>=(SELECT MAX(最后得分) FROM 歌手 WHERE SUBSTR (歌手号,1,1)="2")

　　B)SELECT DISTINCT 歌手号 FROM 歌手 WHERE 最后得分>=(SELECT MIN(最后得分) FROM 歌手 WHERE SUBSTR (歌手号,1,1)= "2")

　　C)SELECT DISTINCT 歌手号 FROM 歌手 WHERE 最后得分>=ANY(SELECT MAX(最后得分) FROM 歌手 WHERE SUBSTR (歌手号,1,1)= "2")

　　D)SELECT DISTINCT 歌手号 FROM 歌手 WHERE 最后得分>=SOME (SELECT MAX (最后得分) FROM 歌手 WHERE SUBSTR (歌手号,1,1)= "2")

23～31 题使用的数据如下。

当前盘当前目录下有数据库 db_stock,其中有数据库表 stock.dbf,该数据库表的内容如下。

股票代码	股票名称	单　价	交易所
600600	青岛啤酒	7.48	上海
600601	方正科技	15.20	上海
600602	广电电子	10.40	上海
600603	兴业房产	12.76	上海
600604	二纺机	9.96	上海
600605	轻工机械	14.59	上海
000001	深发展	7.48	深圳
000002	深万科	12.50	深圳

23. 执行如下 SQL 语句后,(　　　)。

```
SELECT * FROM stock INTO DBF stock ORDER BY 单价
```

　　A)系统会提示出错信息
　　B)会生成一个按"单价"升序排序的表文件,将原来的 stock.dbf 文件覆盖

C）会生成一个按"单价"降序排序的表文件，将原来的 stock.dbf 文件覆盖

D）不会生成排序文件，只在屏幕上显示一个按"单价"升序排序的结果

24. 如果在建立数据库表 stock.dbf 时，将单价字段的字段有效性规则设为"单价>0"，通过该设置，能保证数据的（　　　）。

A）实体完整性　　B）域完整性　　　　C）参照完整性　　D）表完整性

25. 在当前盘当前目录下删除表 stock 的命令是（　　　）。

A）DROP stock

B）DELETE TABLE stock

C）DROP TABLE stock

D）DELETE stock

26. 有如下 SQL 语句：

```
SELECT max(单价) INTO ARRAY a FROM stock
```

执行该语句后，（　　　）。

A）a[1]的内容为 15.20

B）a[1]的内容为 6

C）a[0]的内容为 15.20

D）a[0]的内容为 6

27. 有如下 SQL 语句：

```
SELECT 股票代码, avg(单价) as 均价 FROM stock;
    GROUP BY 交易所 INTO DBF temp
```

执行该语句后 temp 表中第 2 条记录的"均价"字段的内容是（　　　）。

A）7.48　　　　　B）9.99　　　　　　C）11.73　　　　　D）15.20

28. 将 stock 表的股票名称字段的宽度由 8 改为 10，应使用 SQL 语句（　　　）。

A）ALTER TABLE stock 股票名称 WITH c(10)

B）ALTER TABLE stock 股票名称 c(10)

C）ALTER TABLE stock ALTER 股票名称　c(10)

D）ALTER stock ALTER　股票名称 c(10)

29. 有如下 SQL 语句：

```
CREATE VIEW stock_view AS SELECT * FROM stock WHERE 交易所="深圳"
```

执行该语句后产生的视图包含的记录个数是（　　　）。

A）1　　　　　　B）2　　　　　C）3　　　　　　D）4

30. 有如下 SQL 语句：

```
CREATE VIEW view_stock AS SELECT 股票名称 AS 名称, 单价 FROM stock
```

执行该语句后产生的视图含有的字段名是（　　　）。

A）股票名称、单价　　　　　　　B）名称、单价

C）名称、单价、交易所　　　　　D）股票名称、单价、交易所

31. 执行如下 SQL 语句：

```
SELECT DISTINCT 单价 FROM stock;
WHERE 单价=( SELECT min(单价)FROM stock) INTO DBF stock_x
```

表 stock_x 中的记录个数是（　　　）。

A）1　　　　　　B）2　　　　　C）3　　　　　　D）4

32～38 题使用如下数据表：

学生．DBF：学号（C，8），姓名（C，6），性别（C，2）

选课．DBF：学号（C，8），课程号（C，3），成绩（N，3）

32．从"选课"表中检索成绩大于等于 60 并且小于 90 的记录信息，正确的 SQL 命令是(　　　)。

A）SELECT* FROM 选课 WHERE 成绩 BETWEEN 60 AND 89

B）SELECT* FROM 选课 WHERE 成绩 BETWEEN 60 TO 89

C）SELECT* FROM 选课 WHERE 成绩 BETWEEN 60 AND 90

D）SELECT* FROM 选课 WHERE 成绩 BETWEEN 60 TO 90

33．检索还未确定成绩的学生选课信息，正确的 SQL 命令是（　　　）。

A）SELECT 学生．学号，姓名，选课．课程号 FROM 学生 JOIN 选课 WHERE 学生．学号=选课．学号 AND 选课．成绩 IS NULL

B）SELECT 学生．学号，姓名，选课．课程号 FROM 学生 JOIN 选课 WHERE 学生．学号＝选课．学号 AND 选课．成绩=NULL

C）SELECT 学生．学号，姓名，选课．课程号 FROM 学生 JOIN 选课 ON 学生．学号＝选课．学号 WHERE 选课.成绩 IS NULL

D）SELECT 学生．学号，姓名，选课．课程号 FROM 学生 JOIN 选课 ON 学生．学号＝选课．学号 WHERE 选课．成绩=NULL

34．假设所有的选课成绩都已确定。显示"101"号课程成绩中最高的 10%记录信息，正确的 SQL 命令是（　　　）。

A）SELECT* TOP 10 FROM 选课 ORDER BY 成绩 WHERE 课程号＝"101"

B）SELECT* PERCENT 10 FROM 选课 ORDER BY 成绩 DESC
WHERE 课程号="101"

C）SELECT* TOP 10 PERCENT FROM 选课 ORDER BY 成绩
WHERE 课程号="101"

D）SELECT* TOP 10 PERCENT FROM 选课 ORDER BY 成绩 DESC　WHERE 课程号="101"

35．假设所有学生都已选课，所有的选课成绩都已确定。检索所有选课成绩都在 90 分以上（含）的学生信息，正确的 SQL 命令是（　　　）。

A）SELECT* FROM 学生 WHERE 学号 IN (SELECT 学号 FROM 选课 WHERE 成绩>=90)

B）SELECT* FROM 学生 WHERE 学号 NOT IN (SELECT 学号 FROM 选课 WHERE 成绩<90)

C）SELECT FROM 学生 WHERE 学号!=ANY (SELECT 学号 FROM 选课 WHERE 成绩<90)

D）SELECT* FROM 学生 WHERE 学号=ANY (SELECT 学号 FROM 选课 WHERE 成绩>=90)

36．插入一条记录到"选课"表中，学号、课程号和成绩分别是"02080111"、"103"和 80，正确的 SQL 语句是（　　　）。

A）INSERT INTO 选课 VALUES("02080111", "103", 80)

B）INSERT VALUES("02080111", "103", 80)TO 选课(学号，课程号，成绩)

C）INSERT VALUES("02080111", "103", 80)INTO 选课(学号, 课程号, 成绩)

D）INSERT INTO 选课(学号, 课程号, 成绩) FROM VALUES ("02080111", "103", 80)

37. 将学号为"02080110"、课程号为"102"的选课记录的成绩改为 92，正确的 SQL 语句是（　　）。

　　A）UPDATE 选课 SET 成绩 WITH 92 WHERE 学号="02080110"AND 课程号="102"

　　B）UPDATE 选课 SET 成绩=92 WHERE 学号="02080110 AND 课程号="102"

　　C）UPDATE FROM 选课 SET 成绩 WITH 92 WHERE 学号="02080110"AND 课程号="102"

　　D）UPDATE FROM 选课 SET 成绩=92 WHERE 学号="02080110" AND 课程号="102"

38. 为"选课"表增加一个"等级"字段，其类型为 C、宽度为 2，正确的 SQL 命令是（　　）。

　　A）ALTER TABLE 选课 ADD FIELD 等级 C(2)

　　B）ALTER TABLE 选课 ALTER FIELD 等级 C(2)

　　C）ALTER TABLE 选课 ADD 等级 C(2)

　　D）ALTER TABLE 选课 ALTER 等级 C(2)

39. 删除表 s 中字段 c 的 SQL 命令是（　　）。

　　A）ALTER TABLE s DELETE c

　　B）ALTER TABLE s DROP c

　　C）DELETE TABLE s DELETE c

　　D）DELETE TABLE s DROP c

40. "教师表"中有"职工号"、"姓名"和"工龄"字段，其中"职工号"为主关键字，建立"教师表"的 SQL 命令是（　　）。

　　A）CREATE TABLE 教师表(职工号 C(10) PRIMARY,姓名 C(20),工龄 I)

　　B）CREATE TABLE 教师表(职工号 C(10) FOREIGN,姓名 C(20),工龄 I)

　　C）CREATE TABLE 教师表(职工号 C(10) FOREIGN KEY,姓名 C(20),工龄 I)

　　D）CREATE TABLE 教师表(职工号 C(10) PRIMARY KEY,姓名 C(20),工龄 I)

二、填空题

1. SQL SELECT 语句中的_____短语用于实现关系的连接操作。

2. 在 SQL 的 SELECT 查询中使用_____短语消除查询结果中的重复记录。

3. SQL 的 SELECT 语句将查询结果存储在一个临时表中，应该使用_____子句。

4. 设有学生选课表 SC(学号, 课程号, 成绩)，用 SQL 检索每门课程的课程号及平均分的语句是 SELECT 课程号, AVG(成绩)FROM SC_____。

5. 在 SQL 的嵌套查询中，量词 ANY 和_____是同义词。

6. 设有 S(学号, 姓名, 性别)和 SC(学号, 课程号, 成绩)两个表，下面 SQL 的 SELECT 语句检索选修的每门课程的成绩都高于或等于 85 分的学生的学号、姓名和性别：SELECT 学号, 姓名, 性别 FROM S；

```
WHERE_____;
(SELECT * FROM SC WHERE SC.学号=S.学号 AND 成绩<85)
```

7. 如下命令将"产品"表的"名称"字段名修改为"产品名称"：
ALTER TABLE 产品_____名称 TO 产品名称。

8. SQL 支持集合的并运算，运算符是_____。

9. 在 SQL 的 CAEATA TABLE 语句中，为属性说明取值范围（约束）的是＿＿＿＿＿短语。

10. 使用 SQL 的 CREATE TABLE 语句建立数据库表时，使用＿＿＿＿子句说明主索引。

三、实践题

（一）数据查询

1. 查询所有学生的学号、姓名。

2. 查询学生的籍贯的种类。

3. 查询成绩表中成绩在 80 分到 90 分的数据的所有字段。

4. 查询成绩表中成绩不在 80 分到 90 分的数据的所有字段。

5. 查询学生表中籍贯为湖南和湖北的学生的学号和姓名。

6. 查询学生表中姓何的学生的学号和姓名。

7. 查询学生表中党员的人数。

8. 查询学生表中每种政治面貌的学生人数。

9. 查询学生表中每种年龄的人数。

10. 查询学生表中年龄最小的 5 位学生的姓名、性别和出生年月。

11. 查询学生表中学生的姓名、性别和出生年月，要求性别相同的排列在一起，相同性别的再按出生年月从早到晚排列。

12. 依据学生表、成绩表和课程表，查询学生的学号、姓名、课程编号、课程名称和成绩，要求学号相同的排列在一起。

13. 依据学生表和成绩表，查询王刚的学号、姓名、平均成绩。

14. 依据学生表和成绩表，查询学每位学生的学号、姓名、平均成绩。

15. 依据学生表和成绩表，查询平均分在 80 分以上的学生，按成绩从高到低的顺序排列，将查询结果输出到数据表"成绩统计"中。

16. 依据课程表和成绩表，查询必修课程的编号、课程名称、最高成绩、最低成绩、平均成绩，要求将结果输出到文本文件"必修课成绩"中。

17. 查询与朱亚男相同籍贯的学生的学号、姓名。

18. 在成绩数据表中，查询 0101 号课程的成绩高于 0101 号课程的平均成绩的学号和成绩。

19. 查询高等数学课程成绩高于该课程平均成绩的学生姓名和成绩，按成绩从高到低排。

20. 将 student 表的学号和姓名字段与学生表中男学生的学号和姓名字段合并在查询中。

（二）数据操纵

1. 在学生表中插入一条记录，学号为 201221120120，姓名为林森。

2. 在课程表中插入一条记录，课程编号为 0304，课程名称为网页设计，学分为 2，选修课，课时为 32。

3. 在学生表中，将朱亚男的政治面貌改为党员。

4. 依据课程表和成绩表，将成绩表中所有计算机概论课程的成绩加 1 分。

5. 依据学生表和成绩表，删除成绩表中所有姓名为王刚的成绩。

（三）数据定义

1. 建立教师数据表，结构如下：教师编号 C 2、姓名 C 8、性别 C 2、出生日期 D、手机 C 11、职称 C 6、工资 I、简历 M，设置性别的默认值是男，工资的有效性规则是大于 3000。在建立数据表的时候，通过教师编号字段建立主索引。

2. 在成绩表中根据任课教师字段建立普通索引，与教师数据表建立永久性关联。

3. 在课程表中增加开课学院字段，字符型，2 位。
4. 将成绩表的成绩字段修改为整型。
5. 删除学生表中性别字段的默认值。
6. 将学生表中出生年月字段改名为出生日期字段。
7. 删除学生表中的简历字段。
8. 删除成绩表的学号索引，并删除与数据表学生之间的关联。
9. 删除班级数据表。

第5章
查询与视图

在 Visual FoxPro 中，查询和视图是对数据库中数据进行检索的重要工具。本章主要介绍了查询和视图的概念、建立和使用，比较了两者的异同。

5.1 查　　询

5.1.1　查询的概念

查询文件通过查询设计器来建立，以.qpr 为扩展名独立存放在磁盘上。在执行查询文件时，从指定的表或视图中提取满足条件的记录，按照用户设所置的输出类型定向输出查询结果。查询文件实际是一个由 SQL SELECT 语句和输出定向有关的语句组成的文本文件，用户也可以使用文本编辑工具（如记事本）来编辑它。

5.1.2　查询的建立

使用查询设计器来建立查询时，需要依次完成下列工作。
- 指定要查询的数据表。
- 指定要查询哪些字段，或针对哪些字段进行统计运算，以及这些结果的输出顺序。
- 指定查询条件。
- 指定查询结果的排序方式。
- 指定查询的分组方式。
- 指定查询结果的输出目的地。

下面通过一个实例，简述如何通过查询设计器建立查询。

例 5.1　建立一个查询，显示精装书的条形码、书名和借阅次数，按借阅次数从多到少显示。

1. 启动查询设计器

用户可通过下列方式启动查询设计器。
- 通过项目启动查询设计器

（1）在项目管理器的"数据"选项卡中，选择"查询"选项，单击"新建"按钮或选择"项目"菜单下的"新建文件"命令，打开"新建查询"对话框。

图 5.1　"新建查询"对话框

（2）"新建"对话框如图5.1所示，选择"新建查询"按钮，打开查询设计器。

● 通过菜单启动查询设计器

选择"文件"菜单下的"新建"命令或单击工具栏上的"新建"
按钮 □ ，打开"新建"对话框，如图5.2所示。在"新建"对话框的
"文件类型"选项组中选择"查询"选项，单击"新建文件"按钮，
打开查询设计器。

● 通过命令启动查询设计器

命令格式：**CREATE QUERY　[<查询文件名>]**

命令功能：打开查询设计器，创建查询文件。

2．指定要查询的数据表

建立查询时，首先要指定所要查询的数据表。

若用户已经打开数据库，启动查询设计器后，系统将自动打开"添
加表或视图"对话框。让用户选择查询中所需要的数据表或视图（视
图的概念见5.2节）。

图5.2　"新建"对话框

"添加表或视图"对话框如图5.3所示。在"数据库中的表"列表
框中选择需要添加的数据表"借阅"，双击表名或单击"添加"按钮。再选择数据表"图书"，双
击表名或单击"添加"按钮。两个数据表被添加到查询的数据源中，如图5.4所示。

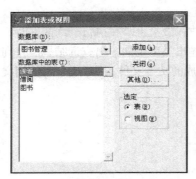

图5.3　"添加表或视图"对话框　　　　图5.4　查询设计器—指定要查询的表

由于数据库中已建立两个数据表的永久性关联，系统会自动设置两个数据表的连接条件。若
添加的两个表之间不存在永久性关联，系统将打
开"连接条件"对话框，如图5.5所示，让用户
指定两个数据表的连接条件。

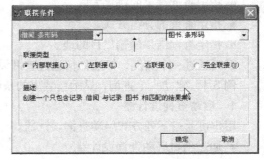

若用户还要添加新的数据表，可以在查询设
计器的上面单击鼠标右键，在快捷菜单中选择
"添加表"命令或单击工具栏上的"添加表"按
钮 ⬚ 。若用户要移去某个数据表，则应在选择数
据表图标后，在快捷菜单中选择"移除表"命令
或单击工具栏上的"移去表"按钮 ⬚ 。

图5.5　"连接条件"对话框

3．指定要查询的字段和表达式

指定完查询所来源的数据表后，就要定义哪些字段或表达式将在查询结果中出现。

查询设计器的"字段"选项卡如图 5.6 所示,在"可用字段"列表框中选择字段"图书.条形码",双击字段名或单击"添加"按钮,将其添加到"选定字段"列表中。

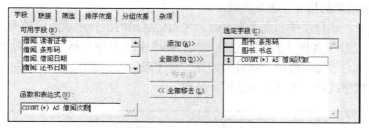

图 5.6 查询设计器—指定要查询的字段

再选择字段"图书.书名",单击"添加"按钮,也将其添加到"选定字段"列表中。

在"函数和表达式"文本框中输入"COUNT(*) AS 借阅次数",单击"添加"按钮。其中,COUNT(*)是对记录计数的函数,AS 后的借阅次数是该函数在查询结果中的字段名。

在"选定字段"列表中,拖曳字段左侧的双向箭头,可调整字段在查询结果中出现的先后顺序。若不需要某个字段,只需在"选定字段"列表中选中此字段,双击字段或单击"移去"按钮即可。

4. 指定多表连接的条件

当查询涉及多个数据表时,需设置数据表之间的连接条件。

通常,在添加数据表时,系统会自动设置连接条件。若用户要修改连接条件,可以在"联接"选项卡下进行修改,如图 5.7 所示。

图 5.7 查询设计器——指定多表连接的条件

5. 指定查询的条件

很多查询都是要求查询符合某个特定条件的数据记录,此时需要设置查询的条件。

"筛选"选项卡如图 5.8 所示,在"字段名"的下拉列表中选择"图书.典藏类别",在"条件"下拉列表中选择"=",在"实例"的文本框中输入"精装"。

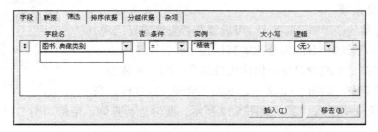

图 5.8 查询设计器——指定查询的条件

若用户要指定两个以上的查询条件，则应在“逻辑”下拉列表中选择“AND”或“OR”，再设置下一个条件。

6. 指定查询结果的排序字段及方式

在查询数据时，用户往往会要求查询结果按指定字段的值升序或降序排列。

“排序依据”选项卡如图 5.9 所示，在“选定字段”列表框中选择“COUNT(*) AS 借阅次数”，双击此字段或单击“添加”按钮，将其添加到“排序条件”列表中。

然后，在“排序选项”单选钮中选择“降序”。

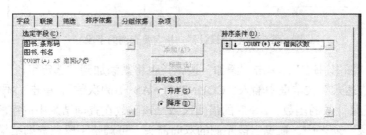

图 5.9 查询设计器——指定查询结果的排序方式

7. 指定查询的分组方式

对于有些查询，需要按照查询结果中某一个字段的值进行分组汇总。本例所查询的书籍的借阅次数，是将条形码相同的记录为一组，统计其记录数目，所以分组的字段应为条形码。

“分组依据”选项卡如图 5.10 所示，在“可用字段”列表框中选择“图书.条形码”字段，双击此字段或单击“添加”按钮，将其添加到“分组字段”列表中。

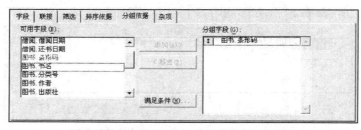

图 5.10 查询设计器——指定查询的分组方式

若要设置分组后的条件，应单击“满足条件”按钮，在“满足条件”对话框中进行设置。

8. 运行查询

查询定义完后，选择“查询”菜单的“运行查询”命令或单击“常用”工具栏上的“运行”按钮 !，即可以运行查询，查询结果如图 5.11 所示。

条形码	书名	借阅次数
P0000002	杜甫全集	4
P0000001	李白全集	2
P0000003	王安石全集	1
P0000015	旷代逸才-杨度(上	1
P0000016	旷代逸才-杨度(中	1
P0000017	旷代逸才-杨度(下	1

图 5.11 例 5.1 查询运行结果

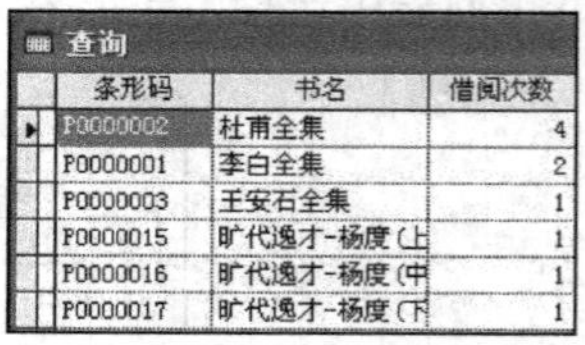

9. 设置查询杂项

在查询设计器的“杂项”选项卡，可设置是否查询重复记录，返回查询结果中记录的个数或百分比等其他选项。

例如，若将例 5.1 改为只显示借阅次数最多的两本精装书。在“杂项”选项卡中，如图 5.12 所示，取消“全部”复选框，在“记录个数”数值框中输入“2”，如图 5.12 所示。此时运行查询，结果如图 5.13 所示，只显示两条记录。

图 5.12　查询设计器——设置查询杂项　　　　图 5.13　修改后的查询运行结果

5.1.3　查询与 SQL 语句的对应

查询文件的主体实际是一个 SQL SELECT 语句,单击"查询"工具栏的"显示 SQL 窗口"按钮 sql 或选择"查询"菜单的"查看 SQL"命令,即可看到其所对应的 SQL 语句。

例 5.1 的查询所对应的 SQL 语句如图 5.14 所示。

通过以上例题,可以发现查询设计器的选项卡与 SQL-SELECT 语句的对应关系。

图 5.14　查询对应的 SQL 语句

- 在查询中选择所需的数据表,对应于 FROM 短语。
- "字段"选项卡对应于 SELECT 短语,用于指定要查询的表达式。
- "联接"选项卡对应于 JOIN ON 短语,用于指定多表联接的条件。
- "筛选"选项卡对应于 WHERE 短语,用于指定查询条件。
- "排序依据"选项卡对应于 ORDER BY 短语,用于指定排序的字段和方式。
- "分组依据"选项卡对应于 GROUP BY 短语和 HAVING 短语,用于指定分组的表达式和分组后的条件。
- "杂项"选项卡用于指定是否显示重复记录(对应于 DISTINCT 短语),以及是否显示排列在前面的记录(对应于 TOP 短语)。

　　　有些查询用 SELECT 命令可以实现,用查询文件却无法实现,如例 4.30 的查询是内外层的嵌套查询,无法通过查询文件来实现。

5.1.4　查询的保存、使用和修改

1. 保存查询

查询定义完后,选择"文件"菜单的"保存"命令或单击工具栏上的"保存"按钮,系统打开"另存为"对话框。

"另存为"对话框如图 5.15 所示,在"文件位置"列表中选择文件保存的路径,在"保存文档为"文本框中输入文件名"精装书借阅",单击"保存"按钮。磁盘上产生一个查询文件"精装书借阅.QPR"。

2. 使用查询

关闭查询设计器以后,可通过下列方法执行查询。

- 在项目管理器中执行查询

若查询包含在项目文件中,展开"数据"选项卡的"查询",选择要执行的查询文件,如图 5.16 所示,单击"运行"按钮或选择"项目"菜单下的"运行文件"命令。

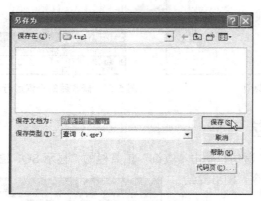

图 5.15　保存查询文件

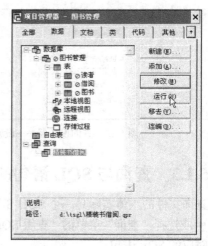

图 5.16　运行查询

● 通过菜单执行查询

选择"程序"菜单下的"运行"命令，打开"运行"对话框。

在"运行"对话框中选择查询文件，单击"运行"按钮。

● 通过命令执行查询

命令格式：**DO<查询文件名>**

命令功能：运行指定的查询文件。

命令说明：在命令中要指定查询文件的主名和扩展名，如"DO 精装书借阅.QPR"。

3. 修改查询

可通过下列方法打开查询设计器，修改查询。

● 在项目管理器中修改查询

若查询包含在项目文件中，展开"数据"选项卡的"查询"，选择要执行的查询文件，单击"修改"按钮或选择"项目"菜单下的"修改文件"命令。

● 通过菜单修改查询

选择"文件"菜单下的"打开"命令，打开"打开"对话框。

在"打开"对话框中"文件类型"的下拉列表中选择"查询"，在文件列表中选择查询文件，单击"确定"按钮。

● 通过命令修改查询

命令格式：**MODIFY QUERY <查询文件名>**

命令功能：打开查询设计器，修改指定的查询文件。

命令说明：在命令中只需指定查询文件的主名，如 MODIFY QUERY 精装书借阅。

5.1.5　定义查询去向

默认情况下，查询的结果在浏览窗口中显示出来。单击"查询"工具栏的"查询去向"按钮 或选择"查询"菜单的"查询去向"命令，打开"查询去向"对话框，如图 5.17 所示，用户可以选择将查询的结果送往 7 种不同的目的，其具体含义如下。

● 浏览：将查询结果输出至浏览窗口。窗口中的查询结果是只读的，无法在其中修改数据。

● 临时表：将查询结果存储在一个用户命名的临时数据表中。该临时表是只读的，且不会保存在磁盘中。当用户关闭该表时，该表将从内存释放，无法再次打开。

● 表：将查询结果存储到一个磁盘上的数据表文件，如图 5.18 所示，用户可指定表文件名和保存位置。

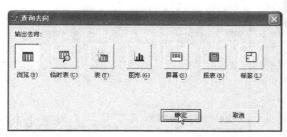

图 5.17　"查询去向"对话框

图 5.18　设置"查询去向"为表

　若查询去向被设置为表或临时表，当执行查询时，系统将创建并打开此数据表，但不会打开浏览窗口。选择显示菜单下的浏览命令，可打开浏览窗口显示数据表的数据。

● 图形：将查询结果用于 GRAPH。GRAPH 是包含在 Visual FoxPro 中的一个独立的应用程序，可以用统计图形的形式显示数据。

要将例 5.1 的查询结果以柱形图的形式显示，其操作步骤如下。

（1）将查询的输出去向设置为"图表"。

（2）单击"常用"工具栏上的"运行"按钮 ，运行查询。

（3）系统打开"图表向导"的"步骤 2-定义布局"对话框，如图 5.19 所示，将"书名"字段拖曳到坐标轴位置，将"借阅次数"字段拖曳到"数据系列"列表中，单击"下一步"按钮。

（4）系统打开"图表向导"的"步骤 3-选择图形样式"对话框，如图 5.20 所示，选择图表样式为柱形图，单击"下一步"按钮。

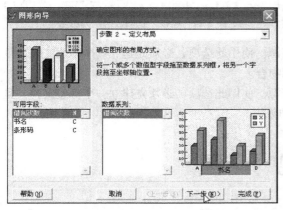

图 5.19　"图形向导"的"定义布局"对话框

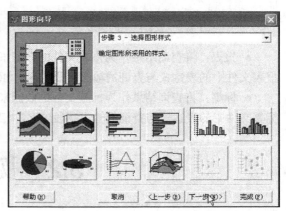

图 5.20　"图形向导"的"选择图形样式"对话框

（5）系统打开"图表向导"的"步骤 4-完成"对话框，如图 5.21 所示，输入图形的标题，单击"完成"按钮。

（6）系统打开"另存为"对话框，如图 5.22 所示，输入文件的名称，系统将产生的图表存放在指定的表单文件中。

产生的图表如图 5.23 所示。

● 屏幕：将查询结果显示在窗口工作区。若用户要将查询结果打印出来或产生一个文本文件，可在"次级输出"选项组中设置，如图 5.24 所示。

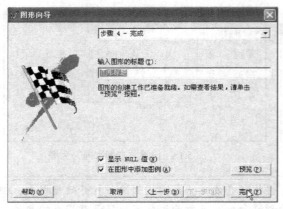

图 5.21　"图形向导"的"完成"对话框

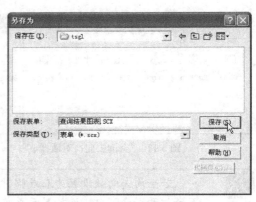

图 5.22　"另存为"对话框

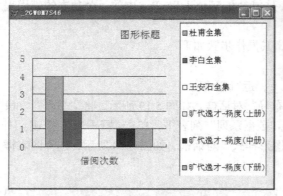

图 5.23　查询产生的图形

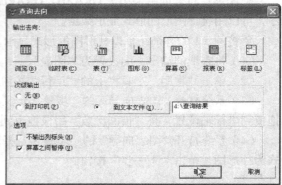

图 5.24　设置"查询去向"为屏幕

● 报表：将查询结果作为报表文件的数据来源。使用此选项，必须先建立一个报表文件，且报表文件中的表达式与查询的输出字段的名称相吻合。

● 标签：将查询结果作为标签文件的数据来源。使用此选项，必须先建立一个标签文件，且标签文件中的表达式与查询的输出字段的名称相吻合。

5.2　视　　图

5.2.1　视图的概念

视图与查询一样，是从数据表中导出的虚拟表。它本身并不存储数据，所定义的是一种对数据表中数据的查询规则。此外，视图和查询的创建过程也非常相似。

但视图和查询也有所区别。首先，查询是独立存在的文件，而视图是属于数据库的对象。其次，查询可以定义各种不同的查询去向，而视图只能在浏览窗口中显示。再次，在查询中只能查询数据，无法修改数据。而在视图中，可以通过修改数据来更新所对应的源数据表。

在 Visual FoxPro 中，视图分为本地视图和远程视图。本地视图从本计算机的数据表或其他视图中提取数据，而远程视图从支持 ODBC（开放数据库连接）的数据源（如 SQL Server）中提取数据。本节主要介绍本地视图的建立和使用。

5.2.2　视图的建立

用户可以通过视图设计器来建立视图，也可以直接通过 SQL 语句创建视图。

1. 启动视图设计器

使用下列方法，可以启动视图设计器来建立视图。

（1）通过项目启动视图设计器。

① 在项目管理器的"数据"选项卡中，将要建立视图的数据库展开，选择"本地视图"选项，单击"新建"按钮或选择"项目"菜单下的"新建文件"命令，打开"新建本地视图"对话框。

② "新建本地视图"对话框如图 5.25 所示，单击"新建视图"按钮，打开视图设计器。

图 5.25　"新建本地视图"对话框

（2）在数据库设计器中启动视图设计器。

① 打开数据库设计器后，可通过下列方式打开"新建本地视图"对话框。

● 在数据库设计器的空白处右击鼠标，在快捷菜单中选择"新建本地视图"命令。

● 单击"数据库设计器"工具栏上的"新建本地视图"按钮 。

● 选择"数据库"菜单下的"新建本地视图"命令。

② 在"新建本地视图"对话框中，如图 5.25 所示，选择"新建视图"按钮，打开视图设计器。

（3）通过菜单启动视图设计器。

选择"文件"菜单下的"新建"命令或单击工具栏上的"新建"按钮 ，打开"新建"对话框。在"新建"对话框的"文件类型"选项组中选择"视图"选项，单击"新建文件"按钮，打开视图设计器。

（4）通过命令启动视图设计器。

命令格式：CREATE VIEW　[<视图名>]

命令功能：打开视图设计器，创建视图。

视图设计器窗口和查询设计器的窗口类似，下面通过一个实例，介绍如何通过视图设计器建立视图。

例 5.2　在"图书管理"数据库中，建立一个名为借阅查询的视图，显示读者的读者证号、姓名、电话号码、借阅日期、还书日期、借阅图书的条形码和书名。要求查询结果按读者的读者证号升序排列，同一读者按借阅日期从早到晚排列。

操作步骤如下。

（1）打开"图书管理"数据库。

（2）在数据库设计器的空白处右击鼠标，在快捷菜单中选择"新建本地视图"命令。在"新建本地视图"对话框中，单击"新建视图"按钮，打开视图设计器。

（3）系统自动打开"添加表或视图"对话框，选择视图中所需要的数据表：读者、借阅、图书。

（4）在视图设计器的"字段"选项卡中，在"可用字段"的列表框中选择"读者.读者证号"

"读者.姓名""读者.电话号码""借阅.借阅日期""图书.条形码""图书.书名"，添加到"选定字段"列表框中，如图 5.26 所示。

（5）在视图设计器的"排序依据"选项卡中，在"选定字段"的列表框中选择"读者.读者证号"，添加到"排序条件"列表框中，在"排序"选项中选择"升序"单选钮。再选择"借阅.借阅日期"，添加到"排序条件"列表框中。

（6）选择"文件"菜单的"保存"命令或单击"常用"工具栏上的"保存"按钮，系统打开"保存"对话框。输入视图名称"借阅查询"，该视图就保存在数据库"图书管理"中。

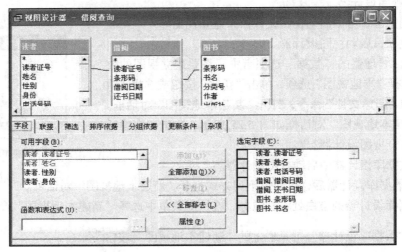

图 5.26　视图设计器

2. 建立视图的命令

命令格式：**CREATE [SQL] VIEW [<视图名>] AS <SELECT—SQL 语句>**

命令功能：创建一个本地视图。

命令说明：

① 在命令中指定<视图名>，则在当前数据库中直接创建视图。若未指定<视图名>，系统将打开"保存"对话框，要求用户指定视图名称。

② <SELECT—SQL 语句>用来以 SELECT 命令的形式，指定视图的定义。

例 5.3　以命令形式建立逾期图书视图，查询要求如例 4.21 所示。

```
CREA SQL VIEW 逾期图书;
AS SELECT 读者.读者证号,姓名,电话号码,图书.条形码,书名,借阅日期,;
DATE()-借阅日期-31 AS 逾期天数 FROM 借阅, 图书,读者;
WHERE EMPTY(还书日期)=.T. AND DATE()-借阅日期>31 AND ;
借阅.条形码=图书.条形码 AND 借阅.读者证号=读者.读者证号;
ORDER BY 借阅.读者证号
```

3. 运行视图

在视图设计器中，选择"查询"菜单的"运行查询"命令或单击"常用"工具栏上的"运行"按钮 ！，即可以运行视图，例 5.2 的运行结果如图 5.27 所示。

与查询不同，视图无法定义"查询去向"，视图的结果只能在浏览窗口中显示。

读者证号	姓名	电话号码	借阅日期	还书日期	条形码	书名
001	王颖珊	13202455678	01/02/08	03/01/08	P0000001	李白全集
001	王颖珊	13202455678	01/02/08	03/01/08	P0000002	杜甫全集
001	王颖珊	13202455678	01/02/08	/ /	P0000003	王安石全集
001	王颖珊	13202455678	03/01/08	04/05/08	P0000004	龚自珍全集
001	王颖珊	13202455678	04/05/08	/ /	P0000010	岳麓书院
001	王颖珊	13202455678	04/05/08	/ /	P0000011	中国历史研究法
002	杨瑞	13345827841	02/25/08	/ /	P0000001	李白全集
002	杨瑞	13345827841	02/25/08	03/05/08	P0000002	杜甫全集
002	杨瑞	13345827841	02/25/08	03/05/08	P0000008	游园惊梦二十年
002	杨瑞	13345827841	03/05/08	/ /	P0000009	新亚遗译
005	孙建平	13507317845	03/25/08	04/10/08	P0000011	中国历史研究法
005	孙建平	13507317845	03/25/08	04/10/08	P0000012	中国近三百年学术史（上册）
005	孙建平	13507317845	04/10/08	/ /	P0000002	杜甫全集
005	孙建平	13507317845	04/10/08	/ /	P0000008	游园惊梦二十年
006	孙恩旺	8677473	03/10/08	03/25/08	P0000002	杜甫全集
006	孙恩旺	8677473	03/10/08	03/25/08	P0000010	岳麓书院
006	孙恩旺	8677473	03/25/08	04/06/08	P0000015	旷代逸才-杨度（上册）
006	孙恩旺	8677473	03/25/08	04/06/08	P0000016	旷代逸才-杨度（中册）
006	孙恩旺	8677473	03/25/08	/ /	P0000017	旷代逸才-杨度（下册）
006	孙恩旺	8677473	04/10/08	/ /	P0000013	中国近三百年学术史（下册）

图 5.27　视图运行结果

5.2.3　视图的修改和使用

视图建立后，在数据库设计器中，可以看到视图的图标，如图 5.28 所示。

1. 修改视图

如果用户要打开视图设计器来修改视图，可通过下列方法。

● 在数据库设计器中修改视图。在数据库设计器的视图图标上右击鼠标，打开快捷菜单，选择"修改"命令。或选择"数据库"菜单的"修改"命令。

图 5.28　在数据库设计器中使用视图

● 在项目管理器中修改视图。若视图属于一个项目，可以选中项目管理器中的视图图标，单击"修改"按钮；或选择"项目"菜单的"修改"命令。

2. 使用视图

类似于对数据表的使用，用户可以通过以下方法使用视图。

● 在浏览窗口中显示视图中的数据。用户可以通过数据库设计器或项目管理器，打开视图的浏览窗口。

● 通过命令使用视图。许多适用于数据表的命令都适用于视图。例如，可以通过 USE 命令打开或关闭视图，通过 BROWSE 命令浏览视图的数据。

● 使用 SQL 命令操作视图。在 SQL 命令中，可直接使用视图。例如，可以通过 SELECT 命令直接从视图中查询数据。

● 在表单（见第 7 章）或报表（见第 8 章）中，将视图作为数据源。

5.2.4　视图与数据更新

视图是由基本表派生的虚拟表。修改基本表的数据后，再次打开视图，视图中的数据将被改变。而修改视图中的数据，默认情况下，不会影响到基本表中的数据。但是，通过设置"视图设计器"的"更新条件"选项卡，可以使用视图来更新基本表的数据。

例 5.4　修改视图"借阅查询"（见例 5.1），使用户可以修改读者的电话号码。

（1）打开"借阅查询"视图的设计器。

（2）选择"更新条件"选项卡，如图 5.29 所示。

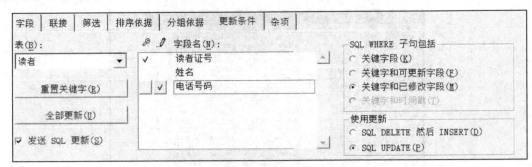

图 5.29　视图设计器的更新条件选项卡

- 在"表"下拉列表中选择"读者"，指定要更新的数据表。
- 选中"发送 SQL 更新"复选框。
- 在"字段名"列表中，标记"读者证号"前的钥匙标记，"电话号码"字段前的铅笔标记。
- 在"SQL WHERE 子句包括"选项组中，选择"关键字和已修改字段"单选钮。
- 在"使用更新"选项组中，选择"SQL UPDATE"单选钮。

（3）设置完成后，在视图的浏览窗口中，若改变了读者的电话号码字段，则关闭视图后，读者数据表的电话号码字段将相应地被修改。

关于"更新条件"选项卡，各控件的含义说明如下。

（1）"表"下拉列表框：指定视图所使用的哪些表可以修改。

选择数据表后，"字段名"列表中将显示视图中与此表相关的字段。选择"全部表"选项，则视图中所有字段出现在字段名列表中。

（2）"字段名"列表框：显示出视图中与"表"相关的字段，可设置关键字段和更新字段。Visual FoxPro 通过关键字段来标识记录，作为对原数据表进行更新的依据。默认情况下，Visual FoxPro 自动将每个数据表的主关键字标识为关键字段。用户也可通过设置钥匙标记，来指定关键字段。单击"重置关键字"按钮，则又将其改为默认设置。

对于要更新的字段，应对其设置铅笔标记。单击"全部更新"按钮，Visual FoxPro 将设置除了关键字段以外的所有字段为可更新。

（3）"发送 SQL 更新"复选框：指定是否将视图记录中的修改传送给原始表。

（4）"使用更新"选项组：指定通过何种 SQL 语句在原始表上更新记录。

- "SQL DELETE 然后 INSERT"：先删除原始表的记录，再在原始表中插入一条修改后的记录。
- "SQL UPDATE"：用修改方式来改变原始表的记录。

不管使用何种更新语句，Visual FoxPro 都是先根据关键字在原数据表中找到要修改的记录，再用指定的方法处理。若原数据表的数据在其他工作区被修改，将会造成数据的不一致。可通过"SQL WHERE 子句包括"选项组指定更新条件。

（5）"SQL WHERE 子句包括"选项组：在修改视图中的可更新字段之前，VFP 对原始表中相应记录的指定字段进行检查。若其值已经改变，则不允许修改视图中的可更新字段。

- "关键字段"：当原始表中相应记录的的关键字段被改变，不允许记录更新。
- "关键字和可更新字段"：当原始表中相应记录的关键字段或任何可更新的字段被改变，不允许记录更新。
- "关键字和已修改字段"：当原始表中对应记录的关键字段或在视图中被修改的字段被改变，不允许记录更新。

习　题　5

一、单选题

1. 以纯文本形式保存结果的设计器是（　　）。

　　A）查询设计器　　　B）表单设计器　　　　C）菜单设计器　　　　D）以上三种都不是

2. 查询设计器中"联接"选项卡对应的 SQL 短语是（　　）。

　　A）WHERE　　　　B）JOIN　　　　　　C）SET　　　　　　D）ORDER BY

3. 下面关于查询描述正确的是（　　）。

　　A）可以使用 CREATE VIEW 打开查询设计器

　　B）使用查询设计器可以生成所有的 SQL 查询语句

　　C）使用查询设计器生产的 SQL 语句存盘后将存放在扩展名为 QPR 的文件中

　　D）使用 DO 语句执行查询时，可以不带扩展名

4. 以下关于查询的描述正确的是（　　）。

　　A）查询保存在项目文件中　　　　　　　B）查询保存在数据库文件中

　　C）查询保存在表文件中　　　　　　　　D）查询保存在查询文件中

5. 以下关于查询描述正确的是（　　）。

　　A）不能根据自由表建立查询　　　　　　B）只能根据自由表建立查询

　　C）只能根据数据库表建立查询　　　　　D）可以根据数据库表和自由表建立查询

6. 使用菜单操作方法打开一个在当前目录下已经存在的查询文件 zgjk.qpr 后，在命令窗口生成的命令是（　　）。

　　A）OPEN QUERY zgjk.qpr　　　　　　B）MODIEY QUERY zgjk.qpr

　　C）DO QUERY zgjk.qpr　　　　　　　　D）CREATE QUERY zgjk.qpr

7. 下面有关对视图的描述正确的是（　　）。

　　A）可以使用 MODIFY STRUCTURE 命令修改视图的结构

　　B）视图不能删除，否则影响原来的数据文件

　　C）视图是对表的复制产生的

　　D）使用 SQL 对视图进行查询时必须事先打开该视图所在的数据库

8. 在 Visual FoxPro 中，以下关于视图描述中错误的是（　　）。

　　A）通过视图可以对表进行查询　　　　　B）通过视图可以对表进行更新

　　C）视图是一个虚拟表　　　　　　　　　D）视图就是一种查询

9. 查询设计器和视图设计器的主要不同表现在于（　　）。

　　A）查询设计器有"更新条件"选项卡，没有"查询去向"选项

　　B）查询设计器没有"更新条件"选项卡，有"查询去向"选项

　　C）视图设计器没有"更新条件"选项卡，有"查询去向"选项

　　D）视图设计器有"更新条件"选项上，也有"查询去向"选项

10. 在 Visual FoxPro 中以下叙述正确的是（　　）。

　　A）利用视图可以修改数据　　　　　　　B）利用查询可以修改数据

　　C）查询和视图具有相同的作用　　　　　D）视图可以定义输出去向

二、填空题

1. 在 Visual FoxPro 的查询设计器中"筛选"选项卡对应的 SQL 短语是_____。

2. 查询设计器的"排序依据"选项卡对应于 SQL SELECT 语句的_____短语。

3. 在 Visual FoxPro 中，要运行查询文件 query1.pqr，可以使用命令_____。

4. 视图保存在_____文件中。

5. 视图设计器中含有的、但查询设计器中却没有的选项卡是_____。

三、思考题

1. 比较视图和查询的异同。

2. 列举查询的各个选项卡与 SQL 语句的对应关系。

四、实践题

（一）建立查询

1. 在教务管理的项目文件中，建立查询"必修课查询"显示所有必修课课程的课程名称、学分、最高分、最低分和平均分，要求按平均分降序排列。

2. 在教务管理的项目文件中，建立查询"学生成绩查询"显示每位同学的学号、姓名、平均分，只显示平均分在 75 以上的数据，按平均分的降序排列，将结果输出为数据表"学生成绩"。

（二）建立视图

1. 在成绩管理数据库中，建立视图"学生成绩"，显示学生的班级名称、学号、姓名、选课时间、课程编号、课程名称、学分、任课教师、成绩，按学号的顺序排列。要求该视图能根据学号和课程编号来修改成绩。

2. 在成绩管理数据库中，以视图"学生成绩"和数据表"教师"为数据源建立视图"课程成绩"，显示课程编号、课程名称、学分、教师姓名、职称、选课时间、班级名称、学号、姓名、成绩信息，要求按课程编号的顺序排列。

第 6 章
结构化程序设计

Visual FoxPro 有两种工作方式：交互方式和程序方式。交互方式是通过在命令窗口中输入命令或通过选择菜单项来实现各种操作，适用于解决一些较为简单的问题。当要处理复杂的问题时，就应采取程序方式。

Visual FoxPro 程序设计包括结构化程设计和面向对象程序设计。本章主要介绍结构化程设计，它是传统的程序设计方法，是面向对象程序设计的基础。

6.1 程 序 文 件

6.1.1 程序文件的基本概念

程序由能够完成指定任务的一系列命令组成，这些命令被保存在程序文件中。程序文件又称为命令文件，其扩展名为.prg。程序文件中既可以包含那些能在命令窗口执行的 Visual FoxPro 命令，也可以包含一些程序控制语句（如 IF 语句、循环语句）。

程序文件既可通过 Visual FoxPro 内置的文本编辑器来建立和修改，也可通过其他文本编辑器（如记事本）来编辑。程序一旦建立，可以多次执行，也可被其他的程序、表单和菜单调用。执行程序时，系统会自动地按一定的顺序来逐条执行程序中的命令。

6.1.2 程序文件的建立和修改

在 Visual FoxPro 中可以通过"新建"对话框来建立程序文件，"打开"对话框来编辑程序；也可使用 MODIFY COMAMND 命令来建立或编辑程序；或通过项目管理器来建立或编辑程序。

1. 通过菜单建立或编辑程序

● 建立程序

（1）选择"文件"菜单下的"新建"命令或单击工具栏上的"新建"按钮□，打开"新建"对话框。

（2）在"新建"对话框的"文件类型"列表框中选择"程序"选项，单击"新建文件"按钮。

（3）系统打开新建程序的编辑窗口，如图 6.1 所示，在程序窗口中输入程序代码。

（4）编辑完代码后，选择"文件"菜单下的"保存"命令，或单击"常用"工具栏上的"保存"按钮■，或按 Ctrl+W 组合键，打开"另存为"对话框。

（5）"另存为"对话框如图 6.2 所示，指定该程序文件的存放位置和文件名，单击"保存"按钮。存盘后，系统创建了一个扩展名为.prg 的程序文件。

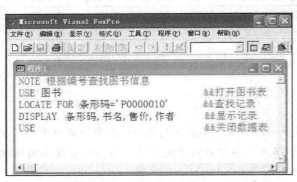

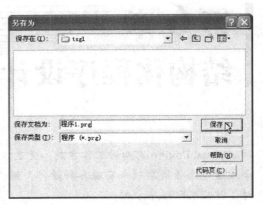

图 6.1　编辑程序文件　　　　　　　　　　图 6.2　保存程序文件

● 修改程序

程序文件建立后，若用户要修改程序，可按下列步骤操作。

（1）选择"文件"菜单的"打开"命令，打开"打开"对话框。

（2）在"打开"对话框"查找范围"下拉列表中定位到程序文件所在的文件夹，在"文件类型"下拉列表中选择"程序"，文件列表中显示出此文件夹下的程序文件。

（3）双击要打开的程序文件，或者选择它，再单击"确定"按钮，即可打开程序文件的编辑窗口。

2. 命令方式建立和修改程序

命令格式：**MODIFY COMMAND**　[<程序文件名>]

命令功能：建立或编辑指定的程序文件。

命令说明：

① 当程序文件是一个新文件名时，系统将创建一个新的程序文件，并打开其编辑窗口。

② 当程序文件是一个已经存在的文件时，系统将打开该程序文件的编辑窗口，供用户修改。

3. 在项目管理器中建立和修改程序

在项目管理器中，选定"代码"选项卡中的"程序"项，单击"新建"按钮可以建立程序文件。如果要修改此程序，则应选定程序名，如图 6.3 所示，单击"修改"按钮。

4. 程序书写规则

在程序中，每条命令都以按 Enter 键结束，一行只能写一条命令。

若命令需分行书写的，应在上一行终了时输入续行符"；"。

在程序中可插入注释，以提高程序的可读性。

如图 6.1 所示，程序中的注释行以单词"NOTE"或符号"*"开头，它仅在编辑程序时显示，不会在运行程序时执行。

用户也可以在语句的末尾添加注释，这种注释以符号"&&"开头。

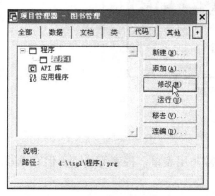

图 6.3　在项目管理器中修改程序

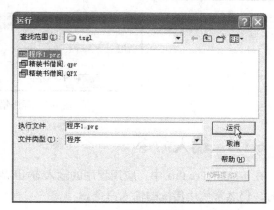

图 6.4　运行对话框

6.1.3　程序的运行

程序文件一旦建立，就可以使用下列方式执行。

1. 在程序处于打开状态时运行程序

如果程序已在编辑窗口被打开，单击"常用"工具栏上的"运行"按钮 **!**，或在"程序"菜单中选择"执行程序名.prg"命令，可执行此程序。

2. 通过菜单运行程序

（1）选择"程序"菜单的"运行"命令，打开"运行"对话框，如图 6.4 所示。

（2）在"运行"对话框"查找范围"下拉列表中定位到程序文件所在的文件夹，选中要运行的程序文件名，单击"运行"按钮。

3. 命令方式运行程序

命令格式：**DO** 　<程序文件名>

命令功能：运行指定的程序文件。

由于 DO 命令默认是运行 PRG 程序，若用户要运行程序文件，则只需指定主文件名，无需指定扩展名。

4. 在项目管理器中运行程序

在项目管理器中，选择"代码"选项卡中"程序"选项下要运行的程序，单击"运行"按钮，即可运行该程序。

5. 中止程序的运行

当 Visual FoxPro 执行 PRG 源程序文件时，系统将自动对其编译，产生相应的 FXP 文件。系统实际执行的是 FXP 目标文件。

在执行程序的过程中，系统会自动地按一定的顺序来逐条执行程序中的命令。

如果程序有错，或在执行过程中用户按了 Esc 键中止程序，系统会打开"程序错误"对话框，如图 6.5 所示。当用户选择"取消"按钮时，系统将取消此次程序的执行；当用户选择"挂起"按钮时，系统将暂停程序的运行，返回到命令窗口。用户可以在执行其他的操作后，选择"程序"菜单的"继续执行"命令或在命令窗口中执行"RESUME"命令，从程序的中止处继续运行程序；当用户选择"忽略"时，系统将忽略程序错误，继续执行程序。

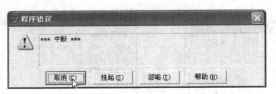

图 6.5　程序错误对话框

6.1.4　输入命令

在 Visual FoxPro 中，应用程序的输入/输出界面通常采用表单、报表等形式。但在编写小程序时，仍然常使用传统的输入命令。

1. 字符串输入命令

命令格式：**ACCEPT　[<提示信息>]　TO <内存变量>**

命令功能：程序中执行到该语句时，在主窗口显示用户设置的提示信息，等待用户从键盘输入数据。用户输入数据后，按 Enter 键，系统将接收到的数据作为字符串赋值给内存变量，再继续往下执行程序。

命令说明：

① <提示信息>是一个字符型表达式。执行此命令时，该表达式的内容作为提示信息，显示在屏幕上。若默认此项，则不显示提示信息。

② 由于此命令接收到的任何数据都会作为字符串，因此，用户在输入数据时，不需要输入字符串定界符。

③ 若用户不输入任何数据，直接按 Enter 键，则内存变量将被赋值为空串。

例 6.1　在图书表中，根据用户输入的条形码，查找书籍的条形码、书名、售价和作者信息。

```
USE 图书                                  &&打开图书表
ACCEPT "请输入要查询的条形码" to txm       &&接收用户要查询的条形码
LOCATE FOR 条形码=txm                      &&根据用户的输入查找记录
DISPLAY 条形码,书名,售价,作者              &&显示图书记录的相关信息
USE            &&关闭数据表
RETURN         &&返回命令窗口
```

在程序的运行过程中，屏幕上显示提示信息。用户键入要查询的条形码，按 Enter 键后，屏幕上显示图书的相关信息，如图 6.6 所示。

图 6.6　程序例 6.1 的运行结果

2. 表达式输入命令

命令格式：**INPUT　[<提示信息>]　TO <内存变量>**

命令功能：该命令与 ACCEPT 命令类似，但该命令可接收用户输入的多种数据类型的表达式。

命令说明：

① 用户可输入数值型、字符型、日期型或逻辑型表达式。系统先计算表达式的值，然后将

值赋给指定的内存变量。内存变量的类型由表达式的数据类型决定。

② 当用户输入字符型、日期型或逻辑型常量时，应加上相应的定界符。

若将例 6.1 的 ACCEPT 命令改为 INPUT 命令，则在程序运行过程中，输入条形码时，须加上字符串定界符，如 "P0000005"。

3．单字符输入命令

命令格式：**WAIT　[<提示信息>]　[TO <内存变量>]**
　　　　　　[WINDOW [AT <行>,<列>]] [TIMEOUT <数值表达式>]

命令功能：该命令与 ACCEPT 命令类似，但该命令只能接收用户输入的一个字符。

命令说明：

① 若默认<提示信息>，执行此命令时，屏幕上显示"按任意键继续。"

② 若指定 TO <内存变量>短语，执行此命令时，用户按任意键，无须按 Enter 键，该键作为一个字符被接收到指定的内存变量中。若用户不输入任何数据，直接按 Enter 键，或单击鼠标，系统会将对内存变量赋值为空串。

若不指定 TO <内存变量>短语，此语句的功能为暂停程序的执行，显示提示信息。用户按任意键，或单击鼠标，将继续执行程序。

③ 若指定 WINDOW 短语，将显示一个窗口显示提示信息。通常，窗口显示在屏幕的右上角。若用 AT <行>，<列>短语，可指定窗口的位置。

④ TIMEOUT <数值表达式>短语，用来设置等待用户输入的时间，以秒为单位。如果在指定的时间内用户未输入任何字符，系统将自动执行后面的命令。

例如，用户要在程序执行过程中查看数值型变量 A 的值，要求结果显示在 10 行 30 列位置的窗口中，显示 5 秒后继续执行程序，则语句为

```
WAIT "变量A的值为"+STR(A) WINDOW AT 10,30 TIMEOUT 5
```

又例如，用户要在程序执行过程中接收一个字符，将此值存储在变量 B 中，则语句为

```
WAIT "请输入一个字符" TO B
```

6.1.5　其他命令

1．结束程序运行命令

在程序的结尾，通常执行以下命令，以结束程序的运行。当然，如果省略这些命令，也可以终止程序。

RETURN：结束当前程序的执行，返回到调用它的上级程序。若无上级程序，则返回到命令窗口。

CANCEL：终止程序运行，清除所有的私有变量（见　），返回到命令窗口。

QUIT：退出 Visual FoxPro 系统，返回到 Windows。

2．清屏命令

使用 **CLEAR** 命令，可以清除主屏幕窗口上的所有信息。

3．关闭文件命令

使用 **CLOSE ALL** 命令，可以关闭所有已打开的各类文件，并将当前工作区设为 1 号工作区。

使用 **CLEAR ALL** 命令，除了可以关闭数据表文件，还可以清除所有用户定义的内存变量。

在程序执行以前，用户可能已经打开了一些数据表或其他文件。在程序的开头使用这些命令，

可以关闭这些文件，以免干扰程序的执行。

4. 设置环境参数命令

在程序的开始处，常使用一些 SET 命令来设置环境参数。例如，使用 SET TALK ON/OFF 命令，可以开启或关闭人—机会话；使用 SET DEFAULT TO 命令，可以设置默认的文件路径。

6.2 程序的基本结构

程序设计是根据给定的任务，设计、编写和调试出完成该任务的过程。结构化程序设计的基本思想是采用"自顶向下，逐步求精"的程序设计方法和"单入口单出口"的控制结构。自顶向下、逐步求精的程序设计方法是从问题本身开始，经过逐步细化，将解决问题的步骤分解为由基本程序结构模块组成的结构化程序框图。"单入口单出口"的思想认为：一个复杂的程序，如果它仅是由顺序、选择和循环 3 种基本程序结构通过组合、嵌套构成，那么它只有一个唯一的入口和出口。据此，就很容易编写出结构良好、易于调试的程序。程序结构是程序中命令或语句执行的流程结构。结构化程序设计由 3 种基本结构组成：顺序结构、选择结构和循环结构。

6.2.1 顺序结构

顺序结构是最简单的程序结构，其流程图如图 6.7 所示，先执行 A 操作，再执行 B 操作，依次执行各条语句。例 6.1 中的程序就是一个顺序结构的程序。

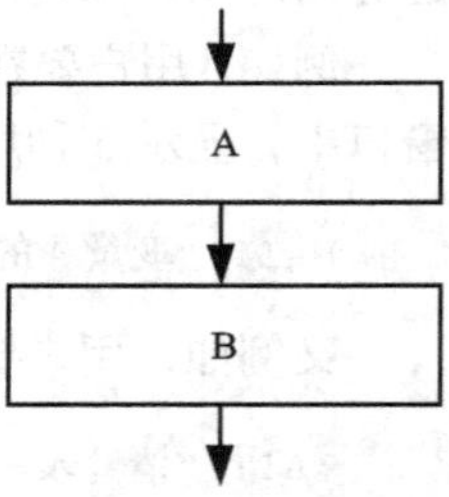

6.2.2 选择结构

选择结构是在程序执行时，根据不同的条件，选择执行不同的程序语句。Visual FoxPro 的分支结构程序可以分为简单分支（IF-ENDIF）、选择分支（IF-ELSE-ENDIF）以及多路分支（DO CASE-ENDCASE）3 种不同的程序。

图 6.7 顺序结构

1. 简单分支

简单分支语句，是根据条件表达式的值，决定某一操作是否执行。

语句格式：

```
IF <条件表达式>
<语句序列>
ENDIF
```

语句功能：如果条件成立，即<条件表达式>的值为真，则执行语句序列，然后再执行 ENDIF 后面的语句。否则，直接执行 ENDIF 后面的语句。其流程图如图 6.8 所示。

例 6.2 某地的计程车收费规则为：不超过 2km 时，一律收取 6 元。超过部分每公里加收 1.8 元。编程根据行车里程计算应付车费。

```
INPUT '请输入里程数' TO x      &&接收要计算的行车里程
y=6                           &&将车费赋值为 6 元
IF x>2                        &&判断 x 是否超过 2km
  y=6+(x-2)*1.8               &&重新计算车费
ENDIF
```

```
?'里程数为',x,'车费为',y          &&显示里程和车费
RETURN                          &&返回命令窗口
```

2. 选择分支

选择分支语句,是根据条件表达式的值,选择两个语句序列中的一个来执行。

语句格式:

```
IF <条件表达式>
<语句序列 1>
ELSE
<语句序列 2>
ENDIF
```

语句功能:如果条件成立,即<条件表达式.>的值为真,则执行语句序列 1,然后执行 ENDIF 后面的语句。否则,执行语句序列 2 的语句,再执行 ENDIF 后面的语句。其流程图如图 6.9 所示。

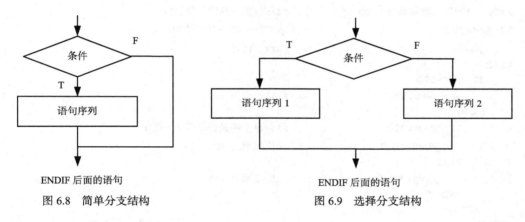

图 6.8　简单分支结构　　　　　　　　　　图 6.9　选择分支结构

例 6.3　用选择分支实现例 6.2 的程序

```
INPUT '请输入里程数' TO x        &&接收要计算的行车里程
IF x<=2                         &&判断 x 是否超过 2 km
   y=6                          &&将车费赋值为 6 元
ELSE
   y=6+(x-2)*1.8                &&将车费赋值为 6 元加超出的部分
ENDIF
?'里程数为',x,'车费为',y          &&显示里程和车费
RETURN                          &&返回命令窗口
```

例 6.4　在图书表中,根据用户输入的条形码查找书籍。如果找到,则显示书籍的条形码、书名、售价、作者信息;如果没有找到,显示'查无此书'。

```
USE 图书           &&打开图书表
ACCEPT "请输入要查询的条形码" to txm    &&接收用户要查询的条形码
LOCATE FOR 条形码=txm                &&根据用户的输入查找记录
IF FOUND()                          &&判断是否找到了输入条码
   DISPLAY 条形码,书名,售价,作者        &&显示图书记录的相关信息
ELSE
```

```
    ?'查无此书'            &&显示没有这本书
ENDIF
USE                      &&关闭数据表
RETURN                   &&返回命令窗口
```

3. 嵌套选择结构

在解决一些复杂问题时，需要将多个选择结构语句结合起来使用。也就是说，在选择结构的<语句序列>中，允许包括另一个合法的选择结构，形成选择的嵌套。

对于嵌套选择结构的程序而言，每一个 IF 必须和一个 ENDIF 配对。

为了使程序易于阅读，内外层选择结构应该层次分明，通常按缩进格式来书写。

例 6.5　某商场采取打折的方法进行促销，购物金额在 300 元以上，按九五折优惠；购物金额在 500 元以上，按九折优惠；购物金额在 1 000 元以上，按八五折优惠。编写程序，根据用户的购物金额，计算其优惠额及实际付款金额。

```
INPUT '请输入购物金额' TO je     &&接收要计算的购物金额
IF je<=300                       &&判断金额是否超过 300 元
    yh=0                         &&没有优惠
ELSE
    IF je<=500
        yh=je*0.05              &&优惠额为 5%
    ELSE
        IF je<=1000             &&判断金额是否超过 1000 元
            yh=je*0.1           &&优惠额为 10%
        ELSE
            yh=je*0.15          &&优惠额为 15%
        ENDIF
    ENDIF
ENDIF
?'优惠额为',yh,'实际付款为',je-yh  &&显示优惠额和实际付款
RETURN                           &&返回命令窗口
```

4. 多路分支

当选择结构嵌套的层次较多时，往往会影响程序的可读性。通过 Visual FoxPro 的 CASE 语句，可实现多路分支的选择结构。

语句格式：

```
DO CASE
CASE <条件表达式 1>
<语句序列 1>
CASE <条件表达式 2>
<语句序列 2>
……
CASE <条件表达式 n>
<语句序列 n>
[OTHERWISE
<语句序列 n+1>]
ENDCASE
```

语句功能：系统自上而下依次对各个 CASE 语句的条件进行判断。若某个<条件表达式>的值为真，则执行该语句下的语句序列。然后，不管其他 CASE 语句的条件是否成立，转去执行 ENDCASE 后的语句。

若所有<条件表达式>的值都不为真，又有 OTHERWISE 子句，则执行 OTHERWISE 后的语句序列，再转去执行 ENDCASE 后的语句。

若所有<条件表达式>的值都不为真，又没有 OTHERWISE 子句，则直接执行 ENDCASE 后的语句。

其流程图如图 6.10 所示。

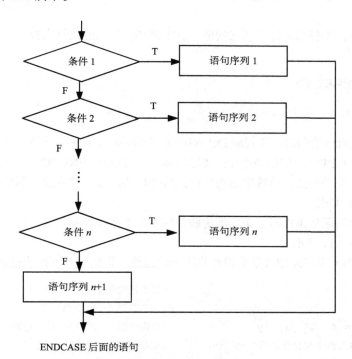

ENDCASE 后面的语句

图 6.10　多路分支结构

例 6.6　用多重选择结构实现例 6.5 的程序。

```
INPUT '请输入购物金额' TO je      &&接收要计算的购物金额
DO CASE
CASE je<=300          &&判断金额是否超过 300 元
    yh=0              &&没有优惠
CASE je<=500          &&判断金额是否超过 500 元
    yh=je*0.05        &&优惠额为 5%
CASE je<=1000         &&判断金额是否超过 1000 元
    yh=je*0.1         &&优惠额为 10%
  OTHERWISE
    yh=je*0.15        &&优惠额为 15%
ENDCASE
?'优惠额为',yh,'实际付款为',je-yh        &&显示优惠额和实际付款
RETURN                &&返回命令窗口
```

由于各个 CASE 条件是按其排列的前后顺依次被判断的。所以，哪一个条件在前，哪一个条件在后，可能会影响程序的执行结果。编写程序时，应根据条件所蕴涵的逻辑关系，认真考虑。

6.2.3　循环结构

循环结构是指在程序执行的过程中，某段代码被重复地执行若干次，被重复执行的代码段称之为循环体。Visual FoxPro 支持 3 种循环结构的控制语句：条件循环（DO WHILE-ENDDO）、步长型循环（FOR-ENDFOR）、扫描型循环（SCAN-ENDSCAN）。

1. 条件循环

条件循环语句，是根据条件表达式的值，决定循环体语句的执行次数。

语句格式：

```
DO WHILE <条件表达式>
<语句序列>
ENDDO
```

语句功能：执行该语句时，先判断 DO WHILE 处的循环条件是否成立，如果条件为真，则执行 DO WHILE 与 ENDDO 之间的命令序列（循环体）。当执行到 ENDDO 时，返回到 DO WHILE，再次判断循环条件是否为真，以确定是否再次执行循环体。若条件为假，则结束该循环语句，执行 ENDDO 后面的语句。

如果第一次判断循环条件时，条件即为假，则循环体将一次都不被执行。

其流程图如图 6.11 所示。

例 6.7　重复执行例 6.4 中按条形码查找图书的过程，直到用户不继续查找为止。

```
USE 图书                              &&打开图书表
jx='Y'                               &&设置变量 jx 的初值
DO WHILE jx='Y' OR jx ='y'           &&根据变量 jx 的值判断是否循环
ACCEPT "请输入要查询的条形码" to txm   &&接收用户要查询的条形码
LOCATE FOR 条形码=txm                 &&根据用户的输入查找记录
IF FOUND()                           &&判断是否找到了输入条码
      DISPLAY 条形码,书名,售价,作者    &&显示图书记录的相关信息
ELSE
?'查无此书'                           &&显示没有这本书
ENDIF
WAIT "是否继续(Y/N)" TO jx            &&接收用户输入的字符以决定是否继续
ENDDO
USE                                  &&关闭数据表
RETURN                               &&返回命令窗口
```

在循环体中可以出现两条特殊的命令：LOOP 和 EXIT。

如果循环体包含 LOOP 命令，那么当遇到 LOOP 时，就结束循环体的本次执行，不再执行其后面的语句，而是转回 DO WHILE 处重新判断条件。

如果循环体包含 EXIT 命令，那么当遇到 EXIT 时，就结束该语句的执行，转去执行 ENDDO 后面的语句。

通常，LOOP 和 EXIT 出现在循环体内所包含的选择结构中，根据选择语句的条件来判断是否 LOOP 或 EXIT。

包含 LOOP 和 EXIT 命令的循环结构如图 6.12 所示。

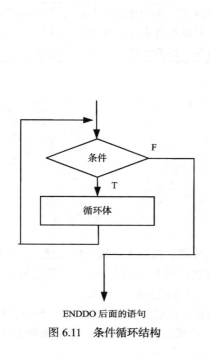

ENDDO 后面的语句
图 6.11　条件循环结构

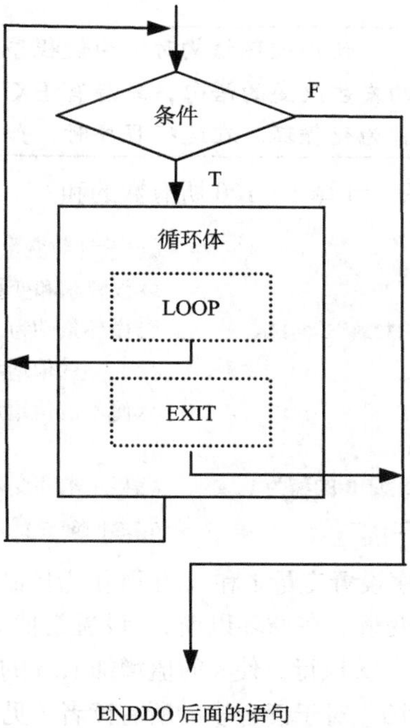

ENDDO 后面的语句
图 6.12　含有 LOOP 和 EXIT 的循环

例 6.8　实现程序例 6.7 的功能。且如果用户输入的条形码不是 8 位字符，则提示用户重新输入条形码。

```
USE 图书                                        &&打开图书表
DO WHILE .T.                                    &&循环条件永远为真值
ACCEPT "请输入要查询的条形码" to txm              &&接收用户要查询的条形码
IF LEN(ALLT(TXM))<>8                            &&如果用户输入的条形码不是 8 位
   WAIT '请输入 8 位条形码' AT 50,20 TIMEOUT 3   &&显示警告信息
   LOOP                                         &&跳转到循环的条件判断处
ENDIF
LOCATE FOR 条形码=txm                            &&根据用户的输入查找记录
IF FOUND()                                      &&判断是否找到了输入条码
   DISPLAY 条形码,书名,售价,作者                   &&显示图书记录的相关信息
ELSE
   ?'查无此书'                                   &&显示没有这本书
ENDIF
WAIT "是否继续(Y/N)" TO jx                       &&接收用户输入的字符是否继续查找
IF jx<>'Y' AND jx <>'y'                         &&如果用户回答的不是 Y 或 y
  EXIT                                          &&退出循环
ENDIF
ENDDO
```

```
USE                              &&关闭数据表
RETURN                           &&返回命令窗口
```

在上述程序中，循环条件为逻辑常量.T.，因而循环条件永远成立。这种循环被称为绝对循环，这时，在循环体内应该有 EXIT 语句退出循环。

使用循环结构时，为使程序最终能退出循环，在循环体中必须要有使循环条件的值的发生改变的语句，或者有 EXIT 语句。否则程序将永远重复地执行循环体，这种情况称为死循环。在运行程序时，如果遇到死循环，按 Esc 键可结束程序运行。

例 6.9　计算 1～100 所有数的和。

```
i=1                              &&设置计数变量 i 的初值为 1
s=0                              &&设置求和变量 s 的初值为 0
DO WHILE i<=100                  &&循环条件为 i 不超过 100
s=s+i                            &&使 s 的值增加 i
i=i+1                            &&使 i 的值增加 1
ENDDO
?"1 到 100 的和为",s              &&显示求和变量的值
RETURN                           &&返回命令窗口
```

该程序设置变量 i 和 s。i 既作为控制循环次数的变量，也作为被累加的数据。s 作为保存累加结果的变量。在循环以前，i 设置初值为 1，s 设置初值为 0。在循环体中，重复执行 s=s+i 和 i=i+1，每一次执行，使 s 的值增加 i，i 的值增加 1，直到 i 的值超过 100。

例 6.10　对于读者表的所有读者（见图 4.1），根据不同的身份来收取押金。其中，教研人员收取 50 元，工作人员收取 30 元，研究生收取 20 元。将所有读者的姓名、身份和押金显示出来。

```
USE 读者                         &&打开读者表
DO WHILE NOT EOF()               &&循环条件为记录指针不指向文件尾
DO CASE
CASE 身份='教研人员'              &&判断当前记录的身份字段的值是否为教研人员
  yj=50                          &&对 yj 赋值为 50
CASE 身份='工作人员'              &&判断当前记录的身份字段的值是否为工作人员
  yj=30                          &&对 yj 赋值为 30
CASE 身份='研究生'               &&判断当前记录的身份字段的值是否为研究生
  yj=20                          &&对 yj 赋值为 20
ENDCASE
?姓名,身份,yj                     &&显示当前记录的姓名和身份字段及变量 yj 的值
SKIP                             &&向下移动记录指针
ENDDO
USE                              &&关闭数据表
RETURN                           &&返回命令窗口
```

该程序是对数据表中所有记录逐一进行处理。每处理完一条记录，记录指针就往下移动一条。当记录指针指向文件尾标志时，循环条件 NOT EOF() 的值为假，则退出循环。

2. 步长型循环

对于事先已经知道循环次数的程序，可以使用步长型循环。它可以按指定的次数重复地执行循环体。

语句格式：

```
FOR <循环变量>=<初值> TO <终值> [STEP <步长值>]
<语句序列>
ENDFOR|NEXT
```

语句功能：执行该语句时，系统首先自动将初值赋给循环变量，然后判断循环变量是否超过终值。

若循环变量超过终值，则退出循环，转去执行 ENDFOR 后面的语句。

若循环变量没有超过终值，则执行循环体，并自动将循环变量增加一个步长值。然后，再去判断循环变量是否超过终值，以决定是否再次执行循环体。

当步长值为正数时，系统认为循环变量大于终值是超过终值；当步长值为负数时，系统认为循环变量小于终值为超过终值。在省略步长值时，默认的步长值为 1。

<初值>、<终值>、<步长值>都是数值型表达式。这些表达式的值在第 1 次循环时被计算出来，在以后循环的执行过程中不再会被改变。

其流程图如图 6.13 所示。

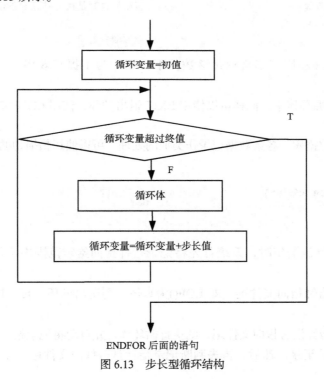

图 6.13　步长型循环结构

例 6.11　使用步长型循环实现例 6.9。

```
s=0                    &&设置求和变量为 s
FOR i=1 TO 100         &&设置循环变量 i 的初值为 1，终值为 100，步长为 1
s=s+i                  &&使 s 的值增加 i
ENDFOR
?"1 到 100 的和为",s    &&显示求和变量的值
RETURN                 &&返回命令窗口
```

该程序省略步长，则步长值为 1。若将此题改为计算 1～100 中所有奇数的和，只需将步长值改为 2，即改为 FOR i=1 TO 100 STEP 2。

　　例 6.12　编写程序，判断一个大于 2 的整数是否为素数。

　　除了 1 和它本身之外不能被任何一个整数所整除的数为质数。除了 2 以外的质数均为素数。

　　要判断一个数 n 是否为素数，只需用 2 到 n-1 的各个整数去除 n。如果都不能整除 n，则 n 就是素数。只要有一个数能整除 n，则 n 就不是一个素数。

```
INPUT "请输入一个大于 2 的整数" to n        &&接收从键盘输入的整数赋值给变量 n
FOR i=2 TO n-1                           &&设置循环变量 i 的初值为 2，终值为 n-1，步长为 1
IF MOD(n,i)=0                            &&若 i 整除 n，则退出循环
    EXIT
ENDIF
ENDFOR
IF i>n-1                                 &&退出循环后，判断 i 是否大于 n-1
    ?n,'是一个素数'                       &&若 i 等于 n，则说明 2 到 n-1 没有一个数整除 n
ELSE
    ?n,'不是一个素数'                     &&否则，说明是在 i 整除 n 的情况下退出循环
ENDIF
RETURN                                   &&返回命令窗口
```

由于每个数的最小因子不会超过该数的平方根，为了提高效率，可以将循环终值改为 INT(SQRT(n))。

在 FOR 语句的循环体中，同样可以使用 EXIT 退出循环，使用 LOOP 终止执行本次循环体。

3. 扫描型循环

当用户需要对数据表的各条数据记录作类似的处理，可以使用扫描型循环。

语句格式：

```
SCAN [范围][FOR <条件>]
<语句序列>
ENDSCAN
```

语句功能：执行该语句时，系统首先将记录指针指向给定范围内满足指定条件的第一条记录。

如果此时记录指针指向文件尾，即 EOF()为真值，则退出循环，转去执行 ENDSCAN 后的语句。

如果此时记录指针没有指向文件尾，则执行循环体，并自动将记录指针定位到给定范围内下一条满足指定条件的记录。然后，再去判断记录指针是否指向文件尾，以决定是否再次执行循环体。

当缺省范围和条件时，数据表的所有记录都将执行循环体的语句。其流程图如图 6.14 所示。

　　例 6.13　用扫描循环实现例 6.10 的程序。

```
USE 读者                  &&打开读者表
SCAN                     &&对所有记录进行扫描循环
DO CASE
CASE 身份='教研人员'      &&判断当前记录的身份字段的值是否为教研人员
    yj=50                &&对 yj 赋值为 50
```

```
CASE 身份='工作人员'        &&判断当前记录的身份字段的值是否为工作人员
   yj=30                  &&对 yj 赋值为 30
CASE 身份='研究生'          &&判断当前记录的身份字段的值是否为研究生
   yj=20                  &&对 yj 赋值为 20
ENDCASE
?姓名,身份,yj              &&显示当前记录的姓名和身份字段及变量 yj 的值
ENDSCAN
USE                      &&关闭数据表
RETURN                   &&返回命令窗口
```

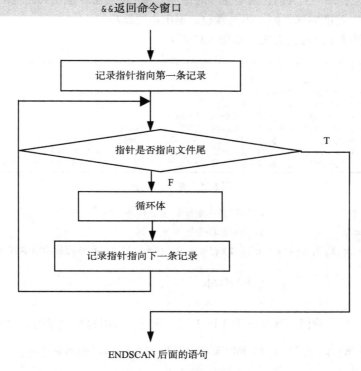

ENDSCAN 后面的语句

图 6.14　扫描型循环结构

4. 多重循环

在一个循环结构的循环体内包含另一个循环结构，则称为多重循环，或称为循环的嵌套。前面所介绍的几种循环语句不仅自身可以嵌套自身，也可以互相嵌套，实现多重循环。但是，每一层次的循环开始语句和循环结束语句必须互相对应，层次分明，不能互相交叉。

下面通过几个例题来说明多重循环的应用。

例 6.14　显示出 3~100 的所有素数，并求这些数的和。

```
s=0                       &&设置求和变量 s 的初值为 0
FOR n=3 TO 99 STEP 2      &&设置循环变量 n 的初值为 3，终值为 100，步长为 2
FOR i=3 TO INT(SQRT(n))   &&设置 i 的初值为 3，终值为 n 的平方根的整数值
    IF MOD(n,i)=0         &&若 i 整除 n，则退出循环
         EXIT
    ENDIF
ENDFOR
IF i> INT(SQRT(n))        &&退出循环后，判断 i 是否大于内层循环的终值
```

```
        ?n                          &&说明没有发生 i 整除 n 的情况，即 n 是素数
          s=s+n                     &&使求和变量 s 的值增加 n
      ENDIF
      ENDFOR
      ?'素数的和为',s
      RETURN                        &&返回命令窗口
```

在此程序中，因为偶数不可能是素数，将外层循环的循环变量 n 从初值 3 开始，以 2 为步长，递增到终值 99。对于每一个 n 值，内层循环的循环变量 i 从初值 3 递增到终值 INT(SQRT(n))，以判断 i 是否整除 n。若能整除，则 n 不是素数，退出内层循环。

例 6.15 编程输出乘法九九表，如图 6.15 所示。

```
1×1= 1
2×1= 2   2×2= 4
3×1= 3   3×2= 6   3×3= 9
4×1= 4   4×2= 8   4×3=12   4×4=16
5×1= 5   5×2=10   5×3=15   5×4=20   5×5=25
6×1= 6   6×2=12   6×3=18   6×4=24   6×5=30   6×6=36
7×1= 7   7×2=14   7×3=21   7×4=28   7×5=35   7×6=42   7×7=49
8×1= 8   8×2=16   8×3=24   8×4=32   8×5=40   8×6=48   8×7=56   8×8=64
9×1= 9   9×2=18   9×3=27   9×4=36   9×5=45   9×6=54   9×7=63   9×8=72   9×9=81
```

图 6.15 乘法九九表

```
FOR i=1 TO 9                   &&外层循环变量 i 从 1 到 9
  FOR j=1 to i                 &&内层循环变量 j 从 1 到 i
    ??' ',str(i,1)+'×'+str(j,1)+'='+str(i*j,2)   &&在本行显示数学式 i×j=i 与 j 的乘积
  ENDFOR
  ?                            &&换行输出
ENDFOR
```

例 6.16 输入 9 个数值，建立一个 3 行 3 列的数组，求出每行元素的最大值并输出。

```
DIME a(3,3),m(3)   &定义 3 行 3 列的 a 数组，用来保存各行最大值的 m 数组
FOR i=1 TO 3
  FOR j=1 TO 3
    INPUT "请输入"+STR(i,1)+"行"+STR(j,1)+"列的元素" TO a(i,j)
  ENDFOR
ENDFOR
```

*上述语句为对二维数组的各个元素逐一赋值

```
FOR i=1 TO 3                   &&外层循环变量 i 从 2 到 3
  m(i)=a(i,1)                  &&设 m(i) 初值为 i 行的第一列的数组元素
  FOR j=2 TO 3                 &&内层循环变量 j 从 2 到 3
    IF m(i)<a(i,j)             &&判断第 j 列元素是否大于 m(i) 中保存的值
      m(i)=a(i,j)              &&将 m(i) 重新赋值为第 j 列元素
    ENDIF
  ENDFOR
ENDFOR
```

*下列语句为对二维数组的各个元素逐一输出，并显示各行的最大值

```
FOR i=1 TO 3
```

```
      ?
      FOR j=1 TO 3
         ??a(i,j)
      ENDFOR
      ??'    最大值为',m(i)
   ENDFOR
```

在此程序中，首先通过一个多重循环接收用户输入的数值，对数组的每个元素赋值。然后通过一个多重循环，将每行元素的最大值赋值给数组 *m*。最后通过一个多重循环，输出各个数组元素的值。这 3 个多重循环之间是一种并列的关系。

例 6.17   显示读者表中还有未还书籍的读者的姓名、电话，未还书籍的本数，未还书籍的条形码和借阅日期。

```
SELE 2                &&选择 2 号工作区为当前工作区
USE 借阅              &&打开借阅表
SELE 1                &&选择 1 号工作区为当前工作区
USE 读者              &&打开读者表
SCAN                  &&对读者表所有记录进行扫描循环
c=0                   &&设统计未还图书本数的变量 c 的初值为 0
SELE 2                &&选择借阅表为当前表
SCAN FOR 读者证号=读者.读者证号 AND EMPTY(还书日期)
&&扫描读者证号与读者表当前记录的读者证号相同且还书日期为空的记录
c=c+1                 &&未还图书本数变量 c 增加 1
?c,条形码,借阅日期     &&显示未还图书的序号、条形码和借阅日期
ENDSCAN               &&内层循环结束
SELE 1                &&选择读者表为当前表
IF c>0                &&判断该读者未还图书的本数是否大于 0
?姓名,'电话',电话号码,'总计',c,'本'
&&显示该读者的姓名,电话号码,未还图书的本数
ENDIF
ENDSCAN               &&外层循环结束
USE                   &&关闭读者表
SELE 2                &&选择借阅表为当前表
USE                   &&关闭借阅表
RETURN                &&返回命令窗口
```

该程序同时打开读者表和借阅表，外层循环是对读者表的每位读者进行扫描，内层循环则针对借阅表中所有读者证号与外层循环的读者证号相同且还书日期为空的借阅记录，即对该读者所有未归还的借阅记录执行显示及计数。

在涉及多工作区的程序中，注意要使用 select<工作区号>命令来切换不同的工作区。

6.3   多模块程序设计

结构化程序设计的基本思想是将一个复杂的规模较大的程序系统划分为若干个功能相关又相对独立的一个个较小的模块。这样，既有利于程序的编写和开发，也有利于程序的维护和扩充。

此外，在程序设计中，如果某个功能的程序段需要多次重复使用，也要把这样的程序段独立出来成为一个模块，当系统中任何地方要用到该功能时，只要调用相应的模块即可，而不必再重复编写。

例 6.18　使用程序计算 $C_m^n = \dfrac{m!}{n!(m-n)!}$。

```
INPUT 'm='  TO m
INPUT 'n='   TO n
t=1
FOR  i=1  TO  m
   t=t*i
ENDFOR
a=t
t=1
FOR  i=1  TO  n
  t=t*i
ENDFOR
b=t
t=1
FOR  i=1  TO  m-n
   t=t*i
ENDFOR
c=t
?"组合数为",a/(b*c)
RETURN
```

由于公式中出现了 3 个阶乘，所以程序中计算阶乘的程序段重复出现 3 次。为了简化程序，我们可以把计算阶乘的功能定义为一个模块。

在 Visual FoxPro 中，模块可以是一个子程序，也可以是一个过程。

子程序就是将模块建成一个独立的命令文件，当其他程序中需要用到该模块的功能，可以通过 DO 命令来调用此子程序。由于每调用一个子程序就要打开一个文件，使用子程序将减慢程序运行的速度。

下面，将介绍如何通过定义过程来实现模块功能。

6.3.1　过程的定义和调用

1．过程的定义

过程定义的格式：

```
PROCEDURE|FUNCTION <过程名>
<命令序列>
[RETURN [<表达式>]]
[ENDPROC|ENDFUNC]
```

过程定义说明：

① PROCDURE 或 FUNCTION 命令表示过程的开始，并对过程命名。

过程名必须以字母或下画线开头，可包含字母、数字和下画线。

② ENDPROC 或 ENDFUNC 命令表示过程的结束。

如果缺省，过程结束于下一个过程的开始处或文件结尾处。

③ RETURN 命令表示过程的返回。

如果缺省 RETURN 命令，则在过程的结束处将自动执行一条隐含的 RETURN 命令。

若 RETURN 带<表达式>，则过程将返回表达式的值。若不带表达式，过程返回一个逻辑真（.T.）。

过程可以保存在程序文件中，放置在程序文件正常代码的后面。

在一个程序文件中，可以存放多个过程。

2. 过程的调用

当主程序中要用到过程所定义的功能，可以用下列两种格式调用过程。

格式一：**DO <过程名>**

格式二：**<.过程名>()**

当系统运行到程序中调用过程的命令时，便从过程的第 1 条语句开始执行，执行中只要碰到 RETURN 语句，控制返回到主程序，从主程序中调用过程的下一条语句处继续执行。

当使用第 2 种格式调用过程时，该过程将返回一个值。因此，过程名()可以作为函数出现在主程序的表达式中。

例 6.19 使用过程的方式实现例 6.18。

```
INPUT 'm='  TO m
INPUT 'n='   TO n
k=m
a=jc()
k=n
b=jc()
k=m-n
c=jc()
?a/(b*c)
RETURN
PROC jc
t=1
FOR  i=1  TO  k
   t=t*i
ENDFOR
RETURN t
ENDP
```

3. 过程文件

一个应用程序往往需要用到多个过程，用户可将多个过程的定义存放在一个程序文件中，该文件被称为过程文件。

过程文件的格式如下：

```
PROCEDURE  <过程名 1>
 <命令序列 1>
 [ENDPROC]
PROCEDURE  <过程名 2>
 <命令序列 2>
 [ENDPROC]
……
PROCEDURE  <过程名 n>
```

```
<命令序列>
[ENDPROC]
```

过程文件也是一个扩展名为 prg 的程序文件，其建立和编辑的方法和其他的程序文件相同。

当主程序中要用到过程文件中所定义的过程时，首先要在主程序中通过 SET PROCEDURE TO<过程文件名>命令打开过程文件。此后，主程序可以调用过程文件中的任一过程。当不再需要调用过程时，应该在主程序中使用命令 CLOSE PROCEDURE 或 SET PROCEDURE TO 关闭过程文件。

6.3.2 参数传递

在调用过程时，往往需要将一些数据从主程序传送到被调用的过程中，或将过程运行的结果上传到主程序中。

为此，在定义过程时，可以用 PARAMETER<变量表>语句来定义参数。PARAMETER 必须是过程的第 1 个语句。在 PARAMETER 中所说明的变量，称其为形参。

当主程序中调用过程时，可以用 DO<过程名>WITH<参数>或过程名(<参数表>)进行参数传递。在调用语句中的参数，称其为实参。实参和形参的个数、类型必须一一对应。

实参可为常量、变量、表达式，若实参为变量，必须在调用前赋予初值。

例 6.20　使用带参数的过程实现例 6.18。

```
主程序
INPUT 'm='  TO  m
INPUT 'n='   TO n
?jc(m)/(jc(n)*jc(m-n))
RETURN
PROC jc
PARAMETER k
t=1
FOR  i=1  TO  k
   t=t*i
ENDFOR
RETURN t
ENDP
```

在此程序中，k 是子程序 jc 的形参。主程序 3 次调用 jc 过程。第 1 次以 m 为实参，m 的值传送给 k。在过程中，将 t 的值赋为 m 的阶乘。调用结束后，t 的值通过过程名传回到主程序。同样，第 2 次调用结束后，过程的值为 n 的阶乘。第 3 次调用结束后，过程的值为 $m-n$ 的阶乘。

关于参数传递，还要注意以下几点。

（1）当实参是常量或表达式时，采取值传递，即实参的值传给形参，过程中形参变化的结果不传给实参。

（2）若采取 DO<过程名>WITH<参数>格式调用过程，当实参是变量时，采取的是地址传递，即过程中形参变化的结果将传给实参。或者说，对形参的操作实际上相当于在对实参所对应的变量进行。如果将作为实参的变量加上括号，则采取值传递，过程中形参变化的结果不传给实参。

（3）若采取过程名(<参数表>)格式调用过程，在进行参数传递时，默认是采取值传递方式。而使用 SET UDFPARMS TO REFERENCE 命令，可将传递方式设置为按参数传递。使用 SET

UDFPARMS TO VALUE 命令，则将传递方式设置为按值传递。

（4）形参变量是局部变量。当控制返回到主程序后，形参变量即被清除。

例 6.21　参数传递举例。

```
x=15
y=7
DO sub WITH x,(y)              &&x 是地址传递，y 是值传递
?x,y                          &&显示结果 22,7
?sub(x,y),x,y                 &&x,y 是值传递，显示结果 58 ,22,7
RETURN
PROC sub
PARAMETERS a,b
a=a+b
b=a
RETURN a+b
ENDP
```

在此程序中，第 1 次调用 sub 过程时，x 为地址传递，y 为值传递。在 sub 过程中，a，b 均赋值为 22。返回主程序后，x 的值变为 22，y 的值仍为 7。

第 2 次调用 sub 过程时，x、y 均为值传递。在 sub 过程中，a、b 均赋值为 29，过程返回的值为 58。返回主程序后，x 和 y 的值保持不变。

6.3.3　变量的作用域

多模块程序中，在一个模块中定义的变量在其他模块中不一定能够使用。不同的变量有不同的作用域，即每个变量有其发挥作用的有效范围。根据变量作用域不同，变量分为全局变量、局部变量和私有变量。

1．全局变量

全局变量也称为公共变量，是在任何语句和各个程序模块中都有效的内存变量。建立全局变量的命令格式如下。

格式：PUBLIC　<内存变量表>

功能：将内存变量表指定各个内存变量定义为全局变量。

说明：

① 全局变量应先定义后赋值，不能在赋值一个变量后再将其定义为全局变量。

② 全局变量在定义以后，默认的初值是逻辑假.F.。

③ 定义全局变量的程序运行结束后，全局变量并未被释放，仍然可以在其他程序中使用。只有在执行 CLEAR MEMORY、RELEASE 等命令或退出 Visual FoxPro 后，全局变量才被释放。

④ 在命令窗口所建立的内存变量，默认为全局变量。

2．私有变量

在程序中所有未经说明而直接建立的内存变量都是私有变量。私有变量可以在创建它的模块及其调用的下层模块中使用。一旦建立它的模块程序运行结束，这些私有变量将被清除。也就是说，在下层模块定义的私有变量，无法在其上层模块中使用。

3．局部变量

局部变量只能在建立它的模块中使用，不能在上层或下层模块中使用。当建立它的模块程序运行结束，局部变量被释放。

LOCAL<内存变量表>命令定义的变量是局部变量，并赋予其初值为逻辑值假.F.。同样，局部变量也要先定义后使用。

例 6.22 变量作用域举例。

```
LOCAL a                          &&局部变量 a
STORE 10 TO a,b
?'执行过程前a,b的值',a,b          &&显示结果 10 10
DO p1                            &&调用过程 p1
?'执行过程后a,b的值',a,b          &&显示结果 10 20
?'c=',c                          &&显示结果 c=30
PROC p1
STORE 20 to a,b
?'执行过程时a,b的值',a,b          &&显示结果 20 20
PUBLIC c
c=30
ENDPROC
```

在主程序中，定义了变量 a、b。a 是局部变量，只在主程序中有效；b 是私有变量，在主程序和其下级程序中都有效。在过程 p1 中使用的变量 a 是过程中的私有变量，不是主程序中的局部变量 a，对 a 的赋值并未改变主程序的变量 a 的值。在过程 p1 中使用的变量 b 是上级程序的私有变量 b，所以对 b 赋值使主程序的变量 b 的值发生了变化。在过程 p1 中定义了全局变量 c，在各个程序模块均有效。程序运行结束后，在命令窗口执行?a,b 命令，因为 a、b 变量已被释放，已经不能使用。而执行?c 命令，仍能访问到全局变量 c 的值。

由于一个大型的程序可能由多人开发，在下级子程序中可能会无意地改变上级程序中的私有变量。为了避免这种情况，可以在过程中使用 PRIVATE <内存变量表>。该命令并不建立变量，而是用来隐藏在上层程序中可能已经存在的内存变量，使得这些变量在当前模块程序中暂时无效。这样，这些变量名可以用来命名在当前模块或其下属模块中需要的私有变量，并且不会改变上层模块中同名变量的取值。一旦当前模块程序运行结束返回上层模块，那些被隐藏的内存变量就恢复原有的取值。

例如，在上例的 PROC p1 下面增加一条 PRIVATE b 的命令，则在过程中隐藏了主程序的变量 b。在执行过程时，过程中的私有变量 b 的值赋为 20。执行过程后，主程序中 b 的值恢复为 10。

6.3.4　存储过程

存储过程是保存在数据库文件中的过程，属于数据库对象的一部分。它可以被数据库中的对象调用，如可作为数据表字段的默认值和有效性规则。

打开数据库设计器后，通过下列方法，可以打开编辑存储过程的代码窗口。

● 右击鼠标，在快捷菜单中选择"编辑存储过程"。

● 单击数据库设计器工具栏上的"编辑存储过程"按钮 🔡。

● 选择"数据库"菜单的"编辑存储过程"命令。

打开代码窗口后，如图 6.16 所示，可输入多个存储过程。输入完毕，关闭窗口，过程即保存在数据库文件中。

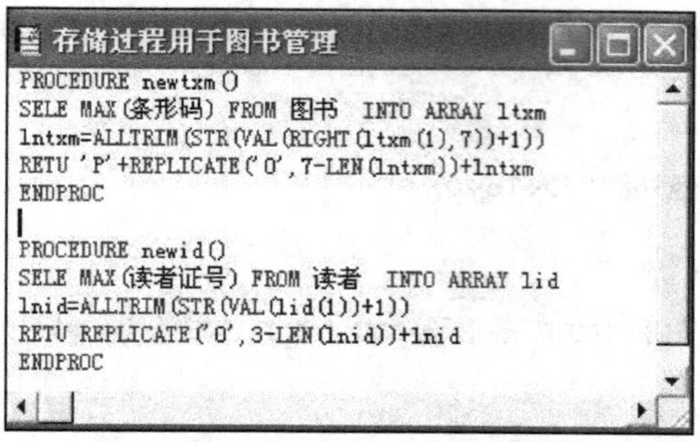

图 6.16　图书管理数据库的存储过程

例 6.23　建立一个存储过程，获得一个条形码。该条形码以字母 P 开头，后 7 位数字为当前图书表中书籍编号的最大值加一。

```
PROCEDURE newtxm()
SELE MAX(条形码) FROM 图书  INTO ARRAY ltxm
lntxm=ALLTRIM(STR(VAL(RIGHT(ltxm(1),7))+1))
RETU 'P'+REPLICATE('0',7-LEN(lntxm))+lntxm
ENDPROC
```

该过程首先将图书表中条形码的最大值赋值给数组元素 ltxm(1)。然后，取出 ltxm(1) 的右边 7 位数字字符，将其转换为数值后加 1，再将其转换为字符型，去掉空格后，赋值给变量 lntxm。该过程返回的值为字符 P 连接上若干个 0 字符再连接 lntxm。0 的个数为 7 减去变量 lntxm 的长度。

图书表的表设计器如图 6.17 所示，将存储过程 newtxm() 作为条形码字段的默认值。这样，每当图书表中新增一本书籍，就会调用该存储过程，得到一个默认的条形码。

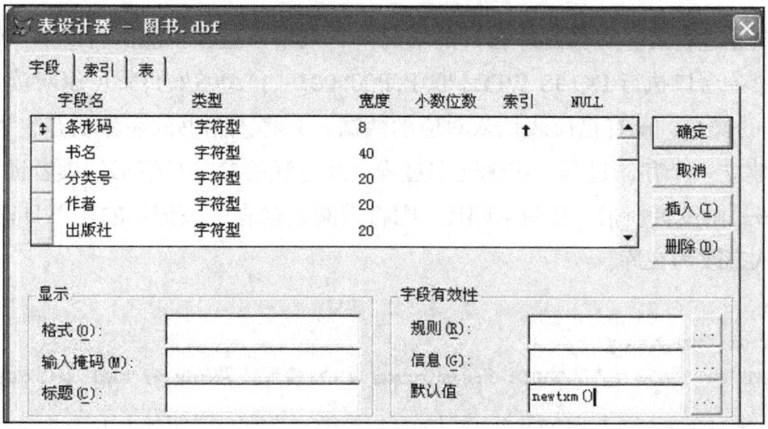

图 6.17　图书表的表设计器

例 6.24　建立一个存储过程，实现借书过程，此过程的参数是借书的读者证号、条形码、借阅日期。首先检查该图书是否符合借阅的条件：该图书是否已经外借及是否为线装书，然后检查该读者借阅图书的数目是否查过权限：研究生可以借 5 本，其他身份的读者可以借 10 本。若不符合条件，则给出相应的提示。若符合条件，则在借阅数据表中插入该读者对该图书的借阅记录，并将图书表中该图书的在库字段设置为假值。

```
PROCEDURE  js()
PARAMETER dzzh,txm,jsrq
```

```
SELECT COUNT(*) FROM 图书 WHERE 条形码=txm AND 在库=.F. INTO ARRAY bb
&&查询该图书是否在库
IF bb(1)>0
  MESSAGEBOX('图书已经外借',0+16+0)
  RETURN .f.
ENDIF
SELE COUNT(*) FROM 图书 WHER 条形码=TXM AND 典藏类别='线装' INTO ARRAY cc
&&查询该图书是否为线装书
IF cc(1)>0
  MESSAGEBOX('线装书不能外借',0+16+0)
  RETURN .F.
ENDIF
SELECT COUNT(*) FROM 借阅,读者 WHER 借阅.读者证号=读者.读者证号;
AND 读者.读者证号=DZZH AND EMPTY(还书日期) AND 身份='研究生' INTO ARRAY dd
SELE COUNT(*) FROM 借阅,读者 WHER  借阅.读者证号=读者.读者证号;
AND 读者.读者证号=DZZH AND EMPTY(还书日期) AND 身份<>'研究生' INTO ARRAY EE
&&查询该读者是否借书超过限额
IF dd(1)>=5 OR ee(1)>=10
  MESSAGEBOX('借书已超过限度',0+16+0)
  RETU .f.
ENDIF
  INSERT INTO 借阅(条形码,读者证号,借阅日期) VALUES (txm,dzzh,jsrq)&&在借阅表中插入记录
  UPDATE 图书 SET 在库=.f. WHERE 条形码=txm&&修改图书表的在库状态
ENDPROC
```

在建立了上述过程后，在数据库打开的情况下，调用该过程就能执行借书操作。

例如，在命令窗口执行 DO JS WITH '001','P0000019',{^2008/6/1}就可以对读者 001 执行借阅图书 P0000019 的操作，即在借阅表插入对应的数据，并将该图书的在库状态改为假值。

例 6.25 建立一个存储过程，实现还书过程，此过程的参数是借书的读者证号、条形码、还书日期。若该书是由读者所借，且尚未归还。则将借阅数据表中该记录的还书日期改为指定日期，并将该图书的状态改为在库。

```
PROC hs()
PARAME dzzh,txm,hsrq
SELE COUNT(*) FROM 借阅 WHER 条形码=txm AND 读者证号=dzzh AND EMPTY(还书日期) INTO
ARRAY bb
  && 查找该读者未归还的图书中是否包含该图书
IF bb(1)=0
  MESSAGEBOX('此读者的为归还图书中不包含此图书',0+16+0)
  RETU .f.
ENDIF
UPDA 借阅 SET 还书日期=hsrq WHER 条形码=txm AND 读者证号=dzzh  AND EMPTY(还书日期)
&&设置借阅数据表中相应记录的还书日期
  UPDA 图书 SET 在库=.T. WHERE  条形码=txm &&将图书表中该书的在库状态设置为真值
ENDPROC
```

在建立了上述过程后，在数据库打开的情况下，调用该过程就能执行还书操作。

例如，在命令窗口执行 DO HS WITH '001','P0000019',{^2008/6/10}就可以对读者 001 执行归还图书 P0000019 的操作，即将借阅表中对应数据的还书日期设置为指定日期，并将该图书的在库状态改为真值。

习　题　6

一、单选题

1. 在 Visual FoxPro 中，用于建立或修改过程文件的命令是（　　）。

   A）MODIFY <文件名>

   B）MODIFY COMMAND <文件名>

   C）MODIFY STRUCTURE <文件名>

   D）CREATE <文件名>

2. 清除主窗口屏幕的命令是（　　）。

   A）CLEAR   B）CLEAR ALL

   C）CLEAR SCREEN   D）CLEAR WINDOWS

3. 下列程序段的输出结果是（　　）。

```
ACCEPT TO A
IF A=[123456]
S=0
ENDIF
S=1
? S
RETURN
```

   A）0   B）1

   C）由 A 的值决定   D）程序出错

4. 数据表 stock.dbf 的内容如下。

股 票 代 码	股 票 名 称	单　　价	交 易 所
600600	青岛啤酒	7.48	上海
600601	方正科技	15.20	上海
600602	广电电子	10.40	上海
600603	兴业房产	12.76	上海
600604	二纺机	9.96	上海
600605	轻工机械	14.59	上海
000001	深发展	7.48	深圳
000002	深万科	12.50	深圳

执行下列程序以后，内存变量 a 的内容是（　　）。

```
CLOSE DATABASE
a=0
```

```
USE stock
GO TOP
DO WHILE .NOT.EOF()
IF 单价>10
a=a+1
END IF
SKIP
END DO
```

　　A）1　　　　　　　B）3　　　　　　　C）5　　　　　　　　D）7

5. 数据表教师的内容如下，下列程序段的输出结果是（　　　）。

```
CLOSE DATA
a=0
USE 教师
GO TOP
DO WHILE .NOT. EOF()
IF 主讲课程="数据结构".OR.主讲课程="C 语言"
a=a+1
ENDIF
SKIP
ENDDO
?a
```

　　A）4　　　　　　　B）5　　　　　　　C）6　　　　　　　　D）7

"教师"表：

职工号	系号	姓名	工资	主进课程
11020001	01	肖海	3408	数据结构
11020002	02	王岩盐	4390	数据结构
11020003	01	刘星魂	2450	C 语言
11020004	03	张月新	3200	操作系统
11020005	01	李明玉	4390	数据结构
11020006	02	林兴秀	2976	操作系统
11020007	03	王国名	2987	数据库
11020008	04	呼延军	3220	编译原理
11020009	03	王小龙	3980	数据结构
11020010	01	张国梁	2400	C 语言
11020011	04	林新月	1800	操作系统
11020012	01	乔小廷	5400	网络技术
11020013	02	周兴池	3670	数据库
11020014	04	欧阳秀	3345	编译原理

6. 在 DO WHILE … ENDDO 循环结构中，LOOP 命令的作用是（　　　）。

　　A）退出过程，返回程序开始处

　　B）转移到 DO WHILE 语句行，开始下一个判断和循环

　　C）终止循环，将控制转移到本循环结构 ENDDO 后面的第 1 条语句继续执行

　　D）终止程序执行

7. 如果在命令窗口输入并执行命令"LIST 名称"后，在主窗口中显示：

```
记录号    名称
1        电视机
2        计算机
3        电话线
```

```
4        电冰箱
5        电线
```

假定"名称"字段为字符型、宽度为 6，那么下面程序段的输出结果是（　　）。

```
GO 2
SCAN NEXT 4 FOR LEFT(名称,2)="电"
IF RIGHT (名称,2)="线"
LOOP
ENDIF
??名称
ENDSCAN
```

　　A）电话线　　　　B）电冰箱　　　　　C）电冰箱电线　　　D）电视机电冰箱

8. 下面程序段的输出结果是（　　）。

```
GO 2
SCAN NEXT 4 FOR LEFT(名称,2)="电"
IF RIGHT(名称,2)="线"
EXIT
ENDIF
ENDSCAN
?名称
```

　　A）电话线　　　　B）电线　　　　　　C）电冰箱　　　　　D）电视机

9. 下面程序计算一个整数的各位数字之和。在下画线处应填写的语句是（　　）。

```
SET TALK OFF
INPUT"x="TO x
s=0
DO WHILE x! =0
s=s+MOD(x,10)
_____
ENDDO
?s
SET TALK ON
```

　　A）x=int(x/10)　　B)x=int(x%10)　　C）x=x-int(x/10)　　D）x=x-int(x%10)

10. 下列程序执行以后，内存变量 y 的值是（　　）。

```
x=34567
y=0
DO WHILE x>0
  y=x%10+y*10
  x=int (x/10)
ENDDO
```

　　A）3456　　　　B）34567　　　　　C）7654　　　　　D）76543

11. 在 Visual FoxPro 中，如果希望一个内存变量只限于在本过程中使用，说明这种内存变量的命令是（　　）。

　　A）PRIVATE　　　　　　　　B）PUBLIC

　　C）LOCAL　　　　　　　　　D）在程序中直接使用的内存变量

12. 在程序中不需要用 public 等命令明确声明和建立，直接使用的内存变量是（　　）。

    A）局部变量　　　　B）公共变量　　　　　C）私有变量　　　　D）全局变量

13. 如果有定义变量的语句 LOCAL data，data 的初值是（　　）。

    A）整数 0　　　　B）不定值　　　　　C）逻辑真　　　　D）逻辑假

14. 在 Visual FoxPro 中，关于过程调用的叙述正确的是（　　）。

    A）当实参的数量少于形参的数量时，多余的形参初值取逻辑假

    B）当实参的数量多于形参的数量时，多余的实参被忽略

    C）实参与形参的数量必须相等

    D）上面 A 和 B 都正确

15. 在 Visual FoxPro 中有如下程序：

```
*程序名:TEST.PRG
*调用方法: DO TEST
SET TALK OFF
CLOSE ALL
CLEAR ALL
mX="Visual FoxPro"
mY="二级"
DO SUB1 WITH mX
?mY+mX
RETURN
*子程序:SUB1.PRG
PROCEDURE SUB1
PARAMETERS mX1
LOCAL mX
mX=" Visual FoxPro DBMS 考试"
mY="计算机等级"+mY
RETURN
```

执行命令 DO TEST 后，屏幕的显示结果为（　　）。

    A）二级 Visual FoxPro　　　　　　　　B）计算机等级二级 Visual FoxPro DBMS 考试

    C）二级 Visual FoxPro DBMS 考试　　　D）计算机等级二级 Visual FoxPro

16. 在 Visual FoxPro 中，过程的返回语句是（　　）。

    A）GOBACK　　　B）COMEBACK　　　C）RETURN　　　D）BACK

17. 下列程序段的输出结果（　　）。

```
Clear
store 10 to a
store 20 to b
set udfparms to reference
do swap with a,(B)
?a,b
procedure swap
parameters x1,x2
temp=X1
x1=x2
x2=temp
endproc
```

A）10 20　　　　　B）20 20　　　　　C）20 10　　　　　D）10 10

18. 下列程序段执行以后，内存变量 A 和 B 的值是（　　　）。

```
CLEAR
A=10
B=20
SET UDFPARMS TO REFERENCE
DO SQ WITH(A), B
? A, B
PROCEDURE SQ
PARAMETERS X1, Y1
X1=X1*X1
Y1=2*X1
ENDPROC
```

A）10 200　　　　B）100 200　　　　C）100 20　　　　D）10 20

19. 欲执行程序 temp.prg，应该执行的命令是＿＿＿＿＿＿

A）DO PRG temp.prg　　　　　　B）DO temp.prg

C）DO CMD temp.prg　　　　　　D）DO FORM temp.prg

20. 在 Visual FoxPro 中，如果要在子程序中创建一个只在本程序中使用的变量 XL（不影响上级或下级的程序），应使用＿＿＿＿＿＿＿说明变量。

A）LOOP 语句　　　　　　　　　B）EXIT 语句

C）BREAK 语句　　　　　　　　　D）RETURN 语句

二、填空题

1. 如下程序显示的结果是＿＿＿＿＿＿。

```
s=1
i=0
do while i<8
s=s+i
i=i+2
enddo
?s
```

2. 如下程序的输出结果是＿＿＿＿＿＿。

```
i=1
DO WHILE i<10
i=i+2
ENDDO
?i
```

3. 在 Visual FoxPro 中，可以使用＿＿＿＿＿＿语句跳出 SCAN…ENDSCAN 循环体外，执行 ENDSCAN 后面的语句。

4. 说明公共变量的命令关键字是＿＿＿＿＿＿。

5. 在 Visual FoxPro 中参数传递的方式有两种，一种是按值传递，另一种是按引用传递，将参数设置为按引用传递的语句是：SET UDFPARMS TO＿＿＿＿＿＿。

三、实践题

1. 在教务管理的项目文件中，建立程序"查看学生成绩"，根据用户输入的学号，在综合信息视图中查询相关信息。若没有该学生的信息，则显示"查无此人"。若找到相关信息，则显示学生的学号、姓名、平均分和等级。其中，等级是根据平均分的数值范围来给定的，60 分以下的等级为不及格，60～80 分等级为及格，81～90 等级为良好，91～100 等级为优秀。

2. 修改上题的程序，要求能够重复执行输入学号和进行查找的过程，直到用户不继续查找为止。

3. 编写程序计算 1! +2! +3! +…+10!，要求使用多重循环和循环两种方法。

4. 将求阶乘的部分定义为过程，在主程序中实现上题的功能。

5. 在教务管理的项目文件中，建立程序"计算津贴"：显示各位教师的教师姓名、职称和津贴。其中，教授和副教授的津贴为工资的 15%，讲师的津贴为工资的 10%，助教的津贴为工资的 5%。若津贴不足 400，则补足为 400。

6. 在教务管理的项目文件中，建立程序"课程成绩统计"，显示所有必修课程的课程名称、学分、课时，不及格人数、及格人数、良好人数和优秀人数（90 分及以上）。

7. 在成绩管理数据库中，建立一个存储过程 zcgz，当教师的职称为教授时，设置工资为 6000，当教师的职称为副教授时，设置工资为 5000，当教师的职称为讲师时，设置工资为 4000，否则设置工资为 3500。将此存储过程作为职称字段的有效性规则。

第7章
表单设计

　　表单是数据库应用系统的主要工作界面。它提供给用户一个友好的操作界面，用于数据的输入、修改、浏览和查询，以及系统流程的控制。表单的设计是进行面向对象可视化编程的基础。

　　本章首先简单介绍面向对象的若干基本概念，然后介绍如何通过表单向导和表单设计器来建立表单，再详细讲解一些常用表单控件的使用，最后说明表单之间的相互调用和使用自定义类来优化表单。

7.1　面向对象基本概念

　　面向对象程序设计（Objec-Oriented Programming）是当前程序设计的主流方向。在进行结构化程序设计时，首先要考虑整个程序的流程，然后一行一行地编写程序代码。而面向对象程序设计，侧重考虑如何将一个复杂的应用程序分解成简单的对象，然后创建对象，定义每个对象的属性和行为。

7.1.1　对象

1. 对象

　　客观世界里的任何实体都可以被看做是对象，如一本图书、一名学生、一辆汽车、一部手机等，都可以将其作为一个对象。

　　在 Visual FoxPro 中，表单上的容器、组合框、标签、文本框、命令按钮等都是对象，甚至表单本身也是一个对象，如图 7.1 所示，它们具有自己的状态和行为。对象的状态用数据来表示，称为属性。对象的行为用代码来实现，称为对象的方法。在面向对象的程序设计中，对象被定义为由属性和相关方法组成的包。

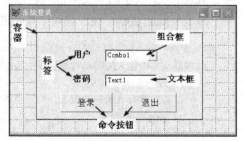

图 7.1　"系统登录"表单

2. 对象的属性

　　每个对象都有自己的属性，属性是用来表示它的外观和描述它的特征。例如，一部手机是一个对象，手机的颜色是白色的，滑盖式样，重量为 100g，有摄像头等就是它的属性。在 Visual FoxPro 中，表单的宽度是 420 像素，高度是 300 像素，标题是系统登录，背景色为灰色，就是此表单的属性。一般来说，Visual FoxPro 中对象的大部分属性都采用系统设置的默认值，只有部分属性需要用户设置。

3．对象的事件

所谓事件，是由 Visual FoxPro 预先定义好的，能够被对象识别的，用户或系统触发的一个特定动作。事件可以由系统触发，例如，当生成对象时，系统就引发一个 Init 事件，对象识别该事件并执行相应的 Init 事件代码。事件也可以由用户触发，例如，当用户用鼠标单击命令按钮，命令按钮识别该事件，并执行相应的 Click 事件代码。

用户可以为对象的事件编写相应的过程。该事件一旦被触发，系统就马上执行与该事件对应的过程。待事件过程执行完毕，系统又处于等待某事件发生的状态，这就是面向对象编程的事件驱动工作方式。如果用户没有为触发的事件编写程序，则事件发生时系统不会发生任何操作。

除了由用户或系统触发外，也可以在程序中编写代码来触发对象的事件。

4．对象的方法

方法是附属于对象的行为和动作，是与对象相关联的过程，是对象能够执行的操作。例如，手机的拨打、接听、照相、发短信等操作，就是系统为手机对象设定的方法。在 Visual FoxPro 中，方法程序是 Visual FoxPro 为对象内定的通用过程，能使对象执行一个操作。例如，表单的 Release 方法就是从内存中释放表单，Refresh 方法就是重画表单，刷新所有的值。

方法过程代码由 Visual FoxPro 预先定义，对用户是不可见的，但用户可以在代码窗口修改方法过程。当用户在代码编辑窗口写入代码，相当于为该方法程序增加了功能，而 Visual FoxPro 为该方法程序定义的原有功能并不清除。

例 7.1 属性、事件、方法实例。

编写程序实现以下功能：数据库中的"用户"数据表如图 7.2 所示。该数据表有"用户名"和"密码"两个字段，记录了使用该系统的用户信息。在图 7.1 所示的系统登录表单中，当用户单击"登录"按钮时，系统检查用户在组合框选择的用户名和文本框输入的密码是否正确。若密码正确，则执行表单"主界面"；若密码错误，则提示用户密码错误，并将文本框的文本清除，将光标定位到此文本框。

图 7.2 "用户"数据表数据

已知，此表单中，表单的名称为 Form1，容器的名称为 Container1，用户名的组合框的名称为 Combo1，输入密码的文本框的名称为 Text1。

为了实现此功能，在"登录"按钮的 Click 事件里编写以下代码：

```
IF 密码= ALLT(THISFORM.Container1.Text1.VALUE)
&&判断文本框输入的密码与数据表中的密码是否相同
    Thisform.RELEASE
        &&若找到符合条件的记录，调用表单的 Release 方法，释放此表单
    DO FORM 主界面                              &&运行主界面表单
ELSE
    MESSAGEBOX('密码错误',0+16+0)              &&否则，打开对话框显示提示信息
    Thisform.Container1.Text1.VALUE=''
        &&将 Text1 文本框的值的属性设为空字符，即清除文本框中输入的密码
    Thisform.Container1.Text1.SETFOCUS
        &&调用 Text1 文本框的 Setfocus 方法，将光标定位到此控件
ENDIF
```

7.1.2　Visual FoxPro 基类简介

1．Visual FoxPro 基类

类是具有相同种类的属性和方法的对象的抽象。类和对象关系密切，但并不相同。类是用来创建对象的模板，而对象是类的实例。

Visual FoxPro 提供了一系列基本对象类，简称基类。用户可以在基类的基础上创建各种所需的对象，还可以在基类的基础上创建自己的子类。Visual FoxPro 的基类分成两大类：控件类和容器类。

2．控件类

控件通常存在一个容器内，是一个图形化的、能与用户进行交互的对象。如图 7.1 所示，标签、文本框、命令按钮等都是控件类对象。表 7.1 所示为 Visual FoxPro 常用的控件类。

表 7.1　　　　　　　　　　　　　　Visual FoxPro 常用的控件类

类　　名	中文名称	类　　名	中文名称
CheckBox	复选框	Listbox	列表框
ComboBox	组合框	OLEBound	OLE 绑定控件
CommandButton	命令按钮	OLEContainer	OLE 容器控件
OptionButton	选项按钮	Shape	形状
Label	标签	Spinner	微调控件
EditBox	编辑框	TextBox	文本框
Image	图像	Timer	定时器
Line	线条	HyperLink	超级链接

3．容器类

容器类对象是可以容纳其他对象的对象，用户可以单独地访问或处理容器中包含的任意一个对象。表单就是一个容器类对象，用户可以在表单上添加各种控件。表 7.2 所示为 Visual FoxPro 中常用的容器类。

表 7.2　　　　　　　　　　　　　Visual FoxPro 中常用的容器类

容　器　类	中文名称	能直接包含的对象
Container	容器	可包含任意控件及页框、表格等容器
FormSet	表单集	可包含表单、工具栏
Form	表单	可包含除表单集外的所有对象
Grid	表格	可包含多个表格列
Column	表格列	可包含表格头及文本框、组合框等控件
PageFrame	页框	可包含多个页面
Page	页面	可包含任意控件及表格、命令按钮组等容器
CommandGroup	命令按钮组	命令按钮
Optiongroup	选项按钮组	选项按钮

一个容器类对象所包含的对象本身也可以是容器类对象。例如，如图 7.1 所示的表单中包含了容器，容器又包含标签、文本框、命令按钮等控件，这样就形成了对象的嵌套层次关系。当用户要访问某一个控件时，需要指明对象在嵌套层次中的位置。

7.1.3　对象的引用

在面向对象的程序设计中，对某个对象的操作是通过对该对象的引用来实现的。访问对象的属性采用<对象引用>.<属性>的形式，调用对象的方法采用<对象引用>.<方法>的形式。

对象的引用是从正在编写事件代码的对象出发，通过逐层向高一层或低一层直到要引用的对象。在引用对象时，经常要用到如表 7.3 所示的关键字。

表 7.3　　　　　　　　　　　　　　　相对引用的参照关键字

参照关键字	说　　　明
Parent	当前对象的父对象
This	当前对象
ThisForm	当前对象所在的表单
ThisFormSet	当前对象所在的表单集

各表单控件如例 7.1 所示。

在表单的事件或方法中，要引用文本框 Text1 的值属性，可采用 This.Contianer1.Text1.Value。

在容器的事件或方法中，要引用文本框 Text1 的值属性，可采用 This.Text1.Value。

在命令按钮的事件或方法中，要引用文本框 Text1 的值属性，可采用 This.Parent.Text1.Value。

在表单的任何对象的事件或方法中，要引用文本框 Text1 的值属性，都可使用 Thisform.Contianer1.Text1.Value。

7.2　表单的建立与运行

在 Visual FoxPro 中，创建表单通常有两种途径：使用表单向导或使用表单设计器创建表单。本节主要讨论使用向导创建表单，使用表单设计器创建表单将在 7.3 节讨论。不管使用哪种方法，在建立表单后，在磁盘上会产生一个扩展名为.SCX 的表单文件和一个扩展名为.SCT 的表单备注文件。

7.2.1　使用表单向导创建表单

表单向导是以简单的方式，引导用户快捷地建立表单。用户只需要依次回答对话框中一系列简单的问题，就可以自动地创建一个表单。表单中包含一些控件显示数据表中的数据，还提供按钮以实现对数据的浏览、查找、添加、编辑、删除等操作。

例 7.2　在 TSGL 项目中，使用表单向导创建一个能维护读者表的表单。

（1）在项目管理器中，选定"文档"选项卡中的"表单"项，单击"新建"按钮，系统打开"新建表单"对话框，如图 7.3 所示。单击"表单向导"按钮，系统将打开表单向导来建立表单。

（2）系统打开"向导选取"对话框，如图 7.4 所示，在"选择要使用的向导"列表框中选择"表单向导"选项，单击"确定"按钮。

"表单向导"用于生成管理一个数据表的表单，"一对多表单向导"选项用于生成涉及两个数据表以上的表单。

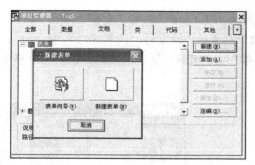

图 7.3 "新建表单"对话框　　　　　　　　　　　图 7.4 "向导选取"对话框

（3）系统打开"表单向导-字段选取"对话框，如图 7.5 所示，在"数据库和表"列表框中选择数据表"读者"，然后单击 ▶▶ 按钮，将"可用字段"列表中的所有字段移到"选定字段"列表框中，然后单击"下一步"按钮。

（4）系统打开"表单向导-选择表单样式"对话框，如图 7.6 所示，选择样式为"标准型"，按钮类型为"文本按钮"，单击"下一步"按钮。

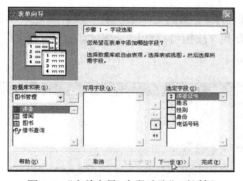

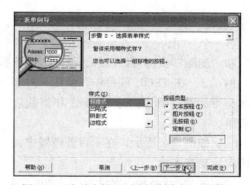

图 7.5 "表单向导-字段选取"对话框　　　　　图 7.6 "表单向导-选择表单样式"对话框

在列表框中有 9 种表单样式可供选用。在对话框左上角的放大镜区域，可显示所选样式的外观。

（5）系统打开"表单向导-排序次序"对话框，如图 7.7 所示，选择"可用的字段或索引标识"列表框中的"读者证号"，选择"升序"单选按钮，单击"添加"按钮，将数据表中的记录按读者证号的升序排列。单击"下一步"按钮。

（6）系统打开"表单向导-完成"对话框，如图 7.8 所示。输入表单标题为"读者"，单击"完成"按钮。

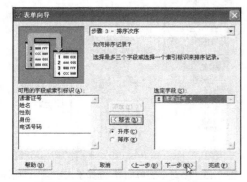

图 7.7 "表单向导-排序次序"对话框　　　　　图 7.8 "表单向导-完成"对话框

（7）系统打开"另存为"对话框，如图 7.9 所示。输入表单文件名"读者"，单击"保存"按钮。创建的表单被保存在表单文件"读者.SCX"和表单备注文件"读者.SCT"中。

（8）在项目管理器"文档"选项卡的"表单"中，可看到新建的表单，如图 7.10 所示，单击"运行"按钮，即可运行此表单。

图 7.9　"另存为"对话框

图 7.10　在项目管理器中运行表单

"读者"表单的运行界面如图 7.11 所示，显示读者表中当前记录的所有字段。通过表单底部的"第一个""上一个""下一个""最后一个"和"查找"按钮可移动记录指针。通过"添加""编辑"和"删除"按钮可以添加、修改、删除数据记录。

例 7.3　在 TSGL 项目中，使用一对多表单向导创建一个能维护读者表和借阅表的表单。

（1）如例 7.2 所示，在项目管理器中，使用向导新建表单。

（2）在"向导选取"对话框中，如图 7.4 所示，在"选择要使用的向导"列表框中选择"一对多表单向导"选项，单击"确定"按钮。

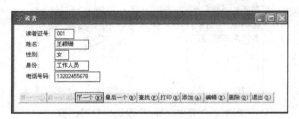

图 7.11　"读者"表单的运行界面

（3）系统打开"一对多表单向导-从父表中选择字段"对话框，如图 7.12 所示，选择读者表中的所有字段。单击"下一步"按钮。

（4）系统打开"一对多表单向导-从子表中选择字段"对话框，如图 7.13 所示，选择借阅表中的所有字段。单击"下一步"按钮。

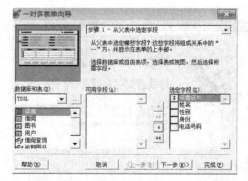

图 7.12　"一对多表单向导-选择父表字段"对话框

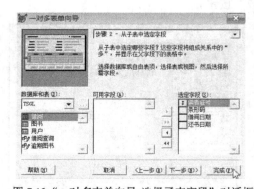

图 7.13　"一对多表单向导-选择子表字段"对话框

（5）系统打开"一对多表单向导-建立表之间的关系"对话框，如图7.14所示，选择读者表和借阅表的读者证号字段建立数据表之间的关系。单击"完成"按钮。

（6）系统打开"一对多表单向导-完成"对话框，输入表单标题"读者借阅"，单击"完成"按钮，在"另存为"对话框中输入表单名称"读者借阅"。

"读者借阅"表单的运行界面如图7.15所示，显示读者表及该读者所对应的的借阅记录。通过该表单，可以增删查改两个数据表的数据。

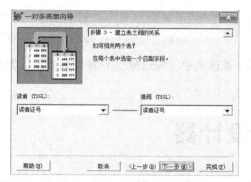

图7.14 "一对多表单向导-建立表之间的关系"对话框

图7.15 运行"读者借阅"表单

7.2.2 修改表单

不管使用哪种方法建立的表单，都可以通过下列方式启动表单设计器，修改表单。

1. 通过菜单修改表单

（1）选择"文件"菜单的"打开"命令，打开"打开"对话框。

（2）在"打开"对话框的"查找范围"下拉列表中定位到表单文件所在的文件夹，在"文件类型"下拉列表中选择"表单"，文件列表中显示出此文件夹下的表单文件。

（3）双击要打开的表单文件，或者选择它，再单击"确定"按钮，即可打开此表单文件。

2. 通过项目管理器修改表单

在项目管理器中，选定"文档"选项卡中的"表单"项，选定需要修改的表单，单击"修改"按钮，系统将打开表单设计器来修改此表单。

3. 通过命令修改表单

命令格式：MODIFY FORM [<表单文件名>]

命令功能：打开一个指定名称的表单，显示表单设计器。

7.2.3 运行表单

所谓运行表单，就是根据表单文件的内容产生表单对象。可以采用下列方式运行表单。

1. 通过项目管理器运行表单

在项目管理器中，选定"文档"选项卡中的"表单"项，选定需要运行的表单，单击"运行"按钮（见图7.10），系统将运行表单。

2. 启动表单设计器后运行表单

如果要运行的表单已打开"表单设计器"窗口，单击"常用"工具栏上的"运行"按钮 ！，或选择"表单"菜单的"执行表单"命令，系统将运行表单。

3. 通过菜单运行表单

（1）选择"程序"菜单的"运行"命令，打开"运行"对话框。

（2）在"运行"对话框的"查找范围"下拉列表中定位到表单所在的文件夹，在"文件类型"下拉列表中选择"表单"，文件列表中显示出此文件夹下的表单文件。

（3）双击要运行的表单文件，或者选择它，再单击"运行"按钮，即可运行此表单文件。

4. 通过命令运行表单

命令格式：DO FORM　<表单文件名>

命令功能：运行指定名称的表单文件。

表单运行时，可以通过单击"常用"工具栏上的"修改表单"按钮，切换到表单设计器窗口来修改表单。

7.3　表单设计器

由于表单向导所创建的表单功能比较单调，而用户的需求又千差万别。所以，在开发应用程序时，通常使用表单设计器来创建或修改表单。

表单设计器是 Visual FoxPro 提供的一个功能非常强大的表单设计工具。使用表单设计器创建表单，可以按照下列步骤进行。

（1）启动表单设计器。

（2）在表单的数据环境添加需要的数据表或视图。

（3）向表单中添加其所需的控件。

（4）为表单及其控件设置属性。

（5）在表单和控件的相关事件中，编写相应的程序代码。

7.3.1　启动表单设计器

用户可在新建表单时启动表单设计器。

1. 通过菜单新建表单

（1）选择"文件"菜单下的"新建"命令或单击工具栏上的"新建"按钮，打开"新建"对话框。

（2）在"新建"对话框的"文件类型"列表框中选择"表单"选项，单击"新建文件"按钮，系统将打开表单设计器来建立表单。

2. 通过项目管理器新建表单

在项目管理器中，选定"文档"选项卡中的"表单"项，单击"新建"按钮，系统打开"新建表单"对话框（见图 7.3）。单击"新建表单"按钮，系统将打开表单设计器来建立表单。

3. 通过命令新建表单

命令格式：CREATE FORM　[<表单文件名>]

命令功能：打开表单设计器，创建一个指定名称的表单。

4. 表单设计器窗口

表单设计器启动后，Visual FoxPro 主窗口上将出现"表单设计器"窗口，如图 7.16 所示。系统已经建立了一个表单对象 "Form1"，还打开了多个表单设计工具："表单控件" 工具栏、"属性" 窗口、"表单设计器" 工具栏。

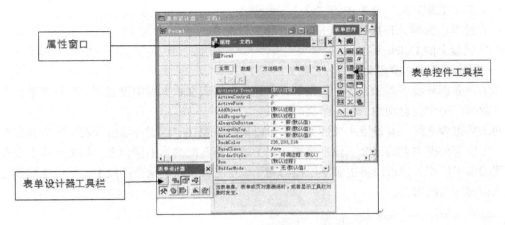

图 7.16　表单设计器窗口

"表单设计器" 工具栏上各按钮的功能如图 7.17 所示，单击相应的按钮就可以打开或关闭对应的工具栏或窗口。

如果 "表单设计器" 工具栏被关闭，可以通过 "显示" 菜单的 "工具栏" 命令，在 "工具栏" 对话框中打开。

图 7.17　表单设计器工具栏

7.3.2　设置数据环境

每一个表单都可以设置自己的数据环境。数据环境中包含表单所需要的一些数据表或视图以及表之间的关联。默认情况下，数据环境中的数据表或视图会随着表单的运行而打开，并随着表单的释放而关闭。设置数据环境后，用户还可以直观地设置表单控件中与数据相关的属性。

1. 打开数据环境设计器

按下列 3 种方式，可打开数据环境设计器窗口。

● 在表单设计器窗口中，右键单击鼠标，在快捷菜单中选择 "数据环境" 命令。

● 单击 "表单设计器" 工具栏的 "数据环境" 按钮。

● 选择 "显示" 菜单的 "数据环境" 命令。

2. 向数据环境添加表或视图

在数据环境设计器中，添加表或视图的操作步骤如下。

（1）在 "数据环境" 菜单中选择 "添加" 命令，或在数据环境设计器的空白处右键单击鼠标，在快捷菜单中选择 "添加" 命令，打开 "添加表或视图" 对话框。

（2）"添加表或视图" 对话框如图 7.18 所示，在 "数据库" 下拉列表中选择已经打开的数据库，在 "数据库中的表" 列表框中选择要添加的表或视图，单击 "添加" 按钮。

如果数据表所在的数据库没有打开或要添加一个自由表，则单击 "其他" 按钮打开 "打开" 对话框，在其中选择要打开的数据表。

3. 从数据环境移去表或视图

在"数据环境设计器"窗口中，选择要移去的表或视图，按下列方法可以将其移去。

● 选择"数据环境"菜单中的"移去"命令。

● 右键单击鼠标，在快捷菜单中选择"移去"命令。

● 按键盘上的 Delete 键。

4. 在数据环境中设置关联

如果在数据环境中添加了多个数据表，而这些数据表在数据库中设置了永久性关系，那么这些表在数据环境中会自动地产生一个临时联系。

如果数据表之间没有设置永久性关系，可以根据需要在"数据环境设计器"中为其设置临时关系。可以直接把主表的某个字段直接拖动到子表的相匹配的索引标识上。如果子表上没有与其相匹配的索引标识，也可以将主表字段拖动到子表中与其关联的某个字段上，然后根据系统的提示确认创建所需的索引。

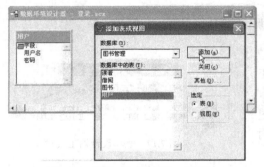

图 7.18 "添加表或视图"对话框

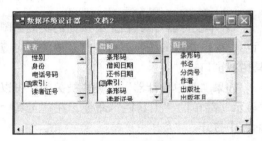

图 7.19 "数据环境设计器"窗口

如图 7.19 所示，表之间的关联用一条线来表示。要解除这种关联，可以先选中表示关联的连线，按键盘上的 Delete 键。

例 7.4 在 TSGL 项目中建立一个表单，在此表单的数据环境中添加"用户"数据表。

（1）在项目管理器中，选定"文档"选项卡中的"表单"项，单击"新建"按钮，系统打开"新建表单"对话框（见图 7.3），单击"新建表单"按钮，系统打开表单设计器。

（2）在"表单设计器"窗口中，右键单击鼠标，如图 7.20 所示，在快捷菜单中选择"数据环境"命令，打开"数据环境设计器"窗口。

（3）在"数据环境设计器"窗口中右键单击鼠标，如图 7.21 所示，在快捷菜单中选择"添加"命令，打开"添加表或视图"对话框。在"添加表或视图"对话框中，如图 7.18 所示，在"数据库中的表"列表框中选择"用户"表，单击"添加"按钮。

图 7.20 打开数据环境

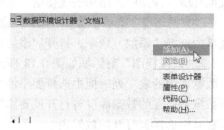

图 7.21 添加数据表

7.3.3 向表单中添加控件

表单作为容器，一般都会包含一些控件，以实现与用户的交互功能。表单控件的添加是通过表单控件工具栏来实现的。

1. 表单控件工具栏

打开表单设计器后，通常会自动打开"表单控件"工具栏。如果没有打开，可以通过"表单设计器"工具栏的"表单控件工具栏"按钮，或通过"显示"菜单的"工具栏"命令将其打开。

"表单控件"工具栏如图 7.22 所示。该工具栏包含 21 种控件和4 个辅助按钮。

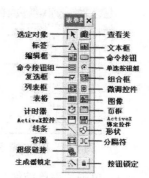

图 7.22 "表单控件"工具栏

2. 添加控件

当用户需要在表单中添加控件时，只要在"表单控件"工具栏中单击相应的控件按钮，再将鼠标移至表单上，单击鼠标即可。此时，加入表单的控件按系统默认的大小显示。

如果要在添加控件时设置其大小，可以在单击控件按钮后，在表单中拖曳鼠标，此时表单上会画出一个矩形。当矩形被拖曳到合适的大小时，释放鼠标，表单中就会增加一个与矩形大小相同的控件。

3. 控件的基本操作

在表单上添加了控件后，通过下列方法可以对其进行一些常规操作。

（1）选定控件。

选定一个控件：用鼠标单击某个控件，可以选定该控件，被选定的控件四周会出现 8 个控制点。

选定多个控件：按住 Shift 键，依次单击各控件可选定多个控件。或在表单的空白处按下鼠标左键，拖曳出一个虚线框，凡是其框住的控件将都被选中。

取消控件的选定：用鼠标左键单击表单的空白处，可以取消对控件的选定。

（2）调整控件大小。选中控件，用鼠标拖动控件四周的 8 个控制点，可以改变控件的宽度和高度，或在选中控件后，按住键盘的 Shift 键，利用键盘的方向键对控件的大小进行调整。

（3）移动控件。选中控件后，用鼠标将该控件拖曳到需要的位置上，或在选中控件后，利用键盘的方向键移动控件。

（4）删除控件。选中控件后，按 Delete 键或选择"编辑"菜单下的"剪切"命令。

（5）复制控件。先选定控件，再选择"编辑"菜单下的"复制"命令，然后选择"编辑"菜单下的"粘贴"命令，最后将复制产生的新控件拖曳到需要的位置。

例 7.5 在例 7.4 所建立的表单中，建立一个容器对象。在容器对象中建立两个标签，一个文本框，一个组合框和两个命令按钮，如图 7.23 所示。

（1）在"表单设计器"窗口中，单击"表单控件"工具栏的"容器"按钮，将鼠标移至表单上，鼠标指针变为一个"十"字形状。拖曳鼠标，如图 7.24 所示，此时表单上画出一个矩形。当矩形拖动到合适的大小，释放鼠标，则表单上出现一个与矩形大小相同的容器对象 Container1。

（2）选中表单中的容器对象，右击鼠标，在快捷菜单中选择"编辑"命令。此时，容器对象的四周出现竖线，进入容器对象的编辑状态。

在一个容器类控件（例如容器、页框）中添加控件时，应该在容器类控件的编辑状态时添加，否则添加的控件不会包含在容器中。

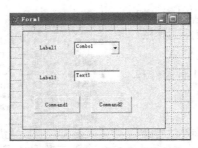

图 7.23　例 7.5 要求完成的表单

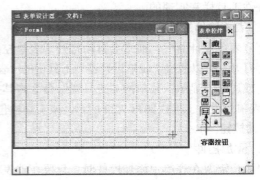

图 7.24　在表单上添加容器控件

（3）单击"表单控件"工具栏上的"标签"按钮**A**，在容器中拖曳鼠标，添加一个标签对象 Label1。

（4）再用同样的方式，在容器中添加一个标签对象 Label2，一个组合框对象▦Combo1，一个文本框对象▦Text1，两个命令按钮▢对象 Command1 和 Command2。

4. 控件的布局

要快速整齐地排列表单中的控件，可以在选中控件后，选择"格式"菜单的相应命令或利用"布局"工具栏来实现。"布局"工具栏各按钮的功能如图 7.25 所示。

例如，若要将例 7.5 中的容器对象放置在表单的中央，则选中容器对象后，单击"布局"工具栏的"水平居中"按钮▣ 和"垂直居中"按钮▣即可。

若要将例 7.5 中的两个命令按钮调整为大小相同，并且水平对齐，按住 Shift 键，依次选中两个命令按钮后，单击"布局"工具栏的"相同大小"按钮▦，再单击"底边对齐"按钮▥即可。

5. 控件的 Tab 键次序

所谓 Tab 键次序，就是在运行表单时，用户按 Tab 键时光标经过表单中控件的顺序。表单控件的默认 Tab 键次序是控件添加到表单时的次序。

若要改变控件的 Tab 键次序，可按如下方法操作。

（1）单击表单设置器工具栏上的"设置 Tab 键次序"按钮▦；或选择"显示"菜单的"Tab 键次序"命令，各控件的 Tab 键次序均显示在控件左上角的框里，如图 7.26 所示。

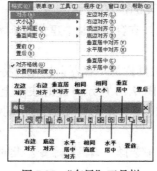

图 7.25　"布局"工具栏

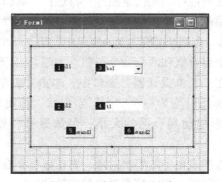

图 7.26　设置 Tab 键次序

（2）鼠标指向在表单运行时应第 1 个具有焦点的控件，双击此控件，则此控件的 Tab 键顺序被设置为 1。

（3）按运行时所要求的 Tab 键次序，依次单击其他控件。

（4）单击控件外的任何地方，完成设置。

7.3.4　为表单及控件设置属性

在设计表单时，当用户要设置表单或控件的属性，应在属性窗口进行。

1. 打开属性窗口

打开表单设计器后，通常会自动打开"属性"窗口。如果没有打开，可以通过下列方法打开。

- 在表单设计器窗口中，右键单击鼠标，在快捷菜单中选择"属性"命令。
- 单击"表单设计器"工具栏的"属性窗口"按钮。
- 选择"显示"菜单的"属性"命令。

2. 属性窗口的使用

属性窗口如图 7.27 所示，该窗口包括对象框、属性设置框和属性列表框。

- 对象框

显示当前被选定对象的名称。单击对象框右侧的下拉箭头，可以看到包含当前表单及其所有控件的下拉列表，如图 7.28 所示，可以从中选择需要设置属性的对象。

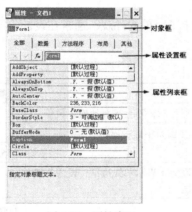

图 7.27　属性窗口

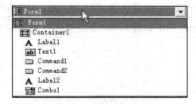

图 7.28　对象框

- 属性列表框

显示选定对象的属性名称和对其所设置的属性值。当用户选择了一个属性，该属性以蓝色的高亮状态显示，在属性设置框中显示其属性值，在属性窗口底部显示此属性的说明。如图 7.27 所示，用户选择的是 Caption 属性，当前的属性值是 Form1。用户可以通过属性设置框来对其设置新的属性值。

- 属性设置框

显示和更改属性列表中所选属性的属性值。

有些属性是以文本的形式来输入的，如 Caption 属性用来设置标题文本，用户可直接在属性设置框中输入新的标题。如果用户要通过表达式对属性赋值，可以单击设置框左侧的函数按钮 $f_{\times}$ 打开表达式生成器。

有些属性的设置需要从系统提供的一组属性值中选定，如 AutoCentre 属性只有.T.和.F.两种值，如图 7.29 所示。用户可以单击设置框右侧的下拉箭头，从下拉的列表中选择属性值，也可以在属性列表中双击属性值，使属性值在各选择项之间进行切换。

有些属性在设计时为只读状态，不能修改，则属性列表中属性值的字形为斜体，选择此类属性后，属性设置框为不被激活的状态。

通常，一个对象有几十种属性。但是，大部分属性都可以采用系统的默认值，用户只需要设置其中的某几种属性。设置了新的属性值后，属性列表框中会以加粗的字体来显示该值。若要将其改为默认值，只需在"属性列表"窗口中右键单击鼠标，在快捷菜单中选择"重置为默认值"命令即可。

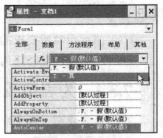

图 7.29　属性设置框

- 选项卡

由于每个对象有多个属性，用户在属性列表框中选择到需要设置的属性，要花很长时间。单击属性窗口的选项卡，在属性列表框中就只显示出相应类别的属性。

选项卡的分类方式如下。

- 全部：显示选定对象全部属性、方法和事件。
- 数据：显示选定对象显示和操作数据的属性。
- 方法程序：显示选定对象的方法和事件。
- 布局：显示选定对象的布局方面的属性。
- 其他：显示其他属性和用户自定义属性。

3. 常用的表单属性

表 7.4 所示为常用的表单属性。这些属性主要规定了表单的外观，通常在设计阶段通过属性窗口来设置。控件的属性将在 7.4 节中详细介绍。

表 7.4　　　　　　　　　　　　　　　常用的表单属性

属　　性	说　　明	默认值
AlwaysOnTop	当属性值设为.T.，该表单运行时总是在最顶层显示，不会被其他窗口覆盖	.F.
AutoCenter	设置表单初始化时是否自动在 Visual FoxPro 主窗口中居中显示	.F.
BackColor	采用 RGB 三原色设置表单的背景颜色	255,255,255
BorderStyle	设置表单边框的风格，设为 0 表示无边框，设为 1 表示单线边框，设为 2 表示采用固定对话框边框，设为 3 表示可调边框	3
Caption	设置表单标题栏上的文本	Form1
Closable	设置是否可以通过单击标题栏的关闭按钮来关闭表单	.T.
DataSession	设为 1 表示表单里的表在全局访问的工作区打开，设为 2 表示在表单自己的私有工作区打开	1
MaxButton	设置表单是否具有最大化按钮	.T.
MinButton	设置表单是否具有最小化按钮	.T.
Movable	设置表单是否能移动	.T.
Scrollbars	设置表单的滚动条类型，设为 0 表示无滚动条，设为 1 表示有水平滚动条，设为 2 表示有垂直滚动条，设为 3 表示既有水平又有垂直滚动条	0
ControlBox	设置表单的左上角是否显示控制菜单图标	.T.
WindowType	设置是否为模式表单。设为 0 表示模式表单，即在运行应用程序时，用户必须先关闭这个表单，才能访问其他窗口或对话框	0 - 非模式
Height	设置表单的高度	
Width	设置表单的宽度	

例7.6　在例7.5所建立的表单中，对以下对象设置属性。

（1）将表单的标题设为"系统登录"，宽度设为420像素，高度设为300像素。

（2）将标签1的标题设为"用户"，标签2的标题设为"密码"，命令按钮1的标题设为"登录"，命令按钮2的标题设为"退出"。将4个控件的字号设为12，加粗，自动大小。

（3）将组合框的源数据设为来源于用户数据表的用户名字段，文本框的显示字符设为"*"。运行表单时如图7.30所示。

图7.30　运行例7.5表单的结果

操作步骤如下。

（1）在"属性"窗口中，在对象框中选择"Form1"，在属性列表框中选择"Caption"属性（见图7.27），在属性设置框输入"系统登录"。

同样，将Form1的"Height"属性值设为300像素，"Width"属性值设为420像素。

（2）在"属性"窗口中，在对象框中选择"Label1"，在属性列表框中选择"Caption"属性，在属性设置框输入"用户"。

同样，设置对象"Label2"的"Caption"属性为"密码"，对象"Command1"的"Caption"属性为"登录"，对象"Command2"的"Caption"属性为"退出"。

（3）按住Shift键，依次选中两个标签对象和两个按钮对象，如图7.31所示。"属性"窗口的对象框显示"多重选定"，设置"AutoSize"属性为.T.，"FontBold"属性为.T.，"FontSize"属性为12。

（4）在"属性"窗口中，在对象框中选择"Combo1"，如图7.32所示。单击"数据"选项卡，在属性列表框中显示出与数据相关的属性。设置"RowSourceType"属性值为"6-字段"，"RowSource"属性值为"用户.用户名"。

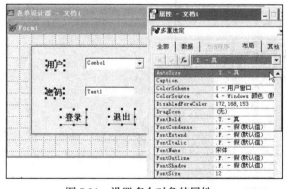

图7.31　设置多个对象的属性

图7.32　设置对象的属性

（5）在"属性"窗口中的对象框中选择"Text1"，设置"PasswordChar"属性为"*"。

（6）选择"文件"菜单的"保存"命令，系统打开"另存为"对话框，输入表单文件名"登录"，单击"保存"按钮。

（7）单击"常用"工具栏上的运行！按钮，表单运行界面如图7.30所示。

设置属性后，表单及控件的外观被改变，组合框中可选择用户表的用户名，在文本框中输入的密码以"*"显示。

4. 数据环境的属性

数据环境及所包含的表、视图、关系，都是独立的对象，也有自己的属性、方法和事件。

在数据环境中右键单击鼠标，在快捷菜单中选择"属性"命令，即可打开"属性"窗口设置属性。如图 7.33 所示，可设置数据环境及其所包含对象的属性。

数据环境及其包含对象的常用属性如表 7.5 所示。

表 7.5　　　　　　　　　　　　数据环境及其包含对象的常用属性

对　象	属性名称	含　义	默　认　值
数据环境	AutoOpenTables	运行表单时是否自动打开数据环境中的表或视图	.T.
数据环境	AutoCloseTables	释放表单时是否自动关闭数据环境中的表或视图	.T.
数据环境	InitialSelectedTables	运行表单时指定数据环境中的哪个表作为当前表	
表	Exclusive	是否以独占方式打开数据表	.F.
表	Filter	指定打开数据表时的筛选条件	
表	Order	指定打开数据表时的当前索引	
表	ReadOnly	是否以只读方式打开数据表	.F.
关系	RelationalExpr	指定基于主表的关联表达式	
关系	ParentAlias	指定主表的别名	
关系	ChildAlias	指定子表的别名	
关系	ChildOrder	指定子表中与关联表达式相匹配的索引	
关系	OneToMany	是否为一对多关系	.F.

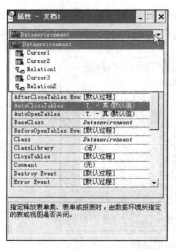

图 7.33　数据环境的属性窗口

7.3.5　为表单及控件编写代码

1. 打开代码窗口

编写代码要打开代码窗口，下列方法可以打开代码窗口。

- 在表单设计器窗口中，右键单击鼠标，在快捷菜单中选择"代码"命令。
- 在表单或其他对象上双击鼠标。
- 单击"表单设计器"工具栏的"代码窗口"按钮。
- 选择"显示"菜单的"代码"命令。
- 在属性窗口中选择"方法程序"选项，在"属性列表"中双击。

代码窗口如图 7.34 所示，对象框显示当前被选定对象的名称，用户可以单击对象框右侧的下拉箭头，从列表中重新选择要编辑代码的对象。过程框显示当前所编辑的事件或方法的名称，用户也可以重新从列表中选择要编辑代码的事件或方法。然后，在下面的文本框中，输入对选中对象的指定事件所编写的代码。

图 7.34　代码窗口

例 7.7　在例 7.5 所建立的表单中，编写以下代码。

（1）对表单的 Init 事件编写代码，使组合框的值为用户数据表中第 1 条记录的用户名。

（2）对"登录"按钮的 Click 事件编写代码，代码内容如例 7.1 所示。

（3）对"退出"按钮的 Click 事件编写代码，释放表单。

操作步骤如下。

（1）在"代码"窗口中的对象框中选择"Form1"，在过程框中选择"Init"，在文本区输入"Thisform.Container1.Combo1.Listindex=1"。

在运行表单时，当表单被初始化，该代码就将组合框的 Listindex 属性设为 1，即将组合框的值设为用户数据表中第 1 条记录的用户名。

（2）在"代码"窗口中的对象框中选择"Command1"，在过程框中选择"Click"，在文本区的代码如图 7.34 所示（其分析参照例 7.1）。

（3）在"代码"窗口中的对象框中选择"Command2"，在过程框中选择"Click"，在文本区输入代码"Thisform.release"。

在运行表单时，当"退出"按钮被按下，通过调用表单的 release 方法释放此表单。

2. 表单常用的事件

表 7.6 所示为表单的常用事件，有些事件是表单（如 Load、Unload）特有的，有些适用于表单和控件。

表 7.6　　　　　　　　　　　　　　　　表单的常用事件

事　　件	事件触发的时刻
Activate	当表单被激活时
Click	当鼠标单击对象时
DbClick	当鼠标双击对象时
Deactivate	当表单未被激活时

续表

事　件	事件触发的时刻
Error	当运行方法或事件的代码发生错误时
GotFocus	当对象得到焦点时
Init	建立对象时
LostFocus	当对象失去焦点时
Load	当表单被加载时
MouseDown	当按下鼠标时
MouseUp	当松开鼠标时
RightClick	当鼠标右击对象时
Unload	当表单被卸载时

　　　　当表单运行时，首先触发 Load 事件。由于此时其他对象还未建立，在 Load 事件的代码中不能引用表单中其他的控件对象。然后，触发 Init 事件。系统先触发表单中各个控件的 Init 事件，再触发表单的 Init 事件。

　　　　在表单关闭时，首先触发表单的 Destroy 事件，再触发表单中各个控件的 Destroy 事件，最后触发表单的 Unload 事件。

3. 表单常用的方法

（1）Show：显示表单，使表单可见，并成为活动对象。

（2）Hide：隐藏表单，使表单不可见。

（3）Release：将表单从内存释放。

（4）Refresh：刷新表单。重新绘制表单或控件，并刷新它的所有值。当表单被刷新时，表单上的所有控件都被刷新。

7.3.6　在表单中快速添加数据绑定控件

　　表单上的控件通常分为两类：没有与数据表的字段绑定的控件和与数据表的字段绑定的控件。

　　例 7.5 的控件就没有与数据表的字段绑定。用户执行表单时，通过控件输入的值只能作为属性被访问，并不能保存到数据表的字段中去。

　　对于与数据表的字段绑定的控件，在运行表单时，该控件会显示数据表的指定字段的值。若用户修改控件的值，被修改的值将会保存到数据表中。

　　在表单中建立与数据表的字段绑定的控件有两种方法。一种是通过"表单控件"工具栏建立一个控件（如文本框、组合框），再将此控件的 ControlSource 属性设置为数据表的字段。对于表格对象，则将表格的 RecordSource 属性设置为数据表。还有一种快捷方便的方法是，在设计表单时，直接将数据环境的字段拖到表单中。如果拖动的是字符型或数值型字段，系统将在表单中产生一个文本框控件，并自动把文本框控件与拖动的字段绑定在一起。如果拖动的是备注型字段，系统将产生一个编辑框控件；如果拖动的是逻辑型字段，系统将产生一个复选框控件……如果拖动的是数据环境中的数据表，系统将产生一个表格控件显示数据表的所有字段。

　　例 7.8　在 TSGL 项目中建立一个图书表单，执行以下操作。

（1）设置表单的标题为"图书"，宽度为 600 像素，高度为 480 像素。

（2）在表单中建立与图书表的各个字段绑定的控件。

（3）建立一个表格控件，显示图书表所有记录的所有字段的信息。

具体操作步骤如下。

（1）在项目管理器 TSGL 中，选定"文档"选项卡中的"表单"项，单击"新建"按钮，系统打开"新建表单"对话框，单击"新建表单"按钮，系统打开表单设计器。

（2）在属性窗口中，将"Form1"的"Caption"属性设置为"图书"，"Height"属性设置为 600 像素，"Width"属性设置为 480 像素。

（3）在表单的数据环境中，将"图书"表添加进来。

（4）在表单的数据环境设计器中，鼠标指向"图书"的"字段"处，将其拖向表单，鼠标指针变为▦形状，如图 7.35 所示，释放鼠标。

（5）释放鼠标后，表单上建立了与各个字段相对应的标签控件与编辑控件，如图 7.36 所示。在运行表单时，标签控件显示字段名称，不能被编辑。编辑控件显示字段的值，是可以编辑的。

（6）在表单的数据环境设计器中，鼠标指向数据表名称"图书"处，将其拖向表单，鼠标指针变为▦形状，释放鼠标。

（7）释放鼠标后，表单上建立了一个表格控件。在运行表单时，该表格中显示图书数据表所有记录的所有字段的值，如图 7.37 所示。

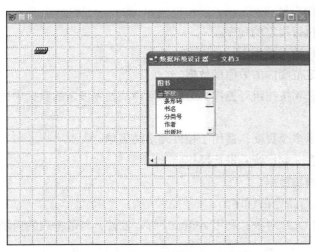

图 7.35　将数据环境的字段拖到表单

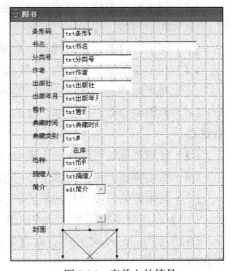

图 7.36　表单上的控件

（8）为了使用户在表格中切换记录时，各控件的值被刷新，需编写代码。

在"代码"窗口中，在对象框中选择"Grid1"，在过程框中选择"AfterRowColChange"，在文本区输入代码"Thisform.refresh"。

（9）将表单保存为文件名"图书"，运行表单，界面如图 7.37 所示。

在运行表单时，用户对控件的值所作的修改将保存到数据表"图书"中。

如果要改变字段类型和控件种类的对应关系，选择"工具"菜单的"选项"命令，在"选项"对话框的"字段映象"选项卡中，如图 7.38 所示，可重新设置控件种类。

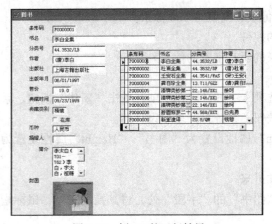

图 7.37　例 7.7 的运行结果

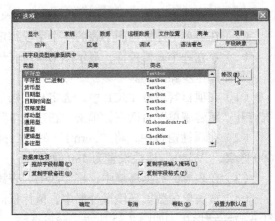

图 7.38 "选项" 对话框的 "字段映象" 选项卡

7.4　表　单　控　件

　　在设计表单时，通常在表单上要添加多种控件。使用何种控件来实现与用户的交互，要根据用户的需求和控件的功能来决定。在选择控件时，可以考虑以下原则。

　　（1）利用标签控件，显示用户不会改变的信息。

　　（2）利用图像、线条、形状控件，美化表单。

　　（3）利用计时器，在时间间隔重复地执行指定的程序。

　　（4）利用文本框、编辑框，可以让用户输入数据。

　　（5）利用微调框，可以让用户输入指定范围内的数值型数据。

　　（6）利用组合框、列表框、复选框、选项按钮组等控件，可以让用户从预先设定的数据中进行选择。

　　（7）利用页框，可以在一个表单中显示多个页面，适用于控件较多的表单。

　　（8）利用容器，可以将多个控件组织在一起，统一进行操作。

　　（9）利用表格，以表格的形式显示或编辑数据。

　　（10）利用命令按钮或命令按钮组，执行指定的程序。

　　（11）利用 ActiveX 控件，在表单添加 OLE 对象；利用 ActiveX 绑定控件，与数据表的通用字段绑定。

　　（12）利用超级链接，可以链接到一个指定对象上。

　　下面，具体说明各种控件的使用。

7.4.1　标签控件

　　标签（Label）是一种在表单上显示文本的控件，通常用来显示提示信息和说明文字。

　　表 7.7 所示为常用的标签属性，其中，很多属性对于其他控件也适用。

表 7.7　　　　　　　　　　　　　　　　常用的标签属性

属　　性	说　　明	默 认 值
Alignment	标签文本的对齐方式，0 表示左对齐，1 表示右对齐，2 表示居中对齐	0
AutoSize	标签是否能根据显示内容自动调整大小	.F.
BackColor	标签控件的背景颜色	236, 233, 216
BackStyle	标签的背景是否透明	.F.
Caption	标签显示的文本	
FontBold	标签显示文本的字体是否为粗体	.F.
FontItalic	标签显示文本的字体是否为斜体	.F.
FontName	标签显示文本的字体名	宋体
FontSize	标签显示文本的字体大小	9
ForeColor	标签的前景颜色	0, 0, 0
Name	标签控件的名称	
WordWrap	标签显示文本是否换行	.F.

1．Name 属性

Name 属性是控件的名称。用户在创建标签控件时，系统默认指定的 Name 属性依次是 Label1、Label2 等。用户可以通过设置 Name 属性来改变控件的名称。

注意，在同一个作用域内的两个对象（如一个表单的两个标签），不能有相同的 Name 属性值。

2．Caption 属性

Caption 属性是控件的标题，用来指定标签要显示的文本。

系统默认设置的标题与标签的名称相同。

在设计表单时，设置 Caption 属性可以通过属性窗口直接输入文本，不用加引号作为定界符，如 HELLO。

如果要用字符型表达式作为 Caption 属性，则要输入以 "=" 开头的字符型表达式，如 =DTOC(DATE())。

在运行表单时，如果要在某一事件中指定标签显示的文本，可以通过代码来实现，如 Thisform.Label1.Caption="HELLO"。

此外，由于标签只能显示数据，不能输入数据。所以，在运行表单时，标签不能被选中，即不能通过鼠标或 Tab 键来获得焦点。

7.4.2　线条与形状控件

利用线条（Line）控件，可以在表单上画斜线、水平线、垂直线等各种形状的线条。表 7.8 所示为线条控件的常用属性。

表 7.8　　　　　　　　　　　　　　　线条控件的常用属性

属　　性	说　　明	默 认 值
BorderColor	指定线条的边框颜色	0, 0, 0
BorderStyle	指定线条的边框样式，0 表示透明，1 表示实线，2 表示虚线，3 表示点线，4 表示点划线，5 表示双点划线……	1
BorderWidth	指定线条的边框宽度	1

续表

属　　　性	说　　　明	默　认　值
Left	指定线条的最左边相当于父对象的位置	
Top	指定线条的最顶端相当于父对象的位置	
Width	指定线条的宽度，当设置 Width 为 0，则为垂直线	

通过形状控件（Shape），可以在表单上画出矩形、正方形、圆形等各种形状。形状控件除了可以使用上述属性以外，还可以使用表 7.9 中的属性。

表 7.9　　　　　　　　　　　　　　　　形状控件的常用属性

属　　　性	说　　　明	默　认　值
Curvature	指定形状对象四个角的弯曲程度。设置 Curvature 为 0 时，形状是矩形；Curvature 为 99 时，形状是椭圆	0
FillColor	指定形状在设置了填充图案后，所使用的填充颜色	
FillStyle	指定形状的填充图案，0 表示实线，1 表示透明，2 表示水平线，3 表示垂直线……	1
SpecialEffect	指定形状的效果，1 是平面效果，2 是三维效果	1

7.4.3　图像控件

图像控件（Image）用于在表单中显示图片。在设计表单时，通过设置图像控件的 Picture 属性，可以指定控件中的图片文件。

图片文件可以是.BMP、.ICO、.DIB、.GIF、.JPG、.ANI 格式。

运行表单时，如果要在某一事件中使图像控件载入图片文件，可以通过代码来实现。例如 Thisform.Image1.Picture="D:\tsgl\ylsy.jpg"。

例 7.9　标签、容器、图形控件示例。

（1）在 TSGL 项目中建立一个主界面表单，表单的标题为"主界面"，宽度为 600 像素，高度为 480 像素。

（2）在表单中建立如下控件，并设置其属性。

● 建立一个标签控件，标题为"岳麓书院图书管理系统"。设置标题的字体为华文行楷，字号为 24，颜色为蓝色，自动大小。

● 建立一个图像控件，显示图片文件"D:\tsgl\ylsy.jpg"，并将其放置在表单的中间。

● 建立一个标签控件，标题为当前日期。设置字号为 12，自动大小。

● 建立一个矩形的形状控件，放在日期的下方，并设置其三维效果。

具体操作步骤如下。

（1）在项目管理器 TSGL 中，选定"文档"选项卡中的"表单"项，单击"新建"按钮，系统打开"新建表单"对话框，单击"新建表单"按钮，系统打开表单设计器。

（2）在属性窗口中，将"Form1"的"Caption"属性设置为"主界面"，"Height"属性设置为 600 像素，"Width"属性设置为 480 像素。

（3）单击"表单控件"工具栏上的"标签"按钮A，在表单中拖曳鼠标，添加一个标签对象 Label1。

（4）在"属性"窗口中，设置标签对象"Label1"的"Caption"属性为"岳麓书院图书管理系统"，"AutoSize"属性为".T."，"FontName"属性为"华文行楷"，"FontSize"属性为"24"，

"ForeColor"属性为"0,0,255"。

（5）单击"表单控件"工具栏上的"图像"按钮，在表单中拖曳鼠标，添加一个图像对象Image1。

（6）在"属性"窗口中，在对象框中选择图像对象"Image1"，在属性列表框中选择属性"Picture"，如图7.39所示。单击属性设置框右边的按钮，系统打开"打开"对话框，在"打开"对话框中选择图片文件，单击"确定"按钮。

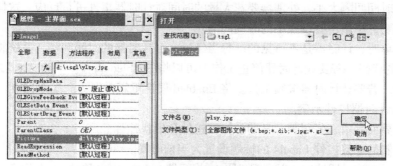

图7.39 设置图像控件的Picture属性

（7）选中图像对象，选择"格式"菜单的"对齐"子菜单中的"水平居中"命令或单击"布局"工具栏上的按钮，再选择"垂直居中"命令或单击"布局"工具栏的按钮。

（8）在表单中再添加一个标签对象Label2，设置其"Caption"属性为"=DTOC(DATE())"，"AutoSize"属性为".T."，"FontSize"属性为"12"。

（9）单击"表单控件"工具栏上的"形状"按钮，将鼠标移到标签对象"Label2"处，拖曳鼠标，添加一个形状对象Shape1。

（10）选中形状对象"Shape1"，选择"格式"菜单的"置后"命令或单击"布局"工具栏的按钮，将其放于标签对象"Label2"的后面。

（11）设置形状对象"Shape1"的"SpecialEffect"属性是"2"。

（12）将表单保存为文件名"主界面"，运行表单，界面如图7.40所示。

图7.40 例7.9的运行结果

7.4.4 计时器控件

计时器控件（Time）可以在指定的时间间隔重复地执行指定的操作，以处理一些特定的功能，如移动字幕、显示时钟等。

在设计表单时，用户在计时器控件的 Timer 事件中编写代码指定周期性要执行的动作，然后设置 Interval 属性指定触发 Timer 事件的时间间隔，即事件发生的频率，单位为 ms。注意，如果计时器事件的时间间隔太小，处理器要花大量的时间对计时器事件进行反应，这样会降低系统的性能。除非必要，尽量不要设置小的时间间隔。

在运行表单时，计时器是不可见的。每当经过一个计时器的时间间隔，系统将执行计时器的 Timer 事件中的代码。若要让计时器停止工作，可以将 Enabled 属性设置为 ".F."，此时 Timer 事件不再被触发。若要让计时器继续工作。将 Enabled 属性重新设置为 ".T." 即可。

例 7.10　计时器控件示例。

（1）在主界面表单，复制表示日期的标签控件和形状控件。

（2）将复制的标签控件 Label4 的标题设置为当前时间。

（3）添加一个计时器控件，以实现每隔 1s 将标签 Label1 向右移动 15 个像素，并刷新标签控件 Label4 所表示的时间。

（4）对标签 Label1 编写代码，当单击该标签时停止移动和计时，再次单击时恢复移动和计时。

具体操作步骤如下。

（1）在主界面表单的 "表单设计器" 窗口中，按住 Shift 键，依次选中标签对象 Label2 和形状控件 Shape1，选择 "编辑" 菜单的 "复制" 命令。

选择 "编辑" 菜单的 "粘贴" 命令，产生标签对象 Label3 和形状控件 Shape2，将其移动到表单上合适的位置。

（2）在属性窗口的对象框中选择计时器对象 "Timer1"，设置其 "Interval" 属性为 "5000"。

（3）选中表单上的计时器对象 "Timer1"，双击鼠标，打开其事件 "Timer" 的代码窗口。输入代码如下：

```
IF Thisform.Label1.LEFT+Thisform.Label1.WIDTH<600
&&判断标签 Label1 是否移动到表单的最右边
    Thisform.Label1.LEFT=Thisform.Label1.LEFT+15
    &&将标签 Label1 向右移动 15 个像素
ELSE
    Thisform.Label1.LEFT=0                    &&将标签 Label1 移动到表单的最左边
ENDIF
Thisform.Label3.CAPTION=TIME()               &&将标签 Label3 的标题设置为当前时间
```

（4）选中表单上的标签对象 "Label1"，双击鼠标，打开其事件 "click" 的代码窗口。输入代码如下：

```
if thisform.timer1.enabled=.t.            &&若计时器是开启状态
  thisform.timer1.enabled=.f.             &&将计时器设置为停止
 else
    thisform.timer1.enabled=.t.           &&将计时器设置为开启
endif
```

（5）运行表单，界面如图 7.41 所示。

图 7.41　例 7.10 的运行结果

7.4.5　文本框和编辑框控件

● 文本框

文本框（TextBox）主要用于输入数据，编辑数据表中的字段（除了备注型以外），也可以编辑内存变量。

文本框只能显示或编辑单行的文本。所有编辑功能，如剪切、复制和粘贴，在文本框中可以使用。

下面介绍文本框常用的属性、方法和事件。

1. ControlSource 属性

该属性指定与文本框绑定的数据源，是一个数据表的字段或内存变量。运行表单时，在文本框中将显示该变量的内容。而用户对文本的编辑结果，也会保存在该变量中。

该属性在设计和运行时可用。在设计表单时，该属性可以通过属性窗口设置。在运行表单时，如果通过事件或方法中的代码设置该属性。除了文本框，该属性也适用于编辑框、复选框、组合框、选项按钮组等控件。

在例 7.7 的图书表单中，文本框的 ControlSource 属性均设置为图书表的相应字段。

2. Value 属性

该属性返回当前文本框中的实际内容。

如果 ControlSource 属性指定了字段或内存变量，则 Value 属性将与 ControlSource 属性指定的变量具有相同的数据和类型。根据字段或内存变量的数据类型，文本框可以编辑字符型、数值型、逻辑型、日期型等各种类型的数据。

如果没有设置 ControlSource 属性，当用户没有编辑文本框时，Value 属性的默认值是空串。而用户编辑文本框后，Value 属性返回文本框的当前内容，其数据类型为字符型。

该属性在设计和运行时可用，也适用于编辑框、复选框、组合框、选项按钮组等控件。

3. InputMask 属性

该属性用于指定控件中数据的输入格式和显示方式。其属性值是一个由一些模式符组成的字符串，每个模式符规定了相应位置上数据的输入和显示行为。模式符如表 3.4 所示，类似于设置数据字典信息时使用的输入掩码（见 3.2.6 小节）。

例如，对于例 7.8 图书表单中输入条形码的文本框，可设置其 InputMask 属性为 A9999999，表示该控件在输入数据时，只能在第 1 位输入英文字符，后 7 位输入数字字符。运行表单时，如果用户在此文本框输入的不是此模式的数据，文本框不会接收用户的输入。

该属性在设计和运行时可用，也适用于编辑框、组合框、表格的列等控件。

4. Format 属性

该属性用于指定控件中数据的显示格式，其属性值是一个格式化代码。格式化代码类似于设置数据字典信息时使用的格式化代码（见 3.2.6 小节），如表 3.5 所示。

例如，对于例 7.7 图书表单中输入分类号的文本框，可设置其 Format 属性为 "!"，表示在该控件中所有输入的英文字符都会自动转换为大写英文字符。

在设计表单时，当用户把数据环境中的字段拖向表单，如果该字段在设置数据字典信息时使用了格式或输入掩码，所产生的文本框将会自动设置 InputMask 属性和 Format 属性。

5. ReadOnly 属性

该属性指定运行表单时，用户能否编辑文本框中的内容。默认的值为.F.，即用户可以修改文本框的内容。若将 ReadOnly 属性设置为.T.时，则运行表单时，该文本框处于只读状态，用户不能修改其中的内容。

该属性在设计和运行时可用，也适用于编辑框、复选框、组合框、表格等控件。

例如，对于例 7.8 中的图书表单，若不允许用户修改图书的条形码，则可将条形码文本框的 ReadOnly 属性设置为.T.。

6. Enable 属性

Enable 属性指定文本框是否能响应用户的操作。默认值为 .T.，表示文本框有效；若设置为.F.，则运行表单时，用户无法将鼠标指针定位到文本框，即文本框不能响应用户的操作。

该属性在设计和运行时有效，适用于大部分控件。并且，如果一个容器控件的 Enable 属性为.F.，则容器中的所有控件都不能响应用户的操作。

ReadOnly 属性和 Enable 属性是有区别的。若将条形码文本框的 Enable 属性设置为.F.，则用户无法将鼠标指针定位到文本框，即文本框无法获得焦点。若只是将条形码文本框的 ReadOnly 属性设置为.T.，则用户还是可以将鼠标指针定位到文本框，但无法修改文本框中的内容。

7. PasswordChar 属性

该属性指定文本控件内显示的占位符。该属性的默认值是空串，此时文本框显示用户输入的实际内容。若将该属性值指定为一个字符（例如*），当用户向文本框进行输入时，文本框中不会显示用户输入的实际内容，而是显示指定的字符。

在应用程序中，设计输入密码的文本框时，经常指定此属性（如例 7.5）。

8. IMEMode 属性

运行表单时，当文本框被选中，文本框内将出现光标，表示其获得焦点。

该属性指定当文本框获得焦点时输入法的状态。该属性的默认值是 0，表示当用户将鼠标定位到此文本框时，系统不会改变当前的输入法状态。若设置该属性值为 1，系统将打开中文输入法；设置为 2，则系统将关闭中文输入法。

例如，对于例 7.8 中的图书表单，将书名文本框的 IMEMode 属性设置为 1，分类号文本框的 IMEMode 属性设置为 2，则用户在编辑书名时，系统打开中文输入法；在编辑分类号时，系统关闭中文输入法。

该属性在设计和运行时可用，也适用于编辑框。

9. SetFocus 方法

焦点可以通过用户操作来获得。例如，按 Tab 键切换，或单击对象使之获得焦点，也可以通过代码方式获得。通过控件的 SetFocus 方法，可以将焦点移到该控件。

例如，对于例 7.8 中的图书表单，为了使用户在表格中切换记录时，系统自动将焦点移到书名文本框中。在"Grid1"的"AfterRowColChange"事件中，添加代码 Thisform.txt 书名.SetFocus。

10. Valid 事件

该事件在控件失去焦点前发生，可以返回一个逻辑值。默认情况下，该事件返回.T.值，使控件失去焦点；当事件返回.F.值时，控件不能失去焦点，即用户无法使光标从该控件移开。通常，用户可以在该事件中编写程序对文本框中输入数据的合法性进行检查，若不合法，则返回.F.值，使焦点不离开此控件。

例如，对于例 7.8 中的图书表单，在书名文本框的 Valid 事件中编写程序如下，该程序判断书名文本框中输入的数据是否为空。若数据为空，则事件返回.F. 值，用户无法将焦点从该控件上移开，并打开对话框如图 7.42 所示，提示用户输入错误。

图 7.42　提示信息对话框

```
IF EMPTY(ALLT(This.Value))          &&判断文本框的数据是否为空值
    MESSAGEBOX('书名不能为空',0+16+0)   &&打开提示信息对话框，如图 7.36 所示
    RETURN .F.                        &&该事件返回假值，从而使焦点不离开控件
ENDIF
```

该事件也适用于编辑框、复选框、组合框、选项按钮组、表格等控件。

此外，用户在数据字典信息中所设置的有效性规则依然有效。当用户输入的数据违反有效性规则时，系统也将提示输入错误，不能保存输入的数据。

● Messagebox 函数

格式：MESSAGEBOX(cMessageText [, nDialogBoxType [, cTitleBarText]])

功能：该函数用于显示一个对话框。通常用来提示用户，也可以让用户作一些简单的选择。

其中，参数 cMessageText 指定在对话框中显示的文本。参数 nDialogBoxType 指定对话框中显示的按钮和图标、默认按钮。其设置如表 7.10 所示。

表 7.10　　　　　　　　　　Messagebox 函数的 nDialogBoxType 参数的设置

按　钮　值	显示按钮	默认按钮值	默认按钮	图　标　值	显示图标
0	确定	0	第 1 个按钮	16	停止
1	确定和取消	256	第 2 个按钮	32	问号
2	放弃、重试和忽略	512	第 3 个按钮	48	惊叹号
3	是、否和取消			64	
4	是、否				
5	重试和取消				

例如，若设置 nDialogBoxType 为 0+16+0，则指定的对话框含有如下特征：显示"确定"按钮，停止图标，第 1 个按钮为默认按钮。也可以直接指定 nDialogBoxType 为 3 个数值的和，对于本例来说，即为 16。

当省略 nDialagBoxType 时，等同于指定 nDialogBoxType 值为 0。

参数 cTitleBarText 用于指定对话框标题栏中的文本。若省略 cTitleBarText，标题栏中将显示"Microsoft Visual FoxPro"。

MESSAGEBOX( ) 函数将根据用户按下了对话框的那个按钮，返回一个数值。返回的情况如表 7.11 所示。

表 7.11　　　　　　　　　　　MESSAGEBOX( ) 函数返回值

返 回 数 值	按　　钮	返 回 数 值	按　　钮	返 回 数 值	按　　钮
1	确定	4	重试	6	是
2	取消	5	忽略	7	否
3	放弃				

例如，当用户按下表单的退出按钮时，可以在按钮的 Click 事件中输入以下代码。运行程序时，打开的对话框如图 7.43 所示。系统将根据用户按下的按钮决定是否释放表单。

```
IF MESSAGEBOX("是否确认退出",1+32+0, "确认退出")=1
    Thisform.RELEASE
ENDIF
```

● 编辑框

与文本框一样，编辑框（EditBox）可以用于输入、编辑数据。但是，编辑框只能用来编辑字符型的数据，不能编辑其他数据类型的数据。

此外，与文本框不同的是，在编辑框中，可以编辑多行的文本，还能和数据表的备注型字段进行绑定。在例 7.8 的图书表单中，编辑框"edt 简介"的 ControlSource 就和图书表的简介字段绑定。

图 7.43　确认信息对话框

7.4.6　微调控件

微调控件（Spinner）用来接收给定范围内的数值输入。使用微调控件，既可以用键盘直接输入数值数据，也可以用鼠标单击控件右边的向上的箭头或向下的箭头来增减控件的值。

通过设置微调控件的 Increment 属性，可以设定用户每次单击向上的箭头或向下的箭头时数值框所增加和减少的值，默认为 1。例如，当前微调控件的值为 20，若将 Increment 属性设置为10，则单击向下按钮时，微调控件的值变为 10。

此外，通过设置微调控件的 KeyboardHighValue 属性，可以设定在微调控件中用键盘输入数值的最大值；通过设置 KeyboardLowValue 属性，可以设定用键盘输入数值的最小值；通过设置 SpinnerHighValue 属性，可以设定单击向上按钮时所输入的最大值；通过设置 SpinnerLowValue 属性，可以设定单击向下按钮时所输入的最小值。

例 7.11　微调控件示例。

在例 7.8 的图书表单中，将售价字段以微调控件的形式输入。

（1）在项目管理器 TSGL 中，展开"文档"选项卡中的"表单"项，选定图书表单，单击"修改"按钮，系统打开表单设计器。

（2）在表单设计器中，单击选中文本框"Txt 售价"，按 Delete 键，将其删除。

（3）单击"表单控件"工具栏上的"微调控件"按钮圖，在表单中拖曳鼠标，添加一个微调对象 Spinner1。

设计后的表单如图 7.44 所示。

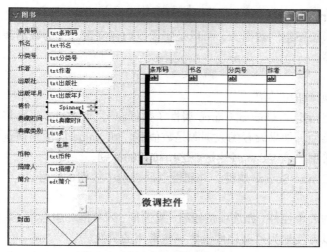

图 7.44　例 7.11 表单设计界面

（4）在属性窗口中，在对象框中选择微调控件对象"Spinner1"，设置"ControlSource"属性为"图书.售价"，则该控件与售价字段绑定。

设置其"InputMask"属性为"￥9,999.9"。

设置"Increment"属性为"0.1"，则每次单击向上按钮或向下按钮时增加或减少的值为 0.1。设置"KeyboardHighValue"属性为"1000"，则用键盘输入的最大值为 1000。设置"KeyboardLowValue"属性为"0"，则用键盘输入的最小值为 0。

7.4.7　选项按钮组控件

选项按钮组（OptionGroup）是包含选项按钮的容器。选项按钮组中包含若干个选项按钮，但用户只能从中选择一个按钮。当用户单击某个选项按钮时，该按钮成为被选中状态，按钮前的圆圈显示一个黑点，而其他选项按钮此时均变成未选中状态。

选项按钮组通常用于为用户提供一组预先设定的值进行选择，而不能让用户输入数据。

下面介绍选项按钮组常用的属性。

1. ButtonCount 属性

该属性设置选项按钮组中选项按钮的个数，默认值为 2，即选项按钮组包含两个选项按钮 Option1 和 Option2。用户可以通过设置此属性来改变选项按钮的个数。

2. Buttons 属性

该属性是一个数组，用于存取选项按钮组中的各选项按钮。

根据选项按钮组的 ButtonCount 属性，系统将产生多个选项按钮。每个选项按钮可以分别设置属性、方法和事件。

当用户要在代码中设置选项按钮的属性或调用其方法时，既可以直接指定选项按钮，也可以使用 Buttons 数组。

例如，要在表单的某个事件或方法中指定选项按钮组 OptionGroup1 的第 1 个选项按钮的标题为"精读"，可以使用下列两种方式：

```
ThisForm.OptionGroup1.Option1.Caption="精读"
ThisForm.OptionGroup1.Buttons(1).Caption="精读"
```

3. ControlSource 属性

该属性设置选项按钮组的数据源，可以是字段或内存变量。作为数据源的变量，数据类型可以是数值型或字符型。

4. Value 属性

该属性返回选项按钮组的值。

如果选项按钮组指定了 ControlSource 属性（数据源），则 Value 属性将与数据源指定的变量具有相同的数据和类型。如果设置的数据源是数值型，则 Value 属性是被选中按钮的序号；如果设置的数据源是字符型，该 Value 属性是被选中按钮的标题。

如果没有指定 ControlSource 属性，该属性返回被选中按钮的序号。

● 生成器

对于许多通用的表单控件（如选项按钮组、复选框、列表框和组合框、表格等），Visual FoxPro 提供了生成器，可以方便地为这些控件设置一些常用的属性。

在选定的对象上右键单击鼠标，在快捷菜单中选择"生成器"命令，即可激活生成器。

例 7.12 说明如何通过生成器来设置选项按钮组。

例 7.12　选项按钮组控件示例。

在例 7.8 的图书表单中，将典藏类别字段以选项按钮组的形式来设置。图书的典藏类别有平装、精装和线装 3 种。

（1）在图书表单的设计器中，单击选中文本框"Txt 典藏类别"，按 Delete 键，将其删除。

（2）单击"表单控件"工具栏上的"选项按钮组"按钮 ⊙，在表单中拖曳鼠标，添加一个选项按钮组对象 OptionGroup1。

（3）选中表单上的 OptionGroup1 对象，右键单击鼠标，在快捷菜单中选择"生成器"命令，打开"选项组生成器"对话框，如图 7.45 所示。

（4）在"选项组生成器"对话框的"1.按钮"选项卡中，在"按钮的数目"数值框中输入"3"，在列表的"标题"列分别输入 3 个选项按钮的标题：平装、精装和线装。

（5）打开"选项组生成器"对话框的"2.布局"选项卡，如图 7.46 所示，在"按钮布局"中选择"水平"单选钮。

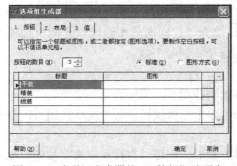

图 7.45　选项组生成器的"1.按钮"选项卡

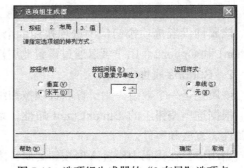

图 7.46　选项组生成器的"2.布局"选项卡

（6）打开"选项组生成器"对话框的"3.值"选项卡，如图 7.47 所示，在"字段名"组合框选择"图书.典藏类别"，单击"确定"按钮。

（7）运行表单，如图 7.48 所示，典藏类别字段以单选钮的形式来输入。

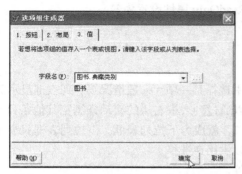

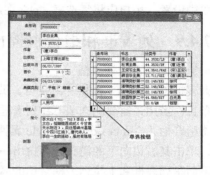

图 7.47 选项组生成器的"3.值"选项卡   图 7.48 例 7.12 的表单运行结果

● 容器型控件中对象的选择

在表单设计器中，为了选择容器型控件中的某个对象，以便为其单独设置属性、方法或事件，可以采用下列两种方法。

● 从属性窗口的对象下拉列表中选择所需要的对象。

● 右键单击容器型控件，在快捷菜单中选择"编辑"命令，使容器型控件进入编辑状态。再通过单击来选择某个具体的对象。

设置完成后，单击其他控件或表单的空白处，可以退出容器的编辑状态。

上述方法适合所有除表单外的容器型控件，如选项按钮组、页框、表格、命令按钮组等。

7.4.8 复选框控件

复选框（CheckBox）用于标识一个两值状态，如真（.T.）或假（.F.）。当复选框处于选中的状态，方框中显示一个对勾（√），表示其处于"真"状态；当复选框处于未被选中的状态，方框中为空白，表示其处于"假"状态。

1. Caption 属性

该属性用来指定显示在复选框旁边的标题。默认情况下，标题显示在复选框的左边。设置 Alignment（对齐方式）属性为 1，可以将标题显示在复选框的右边。

2. ControlSource 属性

该属性用于指定复选框的数据源，可以是字段或内存变量。作为数据源的变量，数据类型可以是数值型或逻辑型。

3. Value 属性

该属性返回复选框的值。

如果复选框指定了 ControlSource 属性（数据源），则 Value 属性将与数据源指定的变量具有相同的数据类型。如果数据源是数值型，则复选框分别被设置为未被选中和被选中的状态时，该属性的值为 0 和 1。如果数据源是逻辑型，则复选框被设置为未被选中和选中的状态时，该属性的值为.F.和.T.。

如果没有指定 ControlSource 属性，则当复选框处于未被选中、被选中和不确定的状态时，Value 属性为 0，1，2。

在例 7.7 的图书表单中，"在库"字段就是以复选框"chk 在库"的形式来显示的。当数据记录的"在库"字段的值为.T. 时，复选框中显示一个对勾。当数据记录的"在库"字段的值为.F. 时，复选框内为空白。因为图书的"在库"状态应该是通过借书还书处理来改变，不应该在编辑图书的表单中设置，用户应将复选框"chk 在库"的 ReadOnly 属性设置为.F.。

7.4.9 列表框和组合框控件

● 列表框和下拉列表框

列表框（ListBox）提供一组条目，供用户从中选择某一项。一般情况下，列表框显示其中的若干条目。当用户需要的选项不在列表框中，可以通过列表框右边的滚动条浏览其他条目。

将组合框（ComboBox）的 Style 属性设置为 2，就成为下拉列表框。下拉列表框只显示一个条目，单击其右边向下的箭头，可拉出一个列表以供用户选择。

下面是列表框和下拉列表框常用的属性和事件。

1. RowSourceType 属性与 RowSource 属性

RowSourceType 属性指明列表框中条目数据源的类型，RowSource 属性指定列表框中条目的数据源。表 7.12 所示为 RowSourceType 属性的取值范围以及相应情况下 RowSource 属性的说明。

表 7.12   RowSourceType 属性

属 性 值	说 明
0	无（默认值）。在程序运行时，通过 AddItem 方法添加列表框条目，通过 RemoveItem 方法移去列表条目
1	值。RowSource 属性中指定用逗号隔开的若干个数据项，作为在列表中显示的条目
2	别名。RowSource 属性指定数据表，在列表中显示其字段的值。ColumnCount 属性指定字段的个数。如果 ColumnCount 设置为 0（默认值）或 1，则列表框将显示表中第一个字段的值
3	SQL 语句。RowSource 属性指定一个 SQL 语句，列表框显示 SQL 语句的执行结果
4	查询。RowSource 属性指定一个查询文件，列表框显示其执行结果
5	数组。RowSource 属性指定一个数组，列表框显示数组的内容
6	字段。RowSource 属性指定数据表的一个或多个字段名称，列表框显示字段的值
7	文件。将某个目录下的文件名作为列表框的条目
8	结构。RowSource 属性指定数据表，在列表中显示数据表中的字段名
9	弹出式菜单。将弹出式菜单项作为列表框条目

这两个属性在设计和运行时可用，适用于列表框和组合框。

2. ControlSource 属性

该属性设置列表框的数据源，可以是字段或内存变量。作为数据源的变量，数据类型可以是数值型或字符型。

例 7.13   下拉列表框控件示例。

图书的币种有人民币、美元、日元、港币和台币 5 种类型。在例 7.8 的图书表单中，将币种字段以下拉列表框的形式来设置。

（1）在"图书"的表单设计器中，删除文本框"Txt 币种"。

（2）单击"表单控件"工具栏上的"组合框"按钮 ，在表单中拖曳鼠标，添加一个组合框对象 Combo1。

（3）设置 Combo1 对象的"Style"属性为"2"，"RowSourceType"属性为"1"，"RowSource"属性为"人民币元,美元,港币,台币"，"ControlSource"属性为"币种"。

（4）运行表单，如图 7.49 所示，"币种"字段以下拉列表框的形式来输入。

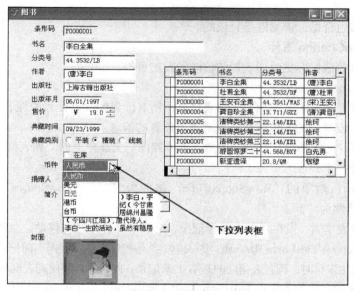

图 7.49　例 7.12 的表单运行结果

3. MultiSelect 属性

指定用户能否从列表框中一次选择一个以上的项。

当该属性为假值.F.，用户一次只能从列表框选择一项；当该属性为真值.T.，用户可按住 Ctrl 键，用鼠标依次单击，一次从列表框选择多项。该属性的默认值为假值.F.。

该属性在设计时可用，在运行时可读写，仅用于列表框。

4. Selected 属性

该属性用来指定列表框的某个条目是否为选定状态。

例如，运行表单时，若要将表单的列表框对象 List1 的第 1 项设为选定状态，可在事件中使用命令 Thisform.List1.Selected(1)=.T.。

该属性在设计时不可用，在运行时可读写。

5. ListIndex 属性

该属性用来指定列表框中被选定的是哪个项目。

例如，运行表单时，若要将表单的列表框对象 List1 的第 1 项设为选定状态，可在事件中使用命令 Thisform.List1. ListIndex =1。

该属性在设计时不可用，在运行时可读写。

6. ColumnCount 属性

指定列表框的列数，即一个条目中包含的数据项的数目。

该属性在设计和运行时可用，还可以用于表格控件，用来指定表格的列数。

7. Value 属性

该属性返回列表框的值，即被选中的条目。

如果 ControlSource 是数值型，则 Value 属性是被选中条目在列表中的序号；如果 ControlSource

是字符型或没有指定 ControlSource 属性，则 Value 属性是被选中条目的内容。若列表框的列数大于 1，则 Value 属性是由 BoundColumn 属性所指定的列的数据项。

在例 7.13 中，当用户在下拉列表框中选择人民币时，该下拉列表框的 Value 属性为"人民币"。

对于列表框和组合框，该属性是只读的。

8. InterActiveChange 事件

当用户使用键盘或鼠标更改列表框的值时触发的事件。

例 7.14　列表框控件示例。

在例 7.2 的读者表单中，添加一个列表框显示所有读者的读者证号和姓名。当用户在列表中选择某位读者时，表单中的其他控件将显示此位读者的信息。

（1）在"读者"的表单设计器中，单击"表单控件"工具栏上的"列表框"按钮■，在表单中拖曳鼠标，添加一个列表框对象 List1。

（2）设置 List1 对象的"RowSourceType"属性为"2"，"RowSource"属性为"读者"，"ColumnCount"属性为"2"。

（3）由于运行表单时，当在列表中选择记录，记录指针会作相应移动。在列表框的 Interactive Change 事件中加入代码 **ThisForm.Refresh**，则表单中其他控件的值将根据当前记录被刷新。

（4）由于初始化表单时，读者表指向的是第 1 条记录。此时，若要使列表框相应选择在第 1 个条目上，在表单的 Init 事件中加入代码 **ThisForm.List1.ListIndex=1** 或 ThisForm.List1.Selected(1)=.T.。

（5）运行表单，结果如图 7.50 所示。

9. ListCount 属性

返回列表框中数据条目的数目。

该属性在设计时不可用，在运行时只读。例 7.13 的下拉列表框的 ListCount 属性为 4，例 7.14 的下拉列表框的 ListCount 属性为 10，即读者表的记录数目。

10. List 属性

该属性是一个二维数组，用于存取列表框中数据条目的字符串。

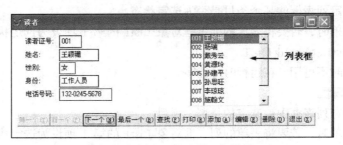

图 7.50　例 7.14 的表单运行结果

例如，在例 7.14 中，要读取第 4 行第 2 列的数据项，可以使用 Thisform.List1.List(4,2)。在例 7.13 中，要将组合框第 5 行第 1 列的数据项改为欧元，可以使用赋值语句 Thisform.Combo1.List(5,1)='欧元'。

该属性在设计时不可用，在运行时可读写。

11. AddItem 方法程序

当组合框或列表框的 RowSourceType 为 0 或 1 时，使用本方法可以在列表中添加一项。在例 7.13 中，若要在组合框的列表中增加一项法郎，可以使用代码 Thisform.Combo1.AddItem ('法郎')。

相应地，使用 RemoveItem 方法可以从列表中删除一项，如要删除列表中的第 3 项，可以使用代码 Thisform.Combo1.RemoveItem(3)。

当列表的数据源改变时，使用 Requery 方法可以使其更新列表。

● 组合框

将组合框（ComboBox）的 Style 属性设置为 1（默认值），则组合框可供用户在列表中选择，也可以在组合框中输入值。

例 7.15 组合框控件示例。

在例 7.8 的图书表单中，将捐赠人字段以组合框的形式来设置。在录入图书的捐赠人时，用户希望能从以前所输入的捐赠人中选择，也可以输入新的捐赠人。

（1）在"图书"的表单设计器中，删除文本框"Txt 捐赠人"。

（2）单击"表单控件"工具栏上的"组合框"按钮，在表单中拖曳鼠标，添加一个组合框对象 Combo1。

（3）设置 Combo1 对象的"RowSourceType"属性为"0"，"ControlSource"属性为"捐赠人"。

（4）在表单 Form1 的 Init（初始化）事件中输入如下代码：

```
SELE DIST 捐赠人 FROM 图书 WHERE NOT EMPTY(捐赠人) INTO CURSOR aa
    &&查询图书表中所有非空白的唯一的捐赠人存入临时表 aa
SELE aa                              &&选择临时表 aa 为当前工作区
SCAN                                 &&循环扫描临时表 aa
    Thisform.Combo2.AddItem(捐赠人)
    &&调用组合框的 AddItem 方法，将捐赠人字段的值加入组合框的列表中
ENDSCAN
USE                                  &&关闭临时表，则临时表将被删除
SELE 图书                            &&选择数据表图书为当前工作区
```

（5）在控件 Combo1 的 Lostfocus（失去焦点）事件中输入如下代码：

```
FOR i=1 TO This.ListCount            &&循环变量 i 从 1 到组合框的数据条目的个数
    IF This.List(i,1)=ALLT(This.Text)
    &&判断第 i 个数据条目的字符串与组合框输入的文本是否相同
        EXIT                         &&如果相同，则退出循环
    ENDIF
ENDFOR
IF i> This.ListCount                 &&如果未在列表中找到与组合框输入的文本相同的条目
    This.AddItem(This. Text)
    &&调用组合框的 AddItem 方法，将输入的文本加入组合框的列表中
    REPL 捐赠人 WITH ALLT(This. Text)
    &&将当前记录的捐赠人字段替换为组合框的文本
ENDIF
```

运行表单，结果如图 7.51 所示，捐赠人字段以组合框的形式来输入。与下拉列表框不同，组合框不仅可以选择数据，也可以输入数据。

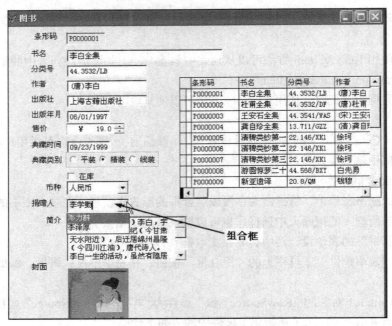

图 7.51　例 7.15 的表单运行结果

7.4.10　页框控件

使用页框控件，用户可以在一个表单中放置多个页面，而每个页面本身是一个容器，又可以包含多个控件。

运行表单时，在某一时刻，页框中只有一个活动页面，用户只能操作活动页面上的控件。通过单击页面标题（选项卡），用户可以激活需要的页面。

例 7.16　页框控件示例。

在例 7.8 的图书表单中，增加一个有两个页面的页框控件，页面标题分别设置为"数据编辑"和"数据浏览"。将表格控件放置在数据浏览页中，其余控件放置在数据编辑页中。

（1）在"图书"的表单设计器中，单击"表单控件"工具栏上的"页框"按钮，在表单中拖曳鼠标，添加一个页框对象 PageFrame1，页框对象下有两个页对象 Page1 和 Page2。

（2）在属性窗口中，将 Page1 的"Caption"属性设置为"数据编辑"，Page2 的"Caption"属性设置为"数据浏览"。

（3）选中表格对象 Grd 图书，在快捷菜单中选择"剪切"命令。

（4）单击选中页框对象，在快捷菜单中选择"编辑"命令，激活页框。再单击选中"数据浏览"页面，在快捷菜单中选择"粘贴"命令，将表格对象移动到数据浏览页面中。

（5）鼠标单击表单的空白处，取消对页框中对象的选定。

（6）选择"编辑"菜单的"全选"命令，选中表单上的所有对象。按住 Shift 键，单击表单上的页框，取消对其的选定。再选择"编辑"菜单的"剪切"命令。

（7）单击选中页框对象，在快捷菜单中选择"编辑"命令，再单击选中"数据编辑"页面，在快捷菜单中选择"粘贴"命令，将其他对象移动到数据编辑页面中。

（8）调整页面上各控件的大小和位置。注意：必须先使页框处于编辑状态，并且选中控件所属的页面时，才能选中控件。运行表单时两个页面如图 7.52 所示。

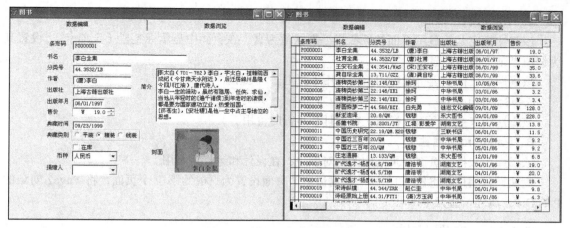

图 7.52　例 7.15 的表单运行结果

（9）由于各控件不再直接是 Thisform 下的对象，所有代码中所引用的对象名需作相应的改动。例如，在 Form1 的 Init 事件中引用 Combo2 时，需改为 Thisform.PageFrame1.page1.Combo2。

（10）由于表格 Grd 图书和其他控件处在不同的页面，当在表格中移动到其他记录时，不再需要刷新页面，可以将表格的 AfterRowColChange 事件中的代码删除。

（11）在 Page1 的 Activate 事件中加入代码 **This.Refresh**，以实现当切换至此页面时，使控件中的值根据当前记录被刷新。

注意

在设计表单时，当用户要向页面添加控件时，必须先选中页面。选中页面可用下列两种方法：一种是先选择页框，在快捷菜单中选择"编辑"命令，使页框处于编辑状态，再单击要添加控件的页面；另一种是在"属性"窗口的"对象"下拉列表中选择页面对象。如果在添加控件前，没有选中页面，则控件看上去虽然是添加在页面中，实际上被添加到表单中。

关于页框和页面，一些常用的属性如下。

1. PageCount 属性

指定页框中所包含页面的数目。

该属性在设计和运行时可用，仅适用于页框。

2. ActivePage 属性

指定页框中的当前活动页面，或返回当前活动页面的页号。

例如，使用语句 ThisForm.PageFrame1.ActivePage=2 可设置页框的第 2 页为当前活动页。

该属性在设计时可用，在运行时可读写。

3. Pages 属性

该属性是一个数组，用于指定页框中的某个页对象。

例如，用户要指定页框 PageFrame1 中第 1 个页面的标题为"数据编辑"，可以使用代码 ThisForm. PageFrame1.Pages(1).Caption='数据编辑'。

也可以使用页面的名称来指定页对象，上述功能也可以使用代码 ThisForm. PageFrame1. Page1.Caption='数据编辑'来实现。

该属性在运行时可用。

4. Tabs 属性

该属性指定是否显示页面的标签栏。默认值为真，在页面中显示标签栏（选项卡）；设置其为假值，则页面中不显示标签栏。

该属性在设计和运行时可用，仅适用于页框。

5. Caption 属性

该属性用来指定页面的标题，在设计和运行时可用。

6. PageOrder 属性

该属性用来指定页面在页框中的相对顺序，在设计和运行时可用。

例如，若用户要将例 7.16 的"数据浏览"页面设置为页框的第 1 个页面，将 Page2 对象的 PageOrder 属性设置为 1 即可。

7.4.11　容器控件

使用容器控件，用户可以将多个不同类型的控件放在一个容器控件里，然后将其作为一个整体进行操作。

当用户向容器中添加控件时，必须使容器处于编辑状态。

此外，当用户要在代码中引用容器中的控件时，必须先指定其所属的容器。例如，要引用表单的容器 Container1 中的控件 Text1，要使用 Thisform.Container1.Text1。

例 7.17　容器控件示例。

在例 7.16 的图书表单中，在"数据编辑"页面中，增加一个容器控件，将该页面的其他控件都放置在该容器中。设置容器的效果为凸起，如图 7.53 所示。

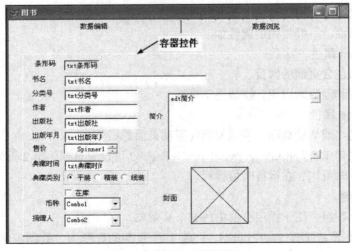

图 7.53　例 7.17 设计界面

（1）在"图书"的表单设计器中，单击"数据编辑"页面，在其快捷菜单中选择"编辑"命令，选中此页面。

（2）单击"表单控件"工具栏上的"容器"按钮，在表单中拖曳鼠标，添加一个容器对象 Container1。

（3）拖曳鼠标，选中页面中除容器对象外的所有对象，选择"编辑"菜单的"剪切"命令。

（4）单击容器对象，在其快捷菜单中选择"编辑"命令，使其处于编辑状态。

（5）选择"编辑"菜单的"粘贴"命令，将其他对象都粘贴到容器中。

（6）单击容器外的任何区域，取消容器的编辑状态。

（7）单击容器的任何位置，选中容器。

移动鼠标，调整容器的位置。

将鼠标指向容器的控制点，拖曳鼠标，改变容器的大小。

（8）在属性窗口中，设置对象 Container1 的"SpecialEffect"属性为"0-凸起"。

（9）由于捐赠人复选框（Combo2）被移动到容器控件中，在 Form1 的 Init 事件中引用 Combo2 时，须改为 Thisform.Pagefrmae1.Page1.Container1.Combo2。

7.4.12　表格控件

表格（Grid）是一个以多行和多列的形式来显示数据的控件，其外观类似于浏览窗口，通常用来显示或编辑数据表中的数据。

表格控件是一个容器对象，包含若干个列（column）对象，每一列显示数据表的一个字段。列对象又包含列标题（Header）和列控件。列标题默认显示字段名称，列控件默认为文本框，每个单元格以此控件显示字段的值。

表格、列、标题和列控件都可以分别设置属性、事件和方法。

1. 表格的属性

（1）RecordSourceType 属性和 RecordSource 属性

RecordSourceType 属性指明表格数据源的类型，RecordSource 属性指定表格设置数据源。其取值及含义如表 7.13 所示。

表 7.13　　　　　　　RecordSourceType 和 RecordSource 属性的取值及含义

RecordSourceType 属性值	RecordSource 属性
0-表	数据来源由 RecordSource 属性指定的表，该表能被自动打开
1-别名	数据来源于已打开的表，由 RecordSource 属性指定表的别名
2-提示	运行时，由用户根据提示选择表格数据源
3-查询	数据来源于 RecordSource 属性指定的查询文件名
4-SQL 语句	数据来源于 RecordSource 属性指定的 SQL 语句

（2）ColumnCount 属性

指定表格的列数。ColumnCount 的默认值为-1，此时表格将显示数据源中所有字段。用户可根据需要重新设置列数。

（3）DeleteMark 属性

指定是否在表格中是否显示删除标记，默认值为.T.。

（4）Partition 属性

指定表格是否显示为左右两个窗格，并指定拆分条相对于表格左边的位置。

2. 列的属性

（1）ControlSource 属性

指定与表格的列所绑定的数据源，通常是表格的数据源的一个字段。

（2）CurrentControl 属性

指定列对象中显示数据的控件，默认为文本框。用户可以在列中添加其他与字段的数据类型相容的列控件，并设置为当前控件。

（3）Sparse 属性

指定列中是否所有的控件都显示 CurrentControl 属性指定的控件。当设置为.T.，则只有活动单元格显示指定控件，其余行的单元格仍然用文本框显示。

3. 标题的属性

（1）Caption 属性

指定列标题显示的文本，默认为字段名。

（2）Alignment 属性

指定列标题文本的对齐方式。

4. 调整表格的行高和列宽

在"属性"窗口中，通过表格的 RowHeight 属性可以调整表格的行高，通过列的 Width 属性可以分别设置每列的宽度。

在表格的编辑方式下，也可以可视化地调整行高和列宽。从表格的快捷菜单中选择"编辑"命令，或在"属性"窗口的"对象"框中选择表格的任一列，可以切换到表格的编辑方式。将鼠标指向列的标头之间，指针变为 ↔，此时拖曳鼠标，可将列调整到适当的宽度。将鼠标指向表格左侧的第 1 个按钮和第 2 个按钮之间，指针变为 ↕，此时拖曳鼠标，可将行调整到适当的高度。

默认情况下，运行表单时，用户也可以调整行高或列宽。若将表格的 AllowRowSizing 属性设置为.F.，则运行时无法改变表格的行高；将某列的 Resizable 属性设置为.F.，则运行时无法改变相应列的列宽。

例 7.18　表格控件示例。

在例 7.16 的图书表单中，修改数据浏览页面的表格"grd 图书"，具体要求如下。

（1）只显示图书的条形码、书名、作者、出版社、售价、典藏时间、典藏类别、在库、币种和捐赠人信息。

（2）设置在库状态以复选框的格式显示。

（3）要求表格不能修改数据，不显示删除标记，并且分为左右两个窗格显示数据。

操作步骤如下。

（1）打开"图书"表单的设计器，选中表单上的表格对象，右击鼠标，在快捷菜单中选择"生成器"命令，打开"表格生成器"对话框。

（2）在"表格生成器"对话框的"1.表格项"选项卡中，指明要在表格中显示的字段。如图 7.54 所示，将"分类号"、"封面"和"简介"字段从选定字段中移走。

（3）打开"表格生成器"对话框的"3.布局"选项卡，如图 7.55 所示，将鼠标指向各列的分隔线，拖曳鼠标，调整各列的宽度。

单击"在库"列，在"控件类型"的下拉列表中选择"复选框"，单击"确定"按钮，关闭"表格生成器"对话框。

（4）在"属性"窗口中，将对象"grd 图书"的"ReadOnly"属性设置为.T.，"Partition"属性设置为 200。

运行表单时表格如图 7.56 所示。

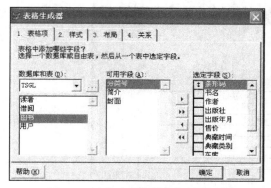

图 7.54 表格生成器的表格项选项卡

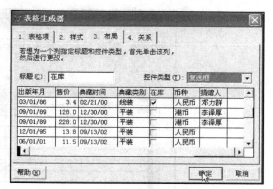

图 7.55 表格生成器的布局选项卡

图 7.56 例 7.18 运行结果

例 7.19 表格控件示例。

建立一个借书还书的表单，如图 7.57 所示，当读者在文本框输入读者证号时，右边的文本框会显示其姓名和身份，表格中将显示其所借的还未归还的图书的条形码、书名、借阅日期和借书天数，下面的文本框显示其所借图书的本数。

（1）在项目管理器 TSGL 中，选定"文档"选项卡中的"表单"项，单击"新建"按钮，系统打开"新建表单"对话框，单击"新建表单"按钮，系统打开表单设计器。

（2）在属性窗口中，将"Form1"的"Caption"属性设置为"借书还书"，"Height"属性设置为 600 像素，"Width"属性设置为 480 像素。

（3）在表单中添加 4 个标签对象，"Caption"属性设置为"读者证号"、"姓名"、"身份"和"借书本数"、"AutoSize"属性设置为".T."，"FontSize"属性设置为 11。

（4）在表单中添加 4 个文本框对象，分别放在 4 个标签对象的后面。将其"FontSize"属性设置为 11，并把后 3 个文本框的"ReadOnly"属性设为.T.。

（5）单击"表单控件"工具栏上的"表格"按钮▆▆，在表单中拖曳鼠标，添加一个表格对象 Grid1。

（6）在属性窗口中，将"Grid1"的"RecordSourceType"属性设置为"4-SQL 说明"，"Record Source"属性设置为""（空串），"ColumnCount"属性设置为 4。

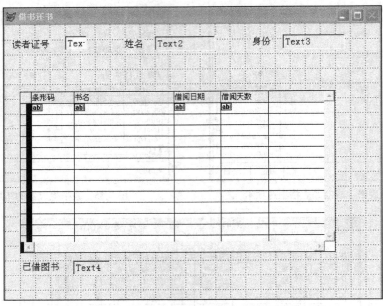

图 7.57　例 7.19 设计界面

（7）在属性窗口中，将 Grid1 的"Column1"的"ControlSource"属性设置为"条形码"，"Header1"的"Caption"属性设置为"条形码"。用同样的方式，将其余几列的"ControlSource"属性分别设置为"书名"、"借阅日期"、"借阅天数"。

（8）在文本框"Text1"的"InteractiveChange"事件中编写代码如下。

```
Thisform.Text2.Value=''                      &&将 Text2（姓名）的文本设置为空
Thisform.Text3.Value=''                      &&将 Text3（身份）的文本设置为空值
Thisform.grid1.RecordSource=''               &&将表格的数据源设置为空
Thisform.grid1.REFRESH()                     &&将表格刷新
IF LEN(ALLT(THIS.Value))=3                    &&当用户输入的是 3 位读者证号时
   SELE 读者                                   &&选择读者表
   LOCA FOR 读者证号=ALLT(THIS.VALUE)
   &&查找与输入的读者证号相同的记录
   IF FOUND()                                 &&如果找到了记录
      Thisform.Text2.Value=姓名               &&将 Text2 的值设置为姓名
      Thisform.Text3.Value=身份               &&将 Text3 的值设置为身份
      Thisform.Grid1.RecordSource='SELECT 借阅.条形码,书名,借阅日期,DATE()-借阅日期
AS 借阅天数 FROM 借阅,图书 WHERE EMPTY(还书日期) AND 借阅.条形码=图书.条形码 AND 读者证号=
"'+Thisform.Text1.Value+'" INTO CURSOR js'
      &&设置 Grid1 的数据源为查询借阅表和图书表的结果
      Thisform.Grid1.REFRESH()               &&刷新 Grid1 控件
      Thisform.Text4.VALUE=RECCOUNT('js')    &&将 Text4 设置为查询结果的记录数
   ENDIF
ENDIF
Thisform.Refresh()                           &&刷新表单
```

（9）保存此表单，将其命名为"借书还书"。

7.4.13　命令按钮和命令按钮组控件

1．命令按钮

命令按钮的功能是让用户完成一些特定动作。通常，设计表单时，在命令按钮的 Click 事件中输入用户需要执行的代码。运行表单时，通过单击按钮就可以执行指定的操作。

（1）Caption 属性

命令按钮的 Caption 属性用来指定按钮上显示的文本。若用户想通过热键来执行命令按钮的 Click 事件，可以在命令按钮的 Caption 属性中增加一个 "\<" 符号和一个热键字符。例如，将按钮的 Caption 属性设置为 "退出\<Q"，则运行表单时，通过 Alt+Q 组合键可执行退出按钮的 Click 事件。

（2）Default 属性

Default 属性为.T.的命令按钮称为表单的默认按钮。运行表单时，按 Enter 键就可以执行该按钮的 Click 事件。Default 属性的默认值为.F.，一个表单只能有一个按钮的 Default 属性设置为真。

（3）Cancel 属性

Cancel 属性为.T.的命令按钮称为表单的取消按钮。运行表单时，按 Esc 键就可以执行该按钮的 Click 事件。Cancel 属性的默认值为.F.，一个表单只能有一个按钮的 Cancel 属性设置为真。

例 7.20　命令按钮控件示例。

在例 7.19 的借书还书表单中，增加一个文本框控件，输入书籍条形码。若条形码正确，则系统显示此图书的书名、在库状态和典藏类别。若符合借书条件，通过单击借书按钮可实现借书操作。若此书为读者所借的图书，单击"还书"按钮，可归还此书。此外，还需增加一个输入日期的文本框，作为借书或还书的日期，如图 7.58 所示。

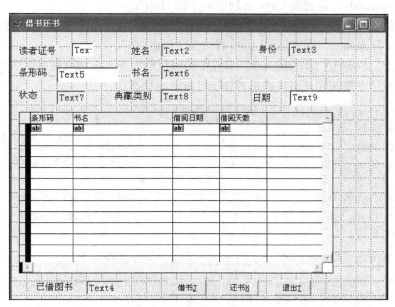

图 7.58　例 7.20 设计界面

（1）打开"图书"表单的表单设计器，在表单中添加 5 个标签对象，"Caption"属性设置为"条形码"、"书名"、"状态"、"典藏类别"和"日期"，"AutoSize"属性设置为".T."，"FontSize"属性设置为 11。

（2）在表单中添加 5 个文本框对象，分别放在 5 个标签对象的后面。将其"FontSize"属性设置为 11，将"书名"、"状态"和"典藏类别"对应的文本框的"ReadOnly"属性设为.T.。将"日期"所对应的文本框的"Value"属性设为=DATE()，即设置其值为当前日期。

（3）在图书编号的文本框"Text5"的"InteractiveChange"事件中编写代码如下。

```
Thisform.Text6.Value=''                    &&将 Text6（书名）的文本设置为空
Thisform.Text7.Value=''                    &&将 Text7（状态）的文本设置为空值
IF LEN(ALLT(THIS.Value))=8                 &&当用户输入的是 8 位图书编号时
   SELE 图书                               &&选择图书表
   LOCA FOR 条形码=ALLT(THIS.VALUE)          &&查找与输入的条形码相同的记录
   IF FOUND()                              &&如果找到了记录
      Thisform.Text6.Value=书名             &&将 Text6 的值设置为书名字段
         IF 在库                            &&若"在库"字段的值为真
           Thisform.Text7.Value='在库'       &&将 Text7 的值设置为"在库"
         ELSE
           Thisform.Text7.Value='外借'       &&将 Text7 的值设置为外借
         ENDIF
           Thisform.Text8.Value=典藏类别      &&将 Text8 的值设置为典藏类别字段
   ENDIF
ENDIF
Thisform.Refresh()                         &&刷新表单
```

（4）单击"表单控件"工具栏上的"命令按钮"按钮 ▭，在表单中拖曳鼠标，添加一个命令按钮对象 Command1，设置其 Caption 属性为"借书\<J"。

同样，再添加一个命令按钮对象 Command2，设置其 Caption 属性为"还书\<H"。添加一个命令按钮对象 Command3，设置其 Caption 属性为"退出\<X"。

（5）在表单"Form1"的"Refresh"事件中编写代码如下，其功能是根据用户输入的读者号和条形码来设置借书按钮和还书按钮是否处于可激活的状态。

```
IF LEN(Thisform.Text2.Value)<>0 AND  LEN(Thisform.Text6.Value)<>0
   && 若读者和图书均不为空
Thisform.Command1.Enabled=.T.              &&设置借书按钮为可激活
Thisform.Command2.Enabled=.T.              &&设置还书按钮为可激活
ELSE
  Thisform.Command1.Enabled=.F.            &&设置借书按钮为不可激活
  Thisform.Command2.Enabled=.F.            &&设置还书按钮为不可激活
ENDIF
```

（6）在借书按钮"Command1"的"Click"事件中编写代码如下：

```
DO jS with ALLT(Thisform.text1.Value),ALLT(Thisform.text5.Value),Thisform.text9.Value
&&调用数据库的存储过程 js，见例 6.24
Thisform.Text1.Interactivechange()         &&刷新该读者的借书情况
Thisform.Text5.Interactivechange()         &&刷新该书的情况
```

（7）在还书按钮"Command2"的"Click"事件中编写代码如下：

```
DO hs with ALLT(thisform.text1.value),ALLT(thisform.text5.value),thisform.text9.value
```

```
&&调用数据库的存储过程 hs, 见例 6.25
Thisform.Text1.Interactivechange()            &&刷新该读者的借书情况
Thisform.Text5.Interactivechange()            &&刷新该书的情况
```

（8）在退出按钮"Command3"的"Click"事件中编写代码如下：

```
IF MESSAGEBOX('您确认退出吗',1+32+0)=1          &&打开对话框询问是否确认退出
    THISFORM.RELEASE                           &&释放表单
ENDIF
```

（9）在表单"FORM1"的"UNLOAD"（退出）事件中编写代码如下：

```
SELE JS                                        &&选择临时表 JS 为当前工作区
USE                                            &&关闭临时表，将删除此表
```

2. 命令按钮组

命令按钮组是包含多个命令按钮的容器型控件。当一个表单上要建立多个命令按钮时，可以考虑使用命令按钮组。命令按钮组及其包含的各个命令按钮分别拥有自己的属性、事件和方法。常用的命令按钮组的属性如下。

（1）ButtonCount 属性

该属性指定命令按钮组中按钮的数目。当新建一个命令按钮组时，系统默认设置有两个按钮。用户可以根据需要重新设置 ButtonCount 属性的值，以改变按钮的数目。

（2）Buttons 属性

该属性是一个数组，用于存取命令按钮组中各个按钮。

根据命令按钮组的 ButtonCount 属性，系统将产生多个命令按钮。当用户要在代码中设置命令按钮的属性或调用其方法时，既可以直接指定命令按钮，也可以使用 Buttons 数组。

例如，要在表单的某个事件或方法中指定命令按钮组 CommandGroup1 的第 1 个命令按钮的标题为"第一条"，可以使用下列两种方式：

```
ThisForm.CommandGroup1.Command1.Caption="第一条"
ThisForm.CommandGroup1.Buttons(1).Caption="第一条"
```

（3）Value 属性

该属性返回命令按钮组当前的值。

默认情况下，设计表单时 Value 属性被设置为 1，当表单运行时，用户单击某个命令按钮，该值返回被按下的命令按钮的序号；若设计表单时在属性窗口设置 Value 属性为空，当表单运行时，该值返回被按下的命令按钮的 Caption 值。

（4）Click 事件

当用户单击命令按钮组的命令按钮时，该事件被激发。用户可以通过 Value 属性判断哪一个按钮被按下，从而执行对应按钮的代码。

```
DO CASE
CASE This.Value=1
    输入单击第 1 个按钮时所应执行的代码
CASE This.Value=2
    输入单击第 2 个按钮时所应执行的代码
......
ENDCASE
```

如果命令按钮本身编辑了 Click 事件代码，则该按钮被按下时，会执行该按钮的 Click 事件，而不会执行命令按钮组的 Click 事件。

例 7.21 命令按钮组控件示例。

在例 7.17 的图书表单的"数据编辑"页面中，添加一个命令按钮组。其中包含 8 个命令按钮，标题分别为首条、上条、下条、末条、新增、编辑、删除和退出，如图 7.59 所示。编写代码实现按钮的功能。

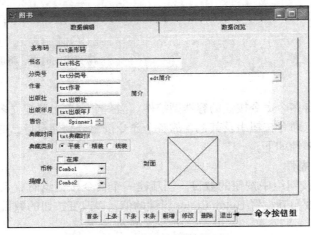

图 7.59 例 7.20 设计界面

（1）在"图书"的表单设计器中，单击"数据编辑"页面，右键单击鼠标，在其快捷菜单中选择"编辑"命令，选中此页面。

（2）单击"表单控件"工具栏上的"命令按钮组"按钮，在表单中拖曳鼠标，添加一个命令按钮组对象 Commandgroup1。

（3）选中命令按钮组，右键单击鼠标，在快捷菜单中选择"生成器"命令，打开"命令组生成器"对话框，如图 7.60 所示。

（4）在"命令组生成器"对话框的"1.按钮"选项卡中，设置"按钮的数目"为 8，在表格的"标题"列分别输入各个按钮的标题：首条、上条、下条、末条、新增、编辑、删除、退出。

（5）"命令组生成器"对话框的"2.布局"选项卡如图 7.61 所示，在"按钮布局"中选择"水平"单选钮。

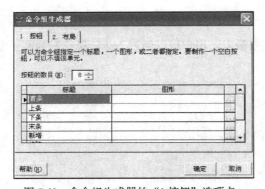

图 7.60 命令组生成器的"1.按钮"选项卡

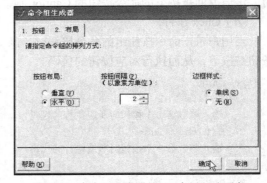

图 7.61 命令组生成器的"2.布局"选项卡

（6）在命令按钮组（Commandgroup1）的首条按钮"Command1"的"Click"事件中编写代码如下：

```
GO TOP                                      &&将记录指针指向第 1 条记录
Thisform.Pageframe1.Page1.Refresh()         &&刷新数据编辑页面
```

（7）在命令按钮组（Commandgroup1）的上条按钮"Command2"的"Click"事件中编写代码如下：

```
SKIP -1                                     &&将记录指针向前移动一条记录
IF BOF()                                    &&如果记录指针指向了文件头
   GO TOP                                   &&将记录指针指向第 1 条记录
ENDIF
Thisform.Pageframe1.Page1.Refresh()         &&刷新数据编辑页面
```

（8）在命令按钮组（Commandgroup1）的下条按钮"Command3"的"Click"事件中编写代码如下：

```
SKIP                                        &&将记录指针向后移动一条记录
IF EOF()                                    &&如果记录指针指向了文件尾
   GO BOTTOM                                &&将记录指针指向最后一条记录
ENDIF
Thisform.Pageframe1.Page1.Refresh()         &&刷新数据编辑页面
```

（9）在命令按钮组（Commandgroup1）的末条按钮"Command4"的"Click"事件中编写代码如下：

```
GO BOTTOM                                   &&将记录指针指向最后一条记录
Thisform.Pageframe1.Page1.Refresh()         &&刷新数据编辑页面
```

（10）由于该表单所设置的功能为：通常情况下，不能编辑图书表的记录，只有按下"新增"按钮或"编辑"按钮时，才可以编辑记录。在属性窗口中将容器对象"Container1"的"Enable"属性设置为.F.。

（11）命令按钮组（Commandgroup1）的新增按钮提供新增图书数据记录的功能。

当读者按下新增按钮时，新增一条空白记录，容器变为可编辑的状态，"新增"按钮的标题变为"保存"，"修改"按钮的标题变为"取消"，此时不能跳转到其他记录或切换到数据浏览页面。

编辑完记录后，单击"保存"按钮可保存新增的记录，单击"取消"按钮则放弃新增的记录。并重新设置容器为不可编辑的状态，此时可以跳转到其他记录或切换到数据浏览页面。

在新增按钮"Command5"的"Click"事件中编写代码如下：

```
IF This.Caption='新增'                       &&若按下按钮时标题为新增
   APPEND BLANK                             &&追加一条空白记录
   This.Parent.Command1.Enabled=.F.         &&将上条按钮设为不能激活
   This.Parent.Command2.Enabled=.F.         &&将下条按钮设为不能激活
   This.Parent.Command3.Enabled=.F.         &&将首条按钮设为不能激活
   This.Parent.Command4.Enabled=.F.         &&将末条按钮设为不能激活
   This.Parent.Command7.Enabled=.F.         &&将删除按钮设为不能激活
```

```
      This.Parent.Command8.Enabled=.F.              &&将退出按钮设为不能激活
      Thisform.Pageframe1.Page2.Enabled=.F.         &&数据浏览页面设为不能激活
      This.Caption='保存'                           &&将此按钮的标题设为保存
      This.Parent.Command6.Caption='取消'           &&将编辑按钮的标题设为取消
      Thisform.Pageframe1.Page1.Container1.Enabled=.T.
      &&将容器的状态设为可以激活
      Thisform.Pageframe1.Page1.Refresh             &&刷新页面
      Thisform.Pageframe1.Page1.Container1.Txt 书名.Setfocus()
      &&将焦点移动到书名文本框
      ELSE
      IF TABLEUPDATE(.T.)                           &&保存新增的记录，如果成功保存
        This.Parent.Command1.Enabled=.T.            &&将上条按钮设为可以激活
        This.Parent.Command2.Enabled=.T.            &&将下条按钮设为可以激活
        This.Parent.Command3.Enabled=.T.            &&将首条按钮设为可以激活
        This.Parent.Command4.Enabled=.T.            &&将末条按钮设为可以激活
        This.Parent.Command7.Enabled=.T.            &&将删除按钮设为可以激活
        This.Parent.Command8.Enabled=.T.            &&将退出按钮设为可以激活
        Thisform.Pageframe1.Page2.Enabled=.T.       &&数据浏览页面设为可以激活
        This.Caption='新增'                         &&将此按钮的标题设为新增
        This.Parent.Command6.Caption='编辑'         &&将取消按钮的标题设为编辑
        Thisform.Pageframe1.Page1.Container1.Enabled=.F.
        &&将容器的状态设为不能激活
        Thisform.Pageframe1.Page1.Refresh           &&刷新页面
      ELSE                                          &&如果没有成功保存记录
        =AERROR(lerror)                             &&使用 AERROR 函数接收错误到数组 lerror
        MESSAGEBOX(lerror(2))                       &&打开对话框显示错误信息
      ENDIF
   ENDIF
ENDIF
```

（12）命令按钮组（Commandgroup1）的编辑按钮提供编辑图书数据记录的功能。

当读者按下编辑按钮时，容器变为可编辑的状态，"新增"按钮的标题变为"保存"，"修改"按钮的标题变为"取消"，此时不能跳转到其他记录或切换到数据浏览页面。

编辑完记录后，单击"保存"按钮可保存编辑后的记录，单击"取消"按钮则放弃对记录的编辑，并重新设置容器为不可编辑的状态，可以跳转到其他记录或切换到数据浏览页面。

编辑按钮"Command6"的"Click"事件中编写代码如下：

```
IF This.Caption='编辑'                         &&若按下按钮时标题为编辑
  This.Parent.Command1.Enabled=.F.             &&将上条按钮设为不能激活
  This.Parent.Command2.Enabled=.F.             &&将下条按钮设为不能激活
  This.Parent.Command3.Enabled=.F.             &&将首条按钮设为不能激活
  This.Parent.Command4.Enabled=.F.             &&将末条按钮设为不能激活
  This.Parent.Command7.Enabled=.F.             &&将删除按钮设为不能激活
  This.Parent.Command8.Enabled=.F.             &&将退出按钮设为不能激活
  Thisform.Pageframe1.Page2.Enabled=.F.        &&数据浏览页面设为不能激活
  This.Parent.Command5.Caption='保存'          &&将新建按钮的标题设为保存
```

```
    This.Caption='取消'                                         &&将此按钮的标题设为取消
    Thisform.Pageframe1.Page1.Container1.Enabled=.T.           &&将容器的状态设为可以激活
    Thisform.Pageframe1.Page1.Refresh                         &&刷新页面
    Thisform.Pageframe1.Page1.Container1.Txt书名.Setfocus()
    &&将焦点移动到书名文本框
    ELSE
      TABLEREVERT(.T.)                                        &&取消对记录的编辑
     IF EOF()                                                 &&判断记录指针是否指向文件尾标志
       GO BOTT                                                &&若指向文件尾，则跳转到最后一条记录
     ENDIF
     This.Parent.Command1.Enabled=.T.                         &&将上条按钮设为可以激活
     This.Parent.Command2.Enabled=.T.                         &&将下条按钮设为可以激活
     This.Parent.Command3.Enabled=.T.                         &&将首条按钮设为可以激活
     This.Parent.Command4.Enabled=.T.                         &&将末条按钮设为可以激活
     This.Parent.Command7.Enabled=.T.                         &&将删除按钮设为可以激活
     This.Parent.Command8.Enabled=.T.                         &&将退出按钮设为可以激活
     Thisform.Pageframe1.Page2.Enabled=.T.                    &&数据浏览页面设为可以激活
     This.Parent.Command5.Caption='新增'                       &&将保存按钮的标题设为新增
     This.Caption='编辑'                                       &&将此按钮的标题设为编辑
     Thisform.Pageframe1.Page1.Container1.Enabled=.F.
     &&将容器的状态设为不能激活
     Thisform.Pageframe1.Page1.Refresh                        &&刷新表单
ENDIF
```

（13）命令按钮组（Commandgroup1）的删除按钮的功能为首先判断书籍是否在库，若不在库则不能删除，若是在库状态，则打开对话框询问是否确认删除。若用户确认删除，则删除此条记录。

由于默认情况下，Visual FoxPro 设置 DELETE 状态为 ON，即记录被标记为删除后仍然会显示。所以在表单（Form1）的 INIT 事件中增加代码 **SET DELETE ON**。

删除按钮"Command7"的"Click"事件中编写代码如下：

```
IF NOT 在库                                                   &&判断图书是否在库
   MESSAGEBOX('此书外借,无法删除',0+16+0)                       &&若图书不在库，显示警告信息
   RETURN                                                    &&退出此段代码
ENDIF
IF MESSAGEBOX('您确认删除吗',1+32+0)=1                          &&打开对话框询问是否确认删除
   DELETE                                                    &&若确认删除，则对当前记录打删除标记
   SKIP                                                      &&跳转到下一条记录
   IF EOF()                                                  &&判断记录指针是否指向文件尾标志
      GO BOTT                                                &&若指向文件尾，则跳转到最后一条记录
   ENDIF
   Thisform.Pageframe1.Page1.Refresh()                       &&刷新页面
ENDIF
```

（14）命令按钮组（Commandgroup1）的退出按钮（Command8）的功能如下：

```
IF MESSAGEBOX('您确认退出吗',1+32+0)=1                          &&打开对话框询问是否确认退出
    THISFORM.RELEASE                                         &&释放表单
ENDIF
```

（15）由于切换到"数据浏览"页面时，要求表格能滚动当前记录，在"Page2"的"Activate"事件中输入代码：

```
Thisform.Pageframe1.Page2.Grid1.Setfous()        &&表格获得焦点
```

3. 数据缓冲及相关函数

（1）数据缓冲

在网络环境下，若多个用户同时修改数据表的同一条记录，就会造成数据的冲突。Visual FoxPro 的缓冲技术可以保护对记录所做的数据维护操作。

Visual FoxPro 提供两种缓冲：记录缓冲和表缓冲。记录缓冲一次只锁定一条记录，表缓冲则可同时对一个表的多条记录使用缓冲。

Visual FoxPro 以两种锁定方式提供缓冲：保守式和开放式。保守式缓冲在刚开始编辑数据时就锁定数据，此时其他用户无法访问此数据，直到用户更新数据或撤销更新时才解除锁定。开放式缓冲则只在写数据时才锁定数据。

在表单设计器中，设置数据环境中的临时表的 BufferModeOverride 属性，可以设置缓冲类型。其中 1 表示无缓冲，它是默认值；2 表示保守式记录锁定；3 表示开放式记录锁定；4 表示保守式表锁定；5 表示开放式表锁定。

在例 7.21 中，由于要使用数据缓冲实现数据的更新和取消，将数据环境中图书数据表的 **BufferModeOverride** 属性设置为 **3-开放式行缓冲**。

（2）数据更新和取消

使用缓冲后，若要把缓冲中编辑的结果写入原来的表，可以在代码中使用 TABLEUPDATE 函数。如果缓冲中的内容被正确地写入到数据表中，TABLEUPDATE 函数返回.T.值。要取消缓冲中编辑的结果，可以使用 TABLEREVERT 函数。

格式：TABLEUPDATE ([<AllRows>][,<Forced>][,<Alias>|<Workarea>])

说明：参数<AllRows>指明哪些记录被更新。如果启用的是表缓冲，当<AllRows>设为.F.，则只更新当前记录；设为.T.，则更新所有记录。如果启用的是行缓冲，无论<AllRows>的值为.F.或.T.，都只更新当前记录。

参数<Forced>指明是否强制更新。设为.T.，则其他用户的修改将被当前用户的修改所覆盖。

参数<Alias>指明被更新的数据表的别名，nWorkArea 指定要更新的表所在的工作区。如果省略，默认为更新当前表。

格式：TABLEREVERT([lAllRows] [,cTableAlias|nWorkArea])

说明：该函数的参数定义与 TABLEUPDATE 函数相似，但其功能是取消对记录的修改，返回的值是放弃修改的记录数目。

（3）错误处理

当用户在更新记录时，可能会发生错误。例如，当输入的数据违背了字段的有效性规则，或违反了数据库的触发规则。此时，TABLEUPDATE 将返回.F.。通过调用 **AERROR(<数组名>)**函数，可以创建一个数组，接收有关错误的信息。该数组的常用数组元素如表 7.14 所示。用户可以通过错误号，也就是数组的第 1 个元素的值来判断错误的类型，常见的错误号如表 7.15 所示。

4. WITH 语句

有时，用户需要对一个对象执行多条语句。如果在每条语句中都写出该对象的全部路径，程序就会很烦琐。Visual FoxPro 系统提供了 WITH 结构，用来简化程序。

```
WITH 〈对象名〉
    〈语句〉
ENDWITH
```

表 7.14　　　　　　　　　　　　　　　　错误信息数组的数组元素

数组元素	数据类型	描　　述
1	数值	错误号
2	字符	错误信息
3	字符	如果有错误信息参数，则返回之（如字段名）
4	数值或字符	发生错误的工作区
5	数值或字符	如果是触发器失败，则返回触发器号：插入为 1，更新为 2，删除为 3

表 7.15　　　　　　　　　　　　　　　　　常见的错误号

错　误　号	错误信息	说　　明
109	记录正由其他用户使用	
1539	触发器失败	数组的第 5 个元素返回是哪个触发器失败
1581	字段不接受空值（null）	数组的第 3 个元素返回是哪个字段引起的错误
1582	违反了字段的验证规则	数组的第 3 个元素返回是哪个字段引起的错误
1583	违反了记录的验证规则	
1585	记录已被其他用户修改	
1884	违反了索引的唯一性	数组的第 3 个元素返回是哪个索引标记引起的错误

例如，表 7.16 左部的语句都是对同一个对象来操作，可以用 WITH 语句（见表 7.16 右部）来进行简化。

表 7.16　　　　　　　　　　　　　　　　WITH 语句

This.Parent.Command1.Enabled=.F. This.Parent.Command2.Enabled=.F. This.Parent.Command3.Enabled=.F. This.Parent.Command4.Enabled=.F. This.Parent.Command7.Enabled=.F. This.Parent.Command8.Enabled=.F.	WITH This.Parent BEGIN .Command1.Enabled=.F. .Command2.Enabled=.F. .Command3.Enabled=.F. .Command4.Enabled=.F. .Command7.Enabled=.F. .Command8.Enabled=.F. END

7.4.14　ActiveX 控件和 ActiveX 绑定控件

1．ActiveX 控件

ActiveX 是微软公司提出的一组技术标准，所谓 ActiveX 控件，就是符合 ActiveX 标准的控件。使用 ActiveX 控件，可以将多媒体控件、目录树、工具栏等控件添加到表单中，也可以在表单中嵌套或链接 Office 文档、Flash 动画等文件。

例 7.22　日期 ActiveX 控件示例。

在例 7.20 的借书还书表单中，删除输入日期的文本框控件，使用日期 ActiveX 控件来输入日期。

（1）在图书表单的设计器中，选中文本框"Text9"，按 Delete 键，将其删除。

（2）选择"工具"菜单的"选项"命令，在"选项"对话框的"控件"选项卡中选择"ActiveX"单选钮，在"选定"列表中选择"Microsoft Date and Time Control"复选框，如图 7.62 所示，单击"确定"按钮。

（3）单击"表单控件"工具栏的"查看类"按钮，在其下拉菜单中选择"ActiveX 控件"按钮，"表单控件"工具栏如图 7.63 所示，其中显示了 ActiveX 控件。

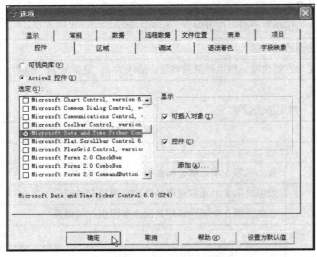

图 7.62 "选项"对话框的"控件"选项卡

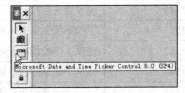

图 7.63 "表单控件"工具栏

（4）单击"表单控件"工具栏的"Microsoft Date and Time Picker Control"按钮，拖曳鼠标，在表单上建立一个名为"Olecontrol1"的 ActiveX 控件。

（5）调整控件的位置和大小，设计后的表单如图 7.64 所示。

若用户要设置控件"Olecontrol1"的属性，可以在选中此控件后右键单击鼠标，在快捷菜单中选择"DTPicker 属性"命令，打开"DTPicker 属性"对话框，如图 7.65 所示。

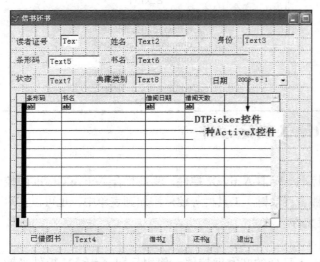

图 7.64 例 7.22 表单设计界面

图 7.65 "DTPicker 属性"对话框

（6）修改借书按钮"Comamnd1"的 Click 事件，将代码

```
DO jS with ALLT(Thisform.text1.Value),ALLT(Thisform.text5.Value),Thisform.text9.Value
```

改为如下所示：

```
lday=STR(Thisform.Olecontrol1.year,4)+'/'+STR(Thisform.Olecontrol1.month,2)+'/'+;
STR(Thisform.Olecontrol1.day,2)
&&将 Olecontrol1 的日期转换为 YYYY/MM/DD 格式的字符串赋值给变量 ldy
DO jS with ALLT(Thisform.text1.Value),ALLT(Thisform.text5.Value),CTOD(lday)
```

（7）修改还书按钮"Comamnd2"的 Click 事件，将代码

```
DO hs with ALLT(thisform.text1.value),ALLT(thisform.text5.value),thisform.text9.value
```

改为如下所示：

```
lday=STR(Thisform.Olecontrol1.year,4)+'/'+STR(Thisform.Olecontrol1.month,2)+'/'+STR(Thisform.Olecontrol1.day,2)
&&将 Olecontrol1 的日期转换为 YYYY/MM/DD 格式的字符串赋值给变量 ldy
do hs with ALLT(thisform.text1.value),allt(thisform.text5.value),CTOD(lday)
```

（8）由于使用 CTOD 函数时，要求字符串的格式与系统当前的日期格式须一致，在表单"Form1"的"Init"事件中添加如下代码：

```
Set Date To YMD            &&设置日期的格式为年月日
Set Century On             &&设置年号为四位
```

运行表单时，其界面如图 7.66 所示。

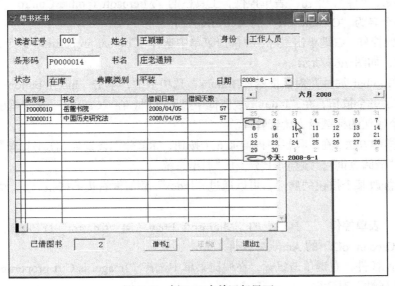

图 7.66　例 7.22 表单运行界面

例 7.23　工具栏和图像列表 ActiveX 控件示例。

在例 7.10 的主界面表单中，增加两个 ActiveX 控件：工具栏和图像列表，运行表单时，界面如图 7.67 所示。

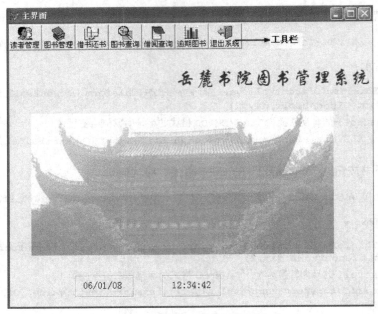

图 7.67　例 7.23 表单运行界面

（1）选择"工具"菜单的"选项"命令，在"选项"对话框的"控件"选项卡中选择"ActiveX"单选钮，在"选定"列表中选择"Microsoft Toolbar Control"和"Microsoft ImageList Control"复选框，单击"确定"按钮。

（2）打开主界面表单的设计器，单击"表单控件"工具栏的"查看类"按钮，在其下拉菜单中选择"ActiveX 控件"，单击"表单控件"工具栏的"Microsoft Toolbar Control"按钮 ，单击表单，建立一个名为"Olecontrol1"的 ActiveX 控件。

（3）选中此控件，右键单击鼠标，在快捷菜单中选择"Toolbar properties"命令，打开"Toolbar 属性"对话框，如图 7.68 所示。

（4）在"Toolbar 属性"对话框的"Buttons"选项卡中，单击"Insert button"按钮，此时在工具栏中增加了一个按钮，在"Index"数值框中显示"1"。在"Caption"文本框中输入"读者管理"，则第 1 个按钮的标题设为读者管理。

（5）用同样的方法，在工具栏中再增加 6 个按钮，标题分别设置为"图书管理"、"借书还书"、"图书查询"、"借阅查询"、"逾期图书"和"退出系统"。

若用户要修改某个按钮的属性，可以通过"Index"数值框右边的按钮 ，切换到要修改的按钮。

（6）单击"表单控件"工具栏上的"Microsoft ImageList Control"按钮 ，单击表单，建立一个名为"Olecontrol2"的 ActiveX 控件。

（7）选中此控件，右键单击鼠标，在快捷菜单中选择"ImageListCtrl properties"命令，打开"ImageListCtrl 属性"对话框。

（8）在"ImageListCtrl 属性"对话框的"Images"选项卡中，单击"Insert Picture"按钮，打开"Select Picture"对话框。在"Select Picture"对话框中，选择要插入的图标"cmd1.ico"，单击"打开"按钮，则此图标插入图像列表控件中。

（9）用同样的方法，在图像列表控件中再插入 6 个图标，如图 7.69 所示。

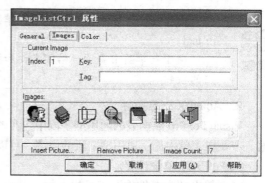

图 7.68 "Toolbar 属性"对话框   图 7.69 "ImageListCtrl 属性"对话框

（10）要将工具按钮的图标指定为图像列表的对应图标，在工具栏控件"Olecontrol1"的初始化"Init"事件中输入如下代码：

```
THIS .Imagelist = Thisform.OleControl2      && 连接 ImageList 控件
THIS.Buttons(1).Image = 1                   && 设置第 1 个按钮的图标
THIS .Buttons(2).Image = 2                  && 设置第 2 个按钮的图标
THIS .Buttons(3).Image = 3                  && 设置第 3 个按钮的图标
THIS .Buttons(4).Image = 4                  && 设置第 4 个按钮的图标
THIS.Buttons(5).Image = 5                   && 设置第 5 个按钮的图标
THIS.Buttons(6).Image = 6                   && 设置第 6 个按钮的图标
THIS.Buttons(7).Image = 7                   && 设置第 7 个按钮的图标
```

（11）单击工具按钮时，要求能执行相应的功能。在工具栏控件"Olecontrol1"的单击"ButtonClick"事件中输入如下代码。

```
LPARAMETERS button                          && button 是该事件的默认参数
DO CASE
CASE button.index=1                         && 若用户按下第 1 个按钮
   DO FORM 读者                             && 执行"读者"表单
CASE button.index=2                         && 若用户按下第 2 个按钮
  DO FORM 图书                              && 执行"图书"表单
CASE button.index=3                         && 若用户按下第 3 个按钮
   DO FORM 借书还书                         && 执行"借书还书"表单
CASE button.index=4                         && 若用户按下第 4 个按钮
   DO FORM 图书查询                         && 执行"图书查询"表单
CASE button.index=5                         && 若用户按下第 5 个按钮
   DO FORM 借阅查询                         && 执行"借阅查询"表单
CASE button.index=6                         && 若用户按下第 6 个按钮
   REPORT FORM 逾期图书统计 PREVIEW         && 预览"逾期图书统计"报表
CASE button.index=7                         && 若用户按下第 7 个按钮
  IF Messagebox("是否退出系统",1+32+0)=1    && 确认是否退出
   QUIT                                     &&退出系统
  ENDIF
ENDCASE
```

注意

由于在主表单中要调用其它表单文件，需将默认目录设置为各类文件所在的文件夹 d:\tsgl。

由于表单图书查询、借阅查询和报表逾期图书尚未建立，在运行表单时不能单击相应的按钮。

2. ActiveX 绑定控件

Visual FoxPro 数据表的通用型字段中包含的是其他应用程序的数据，如图像、声音、视频等数据。若要在表单中显示通用型字段的内容，可以创建一个 ActiveX 绑定控件。具体操作步骤如下。

（1）打开表单设计器。

（2）单击"表单控件"工具栏上的"ActiveX 绑定控件（OleBoundControl）"按钮 ▦。

（3）将鼠标移到表单上，拖曳鼠标，出现一个含有对角线的方框，即 ActiveX 绑定控件。

（4）设置该控件的 ControlSource 属性为通用型字段。

在运行表单时，该控件就能显示当前记录的通用型字段的内容。例 7.21 中显示封面的控件（Ole 封面）就是 ActiveX 绑定控件，其 ControlSource 属性为"图书.封面"。运行表单时，该控件显示图书的封面图片。在编辑记录时，右键单击该控件，在快捷菜单中选择"编辑"命令，系统将打开图片文件的编辑环境，如图 7.70 所示。

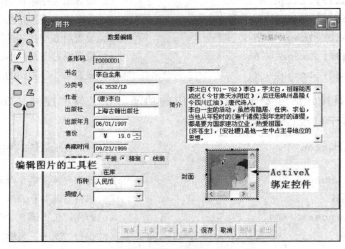

图 7.70　编辑通用型字段的内容

7.4.15　超级链接控件

使用超级链接控件，用户可以在运行表单时启动浏览器程序，跳转到 Internet（因特网）或 Intranet（企业内部网）的一个目标地址上。

在运行表单时，超级链接控件是不可见的。要在表单中建立链接，通常在表单中增加一个超级链接对象和一个命令按钮，通过在按钮的 Click 事件中调用超级链接对象的 NavigateTo() 方法，来跳转到指定的目标地址。

例 7.24　超级链接控件示例。

在主界面表单中添加到网址 www.teacherchen.cn 的链接，其操作步骤如下。

（1）打开"主界面"表单的表单设计器，在表单中添加命令按钮"Command1"，设置"Caption"属性为"作者网站"，"FontSize"属性为"11"。

（2）单击"表单控件"工具栏上的"超级链接"按钮，在表单上单击，建立一个名为"Hyperlink1"的超级链接控件。

（3）在命令按钮"Command1"的"Click"事件中，输入代码如下：

```
ThisForm.Hyperlink1.NavigateTo('www.teacherchen.cn')
```

（4）设计后的表单界面如图 7.71 所示。

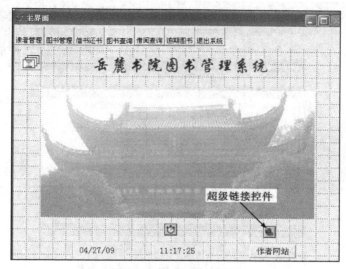

图 7.71　例 7.24 设计界面

运行表单时，单击"作者网站"按钮，就可以打开指定网站。

7.5　多重表单与表单集

在 Visual FoxPro 的应用程序中，通常要同时打开多个相关的表单。此时可采用多重表单的方式，在一个表单中通过 DO FORM 命令调用其他表单。也可以使用表单集的方式，在一个表单集的多个表单之间进行切换。

7.5.1　表单的类型

在 Visual FoxPro 中，有两种类型的表单：顶层表单和子表单。

1．顶层表单

将表单的 ShowWindow 属性设置为"2-作为顶层表单"，则此表单成为顶层表单。顶层表单通常用做应用程序的父表单，如例中的主界面表单。顶层表单与其他 Windows 应用程序同级，最小化时其图标显示在 Windows 任务栏中。

2．子表单

将表单的 ShowWindow 属性设置为 0 或者 1，即为子表单。当子表单被最小化时，将显示在父表单的底部。如果父表单被最小化，则子表单也被最小化。如果父表单被关闭，则子表单也被关闭。

当 ShowWindow 属性设置为"0-在屏幕中"时，该子表单的父表单为 Visual FoxPro 主窗口；当 ShowWindow 属性设置为"1-在顶层表单中"时，该子表单的父表单为顶层表单。

例如，将主界面设置为顶层表单，则当读者表单的 ShowWindow 属性被设置为 0 时，其运行时显示在 Visual FoxPro 主窗口中，如图 7.72 所示；当读者表单的 ShowWindow 属性被设置为 1 时，其运行时显示在主界面表单中，如图 7.73 所示。

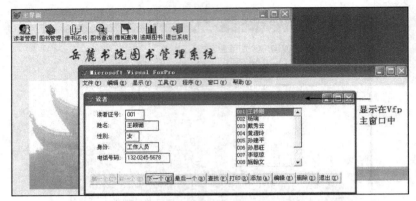

图 7.72　子表单显示在主窗口中

图 7.73　子表单显示在主界面表单中

3. 浮动表单

默认情况下，子表单不能被移动到父表单的范围之外。若将表单的 DESKTOP 属性设置为.T.，则子表单被设置为浮动表单。与子表单不同的是，浮动表单可以被移至屏幕的任何地方，如图 7.74 所示。如果将浮动表单最小化，它将显示在 Windows 的桌面底部。

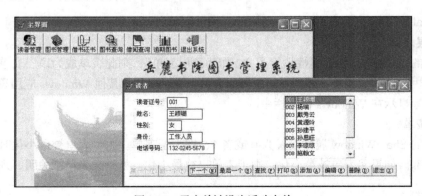

图 7.74　子表单被设为浮动表单

4. 模式表单

当设置子表单的 WindowType 属性为 "1-模式"，则表单为模式表单，即在运行应用程序时，用户必须先关闭这个表单，才能访问其他窗口或对话框。

例 7.25 多重表单示例。

在例 7.21 的图书表单中，增加一个图书定位按钮。单击此按钮后，将打开一个定位图书的表单，如图 7.75 所示。可根据条形码、书名或分类号的条件来定位图书。

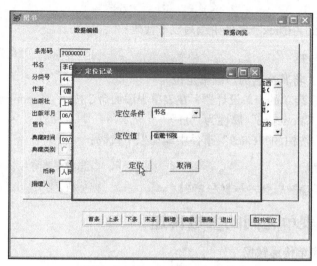

图 7.75 例 7.25 表单运行界面

（1）在项目管理器 TSGL 中，新建一个表单，将 "Form1" 的 "Caption" 属性设置为 "定位图书"，"Height" 属性设置为 250 像素，"Width" 属性设置为 350 像素。

（2）设置表单 "Form1" 的 ShowWindow 属性设置为 "1-在顶层表单中"，"WindowType" 属性为 "1-模式表单"。

（3）在表单中添加两个标签对象，"Caption" 属性设置为 "定位条件" 和 "定位值"，"AutoSize" 属性设置为 ".T."，"FontSize" 属性设置为 11。

（4）在表单中添加一个组合框对象 "Combo1"，设置 "RowSourceType" 属性为 "1-值"，"RowSource" 属性为 "条形码，书名，分类号"。

在表单中添加一个文本框对象 "Text1"。

（5）在表单中添加两个命令按钮，"Caption" 属性设置为 "定位" 和 "取消"，"FontSize" 属性为 "11"。

（6）在定位按钮的 "Click" 事件中编写以下代码：

```
li=RECNO()                              && 将当前记录的记录号赋值给变量 li
DO CASE
CASE Thisform.Combo1.Value='条形码'      &&若用户选择的定位条件是条形码
LOCA FOR 条形码=ALLT(Thisform.Text1.Value )    &&查找条形码为文本框值的记录
CASE Thisform.Combo1.Value='书名'        &&若用户选择的定位条件是书名
LOCA FOR 书名=ALLT(Thisform.Text1.Value )      &&查找书名为文本框值的记录
CASE Thisform.Combo1.Value='分类号'      &&若用户选择的定位条件是分类号
```

```
LOCA FOR 分类号= ALLT(Thisform.Text1.Value )    &&查找分类号为文本框值的记录
ENDCASE
IF  EOF()                                        &&若没有符合条件的记录
  MESSAGEBOX('没有符合条件的记录',0+16+0)          &&显示出错信息
  GO li                                          &&跳转到原来的记录
ELSE
  Thisform.Release                               &&若找到符合条件的记录，释放表单
ENDIF
```

（7）在取消按钮的"Click"事件中编写以下代码：

```
Thisform.Release
```

（8）保存此表单，将其命名为"图书定位"。

（9）打开"图书"表单的表单设计器，在表单中添加命令按钮"Command1"，设置"Caption"属性为"图书定位"，"FontSize"属性为"11"。

（10）在图书定位按钮的"Click"事件中编写以下代码：

```
DO FORM 图书定位                                  &&运行表单图书定位
Thisform.Pageframe1.Page1.Refresh()              &&刷新页面
```

7.5.2 主从表单之间的参数传递

1. 主表单向子表单传递数据

命令格式：DO FORM 〈**表单文件名**〉 WITH 〈**实参表列**〉

命令功能：主表单在调用子表单时，使用此命令，实现从主表单向子表单传递参数。

在子表单的 Init 事件代码中应该有如下代码来接收数据。

```
PARAMETERS  〈形参表列〉
```

〈实参表列〉与〈形参表列〉中的参数应用逗号分隔，〈形参表列〉中的参数数目不能少于〈实参表列〉中的参数数目。多余的参数变量将初始化为.F. - 假。

例 7.26 主从表单之间的参数传递示例。

建立一个图书查询表单（见图 7.76）和图书查询结果表单（见图 7.77），在图书查询表单中可以针对各个字段设置查询条件，单击"查询"按钮即可打开图书查询结果表单，查看查询结果。

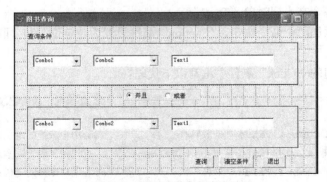

图 7.76 例 7.26 图书查询表单

（1）在项目管理器 TSGL 中，新建一个表单，保存此表单为"图书查询"。

（2）将 "Form1" 的 "Caption" 属性设置为 "图书查询"，"Height" 属性设置为 300 像素，"Width" 属性设置为 600 像素，ShowWindow 属性设置为 "1-在顶层表单中"。

（3）在表单的数据环境中添加数据表 "图书"，由于该表单只查询数据，可将 "图书" 的 "Readonly" 属性设置为.T.。

（4）在表单中添加一个标签对象，"Caption" 属性设置为 "查询条件"。

（5）在表单中添加一个容器对象 "Container1"，在容器对象中添加两个组合框对象 "Combo1" 和 "Combo2"，再添加一个文本框对象 "Text1"。

（6）将第 1 个组合框的 "RowSourceType" 属性设置为 "8-结构"，"RowSource" 属性设置为 "图书"，则运行表单时，该组合框的下拉列表将显示所有字段的名称。

（7）将第 2 个组合框的 "ColumnCount" 属性设置为 "2"，"BoundColumn" 属性设置为 "2"，"BoundTo" 属性设置为 ".T."。则运行表单时，该组合框的下拉列表将显示两列，而该组合框返回的值为第 2 列的值。

（8）在第 1 个组合框的 "InteractiveChange" 事件中输入如下代码。其功能是当用户选择不同数据类型的字段时，第 2 个组合框的下拉列表的值会相应地发生变化。

```
This.Parent.Combo2.Clear                    &&清空 Combo2 的下拉列表的值。
This.Parent.Combo2.Additem('等于',1,1)
&&在 Combo2 的下拉列表中的第 1 行第 1 列增加 "等于"
This.Parent.Combo2.Addlistitem('=',1,2)
&&在 Combo2 的下拉列表中的第 1 行第 2 列增加 "="
This.Parent.Combo2.Additem('不等于',2,1)
&&在 Combo2 的下拉列表中的第 2 行第 1 列增加 "不等于"
This.Parent.Combo2.Addlistitem('<>',2,2)
&&在 Combo2 的下拉列表中的第 2 行第 2 列增加 "<>"
Lf=This.Value                               &&将用户所选择的组合框的值赋值给变量 Lf
Do Case
 Case Vartype(&Lf)='C'                      &&若所选字段的数据类型是字符型
   This.Parent.Combo2.Additem('包含',3,1)
   &&在 Combo2 的下拉列表中的第 3 行第 1 列增加 "包含"
   This.Parent.Combo2.Addlistitem('$',3,2)
   &&在 Combo2 的下拉列表中的第 3 行第 2 列增加 "$"
 Case Vartype(&Lf)='D' Or Vartype(&Lf)='N'
   &&若所选字段的数据类型是日期型或数值型
   This.Parent.Combo2.Additem('大于',3,1)
   &&在 Combo2 的下拉列表中的第 3 行第 1 列增加 "大于"
   This.Parent.Combo2.Addlistitem('>',3,2)
   &&在 Combo2 的下拉列表中的第 3 行第 2 列增加 ">"
   This.Parent.Combo2.Additem('小于',4,1)
   &&在 Combo2 的下拉列表中的第 4 行第 1 列增加 "小于"
   This.Parent.Combo2.Addlistitem('<',4,2)
   &&在 Combo2 的下拉列表中的第 4 行第 2 列增加 "<"
Endcase
This.Parent.Combo2.Listindex=1   &&将 Combo2 的被选择项设置为 1
```

（9）选中容器对象 "Container1"，再在表单上复制一个容器对象 "Container2"。

（10）在表单中添加一个单选按钮对象，在其"生成器"对话框中设置标题为"并且"和"或者"，设置按钮的布局方式为"水平"。

（11）在表单中添加 3 个命令按钮，设置其"Caption"分别为"查询"、"清除条件"、"退出"。

（12）在"查询"按钮的"Click"事件中输入如下代码，首先根据第 1 个容器的各个控件的值生成查询条件，赋值给变量 ltj1。再根据第 2 个容器的各个控件的值生成查询条件，赋值给变量 ltj2。根据单选钮的选择连接两个条件，根据条件筛选图书数据表，并打开图书查询结果表单，并将条件作为参数传递过去。

```
IF LEN(ALLT(Thisform.Container1.Text1.Value))<>0
   &&若用户在第 1 个容器的文本框中输入了条件
   lf=Thisform.Container1.Combo1.Value          &&将组合框中所选择的字段赋值给变量 lf
   DO CASE
   CASE VARTYPE(&lf)='C'                         &&若字段的类型为字符型
    lsztj1='"'+ALLT(Thisform.Container1.Text1.Value)+'"'
    &&将"文本框的值"赋值给变量 lsztj1
   CASE VARTYPE(&lf)='D'                         &&若字段的类型为日期型
    lsztj1='CTOD("'+ALLT(Thisform.Container1.Text1.Value)+'")'
    &&将 CTOD(文本框的值)赋值给变量 lsztj1
   OTHERWISE
    lsztj1=ALLT(Thisform.Container1.Text1.Value)   &&将文本框的值赋值给变量 lsztj1
   ENDCASE
   IF   Thisform.Container1.Combo2.Value='$'    &&若用户选择的是包含运算符
ltj1=lsztj1+Thisform.Container1.Combo2.Value+Thisform.Container1.Combo1.Value
&&将 lsztj1$所选字段赋值给变量 ltj1
   ELSE
ltj1=Thisform.Container1.Combo1.Value+Thisform.Container1.Combo2.Value+lsztj1
&&将所选字段所选运算符 lsztj1 赋值给变量 ltj1
   ENDIF
ELSE
   ltj1='.t.'   &&变量 ltj1 为.T.
ENDIF
&&下面这段程序将第 2 个组合框中所选择的条件赋值给变量 ltj2
IF LEN(ALLT(Thisform.Container2.Text1.Value))<>0
   lf=thisform.Container2.Combo1.Value
   DO CASE
   CASE VARTYPE(&lf)='C'
    lsztj2='"'+ALLT(Thisform.Container2.Text1.Value)+'"'
   CASE VARTYPE(&lf)='D'
    lsztj2='CTOD("'+ALLT(Thisform.Container2.Text1.Value)+'")'
   OTHERWISE
    lsztj2=ALLT(Thisform.Container2.Text1.Value)
   ENDCASE
  IF Thisform.Container2.Combo2.Value='$'
  ltj2=lsztj2+Thisform.Container2.Combo2.Value+Thisform.Container2.Combo1.Value
  ELSE
  ltj2=Thisform.Container2.Combo1.Value+Thisform.Container2.Combo2.Value+lsztj2
  ENDIF
ELSE
   ltj2='.t.'
ENDIF
```

```
IF Thisform.Optiongroup1.Value=1                    &&若在单选按钮中选择了"并且"
  ltj=ltj1+' AND '+ ltj2                            &&用 AND 连接两个条件
ELSE
 ltj=ltj1+' OR '+ ltj2                              &&用 OR 连接两个条件
ENDIF
IF MESSAGEBOX('查询条件为'+ltj+',您确定吗',1+32+0)=1
&&显示查询条件并让用户确认是否按此条件查询
    SET FILTER TO &ltj                              &&执行筛选命令
    GO TOP                                          &&将记录指针移动到符合条件的第 1 条记录
    DO FORM 图书查询结果 WITH ltj
    &&打开图书查询结果表单,并将 ltj 作为参数传递到此表单
ENDIF
```

（13）在"清除条件"按钮的"Click"事件中输入如下代码：

```
Thisform.Container1.Combo1.Value=''
Thisform.Container1.Combo2.Value=''
Thisform.Container1.Text1.Value=''
Thisform.Container2.Combo1.Value=''
Thisform.Container2.Combo2.Value=''
Thisform.Container2.Text1.Value=''
```

（14）在"退出"按钮的"Click"事件中输入如下代码：

```
IF MESSAGEBOX('您确认退出吗',1+32+0)=1              &&打开对话框询问是否确认退出
    THISFORM.RELEASE                                &&释放表单
ENDIF
```

（15）在项目管理器 TSGL 中，新建一个表单，保存表单为"图书查询结果"，如图 7.77 所示。

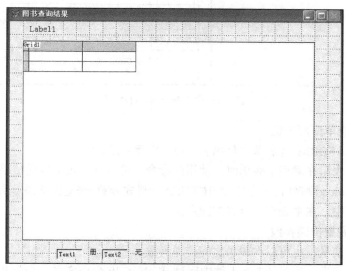

图 7.77 例 7.26 图书查询结果表单

（16）将"Form1"的"Caption"属性设置为"图书查询结果"，"Width"属性设置为 600 像素，"Height"属性设置为 480 像素，"ShowWindow"属性设置为"1-在顶层表单中"。

（17）在表单中建立一个表格控件"Grid1"，设置其"RecordSource"属性为"图书"。

（18）在表单中建立一个标签控件"Label1"。

（19）在表单中建立两个文本框控件"Text1"和"Text2"，两个标签控件"Label2"和"Label3"，设置其标题为"册"和"元"。

（20）在表单的"Init"事件中输入如下代码：

```
lparameter ltj                          &&接收传递过来的参数
Thisform.Label1.Caption='查询条件为'+ltj   &&将标签的标题设置为查询条件
COUNT TO sj                             &&统计书本的数目赋值给变量 sj
Thisform.Text1.Value=sj
SUM 售价 TO je                          &&统计售价的总合赋值给变量 je
Thisform.Text2.Value=je
```

表单运行结果如图 7.78 所示。

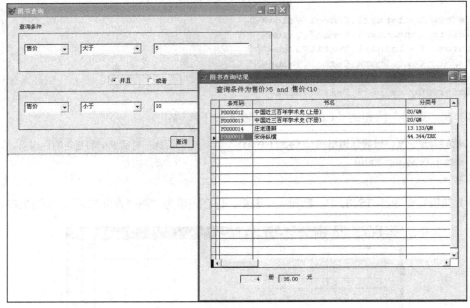

图 7.78 例 7.26 表单运行结果

2. 接收从子表单返回的值

命令格式：DO FORM 〈表单文件名〉 TO〈实际参数〉

命令功能：主表单在调用子表单时，使用此命令，可以从子表单传递结果给主表单。

在子表单的 Unload 事件代码中通过 **RETURN <形式参数>**来返回结果。从子表单返回的值存放于〈实际参数〉中，在主表单中可以被使用。

3. 通过公共变量传递参数

通过使用公共变量，也可以在表单之间传递参数。

（1）在"图书查询"表单的 Init 事件中通过 PUBLIC ltj 命令定义一个公共变量。

（2）由于公共变量 ltj 在"图书查询结果"表单中也可以使用，将"图书查询"表单的按钮"查询"的"Click"事件中的语句"DO FORM 图书查询结果 WITH ltj"直接改为"DO FORM 图书查询结果"，并且去掉"图书查询结果"表单的 Init 事件中的 lparameter 命令。

（3）在"图书查询"表单的 Unload 事件中通过 RELEASE ltj 命令释放公共变量。

7.5.3　表单集

表单集是包含表单的父层次容器。在一个表单集中，可以包含多个表单。

表单集具有以下特点。

● 表单集中的所有表单都存储在同一个.SCX 表单文件中。

● 表单集中的所有表单共享一个数据环境。

● 运行表单集时，它所包含的所有表单一起被装入内存。用户可以在各个表单间相互切换。

1. 表单集的创建

表单集不能直接创建，必须在打开任意一个表单的表单设计器后，才能创建。

假设用户打开了名称为 Form1 的表单的表单设计器，选择"表单"菜单中的"创建表单集"命令后，就会产生一个名称为"Formset1"的表单集对象。打开属性窗口的对象列表，可以看到"Form1"对象是"Formset1"对象的下一级对象，这说明表单集是一个容器对象。

2. 添加表单

创建了表单集以后，可选择"表单"菜单中的"添加新表单"命令在表单集中添加新的表单，默认情况下，添加的第 2 个表单的名称为 Form2。

此时，表单设计器如图 7.79 所示，用户可以在设计器中单击表单的标题，切换到要进行编辑的表单，也可以通过属性窗口来切换表单。

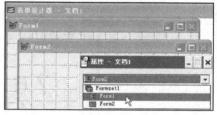

图 7.79　有两个表单的表单集

3. 删除表单

在表单设计器中，选中要删除的表单后，选择"表单"菜单中的"移除表单"命令即可，可以在表单集中删除此表单。

4. 表单集的移除

当表单集中只有一个表单时，可选择"表单"菜单中的"移除表单集"命令删除表单集而只剩下表单。

5. 表单集的释放

在运行表单集时，若用户要释放表单集，可以在代码中调用 Formset1.Release 方法。此时表单集中所有表单都会释放。

此外，当表单集下的所有表单都被释放时，表单集也会自动被释放。

下面，通过一个例子来说明表单集的创建和使用。

例 7.27　表单集示例。

以表单集的形式，实现例 7.26 的功能。在表单集的一个表单中输入图书查询的条件，另一个表单显示图书查询的结果。

（1）在项目管理器 TSGL 中，新建一个表单。

（2）选择"表单"菜单中的"创建表单集"命令，产生一个名称为"Formset1" 表单集对象。

（3）选择"表单"菜单中的"添加新表单"命令，在表单集中添加新的表单"Form2"。

（4）设置"Form1"表单的属性，在表单上添加对象，并对其编写代码，如例 7.26 的步骤（2）到步骤（14）所示。

（5）设置"Form2"表单的属性，在表单上添加对象，如例 7.26 的步骤（16）到步骤（19）所示。

（6）设置"Form2"表单的"Visible"属性为.F.。这样，在调用表单集时，不显示"图书查询结果"的表单。设置"Form2"表单的"ControlBox"属性为.F.，这样，该表单不会显示控制菜单图标。

（7）修改表单"Form1"的"查询"按钮的代码。

将代码 DO FORM 图书查询结果 WITH ltj 改为：

```
Thisformset.Form2.Labeltj.Caption=ltj
COUNT TO sj                               &&统计书本的数目赋值给变量 sj
Thisformset.Form2.Text1.Value=sj
SUM 售价 TO je                            &&统计售价的总合赋值给变量 je
Thisformset.Form2.Text2.Value=je
Thisformset.Form2.Visible=.t.             &&设置"图书查询结果"表单为可见
Thisform.Visible=.f.                      &&设置"图书查询"表单为不可见
```

（8）修改表单"Form1"的"退出"按钮的代码，将代码 Thisform.RELEASE 改为

```
Thisformset.RELEASE
```

（9）在"Form2"表单上增加一个命令按钮"Command1"，设置"Caption"属性为"退出"，在"Click"事件输入代码如下：

```
Thisform.Visible=.F.                      &&设置"图书查询结果"表单为不可见
Thisformset.Form1.Visible=.T.             &&设置"图书查询"表单为可见
```

7.6　自　定　义　类

在 Visual FoxPro 中，系统内部定义的类称为基类。为了简化程序的设计，提高编程的效率和质量，用户可以根据基类来创建自定义类。用户定义的类可以添加到表单控件工具栏中，以便在应用程序设计中重复地使用。

7.6.1　类的创建

1. 启动类设计器

以下 3 种方式可以启动类设计器来创建类。

（1）通过项目管理器新建类

① 在项目管理器中，选定"类"选项卡，单击"新建"按钮，打开"新建类"对话框。

② 在"新建类"对话框中，可以指定新类的名称、根据哪个基类而派生、存储它的类库文件所在的位置。

如图 7.80 所示，系统将创建一个基于容器的类，名称为"cxtjsz"，存放在 D 盘的 tsgl 文件夹下的类库文件 base 中。

如果指定位置目前不存在指定名称的类库文件，则系统将新建名为 base.vcx 的类库文件和 base.vct 的类库备注文件。如果指定位置已经存在指定名称的类库文件，系统将新建的类将添加到此类库文件中。

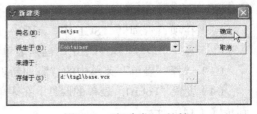

图 7.80　"新建类"对话框

③ 单击"确定"按钮，系统打开"类设计器"窗口，如图 7.81 所示。

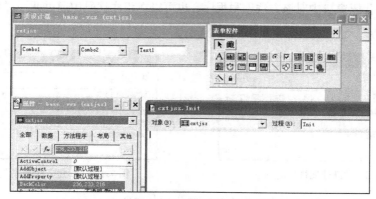

图 7.81　"类设计器"窗口

（2）通过菜单新建类

① 选择"文件"菜单下的"新建"命令或单击工具栏上的"新建"按钮，打开"新建"对话框。

② 在"新建"对话框的"文件类型"单选钮中选择"类"选项，单击"新建文件"按钮，系统将打开"新建类"对话框。

③ 在"新建类"对话框中，指定各选项，单击"确定"按钮，打开类设计器窗口。

（3）通过命令新建类

命令格式：**CREATE CLASS 类名** [OF **类库文件名**] [AS **父类**]

命令功能：以指定的父类为基类，创建一个指定名称的新类，存储在指定的类库文件中。

如果用户指定了各项参数，则执行此命令后，系统将直接打开类设计器；如果默认了类库文件名，则执行此命令后，系统将打开新建类对话框要求用户指定参数。

若要建立一个如图 7.80 所示的类，则应执行命令

```
CREATE CLASS cxtjsz OF d:\tsgl\base  AS  CONTAINER
```

2．类设计器

类设计器的界面如图 7.81 所示，与表单设计器的界面相似。用户可根据属性窗口设置类的属性值，也可使用代码窗口编辑类的方法程序。若建立的类的基类是容器类，可以从表单控件工具栏中添加其他的控件到该类中。

3．新建属性和方法程序

默认情况下，类的属性和方法与它的基类相同。

用户可以根据应用程序的需要，对类创建新的属性和方法。

（1）为类添加新属性

选择"类"菜单的"新建属性"命令，打开"新建属性"对话框，如图 7.82 所示。输入属性的名称和说明，单击"添加"按钮，则该类添加了一个指定名称的属性，该属性的默认值为.F.。与类原有的属性相似，可以通过属性窗口设置类的新属性的值，也可以在程序代码中通过对"类.属性"赋值来设置类的属性值。

（2）为类添加方法程序

选择"类"菜单的"新建方法程序"命令，打开"新建方法程序"对话框，如图 7.83 所示。

输入方法的名称和说明，单击"添加"按钮，则该类添加了一个指定名称的方法。与类原有的方法相似，可以在代码窗口中对该方法编写程序，也可以在程序代码中通过调用"类.方法"来执行类的此方法程序。

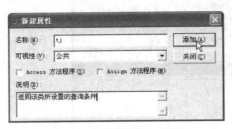

图 7.82 "新建属性"对话框

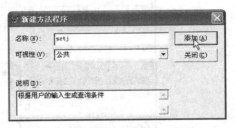

图 7.83 "新建方法程序"对话框

除了类以外，用户还可以对表单和表单集添加新的属性和方法程序。

（3）编辑属性和方法程序

选择"类"菜单的"编辑属性/方法程序"命令，打开"编辑属性/方法程序"对话框。通过该对话框，可以编辑新建属性和方法程序的名称、说明等，也可以删除新建的属性和方法。

例 7.28 新建类示例。

新建一个容器类 cxtjsz，以实现例 7.26 的设置查询条件的功能。

该类所具有的功能是：针对某个数据表设置查询条件。在第 1 个组合框选择要查询的字段，在第 2 个组合框中选择要查询的运算符，在文本框中输入通过要查询的值。通过调用类的 sctj 方法，可以根据用户的输入，生成查询的条件，并赋值给类的 tj 属性。通过调用类的 qctj 方法，可以清除用户对组合框和文本框的输入。

（1）在项目管理器 TSGL 中，选定"类"选项卡，单击"新建"按钮，打开"新建类"对话框（见图 7.80）。

（2）在"新建类"对话框中，设置类名、基类和类文件名，单击"确定"按钮，打开"类设计器"窗口（见图 7.81）。

（3）在"类设计器"窗口中，已存在一个容器对象，在容器对象中添加两个组合框对象"Combo1"和"Combo2"，再添加一个文本框对象"Text1"。

（4）将第 1 个组合框的"RowSourceType"属性设置为"8-结构"。

（5）将第 2 个组合框的"ColumnCount"属性设置为"2"，"BoundColumn"属性设置为"2"，"BoundTo"属性设置为".T."。

（6）编辑第 1 个组合框的"InteractiveChange"事件，输入代码如例 7.26 的步骤（8）所示。

（7）选择"类"菜单的"新建属性"命令，打开"新建属性"对话框，如图 7.82 所示。在名称框输入"tj"，单击"添加"按钮，则该类添加了一个 tj 属性，该属性的默认值为.F.。

（8）选择"类"菜单的"新建方法程序"命令，打开"新建方法程序"对话框，如图 7.83 所示。在名称框输入"sctj"，单击"添加"按钮，则该类添加了一个 sctj 方法。

（9）在代码窗口中，编辑"cxtjsz"的"sctj"方法，代码如下所示。

该方法所具有的功能是根据用户在组合框和文本框的输入，生成查询的条件，并赋值给类的 tj 属性。

```
IF LEN(ALLT(This.Text1.Value))<>0
   lf=This.Combo1.Value
```

```
    DO CASE
        CASE  VARTYPE(&Lf)='C'
                lsztj1='"'+ALLT(This.Text1.Value)+'"'
        CASE  VARTYPE(&Lf)='D'
                lsztj1='CTOD("'+ALLT(This.Text1.Value)+'")'
        OTHERWISE
                lsztj1=ALLT(This.Text1.Value)
        ENDCASE
        IF    This.Combo2.Value='$'
                ltj1=lsztj1+This.Combo2.Value+This.Combo1.Value
        ELSE
                ltj1=This.Combo1.Value+This.Combo2.Value+lsztj1
        ENDIF
    ELSE
        ltj1='.T.'
    ENDIF
    This.tj=ltj1
```

（10）对类再添加方法"qctj"，该方法的功能是清除组合框和文本框的输入，代码如下：

```
This.Combo1.Value="
This.Combo2.Value="
This.Text1.Value="
```

7.6.2　类的使用

在表单设计器中，若用户想使用自定义的类，其操作步骤如下。

（1）单击表单控件工具栏的查看类按钮，如图 7.84 所示，在其下拉菜单中选择"添加"命令。

（2）系统打开"打开"对话框，如图 7.85 所示，用户选择要添加的类库文件，单击"打开"按钮。

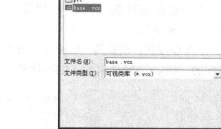

图 7.84　添加自定义类　　　　　　　　图 7.85　打开对话框

（3）此时，表单控件工具栏如图 7.86 所示，显示出此类库文件中所定义的类。

（4）单击要添加到表单上的类按钮，在表单上拖曳鼠标，表单上出现该类所产生的对象。

若要求在表单控件工具栏显示出 Visual FoxPro 基类的控件。则再次单击"查看类"按钮，在其下拉菜单中选择"常用"命令即可。

例 7.29　使用自定义类示例。

使用例 7.28 自定义的类 cxtj，建立一个借阅查询表单（见图 7.87）和借阅查询结果表单，在借阅查询表单中可以针对"借阅查询"视图的各个字段设置查询条件，单击查询按钮即可打开借阅查询结果表单，查看查询结果。

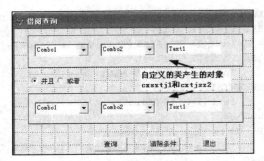

图 7.86　添加了自定义类的工具栏　　　　　　　图 7.87　借阅查询表单

（1）在项目管理器 TSGL 中，新建一个表单，保存此表单为"借阅查询"。

（2）将"Form1"的"Caption"属性设置为"借阅查询"，"Height"属性设置为 300 像素，"Width"属性设置为 600 像素，ShowWindow 属性设置为"1-在顶层表单中"。

（3）在表单的数据环境中添加视图"借阅查询"（参见第 5 章例例 5.2）。

（4）在表单中添加一个标签对象，"Caption"属性设置为"查询条件"。

（5）单击表单控件工具栏的查看类按钮（见图 7.84），在其下拉菜单中选择"添加"命令。

（6）系统打开"打开"对话框，如图 7.85 所示，用户选择要添加的类库文件 base.vcx（见例 7.28），单击"打开"按钮。

（7）此时，表单控件工具栏如图 7.86 所示。单击按钮"cxtjsz"，在表单上拖曳鼠标，表单上出现一个包含两个组合框和一个文本框的容器对象"cxtjsz1"。

（8）将"cxtjsz1"的第 1 个组合框的"RowSource"属性设置为"借阅查询"。

（9）在表单上再次添加一个"cxtjsz"类的对象"cxtjsz2"，将其第 1 个组合框的"RowSource"属性也设置为"借阅查询"。

（10）单击表单控件工具栏的"查看类"按钮，在其下拉菜单中选择"常用"命令，工具栏上显示出 Visual FoxPro 的基类。

（11）在表单中添加一个单选按钮对象，在其"生成器"对话框中设置标题为"并且"和"或者"，设置按钮的布局方式为"水平"。

（12）在表单中添加 3 个命令按钮，设置其"Caption"分别为"查询"、"清除条件"和"退出"。

（13）在"查询"按钮的"Click"事件中输入如下代码：

```
Thisform.cxtjsz1.sctj()                  &&调用 cxtjsz1 对象的 sctj 方法，对其 tj 属性赋值
Thisform.cxtjsz2.sctj()                  &&调用 cxtjsz2 对象的 sctj 方法，对其 tj 属性赋值
IF Thisform.Optiongroup1.Value=1         &&若在单选按钮中选择了"并且"
  ltj=Thisform.cxtjsz1.tj+' AND '+ Thisform.cxtjsz2.tj       &&用 AND 连接两个条件
ELSE
 ltj=Thisform.cxtjsz1.tj+' OR '+ Thisform.cxtjsz2.tj         &&用 OR 连接两个条件
ENDIF
IF MESSAGEBOX('查询条件为'+ltj+',您确定吗',1+32+0)=1
   SET FILTER TO &ltj                    &&执行筛选命令
   GO TOP                                &&将记录指针移动到符合条件的第 1 条记录
   DO FORM 借阅查询结果 WITH ltj
   &&打开借阅查询结果表单，并将 ltj 作为参数传递到此表单
ENDIF
```

（14）在"清除条件"按钮的"Click"事件中输入如下代码：

```
Thisform.cxtjsz1.qctj()            &&调用 cxtjsz1 对象的 qctj 方法
Thisform.cxtjsz2.qctj()            &&调用 cxtjsz2 对象的 qctj 方法
```

（15）在"退出"按钮的"Click"事件中输入如下代码：

```
IF MESSAGEBOX('您确认退出吗',1+32+0)=1     &&打开对话框询问是否确认退出
    THISFORM.RELEASE                      &&释放表单
ENDIF
```

（16）在项目管理器 TSGL 中，新建一个表单，保存表单为"借阅查询结果"。

（17）将"Form1"的"Caption"属性设置为"借阅查询结果"，"Width"属性设置为 600 像素，"Height"属性设置为 480 像素，"ShowWindow"属性设置为"1-在顶层表单中"。

（18）在表单中建立一个表格控件"Grid1"，设置其"RecordSource"属性为"借阅查询"。

（19）在表单中建立一个标签控件"Label1"。

（20）在表单中建立 3 个文本框控件"Text1"、"Text2"和"Text3"，3 个标签控件"Label1"、"Label2"和"Label3"，设置其标题为"借阅"、"未还"和"过期"。

（21）在表单的"Init"事件中输入如下代码：

```
lparameter ltj                                &&接收传递过来的参数
Thisform.Label1.Caption='查询条件为'+ltj        &&将标签的标题设置为查询条件
Count To yj                                    &&统计借阅的数目
Thisform.Text1.Value=yj
Count To wh for empty(还书日期)                 &&统计未还的数目
Thisform.Text2.Value=wh
Count To yq for empty(还书日期) and date()-借阅日期>31   &&统计逾期的数目
Thisform.Text3.Value=yq
```

表单运行结果如图 7.88 所示。

图 7.88　例 7.29 运行结果

7.6.3 类的编辑

1．类的修改

在创建类之后，还可以打开类设计器来修改它。

修改类的方法有以下几种。

（1）在项目管理器的"类"选项卡中，展开类库文件，选中要修改的类，单击"修改"按钮，即打开"类设计器"，可进行类的修改。

（2）选择"文件"菜单的"打开"命令，在"打开"对话框的"文件类型"列表框中选择"可视类库"选项，选中要打开的类库文件，单击"确定"按钮，如图 7.89 所示。在对话框的右边将出现该类库中的类名，选择要修改的类，单击"打开"按钮，则打开类设计器，可进行类的修改。

（3）在命令窗口中执行 **MODIFY CLASS 类名 [OF 类库文件名]**，也可以修改一个可视类定义。

 对类的修改将影响所有的子类和基于这个类的所有对象。例如，若用户将 cxtjsz 类的 BackColor（背景颜色）属性设置为"0,0,255"，则在"借阅查询"表单中，基于该类的两个对象的背景颜色均发生变化。

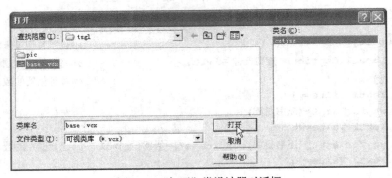

图 7.89 "打开"类设计器对话框

2．类的删除

在项目管理器的"类"选项卡中，展开类库文件，选中要删除的类，单击"移去"按钮，即打开删除此类。

在命令窗口中执行 REMOVE CLASS 类名 [OF 类库文件名]，也可以将指定类从类库删除。

 如果类已经被表单使用，就不应删除此类。否则，当打开应用此类的表单时，将会发生错误。

习 题 7

一、单选题

1．下面关于类、对象、属性和方法的叙述中，错误的是（ ）。

A）类是对一类相似对象的描述，这些对象具有相同种类的属性和方法

B）属性用于描述对象的状态，方法用于表示对象的行为

C）基于同一个类产生的两个对象可以分别设置自己的属性值

D）通过执行不同对象的同名方法，其结果必然是相同的

2. 在下面关于面向对象的叙述中，错误的是（   ）。

A）每个对象在系统中都有唯一的对象标识

B）事件作用于对象，对象识别事件并作出相应反应

C）一个子类能够继承其所有父类的属性和方法

D）一个父类包括其所有子类的属性和方法

3. 在表单设计中，经常会用到一些特定的关键字、属性和事件。下列各项中属于属性的是（   ）。

A）This   B）ThisForm   C）Caption   D）Click

4. 关闭当前表单的程序代码是 ThisForm.Release，其中的 Release 是表单对象的（   ）。

A）标题   B）属性   C）事件   D）方法

5. 以下关于表单数据环境叙述错误的是（   ）。

A）可以向表单数据环境设计器中添加表或视图

B）可以从表单数据环境设计器中移出表或视图

C）可以在表单数据环境设计器中设置表之间的关系

D）不可以在表单数据环境设计器中设置表之间的关系

6. 打开已经存在的表单文件的命令是（   ）。

A）MODIFY FORM   B）EDIT FORM

C）OPEN FORM   D）READ FORM

7. 能够将表单的 Visible 属性设置为.T.，并使表单成为活动对象的方法是（   ）。

A）Hide   B）Show   C）Release   D）SetFocus

8. 如果在运行表单"Form1"时，要使表单的标题显示"登录窗口"，可以在"Form1"的 Load 事件中加入语句（   ）。

A）Thisform.Caption="登录窗口"   B）Form1.Caption="登录窗口"

C）Thisform.Name="登录窗口"   D）Form1.Name="登录窗口"

9. 下面对表单常用事件的描述，正确的是（   ）。

A）释放表单时，Unload 事件在 Destro 事件之前引发

B）运行表单时，Init 事件在 Load 事件之前引发

C）单击表单的标题栏，将引发表单的 Click 事件

D）以上说法都不对

10. 在 Visual FoxPro 中，Unload 事件的触发时机是（   ）。

A）释放表单   B）打开表单   C）创建表单   D）运行表单

11. 假定一个表单里有一个文本框 Text1 和一个命令按钮组 CommandGroup1，命令按钮组是一个容器对象，其中包含 Command1 和 Command2 两个命令按钮。如果要在 Command1 命令按钮的某个方法中访问文本框的 value 属性值，下面式子正确的是（   ）。

A）ThisForm. CommandGroup1.Text1.value

B）This.Parent.Parent.Text1.value

C）Parent.Text1.value

D）zThis.Parent.Text1.value

12．如果在运行表单时，向 Text2 中输入字符，回显字符显示的是"*"号，则可以在 Form1 的 Init 事件中加入语句（　　　）。

　　A）Form1.Text2.PasswordChar="*"　　　B）Form1.Text2.Password="*"

　　C）Thisform Text2.PasswordChar="*"　　D）Thisform Text2.Password="*"

13．如果文本框的 INPUTMASK 属性是#99999，允许在文本框中输入的是（　　　）。

　　A）+12345　　　B）abc123　　　C）$12345　　　D）abcdef

14．假设在表单设计器环境下，表单中有一个文本框且已经被选定为当前对象。现在从属性窗口中选择 value 属性，然后在设置框中输入：={^2001-9-10}-{^2001-8-20}。以上操作后，文本框 value 属性值的数据类型为（　　　）。

　　A）日期型　　　B）数值型　　　C）字符型　　　D）以上操作出错

15．下面对编辑框（EditBox）控制属性的描述正确的是（　　　）。

　　A）SelLength 属性的设置可以小于 0

　　B）当 ScrollBars 的属性值为 0 时，编辑框内包含水平滚动条

　　C）SelText 属性在做界面设计时不可用，在运行时可读写

　　D）Readonly 属性值为.T.时，用户不能使用编辑框上的滚动条

16．下面对控件的描述正确的是（　　　）。

　　A）用户可以在组合框中进行多重选择

　　B）用户可以在列表框中进行多重选择

　　C）用户可以在一个选项组中选中多个选项按钮

　　D）用户对一个表单内的一组复选框只能选中其中一个

17．确定列表框内的某个条目是否被选定应使用的属性是（　　　）。

　　A）Value　　　B）ColumnCount　　　C）ListCount　　　D）Selected

18．在表单中为表格控件指定数据源的属性是（　　　）。

　　A）DataSource　　　　　　　　　B）RecordSource

　　C）ControlSource　　　　　　　　D）RowSource

19．假设表单上有一选项组：●男○女，如果选择第 2 个按钮"女"，则该项组 value 属性的值为（　　　）。

　　A）.F.　　　B）女　　　C）2　　　D）女或 2

20．在一个页框控件中可以有多个页面，设置页面个数的属性是（　　　）。

　　A）COUNT　　　　　　　　　　B）PAGECOUNT

　　C）PAGEORDER　　　　　　　　D）PAGENUM

21．下列表单的哪个属性设置为真时，表单运行时将自动居中（　　　）。

　　A）AutoCenter　　　　　　　　B）AlwaysOnTop

　　C）ShowCenter　　　　　　　　D）FormCenter

22．假设有一表单，其中包含一个选项按钮组，在表单运行启动时，最后触发的事件是（　　　）。

　　A）表单的 Init　　　　　　　　B）选项按钮的 Init

　　C）选项按钮组的 Init　　　　　　D）表单的 Load

23．在一个空的表单中添加一个选项按钮组控件，该控件可能的默认名称是（　　　）。

　　A）Optiongroup 1　　　　　　　B）Checkl

　　C）Spinnerl　　　　　　　　　D）Listl

24. 在设计界面时，为提供多选功能，通常使用的控件是（　　　）。

　　A）选项按钮组　　B）一组复选框　　　　C）编辑框　　　　　　D）命令按钮组

25. 为了使表单界面中的控件不可用，需将控件的某个属性设置为假，该属性是（　　　）。

　　A）Default　　　　B）Enabled　　　　C）Use　　　　　D）Readonly

26. 下列控件中，不能设置数据源的是（　　　）。

　　A）复选框　　　B）命令按钮　　　　C）选项组　　　　D）列表框

二、填空题

1. 在 Visual FoxPro 中，运行当前文件夹下的表单 T1.SCX 的命令是_____。

2. 在表单中确定控件是否可见的属性是_____。

3. 在 Visual FoxPro 中，如果要改变表单上表格对象中当前显示的列数，应设置表格的_____属性值。

4. 在 Visual FoxPro 表单中，当用户使用鼠标单击命令按钮时，会触发命令按钮的_____事件。

5. 在 Visual FoxPro 表单中，用来确定复选框是否被选中的属性是_____。

6. 在表单设计中，关键字_____表示当前对象所在的表单。

7. 为将一个表单定义为顶层表单，需要设置的属性是_____。

三、实践题

1. 使用向导建立表单

（1）使用表单向导建立表单"课程"，用来维护课程数据表。

（2）使用一对多表单向导建立表单"班级"，用来维护班级和学生数据表。

2. 使用表单设计器建立表单

使用表单设计器建立表单"教师"，用来维护教师数据表。运行表单时如图 7.90 所示。

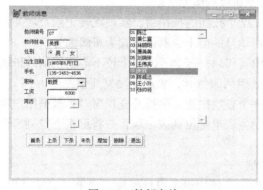

图 7.90　教师表单

其具体步骤如下。

（1）设置表单的宽度为 600，高度为 400，标题为"教师信息"。

（2）在数据环境中添加教师数据表，在表单中建立与教师表的各个字段绑定的控件。

（3）修改出生日期和手机文本框的格式属性，使出生日期以长日期格式显示，手机以带分隔线的形式显示。

（4）将性别字段以单选按钮的形式，职称以下拉列表的形式显示。

（5）建立 7 个按钮的按钮组，实现跳转记录及增加记录、删除记录、退出表单的功能。

（6）加入列表显示教师编号及姓名，实现单击列表框的数据可跳转到相应记录。

3．表单之间的相互调用

在教务管理的项目文件中，使用表单设计器建立表单"学生"，用来维护学生数据表。运行表单时如图 7.91 和图 7.92 所示。

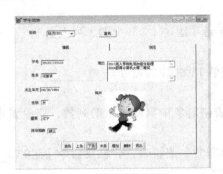

图 7.91　学生表单的编辑页面

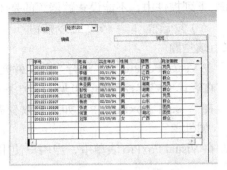

图 7.92　学生表单的浏览页面

其具体步骤如下。

（1）设置表单的宽度为 640，高度为 480，标题为"学生信息"。

（2）在数据环境中添加班级数据表，在表单中增加组合框，以班级名称为数据源。

（3）在表单中增加一个页框控件，设置两页的标题分别为编辑和浏览。

（4）在数据环境中添加学生数据表，在编辑页面中建立与学生表的学号、姓名、出生年月、性别、籍贯、政治面貌、简历、照片字段绑定的控件。在浏览页面中建立一个表格控件显示学生表的学号、姓名、出生年月、性别、籍贯政治面貌字段。

（5）对班级名称的组合框编写程序，在选择班级名称后，可筛选出对应班级的学生。（提示：学号的前十位是班级的编号）

（6）在编辑页面中建立 7 个按钮的按钮组，实现跳转记录及增加记录、删除记录、退出表单的功能。在增加纪录时，将学号的前十位默认设置为班级编号。

（7）在学号的文本框编写代码，若学号的前十位不等于当前的班级编号，则不允许用户离开该文本框。（提示：当 Valid 返回假值时，焦点无法离开该控件）

（8）在在表单上增加一个查找按钮，可打开查找窗口，根据用户输入的学号或姓名来定位记录。若存在此学生，则在学生表单定位到该记录，并将班级下拉列表设置为该学生所在的班级；否则显示查无此人。

4．表单之间的相互传递

在教务管理的项目文件中，使用表单设计器建立表单"成绩管理"，用来维护成绩数据表。运行表单时如图 7.93 所示，其具体要求如下。

（1）在表单上添加四个显示下拉列表，分别可选择选课时间、班级、课程名称和教师。后三个列表的选项来自相应的数据表，选课时间的选项由程序自动添加，并可以输入。

（2）在表格上添加一个表格显示学生成绩视图。单击筛选按钮，在表格中将显示出设置筛选条件后的数据。每个单项条件都可以省略。

（3）在表单中添加"保存修改"和"取消修改"按钮。在表格中修改学生的成绩后，单击"保存修改"按钮可保存对多条记录的修改，单击"取消修改"按钮则取消修改。（提示：使用表缓冲）。

（4）在表单中添加"删除成绩"和"批量删除"按钮。单击"删除成绩"按钮，可删除表格中选定的成绩。单击"批量删除"按钮，可全部删除表格中的成绩。

（5）在表单中添加"选课"按钮，单击此按钮可将所选班级中未选择所选课程的学生的学号存入临时表 cjtmp，并打开选课表单。

（6）建立选课表单，如图 7.94 所示，添加标签显示在成绩管理表单中（见图 7.93）所选择的选课时间、课程名称和任课教师。第一个列表框显示该班级中可选择该课程的学生的学号。单击添加按钮，可将在第一个列表框选中的学号添加到第二个列表框；单击全部添加按钮，可将所有学号添加到第二个列表框。选择要添加成绩的学号后，单击"确定"按钮，可批量添加成绩。移除和全部移除按钮用于将第二个列表中的学号移回到第一个列表。

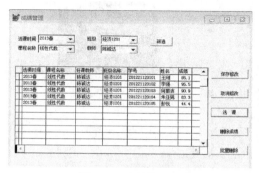

图 7.93　成绩管理表单

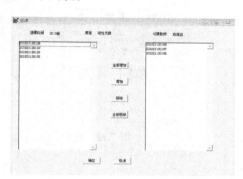

图 7.94　选课表单

5．建立和使用类

（1）在教务管理的项目文件中，新建一个容器类 cxtjsz，如图 7.95 所示，以实现设置查询条件的功能。

该类所具有的功能是：针对某个数据表设置查询条件。在第 1 个组合框选择要查询的字段，在第 2 个组合框中选择要查询的运算符，在文本框中输入要查

图 7.95　容器类 cxtjsj

询的值。通过调用类的 sctj 方法，可以根据用户的输入，生成查询的条件，并赋值给类的 tj 属性。通过调用类的 qctj 方法，可以清除用户对组合框和文本框的输入。

（2）使用自定义的类 cxtj，建立一个综合查询表单（见图 7.96）。在综合查询表单中可以针对"课程成绩"视图的各个字段设置查询条件，单击查询按钮即可打开查询结果表单（见图 7.97），查看查询结果。

图 7.96　综合查询表单

图 7.97　查询结果表单

6. 建立登录表单和主表单

（1）在成绩管理的数据库中，新建一个用户数据表（用户编码 c3,用户名 c10,身份 c8,密码 c6）数据表，输入自拟数据。

（2）在教务管理的项目文件中，建立表单"用户登录"，如图 7.98 所示。当用户输入正确的密码后，即可执行主界面表单。

（3）建立主界面表单，如图 7.99 所示。单击按钮即可执行相应的表单。

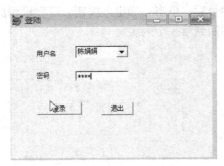

图 7.98　登录表单

图 7.99　主界面

第8章
报表设计

在数据库应用系统中，通常需要将数据处理的结果以报表的形式打印出来。在 Visual FoxPro 中，能够可视化地进行报表设计，并可通过报表预览，看到实际打印时的报表效果。

本章将介绍报表的基本情况，以及如何通过报表向导和报表设计器进行报表设计。

8.1 报表概述

8.1.1 报表组成

报表由两部分组成：数据源和报表布局。数据源是报表的数据来源，通常是数据库中的表文件，也可以是视图、查询或临时表。报表布局则定义了报表的打印格式。

用户设计好报表后，Visual FoxPro 将其布局的详细信息存放在以.frx 为扩展名的文件中，称为报表布局文件。同时系统还生成一个扩展名为.frt 的辅助文件。在报表布局文件中，不保存数据源的数据字段的值，只保存数据字段的位置和格式信息。每次运行报表，报表中的数据字段的域控件从数据源中取出数据。所以，当数据源中的数据发生变化，报表的打印结果也相应改变。

8.1.2 报表布局

报表布局即报表内容的排列格式与打印的输出方式。

表 8.1 所示为报表常规布局类型说明，以及它们的一般用途。

表 8.1   报表常规布局类型

布局类型	说　　明	示　　例
列报表	每行一条记录，每个字段一列 字段名在页面上方，相当于数据表的浏览显示方式	分组/总计报表、财务报表、存货清单、销售总结
行报表	每行一个字段，记录的字段数决定占用行数 字段名在页面左侧，相当于数据表的编辑显示方式	收银台单据
一对多报表	父表中每选出一条记录，对应从子表中选出多条记录生成打印文档	发票、货运清单
多栏报表	多栏形式，每条记录的字段沿分栏的左边竖直放置	电话号码簿、名片

8.1.3　创建报表的方法

Visual FoxPro 6.0 为用户提供了 3 种创建报表的方法。

（1）用"报表向导"或"一对多报表向导"创建单表或多表报表。

（2）用"快速报表"创建单表报表。

（3）用"报表设计器"创建或修改单表或多表报表。

前两种方法只需回答系统提出的一系列问题，就可以方便地创建出简单的报表布局。而"报表设计器"则能够充分利用 Visual FoxPro 提供的强大报表功能，设计出符合用户各种要求的报表布局。

建议先利用前两种方法之一生成简单报表布局，再利用"报表设计器"进行完善。

8.2　使用"报表向导"设计报表

8.2.1　使用"报表向导"设计报表

如果对报表的设计不是很熟悉，可以选择使用报表向导来设计报表。

启动报表向导的途径有多种，常见的有如下 3 种。

（1）通过项目管理器启动报表向导。

在"项目管理器"中，选择"文档"选项卡，从中选择"报表"，然后单击"新建"按钮。在弹出的"新建报表"对话框中单击"报表向导"按钮，如图 8.1（a）所示。

（2）通过菜单启动报表向导。

在系统菜单中选择"文件"菜单下的"新建"菜单项，在弹出的"新建"对话框中选中"报表"单选钮，然后单击"向导"按钮，如图 8.1（b）所示。

（3）通过向导启动报表向导。

单击"常用"工具栏上的"报表"图标按钮，如图 8.1（c）所示；或选择"工具"菜单下的"向导"子菜单中的"报表"菜单项，如图 8.1（d）所示。

（a）

（b）　　（c）

（d）

图 8.1　启动报表向导

报表向导启动时，首先弹出"向导选取"对话框，如图 8.2 所示。如果数据源是一个表，应选择"报表向导"，如果数据源包括父表和子表，则应选择"一对多报表向导"。

下面，将通过例题说明如何通过报表向导来建立报表。

例 8.1　使用报表向导创建一个"读者"报表。

步骤 1：选取字段，如图 8.3 所示。此步骤用于确定报表中出现的字段。

在"数据库和表"的下拉列表中选择数据表，在"可用字段"列表框中会自动出现表中的所有字段。选中字段名之后，单击"右箭头"按钮，或者直接双击字段名，该字段就移动到"选定字段"列表框中。

图 8.2　"向导选取"对话框

此例中单击向右的"双箭头"按钮，则全部字段移动到"选定字段"列表框。选取完毕后，单击"下一步"按钮继续。

步骤 2：记录分组，如图 8.4 所示。此步骤用于确定报表中数据的分组方式。

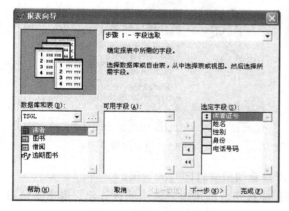

图 8.3　报表向导步骤 1

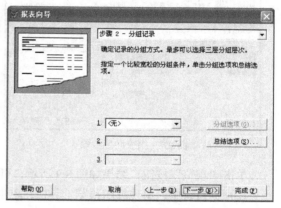

图 8.4　报表向导步骤 2

Visual FoxPro 最多可提供 3 层的分组层次。注意：只有当前数据按分组的字段排序后，才能正确显示分组数据。

由于此报表不需分组，直接单击"下一步"按钮继续。

步骤 3：选择报表样式，如图 8.5 所示。选定任何一种样式时，可以从对话框的放大镜内看到该样式的示例图片。

此报表选择"经营式"，单击"下一步"按钮继续。

步骤 4：定义报表布局，如图 8.6 所示。此步骤用于设置报表列数、字段布局、打印方向等报表布局方式。

此报表选择纵向、单列的报表布局，单击"下一步"按钮继续。

步骤 5：排序记录，如图 8.7 所示。此步骤用于确定记录在报表中出现的顺序。注意：设置排序的字段必须已经建立索引。

此报表按照"读者证号"字段的顺序排序，单击"下一步"按钮继续。

步骤 6：完成，如图 8.8 所示。在此处，可以输入报表标题，否则系统默认当前表名为报表标题，此报表输入"读者信息一览表"作为标题。

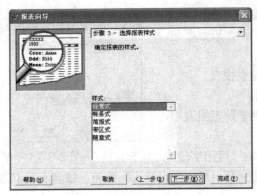

图 8.5　报表向导步骤 3

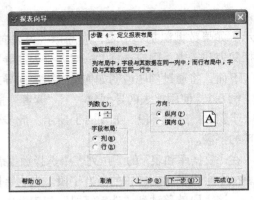

图 8.6　报表向导步骤 4

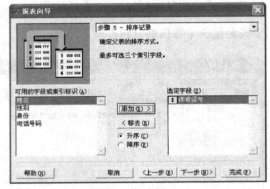

图 8.7　报表向导步骤 5

图 8.8　报表向导步骤 6

单击"预览"按钮，结果如图 8.9 所示，可以查看到报表打印时的效果。

在预览窗口中，出现打印预览工具栏，单击相应按钮，即可改变显示的百分比、退出预览或直接打印报表。

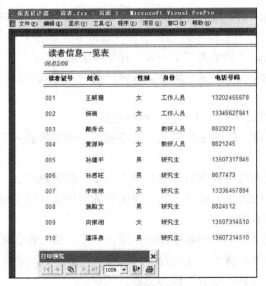

图 8.9　预览报表

若要建立报表显示读者及其借阅书籍，则选择一对多的报表向导。在向导的对话框中，选择读者为父表，借阅为子表，读者证号为关联的字段。

通常情况下，直接使用向导所获得的报表不一定能完全满足用户的要求，往往需要使用报表设计器对其做进一步的修改。

8.2.2　修改报表

通过下列方式可以启动报表设计器，修改报表。

（1）通过项目管理器启动报表设计器

在"项目管理器"中，选择"文档"选项卡，在"报表"类别中选择需要打开的报表，单击"修改"按钮。

（2）通过菜单启动报表设计器

选中"文件"菜单下的"打开"命令，在"打开"对话框的"文件类型"下拉列表中选择"报表"，再选择要打开的报表文件，单击"确定"按钮。

（3）使用命令启动报表设计器

命令格式：**MODIFY REPORT** [<报表文件名>]。

若默认报表文件名，系统将弹出"打开"对话框，让用户选择一个要打开的报表文件。

8.2.3　预览和打印报表

设计报表的最终目的是打印报表，在打印报表之前，可以使用"预览"功能在屏幕上查看报表打印时的效果。

采用下列方式可以预览报表。

1．通过项目管理器预览报表

在项目管理器中，选定"文档"选项卡中的"报表"项，选定需要预览的报表，单击"预览"按钮，如图 8.10 所示，系统将预览报表。

在预览窗口中，单击"打印预览"工具栏的"打印"按钮，系统将打印报表。

2．启动报表设计器后预览或打印报表

单击"常用"工具栏上的"打印预览"按钮，或选择"文件"菜单的"打印预览"命令，或选择"显示"菜单的"预览"命令，系统将预览报表。

在"报表设计器"窗口中，选择"文件"菜单的"打印"命令，或选择"报表"菜单的"运行报表"命令，系统将打开"打印"对话框，如图 8.11 所示。用户可选择打印机、打印范围、打印份数等选项，单击"确定"按钮后，即可打印报表。

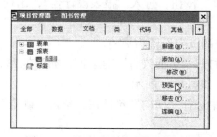

图 8.10　通过项目管理器预览报表

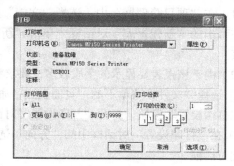

图 8.11　"打印"对话框

3. 通过命令预览或打印报表

命令格式：**REPORT FORM** <报表文件名>
　　　　　[范围][FOR<条件>]
　　　　　[PREVIEW] | [TO PINTER [PROMPT]]

命令功能：打印或预览指定的报表。

命令说明如下。

① 若指定范围短语，系统将只打印数据源中指定的记录范围。

② 若指定 FOR <条件>短语，系统将只打印数据源中符合条件的记录。

③ 若指定 PREVIEW 短语，系统将打开报表的预览窗口。若指定 TO PRINTER 短语，系统将报表输出到打印机上。该短语还可指定 PROMPT，表示在打印前将打开"打印"对话框来设置打印选项。

例 8.2 修改"读者"表单，在"打印"按钮中编写代码：打印预览"读者"报表。

修改表单的步骤如下。

（1）在"图书管理"的项目管理器中，选定"文档"选项卡中的"表单"项，选定"读者"表单，单击"修改"按钮，系统打开表单设计器。

（2）打开表单的"代码"窗口，选择对象为"CmdPrint"，选择过程为"Click"，输入代码"REPORT FORM 读者 PREVIEW"，如图 8.12 所示。

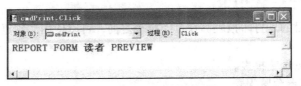

图 8.12 "读者"表单的代码窗口

8.3 使用"快速报表"设计报表

使用系统提供的"快速报表"功能，可以创建一个格式简单的单表报表。在制作报表时，可以先使用"快速报表"功能创建一个简单报表，然后在此基础上用"报表设计器"进一步完善它，达到快速构造报表的目的。

例 8.3 以快速报表的方式，创建一个图书报表，要求将报表的页面设置为横向。

（1）在"项目管理器"中，选择"文档"选项卡，从中选择"报表"，然后单击"新建"按钮。在弹出的"新建报表"对话框中单击"新建报表"按钮，进入"报表设计器"，出现一个空白报表。

（2）由于该报表要显示的字段较多，要求将报表的页面设置为横向。

① 选择"文件"菜单下的"页面设置"命令，打开"页面设置"对话框，如图 8.13 所示。单击"打印设置"按钮，打开"打印设置"对话框，如图 8.14 所示。

② 在"打印设置"对话框中的"方向"选项组中选择"横向"单选钮，单击"确定"按钮，关闭此对话框。

③ 在"页面设置"对话框中，页面宽度将变为 28.898，单击"确定"按钮，关闭对话框。

（3）选择"报表"菜单的"快速报表"命令。如果当前没有打开数据表，系统将弹出"打开"对话框，从中选择该报表的数据源"图书.dbf"。

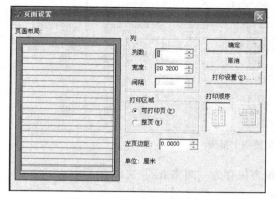

图 8.13　"页面设置"对话框

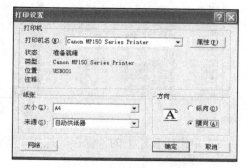

图 8.14　"打印设置"对话框

（4）然后，系统弹出"快速报表"对话框，如图 8.15 所示。

① 字段布局：此按钮用于设计报表的字段布局。单击左侧按钮产生列报表，单击右侧的按钮则产生行报表。

②"标题"复选框：选中该复选框，则报表中将为要输出的字段添加一个标题。系统默认各字段的标题与其字段名相同。

③"添加别名"复选框：选中该复选框，在报表的字段表达式前将加上数据表的别名。

④"将表添加到数据环境中"复选框：选中该复选框，则当前所打开的数据表将添加到报表的数据环境中。

⑤"字段"按钮：单击此按钮，打开"字段选择器"对话框，如图 8.16 所示。在此对话框中，选择除"简介"和"封面"字段之外的所有字段，单击"确定"按钮，关闭此对话框，返回到"快速报表"对话框。

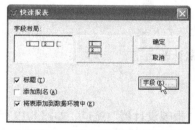

图 8.15　"快速报表"对话框

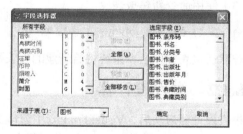

图 8.16　"字段选择器"对话框

（5）单击"快速报表"对话框的"确定"按钮，打开"报表设计器"窗口，如图 8.17 所示。

图 8.17　"报表设计器"窗口

（6）单击"常用"工具栏上的"打印预览"按钮，打开报表的预览窗口，如图 8.18 所示。

条形码	书名	分类号	作者	出版社	出版年月	售价	典藏时间	典藏类	Ô	币种	捐赠人
P0000001	李白全集	44.3532/LB	(唐)李白	上海古籍出版社	06/01/97	19.0	09/23/99	精装	N	人民币	
P0000002	杜甫全集	44.3532/DF	(唐)杜甫	上海古籍出版社	06/01/97	21.0	09/23/99	精装	N	人民币	
P0000003	王安石全集	44.3541/WAS	(宋)王安石	上海古籍出版社	06/01/99	35.0	09/23/99	平装	Y	人民币	
P0000004	龚自珍全集	13.711/GZZ	(清)龚自珍	上海古籍出版社	06/01/99	33.8	09/23/99	平装	Y	人民币	
P0000005	清稗类钞第一册	22.146/XKI	徐珂	中华书局	10/05/84	2.0	02/21/00	线装	Y	人民币	邓力群
P0000006	清稗类钞第二册	22.146/XKI	徐珂	中华书局	03/01/86	3.2	02/21/00	线装	Y	人民币	邓力群
P0000007	清稗类钞第三册	22.146/XKI	徐珂	中华书局	03/01/86	3.4	02/21/00	线装	Y	人民币	邓力群
P0000008	围城恨罗二十年	44.568/BIT	白先勇	远志文化编辑部	09/01/89	128.0	12/30/00	平装	N	港币	李泽厚
P0000009	新亚遗泽	20.8/QM	钱穆	东大图书	09/01/89	228.0	12/30/00	平装	N	港币	李泽厚
P0000010	岳麓书院	38.2001/JT	江堤 彭爱学	湖南文艺	12/01/95	13.8	09/13/02	平装	N	人民币	
P0000011	中国历史研究法	22.18/QM.K207-53	钱穆	三联书店	06/01/01	11.5	09/13/02	平装	Y	人民币	
P0000012	中国近三百年学术史(上册)	20/QM	钱穆	中华书局	05/01/86	9.2	09/13/02	平装	N	人民币	
P0000013	中国近三百年学术史(下册)	20/QM	钱穆	中华书局	05/01/86	9.2	09/13/02	平装	N	人民币	
P0000014	庄老通辨	13.133/QM	钱穆	东大图书	12/01/99	6.8	09/13/02	平装	Y	台币	
P0000015	旷代逸才-杨度(上册)	44.5/TIM	唐浩明	湖南文艺	04/01/96	19.0	09/13/02	精装	Y	人民币	
P0000016	旷代逸才-杨度(中册)	44.5/TIM	唐浩明	湖南文艺	04/01/96	20.0	09/13/02	精装	Y	人民币	
P0000017	旷代逸才-杨度(下册)	44.5/TIM	唐浩明	湖南文艺	04/01/96	18.4	09/13/02	精装	Y	人民币	
P0000018	宋诗纵横	44.344/ZRK	赵仁圭	中华书局	06/01/94	9.8	09/13/02	线装	Y	人民币	
P0000019	诗经原始上册	44.31/FYT1	(清)方玉润	中华书局	05/01/86	4.3	06/04/03	平装	Y	人民币	邓力群
P0000020	诗经原始下册	44.31/FYT2	(清)方玉润	中华书局	05/01/86	4.3	06/04/03	平装	Y	人民币	邓力群

图 8.18　预览图书报表

（7）单击工具栏上的"保存"按钮，将该报表保存为"图书.frx"文件。

8.4　使用"报表设计器"设计报表

8.4.1　新建报表

通过下列方式，可以使用报表设计器来新建报表。

（1）通过项目管理器新建报表

在"项目管理器"中，选择"文档"选项卡的"报表"，单击"新建"按钮，在弹出的"新建报表"对话框中单击"新建报表"按钮。

（2）通过菜单新建报表

选中"文件"菜单下的"新建"命令，在弹出的"新建"对话框中选择"报表"单选按钮，单击"新建文件"命令按钮。

（3）使用命令新建报表

命令格式：CREATE REPORT [<报表文件名>]

若默认报表文件名，系统将给新建的报表赋予一个默认的名字。

8.4.2　报表设计器

报表设计器启动后，Visual FoxPro 主窗口上将出现"报表设计器"窗口，如图 8.19 所示。系统默认已经建立了一个报表"报表 1"。同时，系统还自动打开"报表设计器"工具栏和"报表控件"工具栏。

图 8.19　报表设计器窗口

1. "报表设计器"工具栏

"报表设计器"工具栏各按钮的功能如下。

（1）"数据分组"按钮 ：显示"数据分组"对话框，可创建数据分组及指定其属性。

（2）"数据环境"按钮 ：显示报表的"数据环境设计器"窗口。

（3）"报表控件工具栏"按钮 ：显示或关闭"报表控件"工具栏。

（4）"调色板工具栏"按钮 ：显示或关闭"调色板"工具栏。

（5）"布局工具栏"按钮 ：显示或关闭"布局"工具栏。

如果该工具栏被关闭，可以通过"显示"菜单中的"工具栏"命令打开。

2. 报表带区

报表中的每个白色区域，称为"带区"。在每个带区中，可以根据需要插入标签、字段、线条等多个控件。打印或预览报表时，系统会以不同的方式处理各个带区的数据。例如，对于"页标头"带区，系统将在每一页上打印一次该带区所包含的内容；而对于"细节"带区，则对于数据源的每条记录都打印一次该带区的内容。

默认情况下，新建的报表中包括"页标头"、"细节"和"页注脚"3 个带区，带区名称显示在带区下的标识栏上。表 8.2 列出了报表的一些常用带区及其使用情况，用户可以根据需要，在报表中增加其他报表带区。

（1）选择"报表"菜单的"标题/总结"命令，弹出"标题/总结"对话框，如图 8.20 所示。通过选中"标题带区"和"总结带区"复选框，就可以在报表中添加"标题"和"总结"带区。

（2）选择"报表"菜单的"数据分组"命令，在弹出"数据分组"对话框中指定分组表达式后，报表上就会出现"组标头"和"组注脚"带区。

（3）选择"报表"菜单的"页面设置"命令，在弹出"页面设置"对话框（见图 8.13）中指定报表的列数（大于 1）之后，报表上就会出现"列标头"和"列注脚"带区。

表 8.2　　　　　　　　　　报表带区及其作用

带　　区	打印频率	表示内容
标题	每张报表开头打印一次或单独占用一页	报表名称、标题、日期或公司徽标
页标头	每页打印一次	列报表的字段名称
细节	每条记录打印一次	各记录的字段值
页注脚	每个页面下面打印一次	页码和日期、每页总计
总结	每张报表最后一页打印一次或单独占用一页	报表总结
组标头	有数据分组时，每组打印一次	分组字段和分隔线
组注脚	有数据分组时，每组打印一次	分组总结
列标头	在分栏报表中每列打印一次	列标题
列注脚	在分栏报表中每列打印一次	总结或总计

如果要调整带区的高度，可以使用下列两种方法：一种是将鼠标指向带区的标识栏，待鼠标指针变为双向箭头后，上下拖曳鼠标，直至将带区调整到满意的高度；另一种是双击带区的标识栏，打开设置带区的对话框。例如，双击"页标头"带区的标识栏，打开"页标头"对话框，如图 8.21 所示，在"高度"数值框中输入要设置的带区高度。

注意　调整带区高度时，不能使带区高度小于布局中控件的高度。

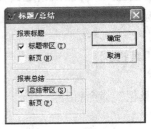

图 8.20　"标题/总结"对话框

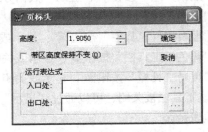

图 8.21　"页标头"对话框

8.4.3　报表的数据环境

报表总是与一定的数据源相联系的。因此，在设计报表时，首先要确定报表的数据源。通常情况下，可以把数据源添加到报表的数据环境中。数据环境中的数据源会随着报表的预览或打印而打开，并随着报表的释放而关闭。

通过以下三种方法可打开报表的数据环境。

① 单击"报表设计器"工具栏上的"数据环境"按钮。

② 选择"显示"菜单的"数据环境"命令。

③ 在"报表设计器"窗口中右键单击鼠标，从快捷菜单中选择"数据环境"命令。

例 8.4　新建一个报表"逾期图书统计"，在数据环境中添加视图"逾期图书"。

（1）在图书管理的"项目管理器"中，选择"文档"选项卡，从中选择"报表"。然后单击"新建"按钮，在弹出的"新建报表"对话框中单击"新建报表"按钮。

（2）单击"报表设计器"工具栏上的"数据环境"按钮，打开报表的数据环境。

（3）在"数据环境设计器"窗口中右键单击鼠标，从快捷菜单中选择"添加"命令，打开"添加表或视图"对话框，如图 8.22 所示。

（4）在"添加表或视图"对话框中，选择"视图"单选按钮，选择"逾期图书"视图，单击"添加"按钮。

（5）在数据环境中添加了视图"逾期图书"，如图 8.23 所示。

（6）单击工具栏上的"保存"按钮，将该报表保存为"逾期图书统计.frx"文件。

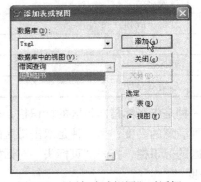

图 8.22　"添加表或视图"对话框

图 8.23　数据环境设计器

8.4.4 在报表中添加控件

1. "报表控件"工具栏

当打开"报表设计器"时，主窗口中会自动出现"报表控件"工具栏，如图 8.24 所示。
此工具栏上的各个图标按钮的功能如下。

（1）"选定对象"按钮：单击此按钮后可以选取报表上的对象。在创建一个控件后，系统将自动选定该按钮。

（2）"标签"按钮：创建一个标签控件，用于输出不希望改动的文本。

（3）"域控件"按钮：创建一个字段控件，用于显示字段、内存变量或其他表达式。

（4）"线条"按钮、"矩形"按钮和"圆角矩形"按钮：分别用于绘制相应的图形。

（5）"图片/Active 绑定控件"按钮：用于显示图片或通用型字段的内容。

（6）"按钮锁定"按钮：选择此按钮后，允许添加多个相同类型的控件到报表上，而不需要重复选中同一个控件按钮。

2. 在报表中添加控件

为报表添加了数据源后，报表的带区仍然是空白的。只有在报表的各带区中添加相应的控件，才能把所要打印的内容安排进去。

（1）标签控件。

① 添加标签控件：标签控件在报表中的使用是相当广泛的，如报表的标题、字段的名称，通常都用标签控件来设置。

单击"报表控件"工具栏上的"标签"按钮 A，然后在报表上需要放置标签的位置单击鼠标，便出现一个插入点。在插入点处输入文本后，用鼠标单击文本之外的任何地方，则退出了标签的编辑。

若要修改标签中的文本，则应先单击"报表控件"工具栏上的"标签"按钮，然后在报表上需要修改的标签对象上单击鼠标，出现插入点后，即可进行标签文本的修改。

② 设置标签的字体格式：若要设置标签或域控件的字体，先要选中对象，再选择"格式"菜单中的"字体"命令，打开"字体"对话框，如图 8.25 所示。在"字体"对话框中，设置控件的字体、字形、字号及颜色等选项，然后单击"确定"按钮。

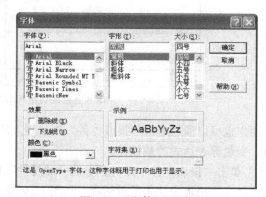

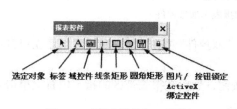

图 8.24 "报表控件"工具栏　　　　　图 8.25 "字体"对话框

若要改变报表中标签控件的默认字体，则应选择"报表"菜单的"默认字体"命令，打开"字体"对话框。在此对话框中，选择新的字体、字形和字号后，单击"确定"按钮。改变了默认字体之后，在此报表中插入新的标签和域控件，默认都会采用新设置的格式。

（2）线条、矩形和圆角矩形控件。

单击"报表控件"工具栏上的"线条"按钮十、"矩形"按钮 □ 或"圆角矩形"按钮 ◯，然后在报表的带区中拖曳鼠标，将在报表中产生相应的图形控件，以美化报表。

选中图形控件后，选择"格式"菜单的"绘图笔"子菜单，如图 8.26 所示，可设置图形控件的线条的粗细或样状。

选中矩形或圆角矩形控件后，选择"格式"菜单的"填充"子菜单，如图 8.27 所示，可以设置图形控件的填充图案。

图 8.26 设置图形控件的线条

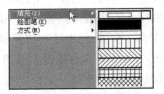

图 8.27 设置图形控件的填充图案

（3）域控件。

● 添加域控件：若要在报表中添加显示数据源字段的域控件，最方便的方法是从数据环境中添加。

① 右键单击报表，从快捷菜单中选择"数据环境"命令，打开报表的"数据环境设计器"窗口。

② 若要添加数据源的所有字段，则将鼠标指向数据源图标的"字段"，如图 8.28 所示，将其拖曳到报表的指定带区中。若要添加某个字段，则将鼠标指向数据源图标的指定字段，将其拖曳到报表中。

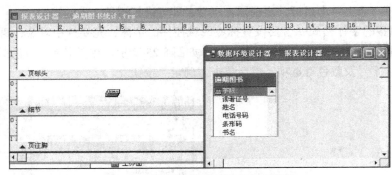

图 8.28 从数据环境向报表添加域控件

用户也可以通过单击"报表控件"工具栏上的"域控件"按钮 ab，在报表上建立包含字段、函数、变量等表达式的域控件。

① 单击"报表控件"工具栏上的"域控件"按钮，然后在报表带区的指定位置上单击鼠标，系统将打开"报表表达式"对话框，如图 8.29 所示。

② 在"报表表达式"对话框中，可以直接在文本框输入表达式，也可以通过单击"表达式"文本框右侧的按钮，打开"表达式生成器"对话框，如图 8.30 所示。

③ 在"表达式生成器"对话框中，可以从函数列表中选择需要用到的函数，也可以双击字段列表或系统变量列表的选项，来生成表达式。

添加域控件后，若要修改其表达式，可以选中控件，双击鼠标，打开"报表表达式"对话框来进行修改。

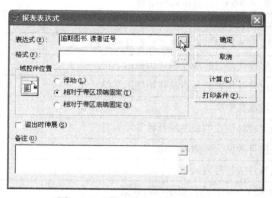

图 8.29　"报表表达式"对话框

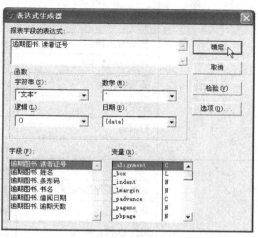

图 8.30　"表达式生成器"对话框

● 计算字段：若要为域控件指定某种计算，可以单击"报表表达式"对话框的"计算"按钮，打开"计算字段"对话框，如图 8.31 所示。

在"计算字段"对话框的"计算"选项组中有计数、总和、平均值等 8 个单选项，用于指定表达式要执行的计算方式。

"重置"列表框用于指定表达式计算的复零时刻。默认选项是"报表尾"，表示在报表结尾时将表达式的计算结果复零。若选择"页尾"，则在每页结尾时将表达式的计算结果复零，即从新的一页开始将重新计算表达式的值。

● 定义域控件的格式：若要为域控件指定显示格式，可以单击"报表表达式"对话框的"格式"文本框右侧的按钮，打开"格式"对话框，如图 8.32 所示。

图 8.31　"计算字段"对话框

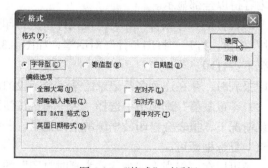

图 8.32　"格式"对话框

在此对话框中，可以设置该域控件的数据类型为"字符型"、"数值型"或"日期型"。设定为不同的数据类型时，该对话框下方的"编辑选项"选项组中的各个选项将随之改变。表 8.3 列出了 3 种数据类型的全部选项的具体含义。

注意　　　更改域控件的格式，只是决定了在打印报表时该控件的输出格式，但并不会改变字段在数据表中的数据类型或数值。

表 8.3   编辑选项及其含义

类　型	编 辑 选 项	含　义
字符型	全部大写	将所有的字符转化为大写
	忽略输入掩码	显示但不存储不符合格式的字符
	SET DATE 格式	使用 SET DATE 格式显示日期数据
	英国日期格式	使用欧洲（英国）日期格式显示日期数据
	左对齐	从选定控件位置的最左端开始显示字符
	右对齐	从选定控件位置的最右端开始显示字符
	居中对齐	将字符放在中央
数值型	左对齐	从选定控件位置的最左端开始显示字符
	如果为零保持为空	如果控件数据为零则不打印
	负数加括号	将负数放入括号内
	SET DATE 格式	使用 SET DATE 格式显示日期数据
	英国日期格式	使用欧洲（英国）日期格式显示日期数据
	如果为正，加 CR	在正数后显示 CR（收入）
	如果为负，加 DB	在负数后显示 DB（支出）
	前导零	打印全部的前导零
	货币型	按"选项"对话框的"区域"选项卡中指定格式显示货币格式
	科学计数法	以科学计数法显示数据（当数值很大或很小时使用）
日期型	SET DATE 格式	使用 SET DATE 格式显示日期数据
	英国日期格式	使用欧洲（英国）日期格式显示日期数据

如果字段的内容较长，可选择"报表表达式"对话框的"溢出时伸展"复选框，使得超出控件大小的内容得以全部显示。

● 定义域控件的打印条件：若要为域控件指定打印条件，可以单击"报表表达式"对话框的"打印条件"按钮，打开"打印条件"对话框，如图 8.33 所示。该对话框的主要功能是设置控件在什么情况下被打印。

在打印报表时，存在连续多条记录的某一个字段的值相同的情况。若用户只要求该值被打印一次，在"打印重复值"选项组中选择"否"单选按钮即可。

在默认情况下，报表会打印数据源的空白记录。若用户要求不打印空白记录，选择"若是空白行则删除"复选框即可。

此外，还可以在"仅当下列表达式为真时打印"的文本框中输入一个表达式，此表达式将在打印之前被计算。只有表达式的结果为真，才打印域控件。

（4）OLE 对象。

● 添加 OLE 对象：通过单击"报表控件"工具栏上的"图片/ActiveX"按钮，可以在报表上插入图片、声音、文档等 OLE 对象。

① 单击"报表控件"工具栏上的图片/ActiveX"按钮，然后在报表带区的指定位置上单击鼠标，系统将打开"报表图片"对话框，如图 8.34 所示。

② 在"报表图片"对话框中，若要在报表中插入图片文件，则在"图片来源"选项组选择"文件"单选钮，在其文本框中输入图片文件的路径和文件名，或单击文本框右侧的按钮，在"打开"对话框中选择一个扩展名为.jpg、.gif 或.bmp 等类型的图片文件。单击"确定"按钮后，图片将出现在报表中。

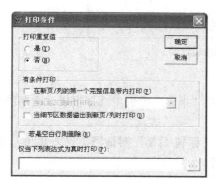

图 8.33 "打印条件"对话框

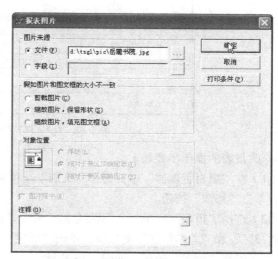

图 8.34 "报表图片"对话框

③ 在"报表图片"对话框中，若要在报表中插入通用型字段，则在"图片来源"选项组选择"字段"单选钮，在其文本框中输入通用型字段的名称，或单击文本框右侧的按钮，在"选择字段/变量"对话框中选择字段。

单击"确定"按钮后，该通用型字段的占位符将出现在报表中。预览报表时，该占位符就随着记录的变化显示字段的内容。

● 设置图片的显示方式：添加到报表中的图片的尺寸，可能不适合报表中的 OLE 控件的大小。此时，可以在"报表图片"对话框中选择下列几种显示方式。

➤ 剪裁图片：根据 OLE 控件大小来显示图片。若图片的尺寸较大，则只显示出部分图片。

➤ 缩放图片，保留形状：若要在 OLE 控件中放置一个完整、不变形的图片，则应选择此选项。但是在这种情况下，图片可能无法填满整个图文框。

➤ 缩放图片，填充图文框：若要使图片填满整个图文框，则应选择此选项。但是在这种情况下，图片的比例可能会改变，导致图片变形。

➤ 若图片来源是"字段"，还可以选中"图片居中"复选框，使图片能够在 OLE 控件的正中位置显示。

例 8.5 打开例 8.4 所创建的报表"逾期图书统计.frx"，执行以下操作。

（1）对报表添加标题和总结带区。

（2）在标题带区插入标签控件显示报表标题，插入域控件显示当前日期。

（3）在页标头带区插入多个标签控件显示各字段名称，插入线条和矩形控件作为报表的边框线。

（4）在细节带区插入域控件显示各"逾期图书视图"的各字段。

（5）在页注脚带区插入域控件显示当前页号。

（6）在总结带区插入域控件显示记录数。

设计完成后，报表设计器如图 8.35 所示。

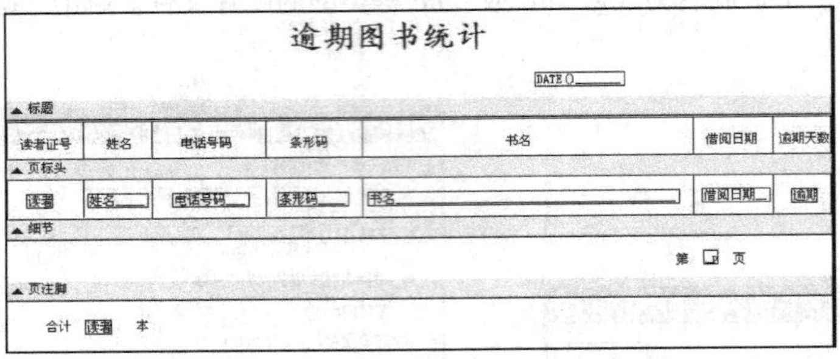

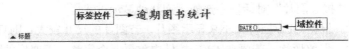

图 8.35　例 8.5 设计后的报表设计器

修改报表的操作步骤如下。

（1）在"项目管理器"中，选择"文档"选项卡，在"报表"类别中选择报表"逾期图书统计"，单击"修改"按钮。

（2）选择"报表"菜单的"标题/总结"命令，弹出"标题/总结"对话框（见图 8.20）。选中"标题带区"和"总结带区"复选框，单击"确定"按钮。

（3）编辑"标题"带区，如图 8.36 所示。

① 单击"报表控件"工具栏中"标签"按钮，在"标题"带区上单击鼠标，出现一个插入点，输入"逾期图书统计"，单击报表空白处，退出文本编辑。

② 选中标签控件，选择"格式"菜单的"字体"命令，在"字体"对话框中选择楷体、粗体、小二。

③ 单击"报表控件"工具栏中"域控件"按钮，在"标题"带区的右上角单击鼠标，打开"报表表达式"对话框，在"表达式"文本框中输入"DATE()"函数，单击"确定"按钮。

图 8.36　例 8.5 报表设计器的标题带区

（4）编辑"页标头"带区，如图 8.37 所示。

① 单击"报表控件"工具栏上的"按钮锁定"按钮，再单击"报表控件"工具栏上的"标签"按钮，此时就可添加多个标签控件。

在"页标头"带区上单击鼠标，出现插入点，输入文本：读者证号；再将鼠标向右移动一段距离，单击鼠标，在插入点输入文本：姓名；重复此操作，分别输入文本：电话号码、条形码、书名、借阅日期和逾期天数。

② 单击"报表控件"工具栏中"矩形"按钮，在报表上拖曳鼠标，产生一个矩形。拖曳矩形的各控制点，调整矩形的大小，将各字段名称框在矩形中。

③ 单击"报表控件"工具栏中"线条"按钮，将鼠标指向"读者证号"和"姓名"两个字段名称之间，向下拖曳鼠标，产生一根竖线。注意调整竖线的长度，使其与矩形的高度相同。

选中该竖线，选择"编辑"菜单的"复制"命令，再选择"编辑"菜单的"粘贴"命令，复制一根相同的竖线，将其移动到下两个字段之间。

重复"粘贴"操作，在各个字段之间插入分隔线。

④ 在矩形框之外的位置按下鼠标，拖曳鼠标，出现一个虚线框，圈住矩形框、所有的字段名和线条，单击"布局"工具栏的"水平居中对齐"按钮。

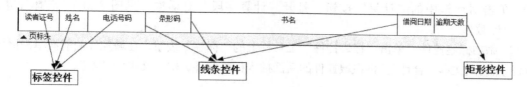

图 8.37　例 8.5 报表设计器的页标头带区

（5）编辑"细节"带区，如图 8.38 所示。

① 右键单击报表，从快捷菜单中选择"数据环境"命令，打开报表的"数据环境设计器"窗口。鼠标指向"逾期图书"图标的"字段"（见图 8.28），将其拖曳到报表的细节带区中。

② 设置域控件的打印条件。选中"读者证号"域控件，双击鼠标，打开"报表表达式"对话框，单击"打印条件"按钮，打开"打印条件"对话框（见图 8.33），在"打印重复值"区域中选择"否"单选钮。

同样，设置"姓名"域控件和"电话号码"域控件不显示重复值。

③ 插入竖线分隔各字段控件。单击"报表控件"工具栏上的"线条"按钮，将鼠标指向细节带区的"读者证号"字段的左边，向下拖曳鼠标，产生一根竖直线。

复制若干条竖直线，放置在各个字段之间及最后一个字段的右边。

④ 插入水平线条作为记录之间的分隔线。单击"报表控件"工具栏上的"线条"按钮，将鼠标指向"细节"带区的底部，向右拖曳鼠标，绘制一条水平的横线，作为不同记录之间的分隔线。

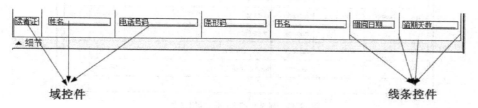

图 8.38　例 8.5 报表设计器的细节带区

（6）编辑"页注脚"带区，如图 8.39 所示

① 单击"报表控件"工具栏上的"域控件"按钮，在"页注脚"带区单击鼠标，打开"报表表达式"对话框，单击"表达式"文本框右边的按钮，打开"表达式生成器"对话框（见图 8.30），双击"变量"列表中的"_pageno"。

② 单击"报表控件"工具栏上的"标签"按钮，在域控件的前面单击鼠标，在插入点输入文本"第"。再在域控件的后面插入标签控件，输入文本为"页"。

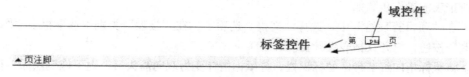

图 8.39　例 8.5 报表设计器的页注脚带区

（7）编辑"总结"带区。

① 单击"报表控件"工具栏中"域控件"按钮，在"总结"带区单击鼠标，打开"报表表达式"对话框，在"表达式"文本框中输入字段"逾期图书.读者证号"（或者其他字段）。单击对话框中的"计算"按钮，打开"计算字段"对话框（见图 8.31），选择计算方式为"计数"。

② 添加标签控件。单击"报表控件"工具栏上的"标签"按钮，在域控件的前面单击鼠标，在插入点输入文本"合计"。再在域控件的后面插入标签控件，输入文本为"本"。

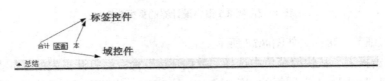

图 8.40　例 8.5 报表设计器的"总结"带区

（8）单击"常用"工具栏上的"打印预览"按钮，预览结果如图 8.41 所示。

逾期图书统计

2008/05/21

读者证号	姓名	电话号码	条形码	书名	借阅日期	逾期天数
001	王颖珊	13202455878	P0000003	王安石全集	2008/01/02	109
			P0000010	岳麓书院	2008/04/05	15
			P0000011	中国历史研究法	2008/04/05	15
002	杨瑞	13345627841	P0000001	李白全集	2008/02/05	75
			P0000009	新亚遗译	2008/03/05	46
005	孙建平	13507317845	P0000002	杜甫全集	2008/04/10	10
			P0000008	游园惊梦二十年	2008/04/10	10
006	孙恩旺	8677473	P0000013	中国近三百年学术史(下册)	2008/04/10	10
			P0000017	旷代逸才-杨度(下册)	2008/03/25	26

合计　9　　本

图 8.41　例 8.5 打印预览的结果

例 8.6　打开例 8.3 所创建的报表"图书.frx"，按以下要求修改报表设计器。

（1）修改报表页标头带区的部分标签控件的文本，使其能完整地显示字段名。

（2）调整细节带区的高度。

（3）修改报表细节带区的域控件"在库"字段，设置其为当字段值为真时显示在库，为假时显示外借。

（4）修改报表细节带区的域控件的宽度，使其与字段的值匹配。

设计完整后，预览报表的效果如图 8.42 所示。

修改报表的操作步骤如下。

（1）在"项目管理器"中，选择"文档"选项卡，在"报表"类别中选择报表"图书"，单击"修改"按钮，打开其报表设计器。

（2）将鼠标指向细节带区的标识栏，待鼠标指针变为双向箭头后，上下拖曳鼠标，直至将带区调整到满意的高度。

条形码	书名	分类号	作者	出版社	出版年月	售价	典藏时间	典藏类别	在库	币种	捐赠人
P0000001	李白全集	44.3532/LB	(唐)李白	上海古籍出版社	06/01/97	19.0	09/23/99	精装	外借	人民币	
P0000002	杜甫全集	44.3532/DF	(唐)杜甫	上海古籍出版社	06/01/97	21.0	09/23/99	精装	外借	人民币	
P0000003	王安石全集	44.3541/WAS	(宋)王安石	上海古籍出版社	06/01/99	35.0	09/23/99	平装	在库	人民币	
P0000004	龚自珍全集	13.711/GZZ	(清)龚自珍	上海古籍出版社	06/01/99	33.6	09/23/99	平装	在库	人民币	
P0000005	清稗类钞第一册	22.148/XK1	徐珂	中华书局	10/05/84	2.0	02/21/00	线装	在库	人民币	
P0000006	清稗类钞第二册	22.148/XK1	徐珂	中华书局	03/01/86	3.2	02/21/00	线装	在库	人民币	邓力群
P0000007	清稗类钞第三册	22.148/XK1	徐珂	中华书局	03/01/86	3.4	02/21/00	线装	在库	人民币	邓力群
P0000008	游园惊梦二十年	44.568/EXY	白先勇	迪志文化编辑部	09/01/89	128.0	12/30/00	平装	外借	港币	李泽厚
P0000009	新亚遗译	20.8/QM	钱穆	东大图书	09/01/89	228.0	12/30/00	平装	外借	港币	李泽厚
P0000010	岳麓书院	36.2001/JT	江堤 彭爱学	湖南文艺	12/01/95	13.8	09/13/02	平装	在库	人民币	
P0000011	中国历史研究法	22.18/QM.K207-53	钱穆	三联书店	06/01/01	11.5	09/13/02	平装	外借	人民币	
P0000012	中国近三百年学术史(上册)	20/QM	钱穆	中华书局	05/01/86	9.2	09/13/02	平装	在库	人民币	
P0000013	中国近三百年学术史(下册)	20/QM	钱穆	中华书局	05/01/86	9.2	09/13/02	平装	在库	人民币	
P0000014	庄老通辩	13.133/QM	钱穆	东大图书	12/01/91	6.8	09/13/02	平装	在库	台币	
P0000015	旷代逸才-杨度(上册)	44.5/TJH	唐浩明	湖南文艺	04/01/96	19.0	09/13/02	精装	在库	人民币	
P0000016	旷代逸才-杨度(中册)	44.5/TJH	唐浩明	湖南文艺	04/01/96	20.0	09/13/02	精装	外借	人民币	
P0000017	旷代逸才-杨度(下册)	44.5/TJH	唐浩明	湖南文艺	04/01/96	18.4	09/13/02	精装	在库	人民币	
P0000018	宋诗纵横	44.344/ZRK	赵仁圭	中华书局	06/01/94	9.8	09/13/02	线装	在库	人民币	
P0000019	诗经原始上册	44.31/FYY1	(清)方玉润	中华书局	05/01/86	4.3	06/04/03	平装	在库	人民币	邓力群
P0000020	诗经原始下册	44.2	(清)方玉润	中华书局	05/01/86	4.3	06/04/03	平装	在库	人民币	邓力群

图 8.42 例 8.6 打印预览的结果

（3）单击"报表控件"工具栏上的"标签"按钮，在需要修改的页标头带区中的标签上单击，输入要修改的文本。

（4）双击细节带区的域控件"在库"字段，打开"报表表达式"对话框，如图 8.43 所示，在"表达式"文本框输入"iif（图书.在库，"在库"，"外借"）"。

（5）选中细节带区中需要调整宽度的域控件，将鼠标指向其右边的控制点，拖曳鼠标使其调整到合适的宽度。

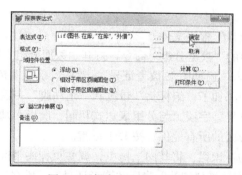

图 8.43 "报表表达式"对话框

8.4.5 分组报表

在打印报表时，常常需要把具有某种相同信息的数据排列在一起，有时还需要根据此信息进行数据的统计。

选择"报表"菜单的"数据分组"命令，系统将打开"数据分组"对话框，在其中可以指定分组表达式。分组表达式通常是一个字段，也可以是与多个字段相关的表达式。

在定义了数据分组后，报表将增加组标头和组注脚带区，用户可以向其中添加各种控件。预览报表时，数据记录将根据分组表达式被明显地分隔开来。

　　要使报表能够正确地进行分组显示，要求数据源的数据必须根据分组表达式的顺序来排列。如果数据源是数据表，则首先要在数据表的表设计器中根据分组表达式建立索引，然后在报表的数据环境中将数据表的"order"属性设为该索引。如果数据源是视图，则要求将视图的排序依据设置为分组表达式。

例 8.7 打开例 8.5 的逾期图书统计报表，执行以下操作。

（1）增加一个数据分组，以"读者证号"作为分组表达式。

（2）删除页标头带区的所有对象。

（3）将读者证号、姓名和电话号码域控件从细节带区移到组标头带区，设置其字体为加粗和小四。

（4）删除所有细节带区的线条控件，将域控件重新排列。

（5）在组注脚带区增加域控件计算每位读者的逾期图书的数目和逾期天数的总和，再绘制一条水平线。

设计完成后，报表设计器如图 8.44 所示。

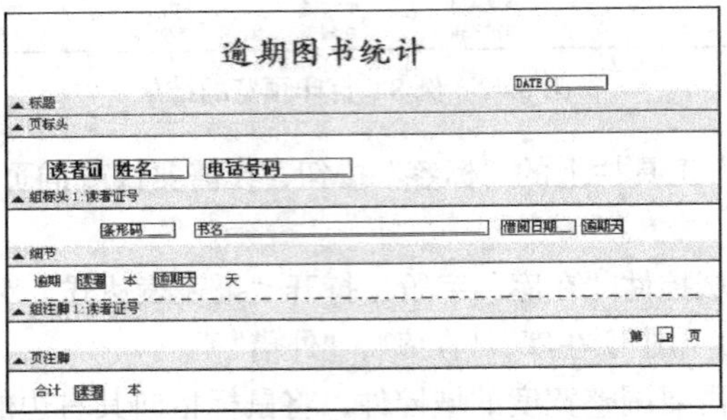

图 8.44　例 8.6 设计后的报表设计器

具体操作步骤如下。

（1）打开"逾期图书统计"报表文件。

（2）选择"报表"菜单的"数据分组"命令，打开"数据分组"对话框，如图 8.45 所示，在"分组表达式"文本框中输入"逾期图书.读者证号"，单击"确定"按钮。

此时，在报表设计器中添加了"组标头"带区和"组注脚"带区。注意：由于"逾期图书"视图的排序依据为"读者证号"字段，与分组表达式相同，所以无须修改其排列方式。

（3）选中"页标头"带区的所有控件，按 Delete 键。

鼠标指向页标头带区的标识栏，将其向上拖曳，调整页标头带区的高度为 0。

（4）按住 Shift 键，依次选择"细节"带区"读者证号"、"姓名"和"电话号码"域控件，用鼠标将其移动到"组标头"带区，如图 8.46 所示。

然后，选中这 3 个控件，选择"格式"菜单的"字体"命令，在"字体"对话框中，选择字形为"粗体"，字号为"小四"。

（5）删除所有细节带区的线条控件，将其中的域控件重新排列。

图 8.45　"数据分组"对话框

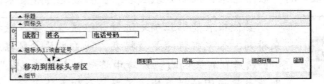

图 8.46　例 8.7 的组标头和细节带区

（6）编辑组注脚带区，如图 8.47 所示。

在"组注脚"带区中添加一个域控件，在"报表表达式"对话框中将其表达式设置为"读者证号"，单击对话框中的"计算"按钮，打开"计算字段"对话框，如图 8.48 所示，设置其计算方式为"计数"，重置位置为"逾期统计.读者证号"。

再添加一个域控件，将其表达式设置为"逾期天数"，计算方式设置为"求和"，重置位置为"逾期统计.读者证号"。

添加 3 个标签控件放置在域控件旁边，分别设置文本为"逾期"、"本"、"天"。

添加一条水平线条放置在带区的底部，选择"格式"菜单的"绘图笔"子菜单中的"点画线"选项。

图 8.48　"计算字段"对话框

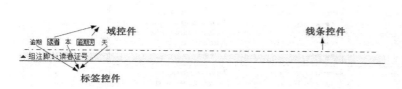

图 8.47　例 8.7 的组注脚带区

预览报表时，其效果如图 8.49 所示。

逾期图书统计				
			2008/05/21	
001	王颖珊	13202455678		
	PO000003	王安石全集	2008/01/02	109
	PO000010	岳麓书院	2008/04/05	15
	PO000011	中国历史研究法	2008/04/05	15
逾期 3	本	139 天		
002	杨瑞	13345627841		
	PO000001	李白全集	2008/02/05	75
	PO000009	新亚遗译	2008/03/05	46
逾期 2	本	121 天		
005	孙建平	13507317845		
	PO000002	杜甫全集	2008/04/10	10
	PO000008	游园惊梦二十年	2008/04/10	10
逾期 2	本	20 天		
006	孙思旺	8677473		
	PO000013	中国近三百年学术史(下册)	2008/04/10	10
	PO000017	旷代逸才-杨度(下册)	2008/03/25	26
逾期 2	本	36 天		
合计 9	本			

图 8.49　例 8.7 预览效果

当用户需要按多级分组显示数据时，可以在如图 8.45 所示的"数据分组"对话框中，插入多个分组表达式。Visual FoxPro 最多可以有 20 级数据分组，但在实际应用中往往最多用到 3 级分组。在设计多级分组时，要求数据源要按分组表达式进行多重索引。

8.4.6　多栏报表

对于细节带区的项目比较少的报表，可以通过页面设置来增加每页的列数，设置其为多栏报表，使报表的布局更为紧凑。

例 8.8　以"图书"为数据源，设计一个三栏报表"图书目录册"，显示图书的条形码、分类号和书名，打印预览效果如图 8.50 所示。

建立报表的操作步骤如下。

（1）在图书管理的项目管理器中，新建一个报表文件。

图 8.50　例 8.8 报表预览的效果

（2）选择"文件"菜单的"页面设置"命令，打开"页面设置"对话框，如图 8.51 所示。把"列数"微调器的值设置为"3"。在"左页边距"数值框中输入"0.5000"，选择"自左向右"的打印顺序按钮，单击"确定"按钮，关闭对话框。

（3）打开"数据环境设计器"窗口，添加"图书"表作为数据源。

（4）在"数据环境设计器"中分别选择"图书"表中的"条形码"、"书名"和"分类号"3个字段，将它们拖曳到报表设计器的"细节"带区，自动生成字段域控件。调整它们的位置，使之分为两行排列。注意不要超过带区宽度。

在"细节"带区绘制一个圆角矩形，框住域控件。设置细节带区如图 8.52 所示。

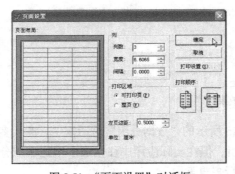

图 8.51　"页面设置"对话框

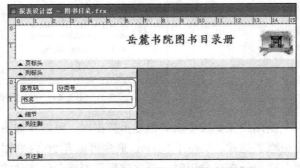

图 8.52　设置细节带区后的报表设计器

（5）编辑"页标头"带区。

① 添加标签控件作为标题：单击"报表控件"工具栏中"标签"按钮，设置其文本为"岳麓书院图书目录册"。

② 设置标签控件的格式：选中标签控件，选择"格式"菜单的"字体"命令，在"字体"对话框中选择楷体、粗体、小二。

③ 插入图片：单击"报表控件"工具栏上的图片/ActiveX 按钮▥，在标题的左边单击鼠标，打开"报表图片"对话框（见图 8.34）。在"图片来源"选项组中选择"文件"单选钮，在其文本框中输入图片文件的路径和文件名。

（6）单击"常用"工具栏上的"保存"按钮▣，保存报表为"图书目录册"。

预览报表，其效果为图 8.50 所示。

例 8.9 在"图书查询结果"表单中添加两个按钮，分别打印预览"图书"报表和"图书目录册"报表。

操作步骤如下。

（1）在"图书管理"的项目管理器中，选定"文档"选项卡中的"表单"项，选定"图书查询结果"表单，单击"修改"按钮，系统打开表单设计器。

（2）在表单中添加两个按钮，分别设置 CAPTION 属性为"图书报表"和"图书目录册"。

（3）分别编辑两个按钮的 CLICK 事件为"REPORT FORM 图书 PREVIEW"和"REPORT FORM 图书目录册 PREVIEW"。

（4）由于这两个报表应打印的是"图书查询结果"表单中被筛选的数据，需要将两个报表的数据环境中的数据表移去。

打开"图书"报表文件，打开其数据环境设计器，选中"图书"数据表，在其快捷菜单中选择"移去"命令，将其从数据环境中移去。

同样，将"图书目录册"报表的数据环境中的数据表移去。

习 题 8

一、单选题

1. 报表的数据源可以是（ ）。

　A）表或视图　　　　　　　　　　B）表或查询

　C）表、查询或视图　　　　　　　D）表或其他报表

2. Visual FoxPro 的报表文件.FRX 中保存的是（ ）。

　A）打印报表的预览格式　　　　　B）打印报表本身

　C）报表的格式和数据　　　　　　D）报表设计格式的定义

3. 下列关于报表带区及其作用的叙述，错误的是（ ）。

　A）对于"标题"带区，系统只在报表开始时打印一次该带区所包含的内容

　B）对于"页标头"带区，系统只打印一次该带区所包含的内容

　C）对于"细节"带区，每条记录的内容只打印一次

　D）对于"组标头"带区，系统将在数据分组时每组打印一次该内容

4. 在创建快速报表时，基本带区包括（　　　）。

　　A）标题、细节和总结　　　　　　　　　　B）页标头、细节和页注脚

　　C）组标头、细节和组注脚　　　　　　　　D）报表标题、细节和页注脚

5. 使用报表向导定义报表时，定义报表布局的选项是（　　　）。

　　A）列数、方向、字段布局　　　　　　　　B）列数、行数、字段布局

　　C）行数、方向、字段布局　　　　　　　　D）列数、行数、方向

6. 为了在报表中打印当前时间，这时应该插入一个（　　　）。

　　A）表达式控件　　　B）域控件　　　　　C）标签控件　　　　　D）文本控件

7. 调用报表格式文件 PP1 预览报表的命令是（　　　）。

　　A）REPORT FROM PP1 PREVIEW　　　　B）DO FROM PP1 PREVIEW

　　C）REPORT FORM PP1 PREVIEW　　　　D）DO FORM PP1 PREVIEW

8. 报表文件的扩展名是（　　　）。

　　A）.MNX　　　　　B）.FXP　　　　　　C）.PRG　　　　　　D）.FRX

二、实践题

在教务管理的项目文件中，建立以下报表。

1. 使用向导、快速报表建立报表

（1）以报表向导方式建立报表"学生信息"，显示每位同学的学号、姓名、性别、出生年月、政治面貌信息，见图 8.53。

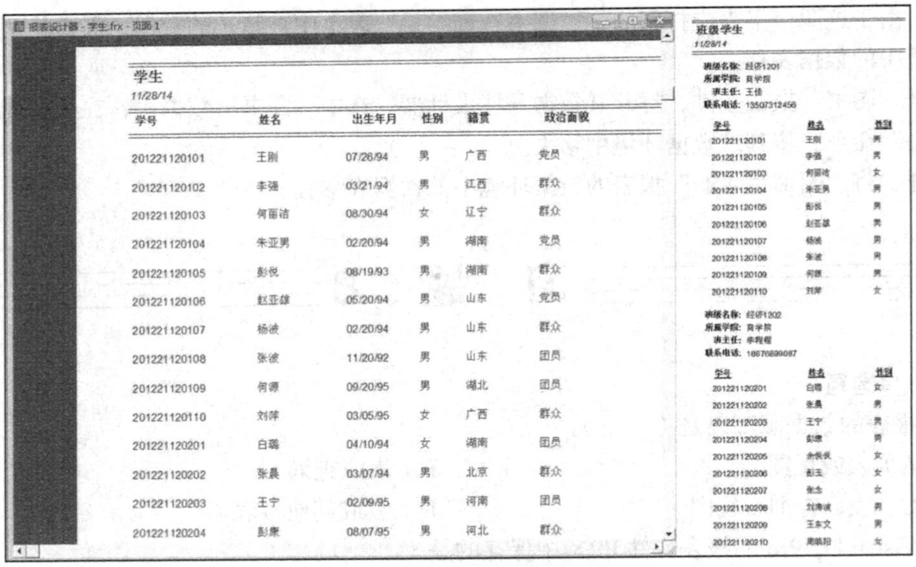

图 8.53　学生信息

（2）以一对多的报表向导方式建立报表"班级学生"，显示班级的名称、学院、班主任及该班级的每位同学的学号、姓名和性别。

2. 使用报表设计器建立报表

使用报表设计器建立报表"学生成绩表"，显示每位同学的学号、姓名，所学各门功课的选课时间、课程名称、学分、成绩和加权分，以及报表标题、制表日期、页码，见图 8.54。

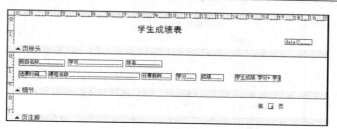

图 8.54　学生成绩表（一）

3. 建立分组报表

（1）对报表"学生成绩表"以学生学号进行数据分组，每位学生只显示一次学号和姓名，再显示其各门课程的选课时间、课程名称和成绩，最后显示每位同学的总学分、平均分，预览效果如图 8.55 所示。

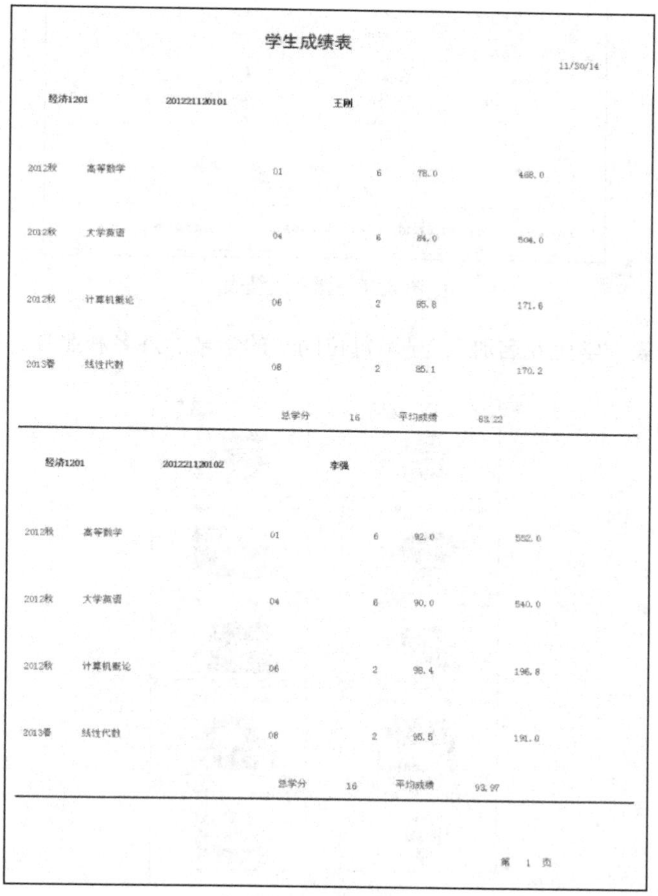

图 8.55　学生成绩表（二）

（2）使用报表设计器建立报表"课程成绩表"，按课程分组，显示课程编号、课程名称、学分，再按任课教师分组，显示其姓名和职称，及选修了该任课教师的该门课程的同学的班级名称、学号、姓名、成绩，再显示该教师所教该门课程的人数、平均成绩、最高成绩、最低成绩，及所有该课程的平均成绩、最高成绩、最低成绩，如图 8.56 所示。

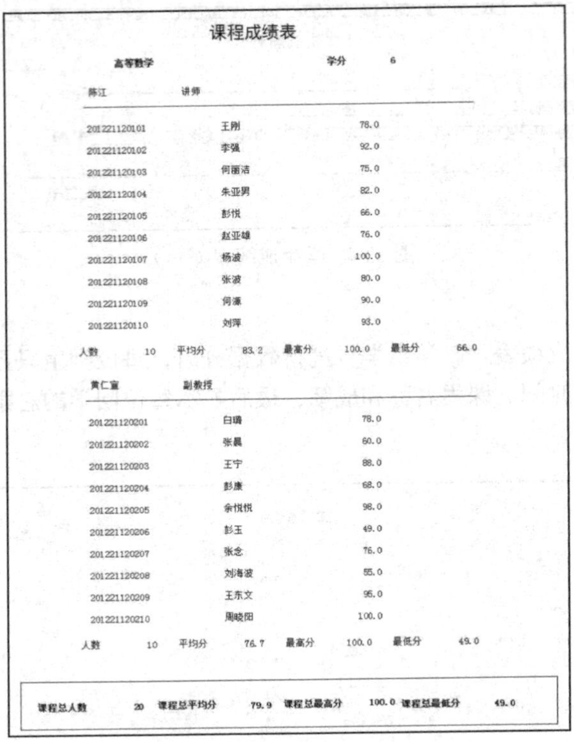

课程成绩表

高等数学　　学分　6

陈江　讲师

201221120101	王刚	78.0
201221120102	李强	92.0
201221120103	何丽洁	75.0
201221120104	朱亚男	82.0
201221120105	彭悦	66.0
201221120106	赵亚雄	76.0
201221120107	杨波	100.0
201221120108	张波	80.0
201221120109	何源	90.0
201221120110	刘萍	93.0

人数　10　平均分　83.2　最高分　100.0　最低分　66.0

黄仁宣　副教授

201221120201	白璐	78.0
201221120202	张晨	60.0
201221120203	王宁	88.0
201221120204	彭康	68.0
201221120205	余悦悦	98.0
201221120206	彭玉	49.0
201221120207	张念	76.0
201221120208	刘海波	55.0
201221120209	王东文	95.0
201221120210	周晓阳	100.0

人数　10　平均分　76.7　最高分　100.0　最低分　49.0

课程总人数　20　课程总平均分　79.9　课程总最高分　100.0　课程总最低分　49.0

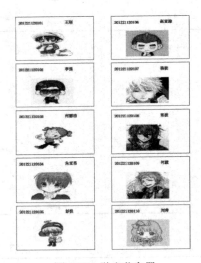

图 8.56　课程成绩表

4. 建立两栏报表“学生花名册”，显示每位同学的学号、姓名和照片，见图 8.57。

图 8.57　学生花名册

5. 在表单中调用报表

（1）在“学生”表单的浏览选项中添加两个按钮，分别打印预览“学生信息”报表（见第 1 题）和“学生花名册”（第 4 题）报表。

（2）在综合查询表单中，添加两个按钮“学生成绩表”和“课程成绩表”，分别打印第 3 题的两个报表。

第9章
菜单设计

Visual Foxpro 最为常用的界面是表单，然而，整个应用程序通常在菜单的导航下进入表单。菜单设计直接影响应用系统的界面友好和操作的简便。

常见的菜单有两种：下拉式菜单与快捷菜单。一个应用程序通常以下拉式菜单的形式列出其所有功能，供用户调用。而快捷菜单一般从属于某个界面对象，列出了有关该对象的一些操作。本章首先介绍 Visual FoxPro 系统菜单的基本情况，然后依次介绍下拉式菜单和快捷菜单的设计。

9.1 菜 单 概 述

9.1.1 菜单系统的结构

各个应用程序的菜单系统内容可能不同，但其基本结构是相同的。标准菜单系统通常由 4 大部分组成：菜单栏（Menu Bar）、菜单标题（Menu Title）、菜单（Menu）和菜单项（Menu Item），如图 9.1 所示。

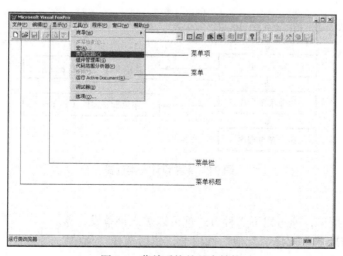

图 9.1　菜单系统的基本结构

（1）菜单栏：包含菜单系统各菜单标题的一条水平条形窗口区域。

（2）菜单标题：也称为菜单名，是位于菜单栏上用以表示菜单功能的一个单词或短语。

（3）菜单：由一系列命令项组成。从菜单栏上单击菜单标题时，将出现菜单。

（4）菜单项：菜单中的命令选项，子菜单名等。

9.1.2　设计菜单系统的原则

设计的菜单系统能否很好地反映出应用程序的功能框架，与用户使用和理解应用程序的程度有着直接关系。要设计出用户使用方便的菜单，设计时应考虑以下原则。

（1）根据用户要执行的任务组织菜单系统，即按应用程序的层次组织系统。这样就可以在浏览菜单系统时，清楚表明应用程序的组织和功能情况。为合理设计出各个菜单项，需进行调查研究，了解用户完成工作时的流程。

（2）给每个菜单和菜单选项指定一个有意义的简短的标题。这便于用户准确理解该选项对应的操作或功能。

（3）按照估计的菜单项的使用频率、逻辑顺序或字母顺序来组织菜单中的菜单项。

（4）按功能相近和顺序原则，将菜单项进行逻辑分组。

（5）尽可能将一个菜单中的菜单选项数控制在一屏所能显示的范围，当某个菜单中的菜单选项较多时，可以将一部分菜单选项独立出去。

（6）常用的菜单选项可以设置热键或快捷键以方便操作，如 Ctrl+C 为复制命令，Ctrl+V 为粘贴命令等。

9.2　下拉式菜单的设计

9.2.1　菜单设计的基本过程

使用菜单设计器设计下拉式菜单的基本过程如图 9.2 所示。

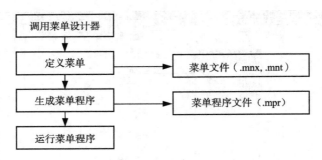

图 9.2　菜单设计基本过程

1．新建菜单

若要新建一个菜单，通过以下 3 种方式都可以进入菜单设计器。

（1）从项目管理器中选择"其他"选项卡，然后选择"菜单"，并单击"新建"按钮。

（2）使用"文件"菜单中的"新建"命令，选择"菜单"单选钮，然后再单击"新建文件"按钮。

图 9.3　"新建菜单"对话框

（3）使用 CREATE MENU 命令。

系统将弹出"新建菜单"对话框，如图 9.3 所示。选择"菜单"按钮，进入"菜单设计器"的窗口。

2. 定义菜单

在"菜单设计器"窗口中，如图 9.4 所示，可定义菜单的各项内容，包括各个主菜单项的名称、每个主菜单项下属的各个子菜单项的名称，以及各子菜单项所对应的操作等。

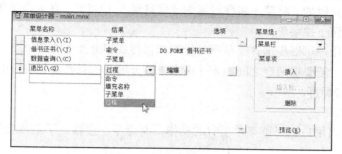

图 9.4 "菜单设计器"窗口

定义完菜单后，选择"文件"菜单的"保存"命令或单击"常用"工具栏上的"保存"按钮，菜单定义将保存在扩展名为.mnx 的菜单文件和扩展名为.mnt 的菜单备注文件中。

3. 生成菜单程序

菜单定义文件存放着菜单的各项定义，但其本身并不能运行。要运行菜单，必须根据菜单定义产生可执行的菜单程序文件（.mpr 文件）。

在菜单设计器环境下，选择"菜单"菜单中的"生成"命令；然后在"生成菜单"对话框中指定菜单程序文件的名称和存放路径；最后单击"生成"按钮，即可生成可执行的菜单程序。

4. 运行菜单程序

选择"程序"菜单的"运行"命令，在弹出的"运行"对话框中选定要运行的菜单程序文件，单击"运行"按钮，可以运行菜单。

也可以使用命令 **DO <文件名>** 运行菜单程序，但文件名的扩展名.mpr 不能省略。运行菜单程序时，系统会自动编译.mpr 文件，产生用于运行的.mpx 文件。

运行菜单后，Visual FoxPro 的系统菜单将被新菜单所覆盖。在命令窗口执行 **SET SYSMENU TO DEFAULT** 命令，即可恢复 Visual FoxPro 原有的系统菜单。

5. 修改菜单

若要用菜单设计器修改一个已建立的菜单，可以从项目管理器中选择要修改的菜单，单击"修改"按钮；也可以通过"文件"菜单中的"打开"命令，打开菜单文件；或者使用 **MODIFY   MENU** <菜单文件名> 命令。

9.2.2 定义菜单

下面介绍如何在"菜单设计器"窗口中定义下拉式菜单。

1. "菜单设计器"窗口

下拉式菜单由一个条形菜单（菜单栏）和一组弹出式菜单（子菜单）组成。

"菜单设计器"窗口每页显示和定义一个菜单（条形菜单或弹出式菜单）。

"菜单设计器"窗口打开时，首先显示和定义的是菜单栏菜单，如图 9.4 所示。窗口左边是一个列表框，其中的每一行定义当前菜单的一个菜单项，包括"菜单名称"、"结果"和"选项"3列内容。

菜单设计器窗口由以下几部分构成。

（1）"菜单名称"列

指定菜单项的名称，也称为标题。

设置热键： 在指定菜单名称时，在欲设定为访问键的字母前面加上 "\<" 两个字符，可以设置该菜单项的热键。例如，将菜单名称设置为 "信息录入（\<I）"，在运行菜单时，按住 Alt+I 组合键即可快速打开该下拉菜单。

设置分组线： 用户可以根据各菜单项功能的相似性或相近性，将菜单项分组，如将剪切、复制、粘贴分为一组。若要在两组之间插入一条水平的分组线，只要在相应行的"菜单名称"列上输入 "\-" 两个字符即可。

（2）"结果"列

该列用于指定当用户选择该菜单项时的动作，有命令、过程、子菜单和填充名称或菜单项#五种选择。

① 命令：选择此选项，可以在其右侧的文本框中为这个菜单项指定要执行的命令。

注意：此选项仅对应于执行一条命令或调用其他程序的情况。如果要执行多条命令，应在"结果"列中选择"过程"选项。

② 过程：用于定义一个与菜单相关联的过程，在应用系统中选择该菜单项后将执行该过程。当选择此项时，其后出现"创建"按钮，单击此按钮将打开过程代码的编辑窗口。

③ 子菜单：当选择此项时，其右侧将出现一个"创建"按钮。单击"创建"按钮，可切换到定义其下属子菜单的页面。

如果当前菜单项已经定义了子菜单，则其右侧出现的是"编辑"按钮。单击"编辑"按钮，将切换到修改其下属子菜单的页面。此时，窗口右上角的"菜单级"下拉列表框中会显示当前子菜单项的名称。若要从子菜单页面返回到主菜单页面，可在"菜单级"下拉列表框中选定"菜单栏"，如图9.5所示。

图 9.5 "信息录入" 子菜单

④ 填充名称：当选择此项时，可以在其右侧的文本框中输入一个名字，为菜单标题指定在菜单系统中引用它时的菜单名称。仅在"菜单级"为"菜单栏"时可定义此项。

⑤ 菜单项＃：当选择此项时，可以在其后的文本框中为这个菜单项指定一个系统菜单中的菜单项，即把系统菜单项挂在这个应用菜单中。仅在"菜单级"为子菜单时有此项。

（3）"选项"按钮

每个菜单项的"选项"列都有一个无符号按钮。

单击该按钮将打开"提示选项"对话框，如图 9.6 所示，供用户定义菜单项的其他属性。
定义属性后，按钮上就会出现符号"√"。

① 快捷方式：指定菜单项的快捷键。

先用鼠标单击"键标签"文本框，使光标定位于该文本框，然后在键盘上按快捷键，如按下 Ctrl+A，则"键标签"文本框内就会出现 Ctrl+A。另外，"键说明"文本框内也会出现相同的内容，但该内容可以修改。

当菜单激活时，"键说明"文本框的内容将显示在菜单项标题的右侧，作为快捷键的说明。

② 跳过：定义菜单项的跳过条件。

指定一个表达式，由表达式的值决定该菜单项是否可选。

图 9.6 "提示选项"对话框

当菜单激活时，表达式的值为"真"，则该菜单项以灰色显示，表示不可用。

③ 信息：在"信息"文本框中输入用于说明当前选定菜单（项）的信息。当鼠标指向该菜单项时，将在 Visual FoxPro 的状态栏中显示此信息。

④ 主菜单名：可以指定一个菜单名称，这个名称将在菜单源代码中引用这个菜单时使用。若不指定，菜单设计器将自动分配菜单名称。

⑤ 备注：可以填入有关此菜单或菜单项的备注文字。它只在该对话框中可见，在任何情况下都不影响所生成的代码，运行菜单程序时备注将被忽略。

（4）"菜单级"下拉列表

该列表显示出当前所处的菜单级别，从该下拉列表中可选择用户要处理的菜单级别，即可进行相应菜单或子菜单的设计。

（5）"菜单项"栏的命令按钮

在菜单项选项组中有 3 个命令按钮，即插入、删除和插入栏。

单击"插入"按钮可以在菜单设计器窗口中插入新的一行。

单击"删除"按钮可以在菜单设计器中删除当前行。

单击"插入栏"按钮将显示"插入系统菜单栏"对话框，如图 9.7 所示，在此对话框的列表框中选择一个所需的菜单项后，单击"插入"按钮，则可在当前菜单项之前插入一个标准的 Visual FoxPro 菜单项。

图 9.7 "插入系统菜单栏"对话框

（6）预览按钮

单击此按钮可查看所设计菜单的样式。在所显示的菜单中可以进行选择，检查菜单的层次关系及提示是否正确等。但这种选择不会执行各菜单项的相应功能。

例 9.1 利用菜单设计器建立一个下拉式菜单"main"，具体要求如下。

（1）菜单栏菜单的菜单项包括：信息录入、借书还书、数据查询和退出。访问键分别是"I"、"J"、"C"和"Q"。

（2）当用户选择"信息录入"，将打开一个子菜单，显示"读者管理"和"图书管理"两个菜单项，其对应的操作分别是执行"读者"表单和执行"图书"表单。

为"图书管理"菜单项指定一个快捷键 Ctrl+B。

（3）"借书还书"菜单项所对应的操作是执行"借书还书"表单。

（4）当用户选择"数据查询"，将打开一个子菜单，显示"图书查询"、"借阅查询"和"逾期图书统计"3 个菜单项。其对应的操作分别是执行"图书查询"表单、执行"借阅查询"表单和预览"逾期图书统计"报表。

（5）"退出"菜单项所对应的操作是询问是否退出系统，若确认则退出 Visual FoxPro。

说明：在第 7 章中，提供了上述表单，在第 8 章中，提供了报表文件。

操作步骤如下。

（1）在"图书管理"的项目管理器中，选择"其他"选项卡，然后选择"菜单"类别，单击"新建"按钮，打开"新建菜单"对话框。

（2）在"新建菜单"对话框中，如图 9.8 所示，单击"菜单"，打开"菜单设计器"。

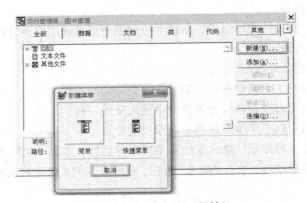

图 9.8 "提示选项"对话框

（3）在"菜单设计器"中，定义各菜单项，如图 9.9 所示。

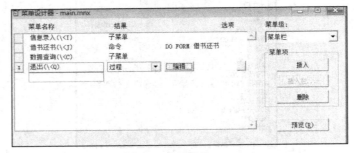

图 9.9 定义菜单 main

（4）为菜单项"借书还书"定义命令：在该项结果列的下拉列表中选择"命令"，在其后的文本框中输入"**DO FORM 借书还书**"命令。

（5）为菜单项"退出"定义过程：在该项结果列的下拉列表中选择"过程"，单击其后的"创建"按钮。在打开的过程编辑窗口中输入代码如下。

```
IF MESSAGEBOX('是否确认退出',1+32+0)=1
    QUIT
ENDIF
```

（6）定义"信息录入"子菜单：在该项结果列的下拉列表中选择"子菜单"，单击其后的"创建"按钮，使设计器窗口切换到子菜单页，如图 9.10 所示，建立"读者管理"和"图书管理"两个菜单项，在"结果"列中都选择"命令"选项，分别在命令文本框中输入"**DO FORM 读者**"和"**DO FORM 图书**"。

（7）为"图书管理"菜单项指定快捷键：单击"图书管理"的"选项"按钮，打开"提示选项"对话框，如图 9.11 所示，单击"键标签"文本框，使光标定位于该文本框，然后在键盘上按Ctrl+B。

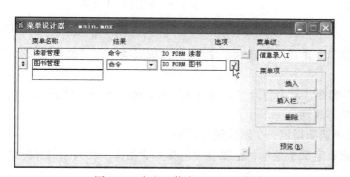

图 9.10 定义"信息录入"子菜单

图 9.11 "提示选项"对话框

（8）定义"数据查询"子菜单：首先从"菜单级"列表框中选择"菜单栏"，返回主菜单。

然后在"数据查询"菜单项结果列的下拉列表中选择"子菜单"，单击其后的"创建"按钮，使设计器窗口切换到子菜单页，如图 9.12 所示。

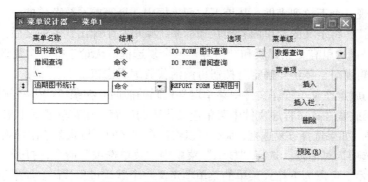

图 9.12 设置"数据查询"子菜单

定义 "图书查询"、"借阅查询"、"\-"（用于显示分隔线）和 "逾期图书统计" 4 个菜单项；在结果列中都选择 "命令" 选项，分别在各命令文本框中对应输入 "DO FORM **图书查询**"、"DO FORM **借阅查询**" 和 "REPORT FORM **逾期图书统计** PREVIEW"。

（9）保存菜单定义：单击 "常用" 工具栏中的 "保存" 按钮 ，打开 "另存为" 对话框，将文件命名为" main"，指定位置将产生菜单定义文件 "main.mnx" 和菜单备注文件 "main.mnt"。

（10）生成菜单程序：单击系统菜单栏中的 "菜单" 菜单中的 "生成" 命令，打开 "生成菜单" 对话框，如图 9.13 所示。单击 "生成" 按钮，指定位置将产生菜单程序文件 "main.mpr"。

（11）运行菜单：单击项目管理器的 "运行" 按钮，在主窗口显示此菜单，如图 9.14 所示。

若用户要重新显示 Visual FoxPro 系统菜单，应在命令窗口输入 "**SET SYSMENU TO DEFAULT**" 命令。

图 9.13　"生成菜单" 对话框

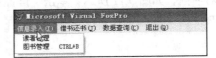

图 9.14　运行例 9.1 菜单

2. "显示" 菜单

在菜单设计器环境下，系统的 "显示" 菜单会出现两条命令："常规选项" 与 "菜单选项"。

（1）"常规选项" 对话框。

选择 "显示" 菜单中 "常规选项" 命令，就会打开 "常规选项" 对话框，如图 9.15 所示，在其中可以定义整个下拉式菜单系统的总体属性。

① 过程：为菜单栏菜单中的各菜单选项指定一个默认过程代码。

如果菜单栏菜单中的某个菜单项没有定义子菜单，也没有规定具体的动作，那么当选择此菜单项时，将执行该默认过程代码。

② 位置：指明正在定义的下拉式菜单与当前系统菜单的关系。

"替换"：用定义的菜单内容去替换当前系统菜单的原有内容。

"追加"：将定义的菜单内容添加到当前系统菜单的原有内容的后面。

"在……之前"：将定义的菜单内容插在当前系统菜单某个下拉式菜单之前。当选择该单选钮时，其右侧会出现一个下拉列表框。从该下拉列表框中选择当前系统菜单的一个下拉式菜单。

"在……之后"：将定义的菜单内容插在当前系统菜单某个弹出式菜单之后。

③ 菜单代码：这里有 "设置" 和 "清理" 两个复选框。无论选择哪个复选框，都会打开一个相应的代码编辑窗口，单击 "确定" 按钮可激活代码编辑窗口。

"设置" 代码放置在菜单程序文件中菜单定义代码的前面，在菜单产生之前执行。

"清理" 代码放置在菜单程序文件中菜单定义代码的后面，在菜单显示出来之后执行。

④ 顶层表单：如果选择该复选框，那么可以将正在定义的下拉式菜单添加到一个顶层表单里。

（2）"菜单选项" 对话框。选择 "显示" 菜单中 "菜单选项" 命令，打开 "菜单选项" 对话框，如图 9.16 所示。可以为下拉式菜单的菜单项定义一个默认过程代码。如果下拉式菜单中某个菜单项没有规定具体的动作，那么当选择此菜单项时，将执行该默认过程代码。

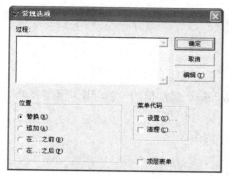

图 9.15 "常规选项"对话框

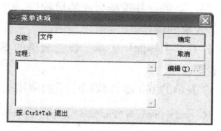

图 9.16 "菜单选项"对话框

3. 为顶层表单添加菜单

为顶层表单添加下拉式菜单的方法如下。

（1）首先，在"菜单设计器"窗口中设计下拉式菜单。

（2）菜单设计时，在"常规选项"对话框中选择"顶层表单"复选框。

（3）将表单的 ShowWindow 属性值设置为"2—作为顶层表单"，使其成为顶层表单。

（4）在表单的 Init 事件代码中添加调用菜单程序的命令，命令格式如下：

```
DO <文件名> WITH This,.t.
```

<文件名>指定被调用的菜单程序文件，其中扩展名.mpr 不能省略。This 表示当前表单对象的引用。通过<菜单名>可以为被添加的下拉式菜单的菜单栏菜单指定一个内部名字。

例 9.2　将表单"主界面"设置为顶层表单，使用代码使菜单 main.mpr 显示在此表单中，运行结果如图 9.17 所示。

图 9.17　例 9.2 运行结果

操作步骤如下。

（1）菜单的设计。

① 在"图书管理"的项目管理器中选择"其他"选项卡，选中菜单"main"，单击"修改"按钮，打开菜单设计器窗口。

② 选择"显示"菜单中的"常规选项"命令，打开"常规选项"对话框（见图 9.15），选择"顶层表单"复选框。

③ 保存菜单，并重新生成菜单程序。

（2）表单的设计。

① 打开"主界面"表单，设置表单的 ShowWindow 属性值为"2—作为顶层表单"，使其成为顶层表单。

② 在表单的 Init 事件代码中添加调用菜单程序的命令：

```
DO main.mpr WITH This,.t.
```

9.3　快捷菜单的设计

一般来说，下拉式菜单作为一个应用程序的菜单系统，列出了整个应用程序所具有的功能。而快捷菜单一般从属于某个界面对象，当用鼠标单击该对象时，就会在此处弹出快捷菜单。快捷菜单通常列出与处理对象有关的一些功能命令。

与下拉式菜单相比，快捷菜单没有条形菜单，只有弹出式菜单。

利用系统提供的快捷菜单设计器可以方便地定义和设计快捷菜单。

建立快捷菜单的方法如下。

（1）在如图 9.3 所示的"新建菜单"对话框中，单击"快捷菜单"按钮，进入"快捷菜单设计器"窗口，如图 9.18 所示。

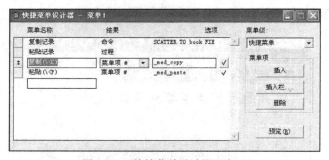

图 9.18　"快捷菜单设计器"窗口

（2）与设计下拉式菜单相似，在"快捷菜单设计器"窗口中设计快捷菜单。

（3）选择"显示"菜单的"常规选项"命令，打开"常规选项"对话框（见图 9.15）。

（4）在"常规选项"对话框中选中"设置"复选框，在打开的"设置"窗口中添加一条接受当前表单对象引用的参数语句"PARAMETERS mfRef"。

（5）保存菜单，生成菜单程序文件。

（6）打开表单设计器，选定需要添加快捷菜单的对象。

（7）在选定对象的 RightClick 事件代码中添加调用快捷菜单程序的命令"DO <快捷菜单程序文件名>"，其中文件扩展名.mpr 不能省略。

例 9.3　在"图书"表单的数据编辑的页面上设置一个快捷菜单，该菜单中包含"复制记录"、"粘贴记录"、"复制"和"粘贴" 4 个菜单项。

通过"复制记录"和"粘贴记录"菜单项，可以将一本书的信息复制到另外一本书（除了条形码以外）。"复制"和"粘贴"的功能则与 Visual FoxPro 系统菜单中的功能相同。

操作步骤如下。

（1）在"图书管理"的项目管理器中选择"其他"选项卡，然后选择"菜单"类别，并单击"新建"按钮，打开"新建菜单"对话框。

（2）在"新建菜单"对话框中，单击"快捷菜单"，打开"快捷菜单设计器"，如图 9.19 所示，在其中定义菜单项。

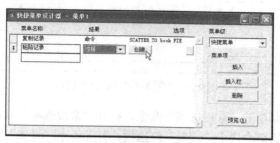

图 9.19　"快捷菜单设计器"窗口

① 为菜单项"复制记录"定义命令：在该项结果列的下拉列表中选择"命令"，在其后的文本框中输入**"SCATTER TO book MEMO FIELDS 书名,分类号,作者,出版社,出版年月,售价,典藏时间,典藏类别,币种,捐赠人,简介"**命令。其功能是将当前记录的指定的字段的值存放到数组 book 中。

② 为菜单项"粘贴记录"定义过程：在该项结果列的下拉列表中选择"过程"，单击其后的"创建"按钮，打开一个过程窗口，在窗口中输入如下代码。

```
IF VARTYPE(book)<>'U'                        &&若数组 book 已经定义，即已执行复制操作
    GATHER FROM book MEMO FIEL 书名,分类号,作者 出版社,;
                         出版年月,售价,典藏时间,典藏类别,币种,捐赠人,简介
    &&将 book 数组的各个数组元素的值粘贴到当前记录
    _VFP. Activeform. Pageframe1. Page1. REFRESH         &&刷新表单的页面
ELSE
    MESSAGEBOX('您还未复制记录',1+16+0)
    &&若数组 book 未定义，即未执行复制操作，则显示警告窗口
ENDIF
```

（3）单击"快捷菜单设计器"窗口右边的"插入栏…"按钮，弹出"插入系统菜单栏"对话框，如图 9.20 所示。

图 9.20　"插入系统菜单栏"对话框

在"插入系统菜单栏"对话框中，依次选择"复制"和"粘贴"两个菜单项，单击"插入"按钮。此时，在"快捷菜单设计器"窗口增加了两个菜单项，对应于系统菜单的"复制"和"粘贴"功能，如图9.21所示。

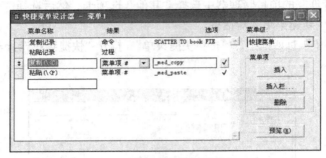

图 9.21 "快捷菜单设计器"窗口

（4）选择"显示"菜单的"常规选项"命令，打开"常规选项"对话框，如图9.22所示。

在"常规选项"对话框中选中"设置"复选框，打开一个"设置"窗口。单击"常规选项"对话框的"确定"按钮，关闭此对话框。

快捷菜单的"设置"窗口如图9.23所示，在其中输入代码"**PARAMETERS mfRef**"。

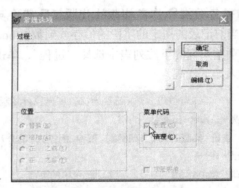

图 9.22 "常规选项"对话框

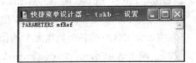

图 9.23 快捷菜单的"设置"窗口

（5）保存菜单为菜单文件"tskb．mnx"，生成菜单程序文件"tskb.mpr"。

（6）打开"图书"表单，编辑表单对象的"LOAD"事件：

```
PUBLIC book              &&声明 book 是公共变量
Dimension book(11)       &&定义 book 是数组
```

编辑表单对象的"UNLOAD"事件：

```
Release book             &&释放 book 变量
```

编辑表单的容器"Container1"对象的 RightClick 事件：

```
    DO tskb. mpr WITH This   &&调用快捷菜单
```

设置完成后，在运行表单"图书"时，若用户要新建一本书，其信息与原来某本书的信息相同。可以首先切换到要复制的图书，单击"编辑"按钮后，在容器上右键单击鼠标，打开快捷菜单，如图9.24左图所示，选择"复制记录"命令。

　　然后单击"新建"按钮，新建一本图书。在容器上右键单击鼠标，打开快捷菜单，如图 9.24 右图所示，选择"粘贴记录"命令，则刚才所复制的各个字段的内容粘贴到新记录上。

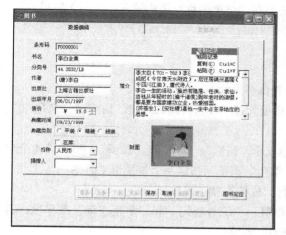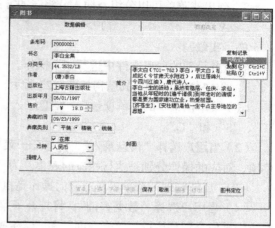

图 9.24　例 9.3 运行结果

习　题　9

一、单选题

1. 扩展名为.mnx 的文件是（　　　）。

　A）备注文件　　　　B）项目文件　　　　C）表单文件　　　　D）菜单文件

2. 在 Visual FoxPro 中，使用"菜单设计器"定义菜单，最后生成的菜单程序的扩展名是（　　）。

　A）.MNX　　　　　B）.PRG　　　　　　C）.MPR　　　　　　D）.SPR

3. 如果菜单项的名称为"统计"，热键是 T，在菜单名称一栏中应输入（　　　）。

　A）统计（\\<T）　　B）统计（Ctrl+T）　　C）统计（Alt+T）　　D）统计（T）

4. 假设已经生成了名为 mymenu 的菜单文件，执行该菜单文件的命令是（　　　）。

　A）DO mymenu　　　　　　　　　B）DO mymenu.mpr

　C）DO mymenu.pjx　　　　　　　　D）DO mymenu.mnx

5. 为顶层表单建立了菜单 mainmenu，调用菜单的命令代码 DO mainmenu.mpr WITH THIS 应该放在表单的（　　　）事件中。

　A）Desory　　　　　　　　　　　B）Init

　C）Load　　　　　　　　　　　　D）Right Click

6. Visual FoxPro 的系统菜单的主菜单是一个（　　　）。

　A）条形菜单　　　B）弹出式菜单　　　C）下拉式菜单　　　D）组合菜单

7. 恢复系统默认菜单的命令是（　　　）。

　A）SET MENU TO DEFAULT

　B）SET SYSMENU TO DEFAULT

C）SET SYSTEM MENU TO DEFAULT

D）SET SYSTEM TO DEFAULT

8. 弹出式菜单可以分组，插入分组线的方法是在"菜单名称"项中输入（　　　）字符。

A）\< B）\> C）\- D）/-

二、实践题

在教务管理的项目文件中进行如下操作。

1. 建立菜单 main，其结构如图 9.25 所示，具体要求如下。

（1）菜单栏菜单的菜单项包括：信息录入、成绩管理、数据查询和退出。访问键分别是"I"、"C"、"S"和"Q"。

（2）当用户选择"信息录入"，将打开子菜单显示"班级"、"学生"、"教师"、"课程"4 个菜单项，对应的操作分别是执行相应的表单。为"学生"菜单项指定一个快捷键 Ctrl+S。

（3）"成绩管理"菜单项所对应的操作是执行"成绩管理"表单。

（4）当用户选择"数据查询"，将打开子菜单显示"综合查询"和"学生查询"菜单项，其对应的操作分别是执行"综合查询"和"学生查询"表单。

（5）"退出"菜单项所对应的操作是确认后退出 Visual FoxPro。

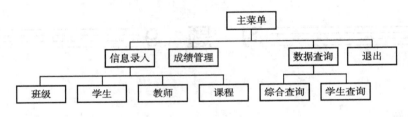

图 9.25　主菜单

2. 将主界面表单作为顶层表单，将菜单 main 作为该表单的主菜单。

3. 建立一个快捷菜单如图 9.26 左图所示。在学生管理表单中编写代码，实现在表格中右键单击鼠标，如图 9.26 右图所示，弹出一个快捷菜单，可实现记录的跳转。

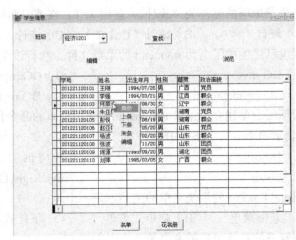

图 9.26　快捷菜单

第10章
应用程序的生成与发布

本章将介绍如何建立主文件，把项目管理器的各个组件连编成一个完整的应用程序，并进行发布。此外，本章还结合图书借阅管理系统的建立，总结数据库应用系统的开发步骤。

10.1　应用程序的生成与发布

10.1.1　主文件

任何应用程序都必须包含一个主文件。当用户运行应用程序时，将首先启动主文件，然后主文件再依次调用所需的应用程序其他组件。

在 Visual FoxPro 中，程序文件、菜单、表单或查询都可以作为主文件。通常，开发者专门建立一个主程序，作为应用程序的主文件。

主程序作为整个应用程序的入口点，其功能包括：初始化环境，显示初始的用户界面，控制事件循环。下面介绍主程序的功能和如何组织主程序文件。

1. 初始化环境

初始化环境通常包括以下几个方面。

（1）初始化系统变量。

（2）设置应用程序的默认路径。

（3）打开需要的数据库。

在打开 Visual FoxPro 程序时，系统变量将被设置为默认值。根据应用程序的需要，用户需将某些参数设置为特定的值。例如，系统设置的默认日期格式为 American，年号为 2 位。但是，应用程序要求将日期设置为 yy/mm/dd 的格式，年号为 4 位。此时，用户就要在主程序中重新通过 SET 命令设置一些环境参数。

通过 SET DEFAULT 命令设置默认路径，可以使应用程序方便地找到要处理的文件。由于系统可能将此应用程序安装到其他的文件夹，所以不要指定一个固定的路径作为默认路径。可以使用 SYS(5)函数返回该应用程序所在的驱动器，SYS(2003)函数返回该应用程序所在的文件夹，从而获得该应用程序所在的路径。程序如下：

```
llj= SYS(5) +SYS(2003)
SET DEFAULT TO &llj
```

在设置默认路径之后，通常，在主程序中还可使用 OPEN DATA 命令打开应用程序需要用到的数据库。如果要在网络环境下使用此程序，则不能以独占方式打开数据库。

2. 显示初始的用户界面

初始的用户界面可以是一个菜单，也可以是一个表单。为了保证应用系统的安全性，通常，在显示主表单之前，应用程序会出现一个登录对话框。例如，本项目所要显示的第一个界面就是"登录"表单。在主程序中，通过"DO FORM 登录"命令来运行登录表单。在用户输入正确的密码以后，再通过登录表单的"登录按钮"的 CLICK 事件，打开主界面表单。

3. 控制事件循环

建立应用程序环境，显示出初始的用户界面之后，需要建立一个事件循环来等待用户的交互动作。如果在主程序中没有包含控制事件循环的命令，在原开发环境中可以正确地运行此应用程序。但是，当执行应用程序连编为可执行程序。在执行可执行程序时，该程序将会显示片刻，随即自动退出。

控制事件循环的方法是执行 READ EVENTS 命令，该命令使 Visual FoxPro 开始处理诸如单击鼠标、输入等用户事件。从执行 READ EVENTS 命令开始，到相应的 CLEAR EVENTS 命令执行期间，主程序中的所有处理过程全部挂起，因此，应该将 READ EVENTS 语句放在显示初始的用户界面后的语句执行。

当主程序中使用了 READ EVENTS 命令，在退出应用程序时，必须要执行 CLEAR EVENTS 命令来结束事件循环。对于本项目来说，在主界面表单的"unload"事件中，增加一条 CLEAR EVENTS 命令，才能退出此程序。

4. 设置为主文件

若要将一个文件设置为项目中的主文件，其操作步骤如下。

（1）在项目管理器中选中要设置为主程序的文件。

（2）选择"项目"菜单的"设置主文件"命令，或者选择快捷菜单中的"设置主文件"命令，如图 10.1 所示。

（3）该文件名被设置为加粗的字体，说明该文件已被设为主文件。

由于一个应用程序只有一个主文件。当设置一个文件为主文件时，原来被设为主文件的文件，自动被解除"主文件"的设置。

例 10.1 编写图书管理项目的主程序，并设置其为主文件。

（1）在图书管理项目管理器的"代码"选项卡下，选择"程序"，单击"新建"按钮，系统打开程序文件的编辑窗口。

（2）在程序文件的编辑窗口输入程序如下：

```
llj=SYS(5)+SYS(2003)        &&将 llj 赋值为应用程序所在的路径
SET DEFA TO &llj            &&设置默认路径
SET DELE ON                 &&设置忽略被删除的记录
SET EXCL OFF                &&设置以共享方式打开数据
SET DATE TO ymd            &&设置日期格式为年月日
SET CENTURY ON             &&设置年号为 4 位
SET TALK OFF               &&设置不显示命令结果
```

```
SET SAFE OFF                       &&设置文件替换为不被确认
APPLICATION.VISIBLE=.F.            &&关闭系统窗口
OPEN DATA tsgl                     &&打开 tsgl 数据库
DO FORM 登录                        &&运行登录表单
READ EVENTS                        &&控制事件循环
```

（3）保存此程序文件，将其命名为 main，保存在 D 盘的 tsgl 文件夹下。

（4）在项目管理器中选择 main 文件，在快捷菜单中选择"设置主文件"命令，如图 10.1 所示，则该文件被设置为主文件。

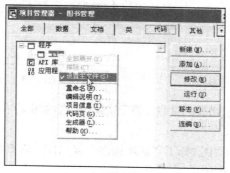

图 10.1　设置主文件

10.1.2　连编项目

通过连编，可以让系统编译项目中的所有文件，对项目的整体性进行测试。

当连编项目时，Visual FoxPro 将分析项目中对所有文件的引用，并自动地把隐式的文件包含到项目中。例如，在用户自己编写的代码中，若使用 DO FORM 命令调用了一个表单，而此表单并没有被加入到项目中。通过连编，系统将自动地把被引用的文件加入项目中。

通过连编，还可以将项目中所有被包含的文件连编为一个应用程序文件或可执行文件。当用户要运行程序时，只需将此文件、数据库文件和项目中被排除的文件一起交付给用户，而无需将源文件（包括程序、表单、菜单、报表等）交付给用户。

1. 通过项目管理器连编文件

将项目文件连编为可应用程序文件或可执行文件的具体操作步骤如下。

（1）在项目管理器中，单击"连编"按钮，或选择"项目"菜单的"连编"命令，打开"连编选项"对话框，对话框如图 10.2 所示。

（2）在"操作"选项组中，若选择"连编应用程序"单选钮，则系统将项目连编为一个扩展名为 APP 的应用程序文件；若选择"连编可执行文件"单选钮，则系统将项目连编为一个扩展名为 EXE 的可执行文件。

在"选项"选项组中，若选择"重新编译全部文件"复选框，则系统将连编项目中的所有文件；若没有选中此复选框，则系统只会重新编译在上次连编之后被修改过的文件。

设置好各选项后，单击"确定"按钮。

（3）系统打开"另存为"对话框，如图 10.3 所示，选择连编后的文件所存储的位置，输入文件名，单击"保存"命令。

（4）在连编过程中，若系统发现了错误，如在代码中调用了一个尚未建立的报表文件，系统会打开"定位文件"对话框提示用户，如图 10.4 所示。

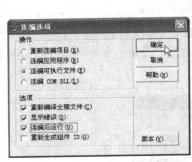

图 10.2　"连编选项"对话框

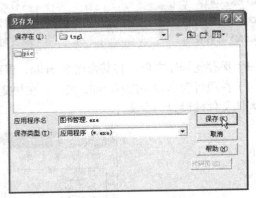

图 10.3　"另存为"对话框

连编以后，状态栏会显示错误的数量，关于错误的信息被保存在当前目录的一个<项目名>.err文件中。

若在"连编选项"对话框中选择了"显示错误"复选框，则系统将在连编后自动打开一个窗口显示错误文件，如图 10.5 所示。

图 10.4　"定位文件"对话框

图 10.5　显示错误文件

（5）在连编完成之后，若用户在"连编选项"对话框中选择了"连编后运行"复选框，则系统将马上运行连编后的文件。否则，用户要自己去运行连编后的文件。

2. 通过命令连编项目

命令格式：**BUILD　APP|EXE　<文件名>　FROM　<项目名>**

命令说明：将指定项目连编为一个指定名称的应用程序文件或可执行文件。若执行 BULID APP 命令，则连编为应用程序文件，若执行 BUILD EXE 命令，则连编为可执行文件。

例如，要将项目"图书管理"连编为一个可执行文件"图书管理.exe"，则在命令窗口输入**BUILD EXE　图书管理　FROM　图书管理**。

3. 执行连编后的文件

若连编项目生成的是扩展名为 APP 的应用程序文件，则必须在 Visual FoxPro 环境下运行。若生成的是扩展名为 EXE 的可执行文件，则可以在脱离 Visual FoxPro 环境下运行。

4. 文件的包含与排除

项目连编之后，那些在项目中被标记为包含的文件，在应用程序中变为只读的状态。也就是说，若在 Visual FoxPro 中修改这些文件，在没有被重新编译的情况下，运行应用程序时，这些文件仍将保持编译时的状态。作为通用的准则，在项目中建立或添加表单、报表、查询、菜单和程序这些类型的文件时，这些文件默认地被标记为"包含"。

那些在项目中被标记为排除的文件,由于在连编项目时,没有被加入应用程序中,所以用户可以更新它们。通常,由于在运行应用程序时,用户经常要修改数据库和数据表文件,所以默认情况下,数据库和数据表被标记为排除的状态。无论文件是否被排除,其仍然是项目的一部分。

当然,必须根据应用程序的实际需要来包含或排除文件。例如,一个表文件如果只包含用于查询的信息,不需要进行更改,那么可以在项目中设置该文件为"包含"状态。反过来,如果应用程序允许用户动态地更改一个报表,则可将该报表设为"排除"状态。

若要改变文件在项目管理器的"包含"或"排除"状态,可在项目管理器中,选定要设置状态的文件,右键单击鼠标,在快捷菜单中选择"包含"命令或选择"排除"命令即可。当文件被设置为排除状态时,项目管理器中文件的左侧有一个"⊘"标志。

10.1.3　应用程序发布

发布应用程序是指为所开发的应用程序制作安装程序或安装盘,使之能方便地安装到其他计算机上使用。

制作安装程序的步骤如下。

(1)选择"工具"菜单的"向导"子菜单中的"安装"命令,即可打开"安装向导"对话框。

(2)定位文件。指定发布树目录,如图 10.6 所示,即输入欲制作安装盘的程序文件所在目录。

(3)指定组件。必须选中"Visual Foxpro 运行时刻组件",如图 10.7 所示,它包含了 VFP 执行程序所必需的.DLL 动态连接库,使得应用程序可以脱离 VFP 环境独立运行。此外,若程序添加了 AxtiveX 控件,则必须选中"AxtiveX 控件"。在弹出的窗口中选定程序中要用到的 OCX 控件。同样,若程序中包含 Microsoft Graph 图表或 ODBC 数据库、HTML 帮助文档,则必须选中对应条目的复选框。

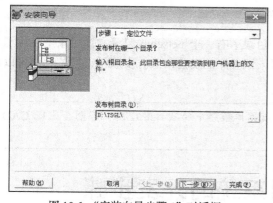

图 10.6　"安装向导步骤 1"对话框

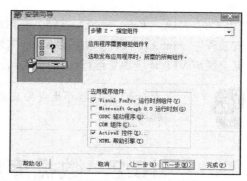

图 10.7　"安装向导步骤 2"对话框

(4)磁盘映像。选定安装程序制作好后需存放在哪个目录下,如输入"C:\陈老师",如图 10.8 所示,则安装盘制作好后将存放在 C:\ 陈老师目录下。同时可以选定映像方式为"WEB 安装"或"网络安装"中的一种或几种。

(5)安装选项。输入安装对话框标题及版权信息,执行程序一栏可不填,如图 10.9 所示。

(6)默认目标目录。在"默认目标目录"栏中填入安装时默认安装到哪个目录下,在"程序组"中填入安装后生成的程序组名字。

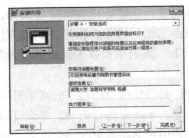

图 10.8 "安装向导步骤 3"对话框   图 10.9 "安装向导步骤 4"对话框

（7）改变文件路径。为了要在安装程序运行后，在"开始"菜单栏生成程序组，如图 10.10 所示。必须选中编译好的主程序行，选中该行"程序管理器"前的复选框，弹出对话框，在"说明"一栏输入程序组名称，单击"图标"按钮为程序组选定图标，同时在命令行一栏输入"%s+可执行文件名"，若你的可执行程序名为图书管理.app，则输入"%s 图书管理.app"，%s 是为了保证程序在安装时改变了目录也能正常运行。

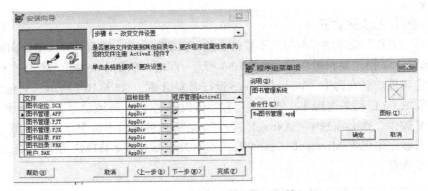

图 10.10 "程序组菜单项"对话框

（8）完成。单击"完成"按钮，在指定的安装目录下有一个 netsetup 目录，该目录下存放了安装程序 setup.exe 文件。执行该 setup 文件，即进入该程序的安装向导。安装结束后该程序可以完全脱离 VFP 环境独立运行。

在打包 VFP 程序生成安装盘时，必须关掉程序中的项目管理器，否则会出现 CAB 压缩错误提示。

10.2 数据库应用系统的开发步骤

数据库系统的开发步骤一般为：需求分析、数据库设计、应用程序设计、应用程序的生成与发布。下面以本书中的图书借阅管理系统为例，一一进行说明。

10.2.1 需求分析

数据库系统的开发活动是从需求分析开始的。系统需求包括对数据的需求和对应用功能的需求两方面内容。

进行需求分析时，应该注意以下问题。

（1）确定需求必须建立在调查研究的基础上，包括访问用户、了解人工系统模型、采集和分析有关资料等工作。需求分析的结果对开发的产品会有很大的影响，应该力求准确和全面，才能避免浪费和返工。

（2）需求分析阶段应该让最终用户更多地参与。即使做了仔细分析，在系统实施过程中仍难免会出现修改，为此，应随时接受最终用户的反馈。

10.2.2　数据库设计

数据库设计的过程通常有以下几步。

（1）了解用户的需求，归纳出该系统应有的数据项。

（2）确定数据库中需要的数据表。将数据分析所得到的数据项划分为多个表，每个数据表通常只包含一个主题的信息。

（3）设计每一个数据表的表结构，即数据表包括哪些字段，各字段的名称、数据类型、字段宽度、小数位数等信息。

（4）设置每个数据表的主关键字，唯一标识每一条记录。

（5）确定数据表之间的关系。

对于图书借阅管理系统，其数据库设计的过程参见本书 3.1 节。

10.2.3　应用程序设计

1．总体设计

总体设计是按照"自顶向下、逐步细分"的原则，将整个系统设计成一个层次性的树状模块结构。对于本书中的图书借阅管理系统，可将其分解为如图 10.11 所示的模块结构。

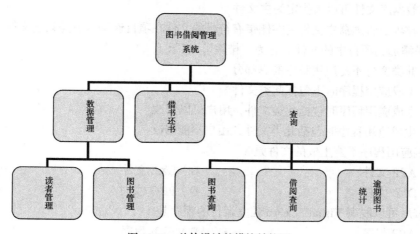

图 10.11　总体设计的模块结构图

这种模块结构图自上而下地进行分层。第 1 层为系统层，通常对应主表单；第 2 层为子系统层，一般起分类控制的作用，但是当该层没有下一层时也可以直接是一个功能模块（例如借书还书）；第 3 层为功能层，对应于各个具体的功能模块，通常以表单或报表的形式来实现。

用户可以根据模块结构图来设计应用系统的主菜单。其中，子系统层对应于菜单项，功能层对应于菜单命令。

2. 详细设计

详细设计是指模块级的设计。首先，要确定各个模块的基本功能。然后，以表单、报表为基本界面，来实现这些模块。由于用户是通过与表单的交互来完成模块的功能，因此用户对应用系统是否满意，很大程度上取决于界面功能是否完善，操作是否方便。

根据总体设计的模块结构图，图书借阅管理系统的各个功能模块分别对应于如下表单：读者管理、图书管理、借书还书、图书查询、借阅查询。逾期图书统计对应于"逾期图书统计"报表。在读者管理中，还调用了"读者信息"报表；在图书查询中，调用了"图书"报表和"图书目录册"报表。

此外，还设计了系统登录表单以保证系统的安全性，主界面表单以方便用户调用各个功能模块。

10.2.4 应用程序的生成与发布

在完成了数据库设计与应用程序的设计之后，就要设置主文件，将项目的各个组件连编为一个应用程序并进行发布。对于图书借阅管理系统，其具体的步骤如 10.1 节所述。

习 题 10

一、单选题

1. 有关连编应用程序，下面的描述正确的是（　　）。

   A）项目连编以后应将主文件视做只读文件

   B）一个项目中可以有多个主文件

   C）数据库文件可以被指定为主文件

   D）在项目管理器中文件名左侧带有符号的文件在项目连编以后是只读文件

2. 如果添加到项目中的文件标志为"排除"，表示（　　）。

   A）此类文件不是应用程序的一部分

   B）生成应用程序时不包括此类文件

   C）生成应用程序时包括此类文件，用户可以修改

   D）生成应用程序时包括此类文件，用户不能修改

3. 连编应用程序不能生成的文件是（　　）。

   A）APP 文件 　　　　　　　　　　　B）EXE 文件

   C）DLL 文件 　　　　　　　　　　　D）PRG 文件

4. 连编后可以脱离 Visual FoxPro 独立运行的程序是（　　）。

   A）APP 程序 　　　　　　　　　　　B）EXE 程序

   C）FXP 程序 　　　　　　　　　　　D）PRG 程序

5. 根据"职工"项目文件生成 emp_sys.exe 应用程序的命令是（　　）。

   A）BUILD EXE emp_sys FROM 职工

   B）BUILD APP emp_sys.exe FROM 职工

   C）LINK EXE emp_sys FROM 职工

   D）LINK APP emp_sys FROM 职工

6．在 Visual FoxPro 中建立表单应用程序环境时，显示出初始的用户界面之后，需要建立一个事件循环来等待用户的交互动作，完成该功能的命令是（　　），该命令使 Visual FoxPro 开始处理诸如单击鼠标、键盘输入等用户事件。

A）READ ALL　　　　　　　　　B）READ EVENTS

C）CLEAR ALL　　　　　　　　　D）BEGIN

二、实践题

在教务管理的项目文件中实现如下操作。

1．建立主程序 main，其功能包括初始化环境，显示初始的用户界面，控制事件循环。设置其为主文件。

2．连编项目为可执行程序，并进行发布。

[1] 陈娟. Visual FoxPro 程序设计教程（第 2 版）. 北京：人民邮电出版社，2009.

[2] 陈宝贤. 数据库应用与程序设计教程. 北京：人民邮电出版社，2004.

[3] 高怡新. Visual FoxPro 程序设计. 北京：人民邮电出版社，2006.

[4] 教育部考试中心. 全国计算机等级考试二级教程. 北京：高等教育出版社，2013.

[5] 姜桂洪，孙芳，张慧. Visual FoxPro 数据库基础教程. 北京：清华大学出版社，2006.

[6] 翟延富. 数据库与网络技术. 北京：清华大学出版社，2006.

[7] 郭力平等. 数据库技术与应用. 北京：人民邮电出版社，2007.

[8] 张金霞，项悦，陈宇靖. 新概念 Visual FoxPro 教程. 北京：兵器工业出版社，2007.

[9] 史济民. Visual FoxPro 及应用系统开发. 北京：清华大学出版社，2007.

[10] 李雁翎. 数据库技术及应用. 北京：高等教育出版社，2005.

[11] 章立民. Visual FoxPro 6.x 程序设计. 北京：中国铁道出版社，1999.

[12] 杨长兴，周春艳，彭卫国. 数据库应用基础教程. 长沙：中南大学出版社，2001.

[13] 朔日科技. 关键考点破解与试题分类精解. 北京：人民邮电出版社，2006.